**全国中医药行业高等教育"十二五"规划教材**
全国高等中医药院校规划教材（第九版）

细胞生物学

（新世纪第二版）

（供中医学类、中西医临床医学、中药学类、
药学类等专业用）

主　编　赵宗江（北京中医药大学）
副主编　吴勃岩（黑龙江中医药大学）
　　　　许　勇（成都中医药大学）
　　　　王望九（安徽中医学院）

中国中医药出版社
·北 京·

图书在版编目(CIP)数据

细胞生物学/赵宗江主编．—2版．—北京：中国中医药出版社，2012.8
（2016.2重印）
全国中医药行业高等教育"十二五"规划教材
ISBN 978－7－5132－1005－8

Ⅰ.①细…　Ⅱ.①赵…　Ⅲ.①细胞生物学－中医药院校－教材　Ⅳ.①Q2

中国版本图书馆CIP数据核字（2012）第122111号

中 国 中 医 药 出 版 社 出 版
北京市朝阳区北三环东路28号易亨大厦16层
邮政编码　100013
传真　010 64405750
北京市松源印刷有限公司印刷
各地新华书店经销

*

开本 787×1092　1/16　印张 21.125　彩插 0.125　字数 472 千字
2012 年 8 月第 2 版　　2016 年 2 月第 5 次印刷
书　号　ISBN 978－7－5132－1005－8

*

定价　35.00 元
网址　www.cptcm.com

李连达（中国中医科学院研究员　中国工程院院士）

李金田（甘肃中医学院院长　教授）

吴以岭（中国工程院院士）

吴咸中（天津中西医结合医院主任医师　中国工程院院士）

吴勉华（南京中医药大学校长　教授）

肖培根（中国医学科学院研究员　中国工程院院士）

陈可冀（中国中医科学院研究员　中国科学院院士）

陈立典（福建中医药大学校长　教授）

陈明人（江西中医药大学校长　教授）

范永升（浙江中医药大学校长　教授）

欧阳兵（山东中医药大学校长　教授）

周　然（山西中医学院院长　教授）

周永学（陕西中医学院院长　教授）

周仲瑛（南京中医药大学教授　国医大师）

郑玉玲（河南中医学院院长　教授）

胡之璧（上海中医药大学教授　中国工程院院士）

耿　直（新疆医科大学副校长　教授）

徐安龙（北京中医药大学校长　教授）

唐　农（广西中医药大学校长　教授）

梁繁荣（成都中医药大学校长　教授）

程莘农（中国中医科学院研究员　中国工程院院士）

谢建群（上海中医药大学常务副校长　教授）

路志正（中国中医科学院研究员　国医大师）

廖端芳（湖南中医药大学校长　教授）

颜德馨（上海铁路医院主任医师　国医大师）

秘 书 长　王　键（安徽中医药大学校长　教授）

洪　净（国家中医药管理局人事教育司巡视员）

王国辰（国家中医药管理局教材办公室主任

　　　　全国中医药高等教育学会教材建设研究会秘书长

　　　　中国中医药出版社社长）

办公室主任　周　杰（国家中医药管理局科技司　副司长）

林超岱（国家中医药管理局教材办公室副主任

　　　　中国中医药出版社副社长）

李秀明（中国中医药出版社副社长）

办公室副主任　王淑珍（全国中医药高等教育学会教材建设研究会副秘书长

　　　　中国中医药出版社教材编辑部主任）

全国中医药行业高等教育"十二五"规划教材

全国高等中医药院校规划教材（第九版）

《细胞生物学》编委会

前 言

"全国中医药行业高等教育'十二五'规划教材"（以下简称："十二五"行规教材）是为贯彻落实《国家中长期教育改革和发展规划纲要（2010—2020）》《教育部关于"十二五"普通高等教育本科教材建设的若干意见》和《中医药事业发展"十二五"规划》的精神，依据行业人才培养和需求，以及全国各高等中医药院校教育教学改革新发展，在国家中医药管理局人事教育司的主持下，由国家中医药管理局教材办公室、全国中医药高等教育学会教材建设研究会，采用"政府指导，学会主办，院校联办，出版社协办"的运作机制，在总结历版中医药行业教材的成功经验，特别是新世纪全国高等中医药院校规划教材成功经验的基础上，统一规划、统一设计、全国公开招标、专家委员会严格遴选主编、各院校专家积极参与编写的行业规划教材。鉴于由中医药行业主管部门主持编写的"全国高等中医药院校教材"（六版以前称"统编教材"），进入 2000 年后，已陆续出版第七版、第八版行规教材，故本套"十二五"行规教材为第九版。

本套教材坚持以育人为本，重视发挥教材在人才培养中的基础性作用，充分展现我国中医药教育、医疗、保健、科研、产业、文化等方面取得的新成就，力争成为符合教育规律和中医药人才成长规律，并具有科学性、先进性、适用性的优秀教材。

本套教材具有以下主要特色：

1. 坚持采用"政府指导，学会主办，院校联办，出版社协办"的运作机制

2001 年，在规划全国中医药行业高等教育"十五"规划教材时，国家中医药管理局制定了"政府指导，学会主办，院校联办，出版社协办"的运作机制。经过两版教材的实践，证明该运作机制科学、合理、高效，符合新时期教育部关于高等教育教材建设的精神，是适应新形势下高水平中医药人才培养的教材建设机制，能够有效解决中医药事业人才培养日益紧迫的需求。因此，本套教材坚持采用这个运作机制。

2. 整体规划，优化结构，强化特色

"'十二五'行规教材"，对高等中医药院校 3 个层次（研究生、七年制、五年制）、多个专业（全覆盖目前各中医药院校所设置专业）的必修课程进行了全面规划。在数量上较"十五"（第七版）、"十一五"（第八版）明显增加，专业门类齐全，能满足各院校教学需求。特别是在"十五""十一五"优秀教材基础上，进一步优化教材结构，强化特色，重点建设主干基础课程、专业核心课程，增加实验实践类教材，推出部分数字化教材。

3. 公开招标，专家评议，健全主编遴选制度

本套教材坚持公开招标、公平竞争、公正遴选主编的原则。国家中医药管理局教材办公室和全国中医药高等教育学会教材建设研究会，制订了主编遴选评分标准，排除各种可能影响公正的因素。经过专家评审委员会严格评议，遴选出一批教学名师、教学一线资深教师担任主编。实行主编负责制，强化主编在教材中的责任感和使命感，为教材质量提供保证。

4. 进一步发挥高等中医药院校在教材建设中的主体作用

各高等中医药院校既是教材编写的主体，又是教材的主要使用单位。"'十二五'行规教材"，得到各院校积极支持，教学名师、优秀学科带头人、一线优秀教师积极参加，凡被选中参编的教师都以高涨的热情、高度负责、严肃认真的态度完成了本套教材的编写任务。

5. 继续发挥教材在执业医师和职称考试中的标杆作用

我国实行中医、中西医结合执业医师资格考试认证准入制度，以及全国中医药行业职称考试制度。2004 年，国家中医药管理局组织全国专家，对"十五"（第七版）中医药行业规划教材，进行了严格的审议、评估和论证，认为"十五"行业规划教材，较历版教材的质量都有显著提高，与时俱进，故决定以此作为中医、中西医结合执业医师考试和职称考试的蓝本教材。"十五"（第七版）行规教材、"十一五"（第八版）行规教材，均在 2004 年以后的历年上述考试中发挥了权威标杆作用。"十二五"（第九版）行业规划教材，已经并继续在行业的各种考试中发挥标杆作用。

6. 分批进行，注重质量

为保证教材质量，"十二五"行规教材采取分批启动方式。第一批于 2011 年 4 月，启动了中医学、中药学、针灸推拿学、中西医临床医学、护理学、针刀医学 6 个本科专业 112 种规划教材，于 2012 年陆续出版，已全面进入各院校教学中。2013 年 11 月，启动了第二批"'十二五'行规教材"，包括：研究生教材、中医学专业骨伤方向教材（七年制、五年制共用）、卫生事业管理类专业教材、中西医临床医学专业基础类教材、非计算机专业用计算机教材，共 64 种。

7. 锤炼精品，改革创新

"'十二五'行规教材"着力提高教材质量，锤炼精品，在继承与发扬、传统与现代、理论与实践的结合上体现了中医药教材的特色；学科定位更准确，理论阐述更系统，概念表述更为规范，结构设计更为合理；教材的科学性、继承性、先进性、启发性、教学适应性较前八版有不同程度提高。同时紧密结合学科专业发展和教育教学改革，更新内容，丰富形式，不断完善，将各学科的新知识、新技术、新成果写入教材，形成"十二五"期间反映时代特点、与时俱进的教材体系，确保优质教材进课堂。为提高中医药高等教育教学质量和人才培养质量提供有力保障。同时，"十二五"行规教材还特别注重教材内容在传授知识的同时，传授获取知识和创造知识的方法。

综上所述，"十二五"行规教材由国家中医药管理局宏观指导，全国中医药高等教育学会教材建设研究会倾力主办，全国各高等中医药院校高水平专家联合编写，中国中医药出版社积极协办，整个运作机制协调有序，环环紧扣，为整套教材质量的提高提供了保障，打造"十二五"期间全国高等中医药教育的主流教材，使其成为提高中医药高等教育教学质量和人才培养质量最权威的教材体系。

"十二五"行规教材在继承的基础上进行了改革和创新，但在探索的过程中，难免有不足之处，敬请各教学单位、教学人员及广大学生在使用中发现问题及时提出，以便在重印或再版时予以修正，使教材质量不断提升。

国家中医药管理局教材办公室

全国中医药高等教育学会教材建设研究会

中国中医药出版社

2014 年 12 月

编写说明

　　细胞生物学是一门正在迅速发展中的新兴学科，是现代生命科学前沿最活跃、最富有发展前景的分支学科之一。2004 年 9 月由北京中医药大学牵头，赵宗江任主编，22 所兄弟院校参编的高等中医院校第一部全国统编教材——《细胞生物学》，受到了广大师生的青睐和欢迎，推动了本科生和研究生教育的发展，促进了中医药科研工作的广泛开展，对提高高等中医药院校教学质量和高级中医药人才的培养具有重要的现实意义及学术价值。因此，2006 年入选教育部普通高等教育"十一五"国家级规划教材，2011 年入选全国中医药行业高等教育"十二五"规划教材。

　　《细胞生物学》在修订过程中，得到了全国高等中医药教材建设研究会、中国中医药出版社领导的诚心关爱，得到了北京中医药大学学校领导、教学管理处、研究生院以及各参编单位相关领导的大力支持，也得到了中国中医药出版社编辑的大力协助，对此，共致谢忱。研究生赵敬、田晨、王颖超做了相关图片编辑工作，在此也表示感谢。

　　此次教材修订，各位编委齐心协力、分工协作，在短短 6 个月时间内圆满完成了任务。此次修订工作的分工如下：第一章绪论由赵宗江、陆幸妍修订；第二章细胞生物学技术由赵宗江、赵丕文、时显芸、张国红修订；第三章细胞的结构由赵宗江、高碧珍、汪涛修订；第四章细胞膜与跨膜运输由宋强、张小莉修订；第五章细胞外基质由许勇、赵宗江、范春雷修订；第六章细胞核与细胞遗传由李军、王明艳修订；第七章细胞骨架由刘黎青、王志宏修订；第八章线粒体由刘小敏、赵宗江、王淳、王望九修订；第九章细胞的内膜系统由吴勃岩、孙震晓修订；第十章核糖体由孙继贤、吴勃岩、徐云丹、王志宏修订；第十一章细胞的信号转导由王明艳、高碧珍修订；第十二章细胞增殖和细胞周期由王淳、赵宗江修订；第十三章细胞分化由赵宗江、高碧珍、施鹏修订；第十四章细胞的衰老与死亡由张帆、李军修订；第十五章干细胞由范春雷、赵宗江、许勇、陆幸妍修订；第十六章细胞工程由王望九、赵丕文修订。

　　本书既是本科生、七年制学生、硕士研究生和博士研究生的教材和参考书，也是广大科研工作者的得力助手。由于细胞生物学是一门发展迅速的学科，尽管各位编委根据学科发展及教学实践在修订过程中付出了大量的心血，由于水平有限，教材中的错谬之处在所难免，欢迎广大读者和专家不吝赐教，以便再版时加以改正。

《细胞生物学》编委会

2012 年 6 月

目 录

第一章　绪论 ……………………………………… 1
　第一节　细胞生物学研究的内容和现状 ………… 1
　　一、细胞及细胞生物学 ………………………… 1
　　二、细胞生物学的主要研究内容 ……………… 1
　　三、细胞生物学的分支学科 …………………… 4
　第二节　细胞生物学的发展简史 ………………… 5
　　一、细胞生物学发展的萌芽时期 ……………… 5
　　二、细胞学说的创立时期 ……………………… 5
　　三、经典细胞学时期 …………………………… 5
　　四、实验细胞学时期 …………………………… 6
　　五、细胞生物学时期 …………………………… 6
　　六、我国细胞生物学的发展概况 ……………… 6
　第三节　细胞生物学学习方法 …………………… 7
　　一、认识细胞生物学的重要性 ………………… 7
　　二、明确细胞生物学的研究内容 ……………… 7
　　三、了解细胞生物学的研究方法 ……………… 7
　　四、融会贯通、灵活掌握 ……………………… 7
　　五、不断更新知识、紧跟学科前沿 …………… 7

第二章　细胞生物学技术 ………………………… 8
　第一节　显微镜技术 ……………………………… 8
　　一、分辨率 ……………………………………… 8
　　二、光学显微镜技术 …………………………… 9
　　三、电子显微镜技术 ………………………… 12
　第二节　细胞化学技术 ………………………… 13
　　一、酶细胞化学技术 ………………………… 14
　　二、免疫细胞化学技术 ……………………… 14
　　三、放射自显影技术 ………………………… 15
　第三节　细胞组分分析方法 …………………… 15
　　一、流式细胞术 ……………………………… 15
　　二、细胞分级分离术 ………………………… 16
　第四节　细胞培养技术 ………………………… 17
　　一、体外细胞培养技术 ……………………… 17
　　二、细胞融合技术 …………………………… 18

　　第五节　分子生物学方法 …………………… 19
　　　一、原位分子杂交技术 ………………… 19
　　　二、PCR 反应技术 …………………… 19
　　　三、基因敲除与敲入 ………………… 20
第三章　细胞的基本结构 ………………… 21
　　第一节　细胞的分子基础 ……………… 21
　　　一、无机化合物 ……………………… 21
　　　二、有机化合物 ……………………… 22
　　第二节　原核细胞与真核细胞 ………… 28
　　　一、原核细胞 ………………………… 29
　　　二、真核细胞 ………………………… 29
　　　三、原核细胞与真核细胞的比较 …… 31
第四章　细胞膜与跨膜运输 ……………… 33
　　第一节　细胞膜的化学组成 …………… 33
　　　一、膜脂 …………………………… 34
　　　二、膜蛋白 ………………………… 35
　　　三、膜糖 …………………………… 37
　　第二节　细胞膜的分子结构 …………… 37
　　　一、细胞膜的结构模型 ……………… 37
　　　二、细胞膜的基本特性 ……………… 39
　　　三、细胞膜的功能概述 ……………… 41
　　第三节　小分子物质的跨膜运输 ……… 41
　　　一、被动运输 ………………………… 42
　　　二、主动运输 ………………………… 44
　　　三、膜运输系统异常引起的疾病 …… 47
　　第四节　大分子物质的跨膜运输 ……… 48
　　　一、内吞作用 ………………………… 48
　　　二、外排作用 ………………………… 50
　　　三、膜流与膜的运动 ………………… 50
　　第五节　细胞表面的特化结构 ………… 50
　　　一、细胞侧面的特化结构——细胞连接 … 51
　　　二、细胞游离面的特化结构 ………… 55
第五章　细胞外基质 ……………………… 57
　　第一节　细胞外基质的构成 …………… 57
　　　一、多糖 …………………………… 57
　　　二、纤维蛋白 ………………………… 61
　　第二节　细胞外基质的功能 …………… 71
　　　一、细胞外基质的物理学功能 ……… 71

二、细胞外基质由细胞分泌表达 …………………… 71
三、细胞外基质对于细胞功能的影响 ……………… 71

第六章 细胞核与细胞遗传 ……………………… 74
第一节 核被膜 ……………………………………… 74
一、外核膜 ………………………………………… 75
二、内核膜 ………………………………………… 75
三、核周隙 ………………………………………… 76
四、核孔 …………………………………………… 76
五、核纤层 ………………………………………… 77
第二节 染色质和染色体 …………………………… 77
一、染色质的化学组成及种类 …………………… 78
二、染色质的包装 ………………………………… 81
三、染色体 ………………………………………… 84
第三节 核基质 ……………………………………… 87
一、核基质的化学组成 …………………………… 89
二、核基质的功能 ………………………………… 89
第四节 核仁 ………………………………………… 89
一、核仁的形态结构和化学组成 ………………… 89
二、核仁的功能 …………………………………… 90
三、核仁周期 ……………………………………… 92
第五节 细胞的遗传 ………………………………… 92
一、遗传的中心法则 ……………………………… 92
二、基因与基因转录 ……………………………… 92
第六节 遗传信息翻译 ……………………………… 101
一、遗传密码与 mRNA …………………………… 101
二、反密码子与 tRNA ……………………………… 103
三、反密码子与密码子配对的摆动假说 ………… 103
四、核糖体与遗传信息的翻译 …………………… 104
第七节 真核细胞基因表达的调控 ………………… 104
一、基因表达的调节途径 ………………………… 104
二、转录水平的调节机制 ………………………… 106
第八节 细胞核与疾病 ……………………………… 108
一、细胞核形态异常与肿瘤 ……………………… 108
二、染色体异常与肿瘤 …………………………… 108

第七章 细胞骨架 ………………………………… 110
第一节 微丝 ………………………………………… 110
一、微丝的组成 …………………………………… 110
二、微丝的形态结构 ……………………………… 112

三、微丝的组装及影响因素 ……………………………… 112

四、微丝组装的动态调节 ………………………………… 113

五、微丝的特异性药物 …………………………………… 113

六、微丝结合蛋白及其功能 ……………………………… 113

七、微丝的功能 …………………………………………… 116

第二节　微管 ……………………………………………… 120

一、微管的化学组成 ……………………………………… 120

二、微管的形态结构 ……………………………………… 120

三、微管结合蛋白 ………………………………………… 121

四、微管的组装 …………………………………………… 122

五、微管组装的动态调节——非稳态动力学模型 ……… 124

六、微管的特异性药物 …………………………………… 125

七、微管的功能 …………………………………………… 126

第三节　中间纤维 ………………………………………… 128

一、中间纤维的化学组成 ………………………………… 129

二、中间纤维的形态结构 ………………………………… 130

三、中间纤维的组装 ……………………………………… 131

四、中间纤维组装的动态调节 …………………………… 132

五、中间纤维结合蛋白及其功能 ………………………… 132

六、中间纤维的功能 ……………………………………… 134

第四节　细胞骨架与疾病 ………………………………… 136

一、细胞骨架与肿瘤 ……………………………………… 136

二、细胞骨架蛋白与神经系统疾病 ……………………… 138

三、细胞骨架与遗传性疾病 ……………………………… 139

四、细胞骨架与衰老 ……………………………………… 139

第八章　线粒体 …………………………………………… 140

第一节　线粒体的一般性状 ……………………………… 141

一、线粒体的形状 ………………………………………… 141

二、线粒体的分布 ………………………………………… 142

第二节　线粒体的生物学特性 …………………………… 142

一、线粒体的超微结构 …………………………………… 142

二、线粒体的化学组成 …………………………………… 143

第三节　线粒体基因组 …………………………………… 144

一、线粒体基因组的序列 ………………………………… 144

二、人类线粒体基因组的特点 …………………………… 145

三、线粒体基因组与核基因组比较 ……………………… 146

第四节　线粒体的能量转化功能 ………………………… 146

一、糖的有氧氧化 ………………………………………… 146

二、三羧酸循环 ………………………………………… 148
三、氧化磷酸化 …………………………………………… 149
四、ATP 的生成、储存和利用 …………………………… 154
第五节　线粒体的再生和起源 ……………………………… 162
一、线粒体的再生 ………………………………………… 162
二、线粒体的起源 ………………………………………… 162
第六节　线粒体与疾病 ……………………………………… 163
一、线粒体 DNA 突变的致病机制 ……………………… 163
二、线粒体病的治疗进展 ………………………………… 165

第九章　细胞内膜系统 ……………………………………… 167
第一节　内质网 ……………………………………………… 167
一、内质网的形态结构和分类 …………………………… 167
二、内质网的化学组成 …………………………………… 169
三、内质网的功能 ………………………………………… 169
四、内质网的病理变化 …………………………………… 174
第二节　高尔基复合体 ……………………………………… 174
一、高尔基复合体的形态结构 …………………………… 175
二、高尔基复合体的化学组成 …………………………… 176
三、高尔基复合体的功能 ………………………………… 177
四、高尔基复合体的病理变化 …………………………… 180
第三节　溶酶体 ……………………………………………… 181
一、溶酶体的结构和化学组成 …………………………… 181
二、溶酶体的类型 ………………………………………… 182
三、溶酶体的功能 ………………………………………… 183
四、溶酶体与疾病的关系 ………………………………… 185
第四节　过氧化物酶体 ……………………………………… 186
一、过氧化物酶体的形态结构和化学组成 ……………… 187
二、过氧化物酶体的功能 ………………………………… 187
三、过氧化物酶体的生物发生 …………………………… 187
第五节　膜流 ………………………………………………… 188

第十章　核糖体 ……………………………………………… 189
第一节　核糖体的一般性状 ………………………………… 189
一、核糖体的形态结构 …………………………………… 189
二、基本类型和化学组成 ………………………………… 190
三、核糖体 rRNA 基因及其转录 ………………………… 191
第二节　核糖体的基本功能 ………………………………… 193
一、参与蛋白质生物合成的物质和核糖体的
　　功能位点 …………………………………………… 193

二、蛋白质的生物合成 ················ 194

三、多聚核糖体的形成 ················ 197

四、蛋白质的加工修饰 ················ 199

五、蛋白质的定位控制 ················ 200

第三节　核糖体与疾病 ·················· 200

一、核糖体蛋白基因与人类遗传性疾病 ······ 201

二、核糖体蛋白基因与人类肿瘤 ·········· 202

三、核糖体蛋白基因与耐药性 ············ 202

第十一章　细胞的信号转导 ·············· 203

第一节　细胞信号转导的分子基础 ··········· 203

一、信号分子 ···················· 203

二、受体 ······················ 204

三、信号转导中几种主要的蛋白质 ········· 206

第二节　信号转导的基本途径 ············· 209

一、细胞信号转导途径的基本类型 ········· 209

二、细胞信号转导途径 ················ 209

三、细胞信息传递体系的复杂性 ·········· 211

第三节　信号转导的抑制和终止 ············ 212

一、信号转导的终止 ················ 212

二、信号转导的抑制 ················ 212

三、信号转导通路的负反馈调节 ·········· 212

第四节　信号转导与医学的关系 ············ 212

第十二章　细胞增殖和细胞周期 ··········· 214

第一节　细胞分裂 ···················· 214

一、无丝分裂 ···················· 214

二、有丝分裂 ···················· 214

三、减数分裂 ···················· 216

第二节　细胞周期及其调控 ·············· 217

一、细胞周期各时相的动态变化 ·········· 219

二、细胞周期的调控 ················ 220

三、细胞周期与医学的关系 ············· 222

第十三章　细胞分化 ·················· 224

第一节　细胞分化的基本概念 ············· 225

一、细胞分化是基因选择性表达的结果 ······ 225

二、组织特异性基因与管家基因 ·········· 225

三、组合调控引发组织特异性基因的表达 ····· 225

四、单细胞有机体的细胞分化与多细胞有机体细胞分化

　　的差异 ····················· 225

第二节　胚胎细胞分化 …………………………… 226
一、细胞分化潜能与决定 ………………… 226
二、细胞质的作用 ………………………… 226
三、核质的相互作用 ……………………… 227
四、细胞分化的遗传基础 ………………… 228
第三节　影响细胞分化的因素 …………………… 228
一、胚胎诱导对细胞分化的作用 ………… 228
二、位置信息在细胞分化中的意义 ……… 229
三、激素对细胞分化的调节作用 ………… 229
四、胚胎干细胞及其他干细胞 …………… 230
第四节　细胞分化的分子基础 …………………… 230
一、专一蛋白质合成 ……………………… 230
二、细胞分化基因表达的调控 …………… 230
第五节　细胞分化与癌变 ………………………… 231
一、原癌基因 ……………………………… 232
二、抑癌基因 ……………………………… 232

第十四章　细胞的衰老与死亡 …………………… 234
第一节　细胞的衰老 ……………………………… 234
一、细胞衰老的概念与特征 ……………… 234
二、细胞衰老学说 ………………………… 235
第二节　细胞的死亡 ……………………………… 239
一、细胞死亡的标志 ……………………… 239
二、细胞死亡的机制 ……………………… 239
三、细胞凋亡的分子机制 ………………… 243
四、细胞凋亡与医学的关系 ……………… 245

第十五章　干细胞 ………………………………… 248
第一节　干细胞生物学 …………………………… 249
一、干细胞的分类 ………………………… 249
二、干细胞的形态和生化特征 …………… 251
三、干细胞的增殖特征 …………………… 251
四、干细胞的分化特征 …………………… 252
五、干细胞增殖与分化的微环境 ………… 254
第二节　胚胎干细胞 ……………………………… 255
一、人胚胎干细胞的获得与胚胎干细胞系
的建立 ………………………………… 255
二、胚胎干细胞的主要特征 ……………… 256
三、胚胎干细胞生长和分化的内源性调控 … 257
四、ESC 的应用前景及面临的伦理学挑战 ……… 258

第三节　精原干细胞 …………………………………… 259

第四节　成体干细胞 …………………………………… 260

一、造血干细胞 …………………………………… 260

二、间充质干细胞 ………………………………… 262

三、神经干细胞 …………………………………… 262

四、表皮干细胞 …………………………………… 263

五、肠干细胞 ……………………………………… 264

六、肝干细胞 ……………………………………… 264

第十六章　细胞工程 ………………………………… 265

第一节　细胞融合 ……………………………………… 265

一、细胞融合技术 ………………………………… 265

二、融合细胞的筛选 ……………………………… 266

第二节　B细胞杂交瘤和单克隆抗体 ………………… 266

一、细胞融合杂交瘤技术制备McAb的基本原理 …… 266

二、B淋巴细胞免疫 ……………………………… 267

三、小鼠骨髓瘤细胞 ……………………………… 267

四、细胞融合 ……………………………………… 267

五、杂交瘤细胞的筛选和克隆化 ………………… 268

第三节　基因转移 ……………………………………… 268

一、DNA介导的基因转移 ……………………… 269

二、染色体介导的基因转移 ……………………… 270

三、基因转移细胞的筛选 ………………………… 271

第四节　干细胞工程 …………………………………… 271

一、干细胞的培养建系和基本特性 ……………… 272

二、ES/EG细胞体外诱导分化 ………………… 274

第五节　转基因动物 …………………………………… 277

一、概述 …………………………………………… 277

二、基本原理 ……………………………………… 277

三、基本方法 ……………………………………… 278

第六节　动物克隆与细胞核移植 ……………………… 280

一、动物克隆 ……………………………………… 280

二、细胞核移植技术 ……………………………… 282

第七节　细胞工程在医学中的应用 …………………… 284

一、医用蛋白质 …………………………………… 284

二、基因工程动物的应用 ………………………… 286

三、组织工程 ……………………………………… 289

四、细胞治疗 ……………………………………… 290

主要参考文献 ·· 292
附录一　英文索引 ·· 293
附录二　中文索引 ·· 305

第一章 绪 论

第一节 细胞生物学研究的内容和现状

一、细胞及细胞生物学

细胞（cell）是有机体结构和功能的基本单位，也是生命活动的基本单位。细胞学（cytology）是研究细胞生命现象的科学，其研究内容包括细胞的形态结构和功能、分裂和分化、遗传和变异以及衰老和病变等。随着近代物理、化学技术和分子生物学技术的成功应用，细胞学研究从细胞整体层次和亚细胞层次深入到分子层次，以动态的观点研究细胞和细胞器结构和功能、细胞生活史和探索细胞的基本生命活动，即所谓细胞生物学（cell biology）。细胞生物学是一门正在迅速发展中的新兴学科，是现代生命科学前沿最活跃、最富有发展前景的分支学科之一。从生命结构层次上看，细胞生物学介于分子生物学和发育生物学之间，其研究内容和范畴又与二者相互衔接，相互渗透。

由此可见，细胞生物学是一门承上启下的学科，与分子生物学一道共同构成现代生命科学的基础，已广泛渗透到遗传学、发育生物学、生殖生物学、神经生物学和免疫生物学等的研究之中，并与农业、医学、生物高新技术的发展密切相关，是当今生命科学中的前沿学科之一。

二、细胞生物学的主要研究内容

细胞生物学研究的内容十分广泛，就其发展的历程来看，各个不同时期均有它的研究重点，并与医学有着密切的关系。现今细胞生物学研究的内容，可大致归纳为如下研究领域。

（一）细胞核、染色体以及基因表达的研究

细胞核是遗传物质储存、复制和转录的场所，是细胞生命活动的控制中心。染色体（chromosome）位于细胞核内，由核蛋白构成，是遗传物质（基因）的载体。遗传信息由 DNA→mRNA→蛋白质传递过程中，在细胞核内转录，在细胞质中翻译。真核细胞多基因表达调控的环节，赋予真核细胞更为复杂的功能。目前，对真核基因表达转录前、

转录、转录后水平和翻译、翻译后水平的调控的研究正方兴未艾，对生命本质的理解亦愈发深入。

（二）细胞膜与细胞器的研究

细胞膜（cell membrane）使细胞具有一个相对稳定的内环境，同时，在细胞与环境之间进行物质和能量交换及信息传递过程中也起着决定作用。细胞器是细胞内生物膜包被的各种功能性结构，包括线粒体、内质网、高尔基体、溶酶体、液泡、核糖体和中心体等。生命科学中的诸多重大问题，都与细胞膜和细胞器有着重要的关联，对二者的研究也是细胞生物学的主要研究内容。

（三）细胞骨架系统的研究

细胞骨架系统是真核细胞中由蛋白质纤维构成的复杂网络体系，包括细胞质骨架和细胞核骨架，它随着机体细胞的各种生理活动状态而发生动态改变，因而，细胞骨架在时间和空间上受细胞内外因素的调控。目前，人们对细胞骨架的研究已由形态观察为主进入到分子水平。细胞骨架不仅在保持细胞形态、维持细胞内各结构成分的有序性排列方面起重要作用，而且与细胞的多种生命活动如运动、分裂、增殖、分化、物质运输、信息传递、能量转换及基因表达等密切相关，几乎参与细胞的一切重要生命活动。

（四）细胞增殖及其调控

细胞正常的分裂、增殖、分化与衰老维持着有机体自身的稳定，细胞周期的异常会导致这一系列过程的紊乱。细胞的增殖是通过细胞周期来实现的，因此，了解细胞增殖的基本规律及细胞周期的调控机制，是研究机体生长和发育的基础。目前已经发现三类细胞周期调控因子，包括细胞周期蛋白、细胞周期蛋白依赖性激酶和细胞周期蛋白依赖性激酶抑制物，它们之间的相互作用调控着细胞周期的进程。随着研究的不断进展，将有更多的调控因子被发现，对调控机制的了解也更深入，继而使人为促使休眠细胞或不分裂细胞（终端细胞）再增殖，或者障碍细胞及增殖失控细胞恢复正常有序的增殖等成为可能，这方面的研究意义深远。

（五）细胞的生长和分化

细胞生长可以表现为细胞大小、细胞干重、蛋白质及核酸含量的增加，而细胞间质的增加也是细胞大小增加的一种形式。细胞生长受到细胞表面积与体积的比例、细胞核质比等因素的制约，当生长到达一定阶段，细胞便处于不稳状态。细胞分化完成后并不是所有的细胞都有生长的过程。大多数的组织器官都是通过持续的细胞分裂以增加细胞数量的方式来生长，只有很少数细胞（像神经元细胞）是通过增大细胞体积的方式来生长的，随着个体的不断发育，神经元胞体，特别是轴突的部分也要不断地伸长。

细胞分化是同一来源的细胞逐渐发生各自特有的形态结构、生理功能和生化特征的过程，其结果是，在空间上细胞之间出现差异，在时间上同一细胞较其原来的状态有所改变。故细胞分化是从化学分化到形态、功能分化的过程。

（六）细胞的衰老和凋亡

细胞衰老的研究是生物体寿命研究的基础。细胞总体的衰老导致个体的老化，但细胞的衰老与有机体的衰老是不同的概念。目前衰老的研究多聚焦于分子水平上，如探索衰老相关基因（senescenceassociated gene）；癌基因或抑癌基因等肿瘤相关基因与细胞衰老的关系；染色体端粒与细胞衰老的关系等。通过细胞衰老的研究，可了解细胞衰老的规律，对认识衰老和最终找到延缓衰老的方法都有重要的意义。

细胞凋亡（apoptosis）是由一系列基因控制并受复杂信号调节的细胞自然死亡现象。细胞凋亡可能是生物体正常生理发育与病理过程中的重要平衡因素。细胞凋亡与个体生长、发育以及疾病的发生和防治有着密切的关系，因此，细胞凋亡的关键调控基因及其作用机制研究将具有重要的意义。

（七）细胞信号转导

细胞信号转导是指细胞外因子（配体）通过与受体（膜受体或核受体）结合，引发细胞内的一系列生物化学反应以及蛋白间相互作用，从而启动细胞生理反应所需基因的表达，直至产生各种生物学效应的过程。近年来研究发现，细胞内存在多种信号转导方式和途径，而各种方式和途径间又有多个层次的交叉调控，构成一个十分复杂的网络系统。阐明细胞的信号转导机制对认识有机体的生命活动有极其重要意义，也为疾病机制、药物筛选及毒副作用研究等提供理论基础。

（八）干细胞及其应用

干细胞是一类具有自我复制能力的多潜能细胞，在一定条件下，它可以分化成各类细胞。干细胞分为胚胎干细胞和成体干细胞两类。胚胎干细胞为全能干细胞，而成体干细胞是多能干细胞或单能干细胞。干细胞的发育受多种内在机制和微环境因素的影响，目前，人类胚胎干细胞已可以在体外培养；成体干细胞也可以诱导分化为多种类型的细胞和组织，为干细胞的广泛应用提供了基础。尽管由于社会伦理学等方面的原因，人类胚胎干细胞的研究工作在全世界范围内引起了很大的争议，但作为当前生物工程领域的核心课题之一，人类胚胎干细胞将为医学的基础研究和临床应用带来广阔的前景和深远的影响。

（九）细胞工程

细胞工程是细胞生物学与遗传学的交叉领域，是生物工程的重要组成部分。它是通过细胞融合、核质移植、染色体或基因移植以及组织和细胞培养等方法，按照人们的设计蓝图改造细胞的某些生物学特性，进行细胞水平上的遗传操作以及大规模的细胞和组织培养。目前，细胞工程涉及的主要技术领域有细胞培养、细胞融合、细胞拆合、染色体操作及基因转移等。近年在世界范围兴起的用哺乳动物体细胞克隆而获得无性繁殖胚胎与个体，是细胞工程最具有创新性的工作之一。

三、细胞生物学的分支学科

（一）细胞形态学

细胞形态学（cytomorphology）是研究细胞显微和亚显微形态和结构以及生物大分子结构的科学，着重研究细胞亚微结构、细胞器的起源、发展过程及细胞的功能。

（二）细胞化学

细胞化学（cytochemistry）是以化学方法研究细胞化学成分的定位、分布及其生理功能的科学。细胞化学的内容包括在光镜和电镜水平酶化学反应。尤其是电镜酶细胞化学，使酶的定位更加精确，其发展方向是不断引入新的化学显色方法，将细胞超微结构与局部化学成分联系起来，使细胞不同组分着色对比清晰，利于细胞精细结构的定量测定。

（三）细胞遗传学

细胞遗传学（cytogenetics）是主要基于细胞染色体遗传学而发展起来的、研究细胞遗传及其变异规律的科学。它对阐明遗传和变异机制，建立动植物育种理论以及发展生物进化学说均有一定的意义；对人类染色体病的诊断、治疗和预防也有特定的意义。

（四）细胞生理学

细胞生理学（cytophysiology）是研究细胞的生命活动规律的科学，研究细胞如何从周围环境中摄取营养，经过代谢获得能量，以进行生长、分裂或其他功能活动，并研究细胞如何对各种环境因素产生反应，而表现感应性和运动性活动等。

（五）细胞社会学

细胞社会学（cellular sociology）是从系统论的观点研究整体和细胞群中细胞间的社会行为，包括细胞识别、通讯和相互作用以及研究整体和细胞群对细胞生长、分化和死亡等活动的调节控制作用。

（六）分子细胞学

分子细胞学（molecular cytology）是从分子水平研究细胞与细胞器的核酸、蛋白质等大分子物质的组成结构以及细胞内遗传物质的结构和表达的调控。由于生物学功能性的变化，实际上都是细胞的分子结构或特性改变的结果，所以，分子细胞学是细胞生物学中一个很重要的分支学科。

此外，其他分支学科还有细胞生态学（cytoecology）、细胞能力学（cytoenergetics）和细胞动力学（cytodynamics）等。

第二节 细胞生物学的发展简史

一、细胞生物学发展的萌芽时期

1665 年英国学者胡克（Robert Hook）用自己制造的显微镜（放大倍数为 40～140 倍）观察了软木薄片，首次描述了细胞的结构，并借用拉丁语的"cellar"来称呼他所看到的类似蜂巢的极小的"小室"，实际上只是观察到了植物死细胞的细胞壁，后来演变成了"cell"一词并沿用至今。

此后不久，荷兰人列文虎克（A. van Leeuwenhoek）于 1677 年用自己制作的显微镜，观察原生动物、人类精子、鲑鱼的红细胞、牙垢中的细菌等，看到了活的细胞。这些发现奠定了细胞生物学的基础，对细胞生物学的建立作出了重要的贡献。

二、细胞学说的创立时期

自 1665 年胡克首次发现了细胞壁结构以后的 200 年间中，19 世纪以前许多学者的工作都着眼于细胞的显微结构方面，从事形态上的描述，而对各种有机体中的细胞的意义一直没有作出理论的概括。直到 19 世纪 30 年代，在许多科学家的工作基础上，德国人施莱登（Matthias Jacob Schleiden）、施旺（Theodar Schwann）和魏尔肖（R. Virchow）共同创立了"细胞学说（Cell Theory）"，指出：一切植物、动物都是由细胞组成的；细胞是一切动植物的基本单位；一切细胞来源于细胞。将细胞作为生命的基本单位，以及作为动植物界生命现象的共同基础的这种概念，立即受到了普遍的接受。恩格斯将"细胞学说"誉为 19 世纪的三大发现之一。

三、经典细胞学时期

该时期应用固定、染色技术，在光学显微镜下观察细胞的形态和细胞分裂活动。由于显微镜装置的改进、分辨率的提高、固定液、石蜡切片技术和染色技术的发明，以 E. van Beneden、Richard Altmann 为代表的众多科学家，相继发现了中心体、染色体、线粒体、高尔基体，并发现了细胞的有丝分裂和减数分裂。

1839 年，著名的显微解剖学家捷克人普金耶（Joannes Evangelista Purkinje）首先用 protoplasm 这一术语描述细胞物质，提出了细胞的原生质（protoplasm）这一概念，并认为这是细胞内化学成分的总称。1861 年，舒尔策（Max Schultze）提出了原生质理论，认为有机体的组织单位是一小团原生质，这种物质在一般有机体中是相似的。1880 年，Hanstein 提出"原生质体"（protoplanst）的概念，即细胞是由细胞膜包围的一团原生质，分化为细胞核和细胞质。这一概念显然比细胞（cell）更确切了。

1841 年，波兰人 R. Remak 发现鸡胚血细胞的直接分裂（无丝分裂）。1879 年，德国人 W. Flemming 观察了蝾螈细胞的有丝分裂，于 1882 年提出了 mitosis 这一术语。后来，德国人 E. Strasburger（1876～1880）在植物细胞中发现有丝分裂，认为有丝分裂的实质是核内丝状物（染色体）的形成及其向两个子细胞的平均分配。比利时人 E. van Beneden 在 1883 年和德国人 E. Strasburger 在 1886 年先后发现动物与植物细胞的减数分裂，至此，细胞分裂的两种主要类型均已发现。

随着显微镜原理和装置的发展，显微镜的分辨率大大提高，以及石蜡切片技术的发明和若干重要染色方法的建立，相继发现了各种重要的细胞器。如 1879 年，W. Flemming 发现染色体（chromosome）；1883 年，比利时人 E. van. Beneden 和德国人 T. Boveri 发现中心体（centrosome）；1890 年，德国人 Richard Altmann 描述了线粒体（miltochondrion）的染色方法，认为线粒体与能量代谢有关；1898 年，意大利人 C. Golgi 用银染法观察到高尔基体（Golgibody）。

四、实验细胞学时期

在相邻学科的渗透下，细胞学研究应用了实验的方法，其特点是从形态结构的观察深入到生理功能、生物化学、遗传发育机理的研究。由于实验研究不断同相邻学科结合、相互渗透，导致了细胞生理学、细胞遗传学、细胞化学等一些重要分支学科的建立和发展。

五、细胞生物学时期

20 世纪 50 年代以来，随着电子显微镜的广泛应用，对细胞超微结构诸如线粒体、高尔基体、细胞膜、核膜、核仁、染色质、染色体、内质网、核糖体、溶酶体、核孔复合体与细胞骨架体系等等，进行了深入研究，为细胞生物学学科早期的形成奠定了良好的基础。20 世纪 60 年代以来，由于生物化学与细胞学的相互渗透与结合，催生细胞生物化学这门学科，使人们对细胞结构与功能相结合的研究达到了前所未有的水平，逐渐认识到细胞是各生物学科的共同知识基础。20 世纪 70 年代以来，由于分子生物学技术引进细胞学的研究，为细胞生物学这门学科的最后形成与创建打下了坚实的基础。

20 世纪 80 年代以来，科学家们在分子水平上探索细胞的基本生命规律，把细胞看成是物质、能量、信息过程的结合，并在分子水平上深入探索和研究其生命活动规律，形成了细胞生物学的主要发展方向即分子细胞生物学。总之，细胞生物学是随着现代自然科学技术的发展而不断发展的，特别是透射电子显微镜、扫描电子显微镜与扫描隧道显微镜的发明，为细胞生物学学科的建立以及将来向纵深发展起着重要的推动作用。

六、我国细胞生物学的发展概况

我国 1977 年自然科学规划会议制订了第一个细胞生物学发展规划，对细胞生物学的研究机构进行了充实和调整，如中国科学院原实验生物研究所改建为细胞生物学研究所，新建了中国科学院发育生物学研究所。有条件的高等医药院校纷纷建立了细胞生物学研究所、研究室和教研室，并在高等医药院校及科研院所开设了细胞生物学课程，建立了学位制度，开始培养细胞生物学专业的硕士、博士研究生，从而形成了一支从事细胞生物学的科学研究队伍。

全国细胞生物学发展规划制订以后，在一些细胞生物学中的重要领域，如细胞毒作用、细胞骨架、细胞免疫、染色体分子生物学、细胞周期及其调控等方面的研究工作也相继开展。各种新技术、新方法的不断引入，如重组 DNA 技术、杂交瘤技术、免疫荧光技术、流式细胞技术、PCR 技术、原位分子杂交及转基因技术等，为缩短研究周期，提高研究水平创造了条件。国家及部门的细胞生物学及相关学科的重点实验室的相继建立，以及国家自然科学基金、攀登计划、"863 计划"及"973 计划"等对细胞生物学学科的大力资助和扶持，有力地推动了我国细胞生物学研究的迅猛发展，同时也体现了现代生命科学的发展趋势。

第三节　细胞生物学学习方法

一、认识细胞生物学的重要性

20 世纪 50 年代以来诺贝尔生理与医学奖大都授予了从事细胞生物学研究的科学家，可见细胞生物学的重要性。正如原子是物理性质的最小单位，分子是化学性质的最小单位，细胞则是生命的基本单位，学好细胞生物学可以进一步加深对生命活动的理解和认识。

二、明确细胞生物学的研究内容

细胞生物学是研究细胞的结构、功能和生活史的学科。生物的结构与功能是相适应的，每一种结构都有特定的功能，每一种功能的实现又均需要特定的物质基础。

三、了解细胞生物学的研究方法

从显微、超微和分子三个不同层次来认识细胞的结构与功能。一方面每一个层次的结构都有特定的功能，另一方面各层次之间又是有机地联系在一起的。

四、融会贯通、灵活掌握

细胞生物学涉及分子生物学、生物化学、遗传学、生理学等几乎所有医学的基础课程，将学过的知识与细胞生物学课程中讲到的内容联系起来，进行比较学习，尽可能形成对细胞和生命的完整认识。另一方面，细胞生物学各章节之间的内容是相互关联的，要求我们要前后对比，融会贯通，千万不要死记硬背。

五、不断更新知识、紧跟学科前沿

当前的学科热点主要有"信号转导"、"细胞周期调控"、"细胞凋亡"等。细胞生物学是当今发展最快的学科之一，知识的半衰期不足 5 年。这就要求我们在学习细胞生物学教材的同时，密切关注国内和国外研究进展，不断更新知识，紧跟学科前沿。

第二章　细胞生物学技术

细胞生物学的发展，与其他分支学科一样，在很大程度上依赖于研究技术的进步与仪器设备的改进，许多细胞生物学的重要进展及新的发现，都是与物理学、化学和数学的新理论、新方法及新技术的应用息息相关的。一般来说，凡是用来解决细胞生物学问题所采用的技术均属于细胞生物学技术，概括起来主要有显微镜技术、细胞化学技术、细胞组分分析技术和分子生物学技术等，在学习细胞生物学的同时就应该对这些实验技术有所了解，本章简要介绍如下。

第一节　显微镜技术

显微镜是观察细胞形态结构的主要工具。根据光源不同，可分为光学显微镜和电子显微镜两大类。前者以可见光（紫外线显微镜以紫外光）为光源，后者则以电子束为光源，它们分别用于细胞的显微和亚显微结构层次的研究。

一、分辨率

分辨率（resolution）是区分邻近两个物点最小距离的能力。分辨距离越小，分辨率就越高。一般规定：显微镜或人眼在25cm明视距离处，能清楚地分辨被检物体细微结构最小间隔的能力，称为分辨率。分辨率的大小决定于光的波长和镜口率以及介质的折射率，用公式表示为：

$$R = 0.61\lambda/N.A. \quad (N.A. = n \cdot \sin\alpha/2)$$

式中：λ = 照明光源的波长；n = 介质折射率；α = 镜口角（标本对物镜镜口的张角），N.A. = 镜口率（numeric aperture）。镜口角总是要小于180°，所以 $\sin\alpha/2$ 的最大值必然小于1（表2−1）。

表2−1　介质的折射率

介质	空气	水	香柏油	α溴萘
折射率	1	1.33	1.515	1.66

制作光学镜头所用的玻璃折射率为1.65~1.78，所用介质的折射率越接近玻璃的越好。对于干燥物镜来说，介质为空气，镜口率一般为0.05~0.95；油镜头用香柏油为介

质，镜口率可接近1.5。

普通光线的波长为400~700nm，因此显微镜分辨率数值是0.2μm，人眼分辨率是100μm，所以一般显微镜设计的最大放大倍数通常为1000倍。

1926年德国科学家Busch发现，高速运动的电子在电场或磁场的作用下，会发生折射，并且能被聚焦，高速运动的电子流具有波动性及可折射性，这就是电子显微镜的理论基础。在此基础上经过Ruska、Knoll等科学家的不断努力，于1938年试制成功了第一代实用电子显微镜。目前电镜的极限分辨率为0.2nm左右，比一般光学显微镜的极限分辨率提高了大约1000倍，比人眼分辨率提高了100万倍左右。

扫描探针显微镜（scanning probe microscope，SPM）是20世纪80年代发展起来的一项能观察物体形貌的新型显微镜，目前比较普遍应用的有扫描隧道显微镜（scanning tunneling microscope，STM）和原子力显微镜（atomic force microscope，AFM）。它们的制作原理与光镜和电镜完全不同，如扫描隧道显微镜就是利用量子力学中的隧道效应原理制作成的，是目前分辨率最高的一类显微镜。扫描隧道显微镜具有原子尺度的高分辨率，其侧向分辨率达0.1~0.2nm，纵向分辨率达0.001nm。如此高分辨率的显微镜将在细胞分子生物学及纳米生物学的研究领域中发挥重要的作用。

二、光学显微镜技术

（一）普通光学显微镜

光学显微镜（light microscope）主要由机械部分、照明部分和光学部分三部分组成（图2-1）。机械部分是显微镜的支架，它包括镜筒、镜柱、镜座、物镜转换器及调焦装置。光学显微镜是以日光为光源，其照明部分包括反光镜、聚光器及光阑，可对入射光线进行集光并调节其强弱。光学部分包括物镜和目镜，是光学放大系统，光镜的总放大倍数为物镜和目镜放大倍数的乘积，一般约1000倍，由于受光波衍射效应的限制，光镜的分辨率为0.2μm。

生物样品经过固定、包埋、切片和染色处理后才能观察到其微细结构。在光学显微镜下所见的结构，称为显微结构（microscopic structure）。

（二）荧光显微镜

荧光显微镜（fluorescence microscope）是以紫外线为光源来激发生物标本中的荧光物质，产生能观察到的各种颜色荧光的一种光学显微镜，利用它可研究荧光物质在组织和细胞内的分布（图2-2）。

生物样标本中，某些细胞内的天然物质如叶绿素，经紫外线照射后能发出可见光线，即荧光（fluorescence），这种由细胞本身存在的物质经紫外线照射后发出的荧光称自发荧光。另一些细胞内成分经紫外线照射后不发荧光，但若用荧光染料进行活体染色或对固定后的切片进行染色，则在荧光显微镜下也能观察到荧光，这种荧光称诱发荧光。如吖啶橙能对细胞DNA和RNA同时染色，显示不同颜色的荧光，DNA呈绿色，RNA呈红色荧光。荧光染料和抗体能共价结合，被标记的抗体和相应的抗原结合形成

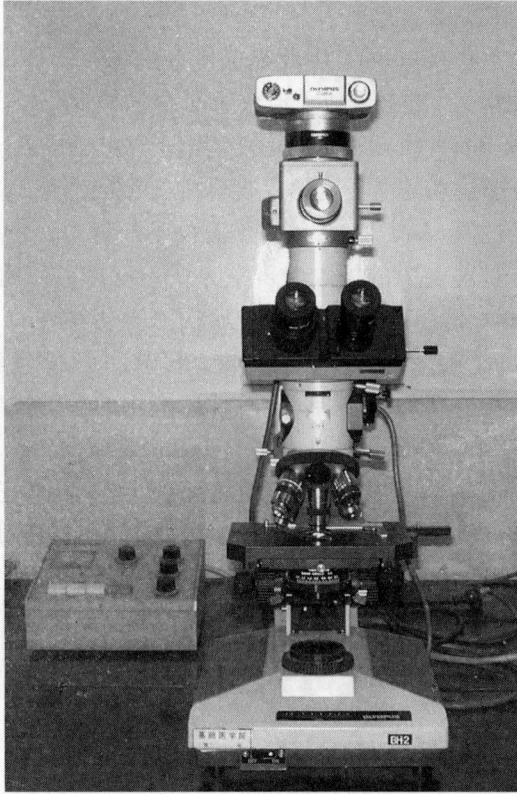

图 2 -1 奥林巴斯显微镜

抗原抗体复合物，经激发后发射荧光，可观察了解抗原在细胞内的分布。

与普通显微镜相比，荧光显微镜主要有以下特点：①荧光显微镜一般采用弧光灯或高压汞灯作为紫外线发生的光源。②使用互补滤光片——激发滤光片和阻断滤光片，激发滤光片位于荧光光源和待测标本之间，产生短波的单色光激发标本发出荧光。③阻断滤光片位于目镜和标本之间，作用是阻断短波的激发光，只透过长波的荧光光线，以防伤害到观察者的眼睛。

（三）相差显微镜

普通光学显微镜观察染色的生物标本结构，主要是利用光线通过染色标本时其波长和振幅的差别，来观察标本的微细结构。而活细胞和未经染色的生物标本，当光线通过时，光的波长和振幅变化不大，所以普通光学显微镜无法观察到。但光线在通过生物标本时除了波长和振幅的变化外，还有相位的差异，这种相位的差异，人眼无法分辨，只有将相位差转变成振幅差时，才能被人眼分辨出来。

相差显微镜（phase contrast microscope）就是通过在物镜后焦面上添加一个相板和聚光镜上增加一个环状光阑，将通过标本不同区域的光波的光度差（相位差）转变为振幅差（明暗差），使活细胞或未经染色的标本内各种结构清晰可见。

观察活的培养细胞的结构常用倒置相差显微镜（inverted phase contrast microscope），

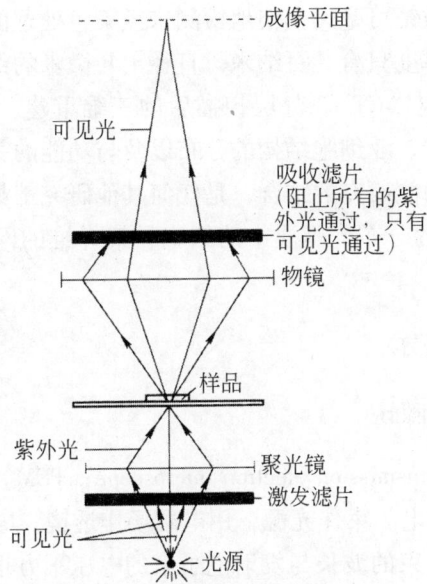

图2-2 荧光显微镜光路图解
来自光源的光通过紫外激发装置，紫外诱发样品上的荧光物质发射荧光，
然后通过过滤板，除去紫外光，而允许荧光通过，并最后成像。

它与一般相差显微镜不同的是光源和聚光镜装在载物台的上方，相差物镜在载物台的下方。利用这种装置可清楚地观察到贴附在培养瓶底上的细胞活动，如细胞分裂、细胞迁移运动等过程。

（四）暗视野显微镜

暗视野显微镜（dark field microscope）是利用暗视野聚光器代替普通光学显微镜上的聚光器，或用中央遮光板遮去中央光束的照明法，不使照明光线直接进入物镜，因而视野的背景是暗的，只有经过标本散射的光线才能进入物镜被放大，在黑暗背景中呈现明亮的图像。这种显微镜虽然对物体内部结构看不清，但却可以提高分辨率，能观察到 $0.004\sim0.2\mu m$ 以上的微粒子的存在和运动。因此适合用来观察活细胞内某些细胞器如线粒体、细胞核以及液体介质中未染色的细菌、真菌、霉菌及血液中的白细胞等的运动。

（五）激光扫描共焦显微镜

激光扫描共焦显微镜（laser scanning confocal microscope，LSCM）是20世纪80年代伴随计算机技术而发展起来的一种新型的显微镜。它是在荧光显微镜成像基础上加装了激光扫描装置，利用计算机进行图像处理，应用激光激发荧光，得到细胞内部微细结构的荧光图像。激光扫描共聚焦显微镜利用特定波长的激光经照明针孔形成点光源，对标本内物镜焦平面上的一点照射，检测器仅仅收集来自于该聚焦平面的荧光。这样，去除了荧光信号的互相干扰，分辨率较普通荧光显微镜提高约1.4倍，大大改善了成像质量。激光扫描共聚焦显微镜可毫无损伤地检测未经染色处理的活体组织细胞。

由于检测的焦平面厚度只有几百纳米，直径十几微米的细胞可被分成几十层分别成像，因此，又被称为细胞"CT"。分层扫描后的三维重建，有利于了解细胞的表面抗原、功能蛋白、细胞骨架、亚细胞结构的分布以及与功能的关系。这种三维的形态研究以及形态研究与代谢、功能研究的结合，是任何其他研究工具所不能比拟的。利用该技术可以观察细胞内 Ca^{2+} 的分布、胞质中的细胞骨架纤维的网状结构、细胞核内染色体的排列等图像。

三、电子显微镜技术

（一）透射电子显微镜

透射电子显微镜（transmission electron microscope，TEM）的成像原理与光学显微镜不同（图 2-3），它是用电子束作光源，用电磁场作透镜。电子束的波长要比可见光和紫外光短得多，并且电子束的波长与发射电子束的电压平方根成反比，也就是说电压越高波长越短。当电子束透射样品时，由于样品不同部位对入射电子具有不同散射度，而形成不同电子密度（即浓淡差）的高度放大图像，最后显示在荧光屏上或记录在照相感光胶片上。因为电子波的波长远比光波的波长短，所以电镜的分辨本领比光学显微镜显著提高，其分辨率可达 0.2nm。由于电子束的穿透力很弱，因此用于电镜的标本须制成厚度约 50nm 左右的超薄切片（表 2-2）。这种切片需要用超薄切片机（ultramicrotome）制作。电子显微镜的放大倍数最高可达近百万倍，由电子照明系统、电磁透镜成像系统、真空系统、记录系统、电源系统等 5 部分构成。

目前已能在电镜照片上直接看到生物大分子的粗糙轮廓。透射式电镜主要用于观察和研究细胞内部细微结构。进行透射电子显微镜观察时最基本的制片技术是超薄切片术，切片厚度是 40~50nm。切片可以单染，也可以双重染色，以增大反差。同时，也可以通过负染色技术控制电镜的分辨率，通过冷冻蚀刻技术观察细胞断裂面处的结构。

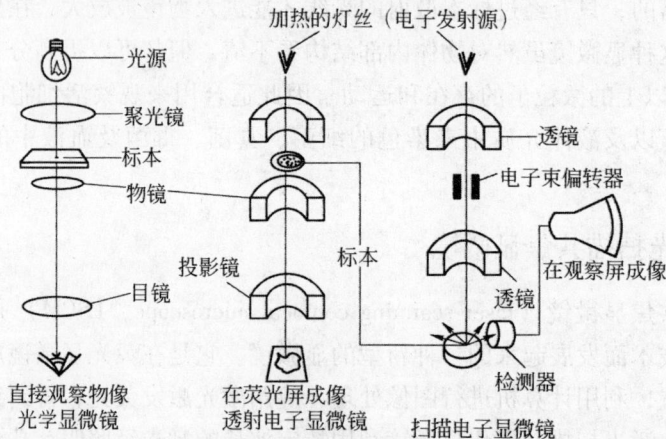

图 2-3　光镜、透射电镜和扫描电镜主要特征示意图（引自 B. Alberts et al，1989）

表 2 - 2　不同光源的波长

名　称	可见光	紫外光	X 射线	α 射线	电子束	
					0.1kV	10kV
波长（nm）	390~760	13~390	0.05~13	0.005~1	0.123	0.0122

（二）扫描电子显微镜

扫描电子显微镜（scanning electron microscope，SEM）中电子枪发射出的电子束，经过几组电磁透镜将电子束缩小为约 0.5nm 的电子探针并冲击样品表面，激发出次级电子，即二次电子。二次电子的信号被收集、转换和放大后送至阴极射线管，在某一点上成像。在电子束行进的途中有一组电子偏转系统，可使电子探针在样品表面按一定顺序扫描，且这一扫描过程与阴极射线管的电子束在荧光屏上的移动同步，这样，当电子探针沿着标本表面一点一点移动时，标本表面各点发射的二次电子所带的信息量加在阴极射线管的电子束上，在荧光屏上就扫描出一幅反映样品表面形态的立体图像。通过照相可把图像记录下来。

一般扫描电镜的分辨率为 3nm，近年研制的低压高分辨扫描电镜分辨率可以达到0.7nm，可以观察核孔复合体等更精细的结构。扫描电子显微镜扫描样品在干燥前需要用戊二醛和锇酸等临界温度和压力都较低的有机溶剂作媒介进行固定。干燥后在观察前还需喷镀一层金属薄膜，增加样品的导电性能，防止电荷积累，保持样品表面不皱缩、不塌陷，以得到良好的二次电子信号。

（三）高压电子显微镜

高压电子显微镜（high voltage electron microscope）也是一种透射电子显微镜，常规透射电子显微镜的加速电压一般在 120kV 以下，它观察的样品厚度至多不能超过0.1μm。把加速电压一般在 120kV 以上的电镜称高压电子显微镜。如果加速电压在500kV 以上则称为超高压电子显微镜（ultravoltage electron microscope）。目前世界上已有加速电压高达 3000kV 的超高压电镜。

超高压电子显微镜由于增加加速电压，便增强了电子的穿透能力。在 1000kV 以下，可见到厚 3~7μm 切片中细胞的超微结构，加速电压为 3000kV 时，可以观察 10μm 厚切片中细胞的超微结构。由于切片较厚，若在超高压电镜下拍摄立体照片，即可在偏振镜下获得在一定厚度内结构的三维信息。现在已经采用这种方法得到了细胞内细胞器的三维结构，如细胞骨架系统。

第二节　细胞化学技术

细胞化学技术（cytochemistry）是在保持细胞结构完整的基础上，利用某些化学物质可与细胞内某种成分发生化学反应，而在局部形成有色沉淀的原理，对细胞的化学成分进行定性、定位和定量的研究，目的是研究细胞乃至细胞器的结构与代谢变化的一种技术。该技术包括酶细胞化学技术、免疫细胞化学技术、放射自显影技术等内容。

一、酶细胞化学技术

酶（enzyme）是一种生物体内高效催化各种化学反应的特异性的生物催化剂，主要由蛋白质构成。生命活动离不开酶的催化作用，通过酶的催化作用调节机体内物质代谢有条不紊地进行。酶促反应具有高效性、高度特异性及可调节性。研究酶的定性、定位、定量就可阐明组织细胞功能，而把它应用于医学生物学各学科中。

酶组织化学就是用组织化学的分析方法证明组织细胞超微结构中酶的存在，酶的定性、定位和定量等问题。自 Klebs 于 1868 年首次采用这一方法显示组织中的过氧化物酶以来，已近 130 年的历史，至今能用此技术显示的酶有 200 多种，已广泛应用于组织细胞代谢研究、细胞类型判定、细胞定位等研究。

细胞内有很多酶，它们在细胞内的分布都有其特定部位。酶细胞化学技术（enzyme cytochemistry）就是通过组织细胞超微结构中酶的存在，研究酶的定性、定位和定量的一种技术。自 Klebs 于 1868 年首次采用这一方法显示组织中的过氧化物酶以来，已近 130 年的历史，至今能用此技术显示的酶有 200 多种，已广泛应用于组织细胞代谢研究、细胞类型判定、细胞定位等研究。早期的酶细胞化学工作是在光学显微镜上进行的，称为组织化学（histochemistry）。自 20 世纪 60 年代开始用电镜观察酶的分布，称电镜酶细胞化学（electron microscopic enzyme cytochemistry）。

酶组织化学反应主要经过酶促反应和显色反应两步。操作时将具有酶活性的组织切片或细胞涂片放入含有相应酶作用底物和辅助剂并具有所需 pH 值的孵育液中，在适宜温度下进行孵育反应。根据酶催化反应的性质，可将酶细胞化学反应分为水解酶、氧化还原酶、裂解酶、转移酶、合成酶和异构酶六大类，电镜酶细胞化学中应用较多的是水解酶和氧化还原酶等。

二、免疫细胞化学技术

免疫细胞化学（immunocytochemistry）又称免疫组织化学（immunohistochemistry），是用标记的抗体（或抗原）追踪抗原（或抗体），经过组织化学的呈色反应后，用显微镜或电子显微镜观察，在原位上确定细胞或组织结构的化学成分或化学性质。凡能作抗原或半抗原的物质，如蛋白质、多肽、核酸、酶、激素、磷脂、多糖、受体及病原体等都可用特异性抗体在组织或细胞内用免疫组织化学手段检出或研究。免疫组织化学抗体与抗原特异性结合的信号有荧光素、酶标或金属颗粒标记等。根据这些显示手段，大致可分为免疫荧光技术、免疫酶标技术及免疫金属标记技术，其中以免疫酶标技术最为常用。

光镜水平的免疫标记工作开始于 20 世纪 40 年代，电镜水平上进行细胞内抗原定位工作始于 20 世纪 70 年代，随着新一代的包埋介质和标记物的问世及冷冻切片技术的应用，使电镜的免疫细胞化学技术大大推广，并应用于细胞生物学、组织学和病理学等多方面的研究工作中。

三、放射自显影技术

放射自显影技术（radioautography；autoradiography）是利用放射性同位素（如^{3}H、^{14}C、^{32}P、^{125}I）所发射的带电粒子，来标记生物分子，并引入机体或细胞中，从而显示出标本中放射性物质所在的位置和所含的数量，这种方法称为放射自显影。该技术创立于20世纪20年代，最初是应用于临床的人体放射自显影。当时采用 X 光片作为感光材料。于1946年由 Belanger 和 Leblond 采用核子乳胶作为感光材料，用光镜对含放射性同位素的组织切片进行放射性同位素示踪研究，即光镜放射自显影技术。随后于1956年Liquer 和 Milward 将放射自显影技术与电镜技术相结合，创立了电镜放射自显影术，该技术由细胞水平向亚细胞水平发展，开拓了新的应用范围。

由于有机大分子均含有碳、氢原子，故实验室一般常选用^{14}C 和^{3}H 标记。^{14}C 和^{3}H 均为弱放射性同位素，半衰期长，^{14}C 半衰期为5730年，^{3}H 为12.5年。一般常用^{3}H 胸腺嘧啶脱氧核苷（^{3}H – TDR）来显示 DNA，用^{3}H 尿嘧啶脱氧核苷（^{3}H – UDR）显示RNA；用^{3}H 氨基酸研究蛋白质，研究多糖则用^{3}H 甘露糖、^{3}H 岩藻糖；用^{125}I 标记示踪，以了解甲状腺素的合成和运送过程等。

放射自显影技术能揭示细胞分子水平的动态变化，使之成为显微镜下可见的形态，并可以进行定位和定量分析。它是研究机体，细胞代谢状态和动态变化过程的重要手段，是生物学和医学科学研究中广泛应用的一项技术。

第三节 细胞组分分析方法

利用光学显微镜和电子显微镜技术可以确定细胞及其内部各细胞器或大分子的分布，但要对细胞或细胞内的组分进行深入了解，必须对这些成分进行生物化学分析。这种细胞组分分析应首先从组织中分离纯化出细胞，再从细胞中分离出有关组分，进而进行相关的分析研究。

一、流式细胞术

流式细胞计量术（流式细胞术）（flow cytometry）是用流式细胞仪（flow cytometer，FCM），集激光、光电测量、计算机技术为一体，运用荧光化学、免疫荧光技术进行细胞测量和分选的一门技术（图2 – 4）。其原理是悬浮在液体中的分散细胞一个个地依次通过测量区，当每个细胞通过测量区时产生电信号，这些信号可以代表荧光、光散射、光吸收或细胞的阻抗等。这些信号可以被测量、存贮、显示，于是细胞的一系列重要的物理特性和生化特征就被快速地、大量地测定出来。

标本来源可以是血液、尿液、细胞培养液、胸水、腹水、灌洗液、新鲜实体瘤及活检组织标本、石蜡固定标本等。可同时测定细胞大小，DNA、RNA 含量，细胞表面抗原表达，癌基因蛋白，pH、Ca^{2+} 等等。由于其应用广泛，已成为当前细胞生物学、免

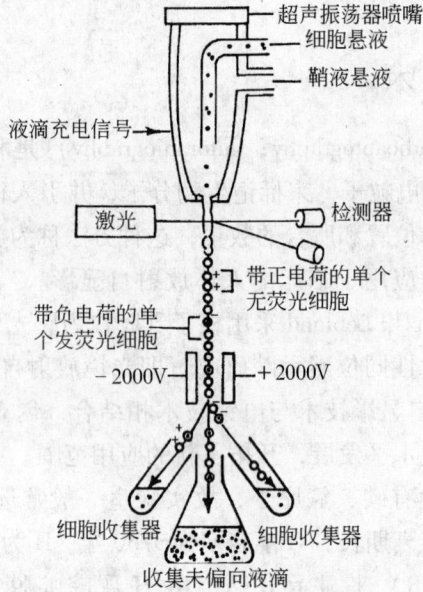

图 2-4 流式细胞仪分选示意图（引自 宋今丹等，1993）

当一个细胞通过激光束时，细胞所发出的荧光被检测器测出，仪器使带有荧光细胞的小水滴充电。
液滴下流两个高压电极时，充电的小水滴就偏向相反电荷的极侧，不带电的小水滴不偏向，
这样就将所需细胞从样品中分选出来。

疫学、肿瘤学、血液学、遗传学、病理学、临床检验学特别是血液病诊疗的重要工具。

流式细胞术是对悬液中的细胞或细胞器进行快速测量，测量速度可达每秒钟数千个乃至数万个。可与显微镜相互补充。显微镜可以研究组织的结构、细胞定位和荧光在细胞中的分布；而多数流式细胞术是一种"零分辨率"的仪器，它只能测量一个细胞的总核酸、总蛋白等，而不能测量出细胞某一特定部位的核酸与蛋白。但流式细胞术在对细胞群体或组成群体的亚群进行定量分析时，具有其他手段无法比拟的优越性。能对细胞进行分选，也可以检测细胞及其组分的多种参数，包括结构参数和功能参数。

二、细胞分级分离术

细胞分级分离（cell fractionation）方法是研究细胞内细胞器和其他各种组分的化学性质和功能的一种主要方法。可分为匀浆、分级分离和分析三个步骤。匀浆是在低温条件下，将组织材料置于匀浆液中采用物理或化学方法破碎悬浮液中的组织内细胞，如低渗超声震荡、研磨等方法，将细胞膜破坏，却又使所要研究的细胞器及其他成分保留下来。然后用不同方法及不同转速的离心机（高速或超速离心机）将细胞匀浆离心；在离心力的作用下，将细胞内各种细胞器及化学成分区分开来，最后对所获得的成分进行分析，以深入了解其化学组成及功能等方面的信息。

离心方法可归纳为以下两种：①沉降速度法。它包括差速离心法和区带离心法。该法主要根据颗粒大小、形状不同进行分离。②等密度离心。有离心自成密度梯度离心法

和预制梯度离心法两种。该法是以颗粒密度差为基础进行分离的，与颗粒的大小、形状基本无关。

（一）差速离心法

差速离心法（differential centrifugation）是指由低速到高速逐级分离的方法。如对所需逐级分离的细胞匀浆先用低速离心沉淀大的颗粒，然后将未沉淀的悬浮液颗粒小心吸出，再以更高的转速使较大的颗粒沉淀，这样逐步增加转速，可分级提取出不同大小、形状的细胞内各成分。如可用于全血分离，先将血细胞与血浆分开，再从血浆中提取蛋白质，或从乙肝阳性血浆中提取表面抗原等。但该法分辨率不高，即在同一数量级内不同沉降系数的各种颗粒不易分开。故本方法一般用于其他分离方法前的粗制品的提取。

（二）密度梯度离心法

密度梯度离心（density gradient centrifugation）是一种带状离心法，可达到更精细的离心效果。每一物质都有自身的密度，在离心过程中，当颗粒密度（Pp）等于介质密度（Pm）时，颗粒就悬浮于介质中不移动，这就是等密度离心法的基本原理。其基本要点是使离心溶液形成密度梯度来维持重力的稳定性以抑制对流。为造成连续或不连续增高的密度梯度，其密度范围与待分离组分的密度要大致相等。这需要向溶液中加入第三种成分，如甘油、蔗糖和盐类（CsCl 等）。待分离的组分密度在梯度柱密度范围内，经一定时间的离心后，不同密度的组分分别集中在某一密度带中而得到分离。密度梯度离心有蔗糖密度梯度离心和 CsCl 密度梯度离心。

第四节 细胞培养技术

一、体外细胞培养技术

细胞培养（cell culture）是指从活体中取出小块组织分离的细胞，在一定条件下进行培养，使之能继续生存、生长，甚至增殖的一种方法。其开始于 20 世纪初，到 20 世纪 60 年代，技术发展成熟，至今已成为生物、医学研究和应用中广泛采用的技术方法。利用动物细胞培养生产具有重要医用价值的酶、生长因子、疫苗和单抗等，已成为医药生物高技术产业的重要部分。由于动物细胞体外培养的生物学特性、相关产品结构的复杂性和质量以及一致性要求，动物细胞大规模培养技术仍难于满足具有重要医用价值生物制品的规模生产的需求，迫切需要进一步研究和发展细胞培养工艺。目前，世界众多研究领域集中在优化细胞培养环境、改变细胞特性、提高产品的产率并保证其质量和一致性上。

细胞培养具有实验周期短、技术要求相对简便、取材容易等优点，所以它应用较为广泛，涉及细胞生物学、生物化学、临床检验学等各个领域，特别在细胞生物学研究方面有很广阔的应用前途，是一项十分重要的技术。近年来细胞生物学一些细胞工程技术的建立和一系列理论的研究，如细胞周期与调控，基因表达与调控，细胞全能性的揭示，癌变机理与抗衰老的研究，细胞杂交等都是与细胞培养技术分不开的。

体外培养的动物细胞可分为原代细胞（primary culture cell）和传代细胞（subculture cell）。原代细胞是指从机体取出后立即培养的细胞，如将实体组织（肝、肾等）剪碎并用胰酶消化后的细胞悬液直接进行肝细胞和肾小管上皮细胞的培养，称为原代细胞。通过各种传代培养方法，还可以得到各种细胞系、细胞株和克隆等细胞的传代培养物。

二、细胞融合技术

（一）细胞融合

细胞融合（cell fusion）又称细胞杂交（cell hybridization）。它是细胞彼此接触时，两个或两个以上细胞合并形成一个细胞的过程。在自然情况下体内或体外培养的细胞发生融合的现象，称为自然融合，如受精过程是一种典型的自然细胞融合现象。在体外可用人工方法促使相同或不同细胞间发生融合，称为人工诱导融合。它是 20 世纪 60 年代发展起来的一项新技术。

两个细胞融合后，可形成双核或多核的细胞，含两个不同亲本细胞核的细胞称为异核体（heterokaryon）；含同一亲本细胞核的细胞称为同核体（homokaryon）；自发的动物细胞融合的发生频率很小。用灭活的病毒，如仙台病毒，或用乙二醇处理，可人工促使细胞融合。若细胞融合后的异核体进行有丝分裂，则可产生杂种细胞（hybrid cell），并且可以通过筛选培养等方法，筛选出所需的各种杂种细胞。在种内杂交的例子中，凡是亲本细胞亲缘关系比较近的，则所得的杂交细胞的核型比较稳定，在连续培养中染色体丢失的速度很慢。但在人和鼠杂交细胞中，人的染色体丢失得很快。

（二）单克隆抗体技术

单克隆抗体技术是细胞杂交技术的成功应用，正常淋巴细胞（如小鼠脾细胞）具有分泌抗体的能力，但不能在体外长期培养，瘤细胞（如骨髓瘤）可以在体外长期培养，但不分泌抗体。于是英国科学家 Kohler 和 Milstein 1975 年利用杂交瘤技术，将 B 淋巴细胞与小鼠骨髓瘤细胞杂交融合，杂交后的细胞既具有 B 细胞分泌特异抗体的功能，又具有小鼠骨髓瘤细胞在体外可无限增殖的特性，因此可以不断地从细胞培养上清液中获取单克隆抗体。

单克隆抗体技术可以从产生各种不同抗体的各种杂交瘤混合细胞群体中筛选出产生特异抗体的杂交瘤细胞株，因而可以用不纯的抗原分子制备纯一的单克隆抗体。单克隆抗体技术与基因克隆技术相结合为分离和鉴定新的蛋白质和基因开辟了一条广阔的途径，同时单克隆抗体对抗原的定位、纯化是一种很好的手段，作为诊断试剂为疾病的研究和防治开辟了新的途径。

第五节　分子生物学方法

20世纪70年代以来，随着分子生物学各种技术的迅速发展，细胞生物学领域应用分子生物学方法，如原位分子杂交技术、PCR反应技术等研究生物大分子的结构和功能，本节予以简单介绍。

一、原位分子杂交技术

原位杂交组织化学（in situ hybridization histochemistry，ISHH）或称原位核酸分子杂交（简称原位杂交）（in situ hybridization，ISH），是应用特定标记的已知核酸探针与细胞涂片或组织切片上的组织或细胞中待测的核酸按碱基配对的原则进行特异性结合，形成杂交体，然后再应用与标记物相应的检测系统，在核酸原有的位置进行细胞内定位的方法。

原位杂交的基本原理是将含有互补碱基序列的DNA或RNA探针，与细胞内的DNA或RNA形成稳定的杂交体。核酸分子杂交的基础是核酸双链之间互补碱基通过非共价键形成稳定的双链区。杂交分子的形成并不要求两条单链的碱基顺序完全互补，所以不同来源的核酸单链只要彼此之间有一定程度的互补碱基，就可以形成具有一定稳定程度的杂交双链。根据所用核酸探针种类和靶核酸的不同，原位杂交可分为DNA-DNA杂交、DNA-RNA杂交和RNA-RNA杂交。核酸探针根据标记方法的不同可分为放射性探针和非放射性探针两类。放射性探针半衰期长，既污染环境，又对人体有害，因此非放射性探针——生物素，尤其是地高辛（digoxigenin，DIG）标记探针以其分辨敏感性高、安全、方便、耗时少，已有取代之势，逐渐成为分子生物学核酸分析技术的重要手段。

根据探针标记物是否可直接被检测，原位杂交又分为直接法和间接法两种。直接法所用的核酸探针是用放射性同位素、荧光和某些酶来标记，杂交后各自通过放射自显影、荧光显微镜或通过某些酶催化的显色反应来检测探针和靶核苷酸链形成的杂交双链。间接法所用核酸探针是用半抗原标记，最后通过免疫组织化学对半抗原定位，间接显示探针和靶核苷酸链形成的杂交体，再结合图像分析及分子生化技术，从而使杂交体得以实现在细胞定性、定位、定量分析。

二、PCR反应技术

聚合酶链反应（polymerase chain reaction，PCR），简称PCR反应技术，又称体外基因扩增技术。是Mullis在1983年发明并逐渐发展起来的一种新的分子生物学技术。其原理类似体内天然DNA复制机制。主要利用耐热DNA聚合酶依赖于DNA模板的特性模仿体内DNA复制过程。利用人工合成的一对引物，在被扩增DNA模板链的两端形成双链，由DNA聚合酶催化一对引物之间的聚合反应。人工合成的这对引物的序列是依据被扩增DNA的两侧边界序列确定，每一条引物分别与相对应的一条被扩增DNA链互补。

　　该技术在基础医学、临床医学研究和临床诊断上，是一种应用最为广泛和普遍的技术。它可以用于合成基因，DNA 序列测定，基因结构分析、基因表达水平测定以及遗传性疾病、病毒感染、细菌、寄生虫等疾病的诊断。

三、基因敲除与敲入

　　基因敲除（gene knock out），是指对一个结构已知但功能未知的基因，从分子水平上设计实验，将该基因去除，或用其他序列相近基因取代，然后从整体观察实验动物，推测该基因的功能。这与早期生理学研究中常用的切除部分－观察整体－推测功能的三部曲思想相似。基因敲除除可中止某一基因的表达外，还包括引入新基因及引入定点突变。既可以是用突变基因或其他基因敲除相应的正常基因，也可以用正常基因敲除相应的突变基因。相反，应用基因同源重组，将外源有功能的基因，转入细胞与基因组中的同源序列进行同源重组，插入到基因组中，在细胞内获得表达，称基因敲入（gene knock in）。

　　基因敲除或敲入的转基因动物在医学研究中有重要应用价值。①通过同源重组产生目标基因缺失或失活的转基因动物是研究基因功能的重要方法，已得到广泛应用。它不仅可以确定被敲除的基因在体内代谢过程中的作用，还可确定被敲除基因在分化、发育、生存等过程中的作用和必要性。②转基因动物可以作为疾病模型。例如，敲除某种与原发性高血压、动脉粥样硬化相关的基因的转基因动物，观察其在动脉粥样硬化和原发性高血压形成、发展过程中的作用。③可以用于药物筛选的动物模型。④转基因动物可作为"生物反应器"生产药物等等。

　　苏格兰 PPL 治疗公司的 Alexander Kind 利用基因敲入技术，成功地培育出了两只绵羊：丘比特和黛安娜。这两只绵羊携带有标记基因，其中一只带有一种治疗蛋白质的基因，而这些基因是在绵羊细胞的染色体的特定位置被"敲入"的。另外，该研究小组在牛和猪的细胞中成功地使用了同样的技术，培育"敲入"猪，这种猪携带的一种蛋白质来帮助人体免疫系统接受移植的猪器官。显示了基因敲除和敲入新技术在基础理论研究及实际应用中的广阔的发展前景，可能成为本世纪遗传工程中的又一重大飞跃。

第三章　细胞的基本结构

细胞是生命的基本结构和功能单位，其物质基础是无机化合物和有机化合物。有机化合物是指生物小分子和生物大分子，如核酸、蛋白质和糖类等。所有的细胞由一个共同的祖先细胞进化而来，从进化角度，细胞可区分为原核细胞和真核细胞两大类。原核细胞结构简单，而真核细胞则高度进化，出现了典型的细胞核和各种细胞器。

第一节　细胞的分子基础

组成细胞的物质称为原生质（protoplasm），又称生命物质。不同细胞的原生质在化学成分上虽有差异，但其化学元素基本相同，大约有 60 多种，其中主要是 C、H、O、N 四种元素，其次为 S、P、Cl、K、Na、Ca、Mg、Fe 等 12 种宏量元素，约占细胞总量的 99.9% 以上。此外，在细胞中还含有数量极少的微量元素，如 Cu、Zn、Mn、Mo、Co、Cr、Si、F、Br、I、Li、Ba 等。这些元素并非单独存在，而是相互结合，以无机化合物和有机化合物形式存在于细胞中。

一、无机化合物

无机化合物（inorganic compound）包括水和无机盐。其中水是最主要的成分。

（一）水

细胞中水的含量最高，约占细胞总量的 70% ~ 80%。水是良好的溶剂，细胞内各种代谢反应都是在水溶液中进行的。水在细胞中的主要作用是，溶解无机物、调节温度、参加酶反应、参与物质代谢和形成细胞的有序结构。

水在细胞中以两种形式存在：一种是游离水，约占 95%，是细胞代谢反应的溶剂；另一种是结合水，通过氢键同蛋白质结合，约占 4% ~ 5%，是原生质结构的一部分。其中氢键对于维持活细胞的新陈代谢具有重要作用：①可以维持细胞温度的相对稳定，因为氢键能够吸收较多的热能，将氢键打开需要较高的温度。②相邻水分子之间形成的氢键使水分子具有一定的黏性，可使水具有较高的表面密度。③水分子之间的氢键可以提高水的沸点，使它不易从细胞中挥发掉。随着细胞的生长和衰老，细胞的含水量逐渐下降，但是活细胞的含水量不会低于 75%。

（二）无机盐

无机盐是细胞中的重要成分，是维持细胞生存的重要物质，其含量很少，约占细胞总重的 1%。在细胞中均以离子状态存在，阳离子如 Na^+、K^+、Ca^{2+}、Fe^{2+}、Mg^{2+}、Fe^{3+}、Mn^{2+}、Cu^{2+}、Co^{2+}、Mo^{2+} 等，阴离子有 Cl^-、SO_4^{2-}、PO_4^{3-}、HCO_3^- 等。这些无机离子有重要的生理作用：①游离于水中，维持酸碱平衡和维持细胞内外液的渗透压和 pH，以保障细胞的正常生理活动。②在各类细胞的能量代谢中起着关键作用。③有的直接与核苷酸、磷脂、磷蛋白和磷酸化糖等结合，组成具有一定功能的结合蛋白（如血红蛋白）或类脂（如磷脂）。

二、有机化合物

有机化合物（organic compound）是组成细胞的基本成分，包括有机小分子和生物大分子。细胞内的生物大分子是由有机小分子组装而成的，但二者却有截然不同的生物学特性。构成的细胞生物大分子主要有核酸、蛋白质和多糖，其分子结构复杂，在细胞内各自具有独特的功能，从而形成一个极其复杂而又协调一致的生物有机体。

（一）有机小分子

机体内有机小分子主要有单糖、脂肪酸、氨基酸和核苷酸等 4 类，占细胞总有机物的 1/10 左右。

1. 单糖 细胞中的糖类包括单糖和多糖，单糖是细胞的能源以及与糖有关的化合物的原料。单糖以核糖（戊糖）和葡萄糖（己糖）最重要。核糖（ribose）和脱氧核糖（dyoxyribose）是核酸的组成成分，二者的区别是在 2′ 位上少了一个氧（图 3 -1）。葡萄糖是许多细胞的主要能源物质。

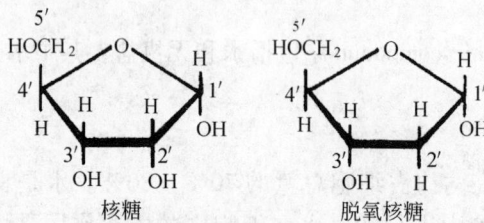

图 3 -1 核糖和脱氧核糖的结构（引自 Harvey Lodish，1995）

2. 脂肪酸 脂肪酸是直链脂肪烃有机酸，是脂的主要成分，一般含有一个羧基，通式为 $CH_3(CH)_nCOOH$。脂肪酸有疏水的碳氢链，无化学活性；有亲水的羧基，易形成酯和酰胺。细胞内的脂肪酸通过羧基与其他分子共价相连。脂肪酸在细胞内的主要功能是构成细胞膜，同时也能分解产生 ATP。

3. 氨基酸 氨基酸是构成蛋白质的基本单位，细胞内主要有 20 种。它们的差别主要是 R 侧链不同，R 侧链决定了氨基酸不同的化学性质，其不同的化学性质又决定了它们所组成蛋白质的特性，从而构成了蛋白质多种复杂功能的基础（图 3-2）。

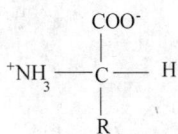

4. 核苷酸 核苷酸是组成核酸的基本单位，每个核苷酸分子由一个戊糖（核糖或脱氧核糖）、一个含氮碱基（嘧啶或嘌呤）和一个磷酸组成（图 3-3）。

组成核苷酸的碱基主要是 5 种含氮碱基：胞嘧啶（C）、胸腺嘧啶（T）、尿嘧啶（U）、鸟嘧啶（G）、腺嘌呤（A），形成 8 种核苷酸：腺苷酸（AMP）、尿苷酸

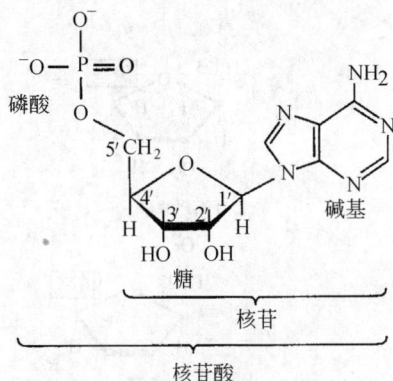

图 3-2 氨基酸分子结构通式

图 3-3 核苷酸的组成单位（引自 Kleinsmith et al, 1995）

（UMP）、鸟苷酸（GMP）、胞苷酸（CMP）、脱氧腺苷酸（dAMP）、脱氧胸苷酸（dTMP）、脱氧鸟苷酸（dGMP）、脱氧胞苷酸（dCMP）。

核苷酸除组成脱氧核糖核酸（deoxyribonucleic acid，DNA）和核糖核酸（ribonucleic acid，RNA）外，有的在细胞中还有重要的作用，如三磷酸腺苷（ATP）可参与细胞各种反应之间的能量传递。

（二）生物大分子

生物大分子是由有机小分子构成的，如核酸、蛋白质、酶、多糖和脂类等。细胞的大部分物质是生物大分子，分子量从 10^4 到 10^6，这里主要讲核酸和蛋白质。

1. 核酸（nucleic acid） 是生物遗传的物质基础，与生物的生长、发育、繁殖、遗传和变异均有极为密切的关系。细胞内的核酸分为核糖核酸（RNA）和脱氧核糖核酸（DNA）两大类。其中 DNA 携带着控制细胞生命活动的全部信息，RNA 则与信息的表达相关。

核苷酸是组成核酸的基本单位，一个核苷酸戊糖的 3′位上的羟基与另一个核苷酸戊糖 5′位磷酸上的氢结合脱去 1 分子水形成磷酸二酯键（phosphodiester bond），几十个乃至几百万个单核苷酸通过磷酸二酯键连接形成核酸。与多肽链一样，核苷酸链也有方向性，连有羟基戊糖 3′位碳端称为 3′端，而另一端称为 5′端（图 3-4）。

（1）DNA 的结构和功能 1953 年 Watson 和 Crick 提出了 DNA 分子的双螺旋结构模型（图 3-5）。其主要特点是 DNA 分子由 2 条相互平行而方向相反的多核苷酸链组成，

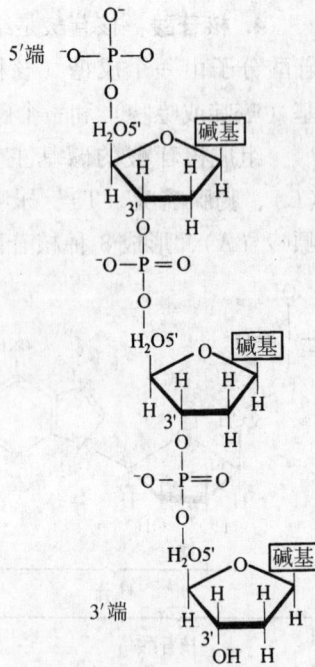

图 3 - 4   3 个核苷酸组成的 DNA 单链

即一条链中磷酸二酯键连接的核苷酸方向是 5′→3′, 另一条是 3′→5′, 两条链围绕着同一个中心轴以右手方向盘绕成双螺旋结构。螺旋的主链由位于外侧的间隔相连的脱氧核糖和磷酸组成, 双螺旋的内侧由碱基构成, 碱基之间依照碱基互补配对原则, 即 A 与 T 配对, 为 2 个氢键 (A＝T); G 与 C 配对, 为三个氢键 (G≡C), 螺旋内每一对碱基均位于同一平面上, 并且垂直于螺旋纵轴, 相邻碱基对之间距离为 0.34nm, 每螺旋一圈有 10 个碱基对, 双螺旋螺距为 3.4nm。

　　DNA 的重要功能是携带和传递信息。在遗传信息传递过程中, 子代 DNA 保留了亲代 DNA 所有的遗传信息, 这些遗传信息通过转录翻译过程来表达相应的遗传性状, 决定着细胞的代谢类型和生物学特性。

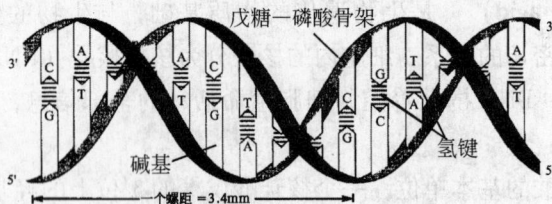

图 3 - 5   DNA 双螺旋结构模式图 (引自 B. Alberts et al)

　　(2) RNA 的结构和功能　　RNA 也是由四种核苷酸通过 3′, 5′-磷酸二酯键连接而成。与 DNA 分子的区别在于, RNA 中的尿嘧啶替代了 DNA 中的胸腺嘧啶, 因此组成 RNA 的四种核苷酸为腺苷酸、鸟苷酸、胞苷酸和尿苷酸。此外, RNA 分子中的戊糖是核糖。大部分 RNA 分子以单链形式存在, 但在 RNA 分子内的某些区域, RNA 单链仍可折叠，并按碱基互补原则形成局部双螺旋结构，这种双螺旋结构呈发夹样，也称为 RNA 的发夹结构（图 3 -6）。

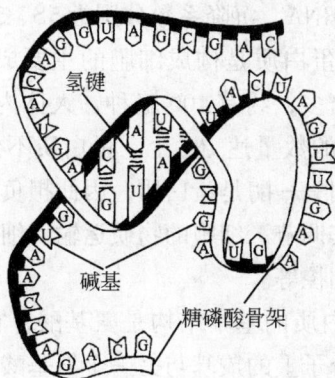

图 3 -6　RNA 的结构（引自 B. Alberts et al）

按结构和功能不同，细胞中的 RNA 分为信使 RNA（messenger RNA，mRNA）、转运 RNA（transfer RNA，tRNA）和核糖体 RNA（ribosomal RNA，rRNA）三类。

mRNA 约占细胞内总 RNA 的 5% ～10%。其含量虽少，但种类甚多而且极不均一，例如每个哺乳类动物细胞可含有数千种大小不同的 mRNA。其功能是转录 DNA 分子中的遗传信息，并带到核糖体上，作为蛋白质合成的模板。

tRNA 约占细胞总 RNA 的 5% ～10%，其分子较小，由 70 ～90 个核苷酸组成。tRNA 为单链结构，但有部分折叠成假双链，整个分子结构呈三叶草形（图 3 -7）：靠近柄部的一端，即游离的 3′有 CCA3 个碱基，以共价键与特定氨基酸结合；与柄部相对应的另一端呈球形，称为反密码环，反密码环上的三个碱基组成反密码子（anticodon），反密码子能与 mRNA 上密码子互补结合，因此每种 tRNA 只能转运一种特定的氨基酸，而参与蛋白质合成。

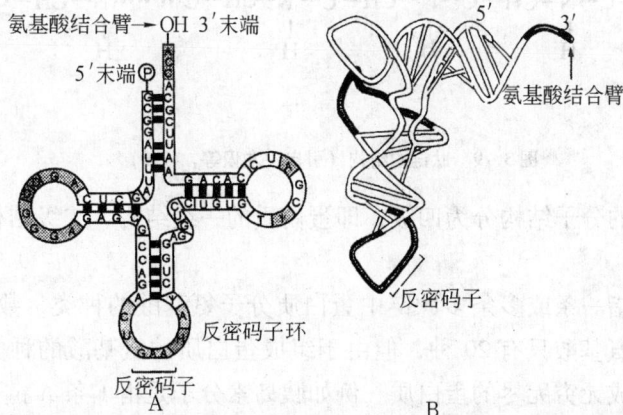

图 3 -7　tRNA 的三叶型结构（引自 B. Alberts et al）

A. tRNA 的三叶型结构模式图　B. tRNA 空间结构模式图

rRNA 在细胞中的含量较丰富，约占 RNA 总量的 80%～90%，其分子量在三种 RNA 中也最大。rRNA 是核糖体的主要成分，约占核糖体总量的 60%，其余的 40% 为蛋白质。在真核细胞中有 4 种 rRNA，沉降系数分别为 5S、5.8S、18S 和 28S。

2. 蛋白质（protein）　　蛋白质是构成细胞的主要成分，约占细胞干重的 50% 以上。自然界中蛋白质的种类繁多，约有 100 亿种，人体内约有 10 万种以上。一个细胞中约含有 10^4 种蛋白质，分子的数量达 10^{11} 个。蛋白质不仅决定细胞的形状和结构，更重要的是，生物专有的催化剂——酶是蛋白质，因此担负着许多重要的生理功能。如细胞代谢过程中的催化反应及其调节、细胞的物质运输、细胞运动、细胞间识别和信息传递、免疫防御和基因表达的调控等。

（1）蛋白质的结构　　蛋白质的基本结构是氨基酸，它们按一定的排列顺序以肽键相连接。肽键是一个氨基酸分子上的羧基与另一个氨基酸分子上的氨基经脱水缩合而成的化学键（图 3-8）。氨基酸通过肽键而连接成的化合物称为肽（peptide），由两个氨基酸连接而成的称为二肽，三个氨基酸连接而成的称为三肽，多个氨基酸连接而成的称为多肽或多肽链（图 3-9）。每条多肽链都有一端是氨基端常称 N 端，另一端是羧基端常称 C 端。多肽链是蛋白质分子的骨架，其中的每个氨基酸称为氨基酸残基，组成蛋白质的氨基酸残基的差异体现出蛋白质的特征。

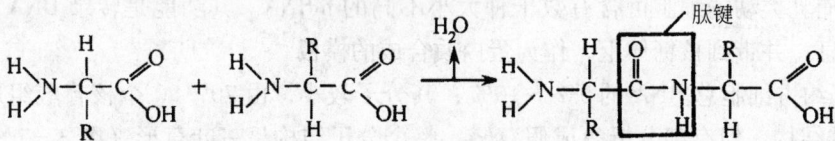

图 3-8　肽键的形成（引自　左伋等，1999）

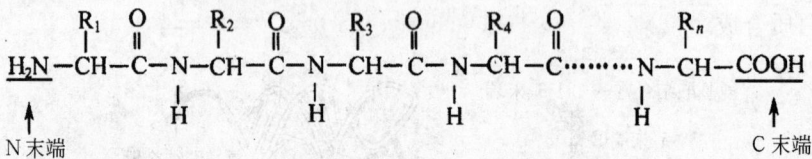

图 3-9　肽链的结构（引自　左伋等，1999）

通常将蛋白质的分子结构分为四级，即蛋白质的一级结构、二级结构、三级结构和四级结构。

一级结构　　是指一条或多条多肽链中蛋白质分子氨基酸的种类、数目和排列顺序。虽然组成蛋白质的氨基酸只有 20 种，但由于组成蛋白质的氨基酸的种类、数目和排列顺序不同，可以形成无穷无尽的蛋白质。例如胰岛素分子是由 1 条 A 链（21 个氨基酸）和 1 条 B 链（30 个氨基酸）组成，两条链共 51 个氨基酸，A、B 之间有 2 个二硫键和 1 个链内二硫键（图 3-10）。不同蛋白质具有不同的一级结构，并决定其各自特定的空间结构，一级结构是蛋白质功能的基础，如果氨基酸的排列顺序发生变化，将会形成异常的蛋白质分子。例如，在人体的血红蛋白中，如果 β 链上的第六位谷氨酸被缬氨酸替代，则形成异常血红蛋白，导致人体镰刀形红细胞贫血症。

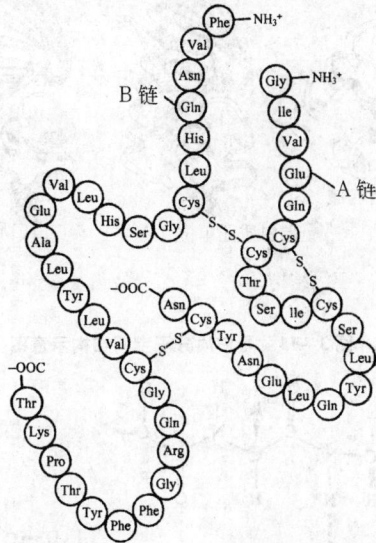

图 3－10　人胰岛素分子的一级结构（引自　左伋等，1999）

二级结构　是在蛋白质一级结构基础上形成的，是多肽链主链骨架中的若干肽段，各自沿着某个轴盘旋或折叠，并以氢键维持形成三维立体空间结构。主要有以下两种基本构象。

α 螺旋（αhelix）　是肽链以右手螺旋盘绕而成的空心筒状构象（图 3 －11）。α 螺旋中，多肽链沿着螺旋轨道盘旋，每 3.6 个氨基酸盘旋一周，相邻的两个螺旋之间借肽链上的 －NH－中基的 H 与 －CO－基的 O，以静电相互吸引，形成比较牢固的链内氢键，氢键与螺旋长轴平行。主要存在于球状蛋白分子中，如肌红蛋白分子中约有 75% 的肽链呈 α 螺旋。

β 折叠（βpleated sheet）　在 β 折叠结构中，多肽链分子处于伸展状态，多肽链来回折叠，呈反向平行，相邻肽段肽键之间形成的氢键，使多肽链牢固结合在一起（图 3 －12）。β 折叠主要存在于纤维状蛋白如角蛋白中，但在大部分蛋白质中这两种结构同时存在。

三级结构　是肽链在二级结构的基础之上进一步折叠，有的区域为 α 螺旋或 β 折叠，其他区域则为随机卷曲，形成蛋白质不规则的空间构象。参加三级结构的化学键有氢键、酯键、离子键和疏水键等。具有三级结构的蛋白质分子即可表现出生物学活性（图 3 －11）。

四级结构　是在三级结构基础之上形成的。在四级结构中每个独立的三级结构的肽链成为亚单位，多肽链亚单位之间通过氢键等非共价键的相互作用，形成更为复杂的空间结构。这样，只有亚单位集结在一起的四级结构才显示出蛋白质分子的生物学活性，机体中的大部分酶类在发挥作用时即表现为四级结构（图 3 -11）。

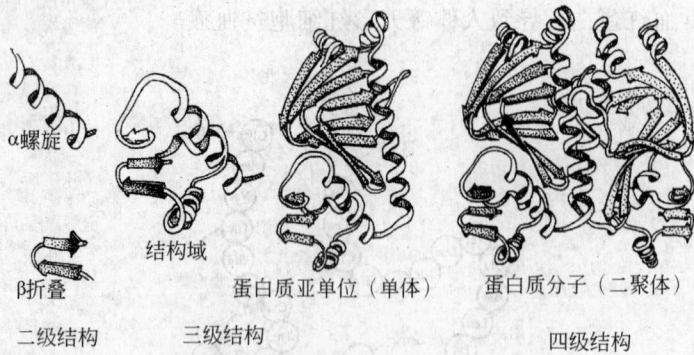

图 3 -11　蛋白质分子空间结构示意图

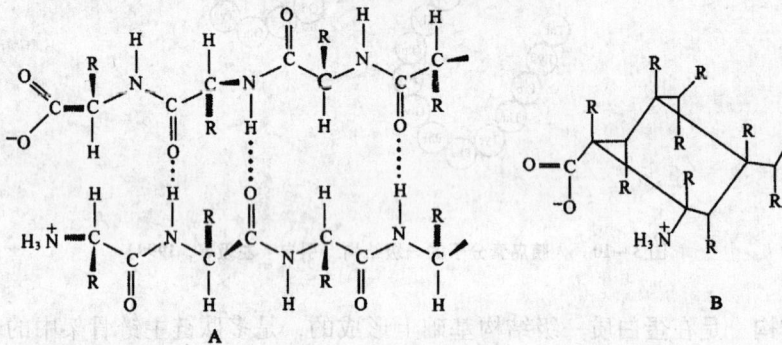

图 3 -12　β折叠分子结构的一部分（引自 Schmid，1982）

A. 顶面观；B. 概观

（2）蛋白质的功能　蛋白质是生命的物质基础之一，是构成细胞结构的主要成分，并且具有多种重要的生物学功能：①结构和支持作用：蛋白质是构成生物体的主要成分，也是机体支持结构的主要成分。如骨骼、肌腱中均含有胶原蛋白。②催化作用：蛋白质参与细胞内的各种代谢活动。酶是一类特殊蛋白质，它催化生物体内各种复杂的化学反应，如果酶发生异常，可导致新陈代谢障碍而产生各种疾病。③运输和传导作用：如血红蛋白，可运输 O_2 和 CO_2；膜上受体蛋白参与化学信息的传递。④收缩作用：如肌动蛋白和肌球蛋白的相互滑动导致肌肉收缩。⑤免疫保护作用：如免疫球蛋白，可以抵抗病原的侵袭，使机体免受损伤。⑥调节作用：机体内的许多激素都是蛋白质，如胰岛素是蛋白类激素，它可以维持血糖浓度的恒定等。

第二节　原核细胞与真核细胞

根据细胞的进化程度，可将细胞分为两大类，即原核细胞（prokaryotic cell）和真核细胞（eukaryotic cell）。

一、原核细胞

原核细胞结构简单，仅由细胞膜包绕，在细胞质内含有 DNA 区域，但无被膜包围，该区域一般称为拟核（nucleoid）。拟核内仅含有一条不与组蛋白结合的裸露 DNA 链。此外，原核细胞的细胞质中没有内质网、高尔基复合体、溶酶体，以及线粒体等膜性细胞器，但含有核糖体。与真核细胞相比，原核细胞较小，直径约为 1 微米到数微米。原核细胞的另一特点是在细胞膜之外，有一坚韧的细胞壁（cell wall），主要成分是蛋白多糖和糖脂。常见的原核细胞有支原体、细菌、放线菌和蓝绿藻等，其中支原体是最小的原核细胞。原核细胞构成的生物称为原核生物。

（一）支原体

支原体（mycoplasma）的大小通常为 $0.2 \sim 0.3 \mu m$，可通过滤菌器。无细胞壁，不能维持固定的形态而呈现多形性。细胞膜中胆固醇含量较多，约占 36%，这对保持细胞膜的完整性是必需的，凡能作用于胆固醇的物质（如二性霉素 B、皂素等）均可引起支原体膜的破坏而使支原体死亡。支原体基因组为一环状双链 DNA，分子量小，合成与代谢很有限。细胞质中仅有核糖体。

（二）细菌

细菌（bacteria）是原核生物的主要代表，在自然界之中广泛分布，常见的有球菌、杆菌和螺旋菌，许多细菌可导致发生人类疾病。

细菌的外表面为一层坚固的细胞壁，其主要成分为肽聚糖（peptidoglycan）。有时在细胞壁之外还有一层由多肽和多糖组成的荚膜（capsula），荚膜具有保护作用，也是细菌在真核细胞内寄生的保护伞。在细胞壁里面为由脂质分子和蛋白质组成的细胞膜。细菌的细胞膜比较特殊，常可分为细胞膜内膜、细胞膜外膜，以及内外膜中间的间隙。有些蛋白位于外膜上，称为外膜蛋白，位于内膜上的蛋白称为内膜蛋白，还有些蛋白贯穿于内外膜。细菌的细胞膜上还含有某些代谢反应的酶类，如组成呼吸链的酶类。此外，细菌的细胞膜有时可内陷，形成中间体（mesosome），它与 DNA 的复制和细胞分裂有关（图 3 - 13）。

细菌的细胞质内的拟核区域含有环状 DNA 分子，其结构特点是很少有重复序列，构成某一基因的编码序列排列在一起，无内含子。除此之外，在细菌的细胞质内还含有 DNA 以外的遗传物质，通常是一些小的能够自我复制的环状质粒（plasmid）。细菌的细胞质中含有丰富的核糖体，每个细菌约含 5000 ~ 50000 个，其中大部分游离于细胞质中，只有一小部分附着在细胞膜的内表面。细菌核糖体是细菌合成蛋白质的场所。细菌蛋白质合成的特点是，在细胞质内转录与翻译同时进行，即一边转录一边翻译，无需对转录而来的 mRNA 进行加工。

二、真核细胞

真核细胞由原核细胞进化而来，因此较原核细胞结构复杂。由真核细胞组成的生物

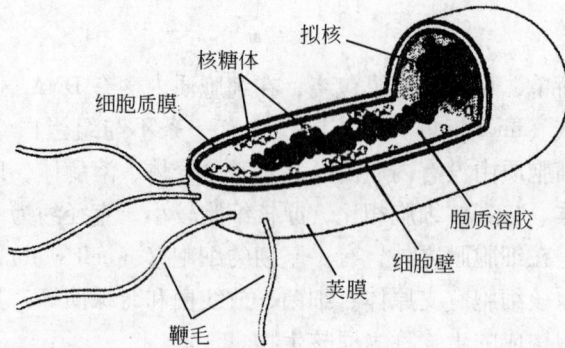

图 3 - 13　典型的细菌形态结构（引自　Kleinsmith et al, 1995）

称为真核生物，包括单细胞生物（如酵母）、原生生物、动植物及人类等。真核细胞区别于原核细胞的最主要特征是出现有核膜包围的细胞核。

（一）真核细胞的基本结构

在光学显微镜下，真核细胞可分为细胞膜（cell membrane）、细胞质（cytoplasm）和细胞核（nucleus）。电子显微镜下，在细胞质中可以看到由单位膜组成的膜性细胞器，如内质网、高尔基复合体、线粒体、溶酶体、过氧化物酶体，以及微丝、微管、中间纤维等骨架系统。在细胞核中也可看到一些微细结构，如染色质、核骨架。一般将在光学显微镜下看到的结构称为显微结构，而把在电镜下看到的结构称为亚显微结构（图3 - 14）。可以从下述三个方面来理解真核细胞的结构特点。

1. 生物膜结构　细胞表面的一层单位膜，特称为质膜（plasmolemma；plasma membrane）。真核细胞除了具有质膜、核膜外，发达的细胞内膜形成了许多功能区隔。由膜围成的各种细胞器，如核膜、内质网、高尔基体、线粒体、叶绿体（chloroplast）、溶酶体等，在结构上形成了一个连续的体系，称为内膜系统（endomembrane system）。内膜系统将细胞质分隔成不同的区域，即所谓的区隔化（compartmentalization），它不仅使细胞内表面积增加了数十倍，各种生化反应能够有条不紊地进行，而且细胞代谢能力也比原核细胞大为提高。

2. 细胞核与遗传信息　细胞核（nucleus）是细胞内最重要的细胞器，核表面是由双层膜构成的核被膜（nuclear envelope），核内有遗传物质，在间期时遗传物质结构疏松，称为染色质（chromatin）；有丝分裂过程中染色质凝缩变短，称为染色体（chromosome）。真核细胞的 DNA 是以与蛋白质结合形式而存在的，并被包装成为高度有序的染色质结构。DNA 与蛋白质的结合与包装程度决定了 DNA 复制和遗传信息的表达，即使是转录产物 RNA 也是以与蛋白质结合的颗粒状结构存在。

3. 细胞质　存在于质膜与核被膜之间的原生质称为细胞质（cytoplasm），细胞质中具有可辨认形态和能够完成特定功能的结构叫做细胞器（organelles）。除细胞器外，细胞质的其余部分称为细胞质基质（cytoplasmic matrix）或胞质溶胶（cytosol），其体积约占细胞质的一半。细胞质基质并不是均一的溶胶结构，其中还含有由微管、微丝和中间纤维组成的细胞骨架结构。细胞质溶胶中的蛋白质很大一部分是酶，多数代谢反应都在细胞质溶胶中进行，如糖酵解、糖异生，以及核苷酸、氨基酸、脂肪酸和糖的生物合成反应。细胞质中可见许多游离的核糖体，它们是细胞的结构蛋白合成的场所。细胞质溶胶的化学组成除大分子蛋白质、多糖、脂蛋白和 RNA 之外，还含有小分子物质水和无机离子 K^+、Na^+、Cl^-、Mg^{2+} 和 Ca^{2+} 等。真核细胞具有复杂的细胞器，各自承担不同的功能，它们彼此分工协作、协调运作，共同完成细胞的各种生命活动。

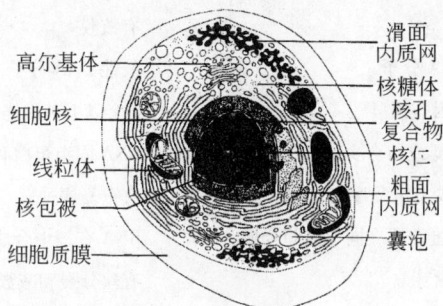

图 3-14　动物细胞的结构（引自　Wolfe，1993）

（二）真核细胞的形态与大小

由于结构、功能和所处的环境不同，各类细胞形态千差万别，有圆形、椭圆形、柱形、方形、多角形、扁形、梭形，甚至不定形。

原核细胞的形状常与细胞外沉积物（如细胞壁）有关，如细菌细胞呈棒形、球形、弧形、螺旋形等不同形状。单细胞的动物或植物形状更复杂一些，如草履虫像鞋底状，眼虫呈梭形且带有长鞭毛，钟形虫呈袋状。

高等生物的细胞形状与细胞功能和细胞间的相互关系有关。如动物体内具有收缩功能的肌肉细胞呈长条形或长梭形；红细胞为圆盘状，有利于 O_2 和 CO_2 的气体交换。植物叶表皮的保卫细胞成半月形，两个细胞围成一个气孔，以利于呼吸和蒸腾。细胞离开了有机体分散存在时，形状往往发生变化，如平滑肌细胞在体内成梭形，而在离体培养时则可成多角形。

一般说来，真核细胞的体积大于原核细胞，卵细胞大于体细胞。大多数动植物细胞直径一般在 $20 \sim 30 \mu m$ 间。鸵鸟的卵黄直径可达 5cm，支原体仅 $0.1 \mu m$，人的坐骨神经细胞可长达 1m。

三、原核细胞与真核细胞的比较

真核细胞与原核细胞在结构上存在很大差异，除此之外，真核细胞与原核细胞在基因组（genome）组成上也有显著差异，主要有三个方面：①真核细胞含有更多的 DNA，比原核细胞蕴藏着更多的遗传信息。即使是最简单的酵母，其 DNA 含量也比大肠杆菌多 4 倍。此外，真核细胞的 DNA 呈线状并被包装成高度凝集的染色质结构。②真核细胞的线粒体中含有少量的 DNA，可编码线粒体 tRNA、rRNA 和组成线粒体的少数蛋白。③真核细胞 DNA 转录与翻译分开进行，且 mRNA 在合成之后，必须在细胞核内经过剪接加工，再运到细胞质中翻译成蛋白。而原核细胞的 DNA 转录与蛋白质翻译同时进行，也无需对 mRNA 进行加工。原核细胞与真核细胞的比较（表 3 - 1）。

表 3 - 1　原核细胞与真核细胞的区别

区别		原核细胞	真核细胞
大小		1～10μm	10～100μm
细胞核		无核膜	有核膜
染色体	形状	环状 DNA 分子	线性 DNA 分子
	数目	一个基因连锁群	2 个以上基因连锁群
	组成	DNA 裸露或结合少量蛋白质	DNA 同组蛋白和非组蛋白结合
DNA 序列		无或很少有重复序列	有重复序列
基因表达		RNA 和蛋白质在同一区间合成	RNA 在核中合成和加工；蛋白质在细胞质中合成
细胞分裂		二分或出芽	有丝分裂和减数分裂，少数出芽生殖
内膜		无独立的内膜	有，分化成各种细胞器
鞭毛构成		鞭毛蛋白	微管蛋白
核糖体		70S（50S +30S）	80S（60S +40S）
细胞壁		肽聚糖	纤维素（cellulose）（植物细胞）

第四章　细胞膜与跨膜运输

细胞膜（cell membrane）又称细胞质膜（plasma membrane），是指围绕在细胞最外层，由脂质和蛋白质以非共价键结合形成的薄层结构。细胞膜是细胞的基本结构之一，其主要功能是将细胞内环境与细胞外环境隔开，使细胞具有一个相对稳定的内环境，同时在细胞与环境之间进行物质能量交换及信息传递过程中也起着重要作用。

真核细胞除细胞膜外，细胞内还有许多与其结构基本相同的膜结构，如内质网膜、高尔基复合体膜、溶酶体膜等。细胞内的膜与细胞膜统称为生物膜（biomembrane）。生命科学中的许多重大问题，都与生物膜有着重要的关系。所以，生物膜结构和功能研究是一个活跃的研究领域，曾有人统计，诺贝尔医学生理奖中约有一半授予了与生物膜有关的研究领域的学者。本章对细胞膜结构及其跨膜运输功能的阐述，亦有助于对整个生物膜结构与功能有一个基本的了解。

第一节　细胞膜的化学组成

对多种细胞膜的组分分析结果表明，除了水以外，细胞膜的主要组分为脂类和蛋白质，称为膜脂和膜蛋白，膜脂是膜的基本骨架，膜蛋白是膜功能的主要体现者。此外细胞膜中还含有少量的糖及金属离子，其中糖类主要以糖脂和糖蛋白的形式存在。

因细胞种类不同，细胞膜中各种化学组分，特别是脂质与蛋白质的比例，可有很大的差异，其一般规律是，功能复杂的细胞，膜中所含的蛋白质种类和数量较多，而在功能简单的细胞，则蛋白质的种类和数量较少。多数的动物细胞膜通常含有等量的脂类和蛋白质（表4-1）。

表4-1　膜脂与膜蛋白含量的比例

膜的种类	蛋白质	脂质	蛋白质/脂质
神经髓鞘	18	79	0.23
红细胞膜	60~80	20~40	1.5~4
血小板	38	58	0.7
线粒体	76	24	3.1
HeLa	60	40	1.5
细菌	70~80	20~30	2~4

一、膜脂

膜脂（membrane lipids）是生物膜的基本组成成分，动物细胞每平方微米的细胞膜上约有 5×10^6 个脂分子。

（一）膜脂的类型

生物膜上的脂类具有多样性，动物细胞膜上常见的有9种，属于磷脂、糖脂和胆固醇三种类型。

1. 磷脂 大多数膜脂都含有磷酸基团，称为磷脂（phospholipid），约占整个膜脂的50%以上。机体中主要含有两大类磷脂，大多数是以甘油为骨架构成的甘油磷脂（phosphoglyceride）；另一类是含量较少的以神经鞘氨醇为骨架构成鞘磷脂（sphingolipid）。其结构特点是：具有由磷酸相连的取代基团（含氨碱或醇类）构成的亲水头部，和由脂肪酸链构成的疏水尾部。在生物膜中磷脂的亲水头位于膜表面，而疏水尾位于膜内侧。

磷酸相连的取代基团最常见的是胆碱（形成磷脂酰胆碱，PC，旧称卵磷脂，鞘脂类中鞘磷脂，SM）、乙醇胺（形成磷脂酰乙醇胺，PE，旧称脑磷脂）、丝氨酸（形成磷脂酰丝氨酸，PS）、肌醇（形成磷脂酰肌醇，PI）。

2. 糖脂 糖脂（glocolipid）是含糖而不含磷酸的脂类，普遍存在于原核和真核细胞的细胞膜上，其含量约占膜脂总量的5%以下，在神经细胞膜上糖脂含量较高，约占 5%~10%。糖脂结构与鞘磷脂很相似，只是由一个或多个糖残基代替了磷脂酰胆碱而与鞘氨醇的羟基结合。

最简单的糖脂是半乳糖脑苷脂，它只有一个半乳糖残基作为极性头部，在髓鞘的多层膜中含量丰富；变化最多、最复杂的糖脂是神经节苷脂，其头部包含一个或几个唾液酸和糖的残基。神经节苷脂是神经元质膜中具有特征性的成分。儿童所患的家族性白痴病（Tay–sachs disease）就是因为在其细胞内缺乏氨基己糖脂酶，不能将神经节苷脂GM2 加工成为 GM3，结果大量的 GM2 累积在神经细胞中，导致中枢神经系统退化。神经节苷脂本身就是一类膜上的受体，已知破伤风毒素、霍乱毒素、干扰素、促甲状腺素、绒毛膜促性腺激素和5–羟色胺等的受体就是不同的神经节苷脂。

3. 胆固醇 胆固醇（cholesterol）是真核细胞膜上的中性脂类。约占整个膜脂的20%~30%，红细胞、肝细胞、有髓鞘的神经细胞膜上含有相对较多胆固醇，约占膜脂的 1/3，它由 4 个固醇环相连在一起构成，具有刚韧性结构特点。胆固醇亲水的羟基头部紧靠磷脂极性头部，将固醇的部分固定在近磷脂头部碳氢链上，其余部分游离。由实验可知，膜脂中的胆固醇可以防止磷脂碳氢链的聚集，具有调节膜流动性，降低水溶性物质的通透性的作用。如在缺少胆固醇的培养基中，不能合成胆固醇的突变细胞株很快发生自溶。

（二）膜脂的共同特点

每种类型的生物膜有各自特殊的脂类组成，不同类型的脂分子具有不同性质的头部基团和特定的脂肪酸链。但所有的膜脂都是两性的，即同时具有疏水和亲水区域。这一共同特性使膜脂可以通过自组装形成脂质体结构。

1. 双亲媒性分子 以磷脂为例，由于磷酸和碱基带有不同的电荷，所以是极性分子，是亲水性的；磷脂分子的两条脂肪酸链是非极性分子，不能和水分子结合，表现出明显的疏水性质，这种既亲水又疏水的分子称为双亲媒性分子，也称兼性分子。

膜脂分子均含有亲水性的头部和疏水性的尾部，均为兼性分子。其结构特点为头部亲水而面向水面，在水相中，可形成团粒或片状双层。

2. 脂质体 脂质体（liposome）是根据磷脂分子可在水相中形成稳定的脂双层膜的趋势而制备的人工膜。在水中磷脂分子亲水头部插入水中，疏水尾部伸向空气，搅动后形成双层脂分子的球形脂质体（图4-1b），直径25～1000nm不等。脂质体可用于转基因或制备的药物。利用脂质体可以和细胞膜融合的特点，将药物送入细胞内部（图4-1d）。

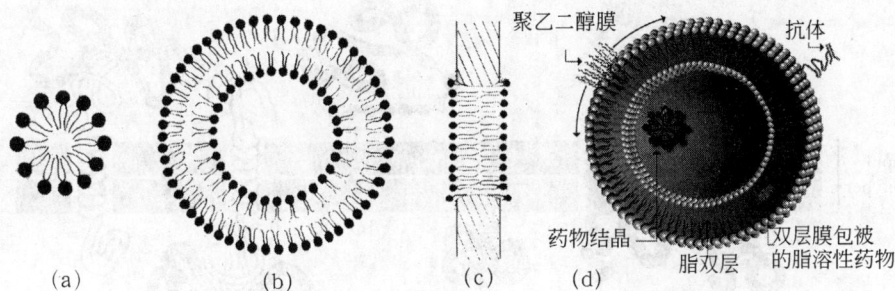

图4-1 脂质体的类型（根据 Gerald Karp 2002 修改）
（a）水溶液中的磷脂分子团；（b）球形脂质体；（c）平面脂质体膜；（d）用于疾病治疗的脂质体的示意图

二、膜蛋白

膜蛋白（membrane protein）是膜功能的主要体现者。膜功能的差异主要在于所含蛋白质的不同。

（一）膜蛋白的类型

根据与膜脂分子的结合方式，膜蛋白可分为整合蛋白、外周蛋白和脂锚定蛋白三类。

1. 整合蛋白 整合蛋白（integral protein）又称内在蛋白（intrinsic protein），是指部分或全部镶嵌在细胞膜中或内外两侧，以非极性氨基酸与脂双分子层的非极性疏水区相互作用而结合在质膜上的蛋白分子。整合蛋白约占膜蛋白总量的70%～80%，是膜功能的主要体现者。由于存在疏水结构域，整合蛋白与膜的结合非常紧密，只有在较剧烈的条件下用去垢剂（detergent）才能从膜上洗涤下来，如离子型去垢剂 SDS，非离子型去垢剂 Triton – X 100。

2. 外周蛋白　外周蛋白（peripheral protein）又称附着蛋白（protein – attached）。这种蛋白完全外露在脂双层的内外两侧，主要是通过非共价键附着在脂的极性头部，或整合蛋白亲水区的一侧，间接与膜结合。外周蛋白为水溶性，占膜蛋白总量的 20% ~ 30%。一般用比较温和的处理，如改变溶液的离子强度及 pH，甚至提高温度就可以从膜上分离溶解下来。外周蛋白可以增加膜的强度，或是作为酶启动某种特定的反应，或是参与信号分子的识别和信号转导。

3. 脂锚定蛋白　脂锚定蛋白（lipid – anchored protein）又称脂连接蛋白（lipid – linked protein），是指位于脂双层的外侧，通过共价键的方式同脂分子结合的蛋白质分子。这些蛋白质同脂的结合有两种方式，一种是蛋白质直接结合于脂双分子层，如三聚体 GTP 结合调节蛋白的 α 和 γ 亚基（图 4 – 2③）；另一种方式是蛋白并不直接同脂结合，而是通过一个糖分子间接同脂结合，如糖磷脂酰肌醇（GPI）连接的蛋白（图 4 – 2④）。

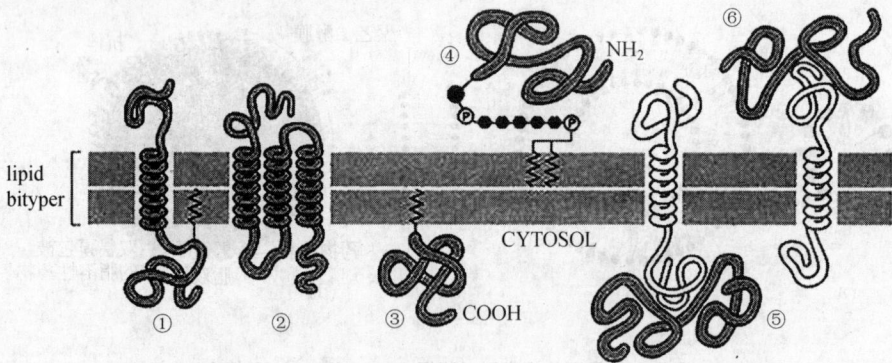

图 4 – 2　蛋白与膜的结合方式
①、②镶嵌蛋白；③、④脂锚定蛋白；⑤、⑥外周蛋白

（二）膜蛋白的功能

膜蛋白的功能是多方面的。有些膜蛋白是酶，使专一的化学反应能在膜上进行。有些膜蛋白可作为"载体"而将物质转运进出细胞。有些膜蛋白是激素或其他化学物质的专一受体，如甲状腺细胞上有接受来自脑垂体的促甲状腺素的受体。细胞的识别功能也决定于膜表面的蛋白质。这些蛋白常常是表面抗原。表面抗原能和特异的抗体结合，如人细胞表面有一种蛋白质抗原 HLA，是一种变化极多的二聚体。不同的人有不同的 HLA 分子，器官移植时，被植入的器官常常被排斥，这就是因为植入细胞的 HLA 分子不为受体所接受之故。

三、膜糖

真核细胞的细胞膜上含有糖类，约占膜成分的 2%～10%。细胞膜上 90% 以上的糖类以共价键形式与蛋白质（多肽链）连接形成糖蛋白，剩余的糖类共价结合到膜脂分子上形成糖脂。细胞膜上所有的糖链都分布在细胞膜的外表面，而细胞内膜上的糖链都背向细胞质一侧。糖蛋白和糖脂中的糖以较短的支链寡糖形式出现，一般每条糖链少于 15 个单糖残基。这些糖主要由葡萄糖、半乳糖、乙酰氨基葡萄糖、乙酰氨基半乳糖、岩藻糖、甘露糖及唾液酸等以糖苷键连成链状。

糖蛋白的寡糖链在介导细胞和周围环境的相互作用以及分选膜蛋白到不同的细胞组分都起了很重要的作用。红细胞质膜上的糖脂中的糖链决定一个人的血型是 A、B、AB 或 O 型。A 血型的人有一种将 N－乙酰半乳糖胺加在糖链末端的酶，而 B 血型的人有一种在糖链末端加上半乳糖的酶。AB 血型的人具有上述两种酶，而 O 型血的人缺乏在糖链末端加入任何一种糖基的酶。

第二节　细胞膜的分子结构

由于细胞膜很薄，达不到光镜所能分辨的极限，在光镜下不能真正看到，所见的只是细胞与外界环境之间有一个折光性和着色程度不同的界限。所以，早期对细胞膜的概念是从研究细胞的功能中推断出的。如把细胞放在低渗液中，细胞会膨胀，证明具通透性膜，只让水进入，不让里面的物质流出。再如用显微操作针刺细胞表面，感到阻力和弹性，刺破后内部物质流出，证明表面有膜存在。直到 20 世纪 50 年代，才在电镜下真正见到细胞膜的超微结构。

一、细胞膜的结构模型

1895 年，欧文顿（E. Overton）用 500 多种化学物质对植物细胞的通透性进行过上万次的实验，发现细胞膜对不同物质的通透性不一样：凡是可以溶于脂质的物质，比不能溶于脂质的物质更容易通过细胞膜进入细胞。于是他提出膜是由脂质组成的。

20 世纪初，科学家将细胞膜从哺乳动物红细胞中分离出来。化学分析表明，膜的主要成分是磷脂和蛋白质。1925 年，荷兰科学家戈特（E. Gorter）和格伦德尔（F. Grendel）用丙酮抽提红细胞膜结构，计算出红细胞膜平铺面积同其表面积之比约为两倍。由此提出脂质双分子层模型。

1935 年，J. Danielli 和 H. Davson 发现质膜的表面张力比油－水界面的张力低得多，推测膜中含有蛋白质，从而提出了"蛋白质－脂类－蛋白质"的片层结构模型（Lamella structure model）。认为质膜由双层脂类分子及其内外表面附着的蛋白质构成的。

1959 年，罗伯特森（J. D. Robertson）利用电子显微镜技术对各种膜结构进行了详细研究，发现细胞膜在电镜下显示为"暗—明—暗"三层，总厚度为 7.5nm，中间层为 3.5nm，内外两层各为 2nm。并推测：暗层是蛋白质，透明层是脂，并建议将这种结构称为单位膜。提出了单位膜模型（unit membrane model）。该模型提出各种生物膜在形态上的共性，单位膜的概念也一直沿用至今。

1972 年，美国加州大学的辛格（S. J. Singer）和尼克森（G. L. Nicolson）提出了流动镶嵌模型（fluid mosaic model）。这种观点主张，流动的脂双层构成膜的连续主体，球形的膜蛋白质以各种镶嵌形式与脂双分子层相结合，而且膜的结构处于流体变化之中。

随着实验技术的进步，学者们又陆续提出了：强调生物膜的膜脂处于液态流动性和晶态有序性之间动态转变的"晶格镶嵌模型"；强调生物膜是由具有流动性程度不同的"板块"镶嵌而成的"板块镶嵌模型"；强调生物膜上由胆固醇富集形成有序脂相，如同"脂筏"一样载着各种蛋白的脂筏模型（lipid rafts model）。事实上，这些模型与流动镶嵌模型并无本质差别，只不过是对膜的流动性的分子基础作出解释，因而是对流动镶嵌模型的补充。目前被最广泛接受和认可的关于膜结构的基本观点，仍然是流动镶嵌模型。

综上所述，目前对细胞膜和生物膜结构的认识可归纳如下（图 4 - 3）。

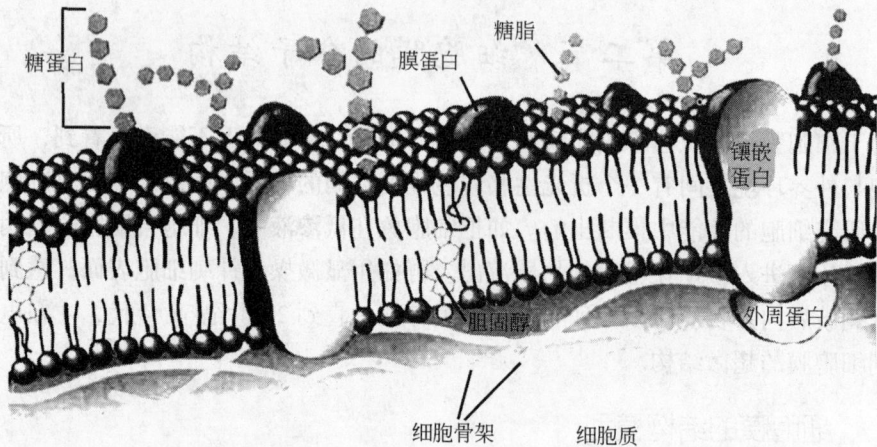

图 4 - 3　细胞膜的结构模型

（1）具有极性头部和非极性尾部的类脂分子在水环境中以疏水性非极性尾部相对，极性头部朝向水相，自发形成封闭的类脂双分子层膜系统，膜脂是组成生物膜的基本结构成分。

（2）蛋白分子以不同方式镶嵌在脂双层分子中或结合在其表面，蛋白的类型、蛋白分布的不对称性及其与脂分子的协同作用赋予生物膜具有各自的特性与功能，膜蛋白是生物膜功能的主要决定者。

（3）生物膜是嵌有蛋白质的类脂双分子层二维流体，具有一定的流动性。大多数蛋白质分子和类脂分子都能够以进行横向扩散的形式运动，然而膜蛋白与膜脂之间，膜蛋白与膜蛋白之间及其与膜两侧其他生物大分子的复杂的相互作用，在不同程度上限制了膜蛋白和膜脂的流动性。

（4）在细胞膜的外表，有一层由细胞膜上的蛋白质与糖类结合形成的糖蛋白，叫做糖被。它在细胞生命活动中具有重要的功能。

二、细胞膜的基本特性

流动镶嵌模型认为细胞膜由流动的脂双层和嵌在其中的蛋白质组成，突出了膜的流动性和不对称性。

（一）膜的流动性

膜的流动性（membrame fluidity）是膜脂与膜蛋白处于不断的运动状态，包括膜脂的流动性和膜蛋白的运动性。

1. 膜脂的流动性 在生理条件下（生理温度），膜脂分子多呈能流动具有一定形状和体积的物态，即液晶态；当温度下降到某一点时，脂分子从液晶态转变为凝胶状不流动的物态，即晶态；温度上升时，晶态又溶解为液晶态。这种变化称为相变，能引起相变的温度称为相变温度。膜脂质分子在相变温度以上时，有以下几种主要的运动方式（图 4 - 4）：

（1）侧向扩散 同一平面上相邻的脂分子沿膜平面不断侧向移动交换位置。

（2）旋转运动 膜脂分子围绕与膜平面垂直的轴进行快速旋转。

（3）摆动运动 膜脂分子围绕与膜平面垂直的轴进行左右摆动。

（4）伸缩震荡 脂肪酸链沿着纵轴进行伸缩震荡运动。

（5）翻转运动 膜脂分子在双分子层之间，由一层侧翻至另一层，这种运动极少发生。

（6）旋转异构 脂肪酸链围绕 C - C 键旋转，导致异构化运动。

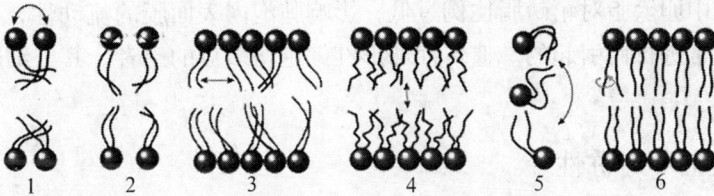

图 4 - 4 膜脂的分子运动

膜脂的流动性受着一些因素的影响，主要有：

（1）温度 当环境温度在相变温度以上时，膜脂分子处于流动的液晶态；而在相变温度以下时，则处于不流动的晶态。膜脂相变温度越低，膜脂流动性就越大；反之，相变温度越高，膜脂的流动性也就越小。

（2）膜脂的脂肪酸链饱和程度 饱和程度高的脂肪酸链因紧密有序地排列，因而流动性小；而不饱和脂肪酸链由于不饱和键的存在，使分子间排列疏松而无序，相变温度降低，从而增强了膜的流动性。脂肪酸链的长度对膜脂的流动性也有影响：随着脂肪酸链的增长，链尾相互作用的机会增多，易于凝集，相变温度增高，流动性下降。

（3）胆固醇含量 胆固醇对膜脂流动性的调节作用随温度的不同而改变。在相变温度以上，它能使磷脂的脂肪酸链的运动性减弱，从而降低膜脂的流动性。而在相变温度以下时，胆固醇可通过阻止磷脂脂肪酸链的相互作用，缓解低温所引起的膜脂流动性剧烈下降。

2. 膜蛋白的运动性　膜蛋白分子在膜平面中进行移动的过程称膜蛋白扩散。主要有两种方式：

（1）转动扩散　即垂直于膜平面绕自身主轴而旋转。

（2）侧向扩散　多数膜蛋白能在膜内侧向移动。不同的膜蛋白分子，其侧向扩散的速度有很大差别。

1970 年，Edidin 用细胞融合法首先证明了膜蛋白质具有侧向移动的运动特点，他用发绿色荧光的荧光素标记小鼠细胞膜表面的抗体蛋白，使其与小鼠细胞膜表面的抗原结合。用发红色荧光的罗丹明标记人的抗体蛋白，使其与人红细胞膜上的抗原结合，当小鼠与人的两种细胞融合后，在荧光显微镜下观察膜表面一半绿色光，另一半呈红色光，37℃保温 40min 后，两种颜色的荧光点在融合的新细胞膜上呈均匀分布。

膜蛋白对膜的流动性有影响，膜嵌入蛋白的量愈多，膜的流动性愈小。膜蛋白的运动还受到细胞内部结构的控制，如红细胞膜内一种周围蛋白，形成了网架把膜蛋白的位置固定，不易扩散。

3. 膜流动性的生理意义　膜流动性具有十分重要的生理意义，细胞膜的流动性是保证其正常功能的必要条件。例如跨膜物质运输、细胞信息传递、细胞识别、细胞免疫、细胞分化以及激素的作用等等都与膜的流动性密切相关。当膜的流动性低于一定的阈值时，许多酶的活动和跨膜运输将停止，反之如果流动性过高，又会造成膜的溶解。

有些疾病与膜流动性异常有关，如早产儿出现的呼吸窘迫综合征，是由于肺泡内侧表面活性物质中卵磷脂对鞘磷脂比例过低，影响肺泡内表面膜的流动性，而使 $CO_2 - O_2$ 的交换不能正常进行而引起的。遗传性球形红细胞增多症的患者，其红细胞膜的流动性低于正常人。

（二）膜的不对称性

细胞膜内外两层的组分分布和功能有很大的差异，称为膜的不对称性（asymmetry），各种膜结构都存在着不对称性。

1. 膜蛋白分布的不对称性　膜蛋白的分布是绝对不对称的，膜两侧嵌入蛋白的数量、位置、种类不同，周围蛋白多在膜的内表面，酶蛋白有的只存在于外侧，有的只存在于内侧，就是贯穿于膜的镶嵌蛋白，两个亲水端的长度和氨基酸种类顺序也不相同。

例如血型糖蛋白分子伸向膜内，外侧面的氨基酸残基数目不对称。红细胞膜内侧面分布有血影蛋白而外侧面没有。冰冻蚀刻技术观察胞质面的蛋白质颗粒比细胞外侧面少。

2. 膜脂的不对称性　膜脂不对称性表现在两侧分布的各类脂的含量比例不同，在不同的细胞膜脂不对称性差异很大，不易改变，故脂分子在膜上翻转的几率是很小的。

例如红细胞膜上含胆碱的磷脂，如磷脂酰胆碱、鞘磷脂主要分布在外层；含氨基酸的磷脂如磷脂酰丝氨酸，磷脂酰乙醇胺则主要分布在内层。胆固醇的分布也是不对称的，它倾向集中于细胞膜的外层。糖脂也主要分布于外层。

3. 膜糖的不对称性 糖类主要分布于细胞膜的外表面，与膜脂和膜蛋白结合成糖脂和糖蛋白。

综上所述，细胞膜内外两层的组成分布是不对称的，从而使膜的两侧具有不同的功能，膜的不对称性具有重要的生物学意义。

三、细胞膜的功能概述

在生命的进化过程中，细胞膜的出现可视为由非细胞的原始生命演化为细胞生物的一个转折点。细胞膜的形成使生命体具有更大的相对独立性，并由此获得一个相对稳定的内环境。细胞膜的生物功能可总结如下：

（1）为细胞的生命活动提供相对稳定的内环境的区域化作用。膜是连续完整的薄层，因而它必然会形成封闭的区域。细胞膜包裹整个细胞的所有内含物，使细胞特异性活动的进行很少受到外界的干扰。

（2）为多种生化活动提供构架。膜不仅形成封闭的隔室，且其本身就是一个独立区域。溶液中存在的反应物相对位置不固定，相互作用取决于随机碰撞。膜的存在为细胞提供了一个广阔的构架，使膜内的组分能够有序进行有效的相互作用。

（3）进行选择性的物质运输。细胞膜是一道选择性通透屏障，能阻止分子从一侧到另一侧的自由交换。同时，细胞膜上具有转运物质的装置，能够将物质从膜的一侧运输到另一侧。细胞膜的运输装置致使细胞积累物质，例如糖类和氨基酸这类必需原料，为新陈代谢提供能量并组成自身的大分子物质。细胞膜还能运输特异性的离子，从而形成跨膜的离子梯度，这种能力对于神经和肌肉细胞尤为重要。

（4）进行特异性的信号转导。膜具有受体，受体能和结构互补的特异性分子配体结合。导致细胞膜产生信号，进而促进或抑制细胞内的活性。例如，细胞膜上产生的信号可能告诉细胞生产更多的糖原，为细胞分裂做好准备，释放内部储存的钙离子，或者"自杀"等。

（5）介导细胞间、细胞与基质间的相互作用。多细胞生物的细胞膜位于每个活细胞的外围，介导细胞和相邻细胞间的相互作用。细胞膜能让细胞间相互识别和传递信号，让它们在合适的时候产生黏着，以及交换物质和信息等。

（6）能量转换。膜涉及一种形式的能量转换成另一种形式的能量的过程。最基本的能量转换发生在光合作用中，太阳光能被膜所结合的色素吸收，转换成化学能并储存在糖中。膜也参与将糖类和脂肪中的能量转移到 ATP 中。在真核细胞中，负责能量转换的装置位于叶绿体和线粒体的膜上。

第三节　小分子物质的跨膜运输

细胞膜将细胞的内容物完全包围，是细胞与细胞外环境之间的一道选择性通透屏障。一方面，膜的脂双层能够完美地阻止细胞中带电荷的和极性的分子的流失，包括离子、糖和氨基酸等；另一方面，膜通过一些装置来保障养分、呼吸作用中的气体、激素、废物和其他化合物进出细胞，允许细胞内外必要的物质交换。

物质的跨越膜运输方式最基本的主要有两种：扩散形式的被动运输和与能量偶联的主动运输。

一、被动运输

细胞内外的各种物质浓度有差异，某一物质在细胞内外的浓度差，即为浓度梯度。凡是由高到低顺浓度梯度，只依靠高浓度物质的势能，而不消耗细胞代谢能（分解 ATP）的经膜扩散的转运方式统称为被动运输（passive transport）。具体方式有简单扩散、通道扩散、易化扩散。

（一）简单扩散

简单扩散（simple diffusion）也叫自由扩散（free diffusing），是指脂溶性物质和一些气体分子，顺浓度梯度，直接经脂双分子层扩散的物质跨膜运输方式。

细胞膜能有选择地允许或阻止一些物质通过，细胞膜的这一性能称为膜的通透性（permeability）。

离子和小分子的通透是由本身性质和膜结构属性共同决定的。根据流动镶嵌模型脂双层分子构成膜的基本骨架，脂溶性越高通透性越大，水溶性越高通透性越小；非极性分子比极性容易透过，小分子比大分子容易透过。

非极性的小分子如 O_2、CO_2、N_2 可以很快透过脂双层，不带电荷的极性小分子，如水、尿素、甘油等也可以透过人工脂双层，尽管速度较慢，分子量略大一点的葡萄糖、蔗糖则很难透过，而膜对带电荷的物质如 H^+、Na^+、K^+、Cl^-、HCO_3^- 是高度不通透的（图 4-5）。

事实上细胞的物质转运过程中，透过脂双层的简单扩散现象很少，绝大多数情况下，物质是通过载体或者通道来转运的。

（二）通道扩散（channel diffusion）

Na^+、K^+、Ca^{2+} 等离子是极性很强的水化离子，难以直接穿过脂双层分子，但离子的穿膜运输速度很快，原因是膜上有运送离子的特异通道——离子通道，它是由贯穿膜全层的 α-螺旋蛋白所构成，称为通道蛋白（channel protein），其中心孔道表面是一些亲水基因，对离子有高度亲和力，允许适当大小的离子顺浓度梯度瞬间大量通过（几毫秒），有的通道是持续开放，有的是间断开放的。通道的开或闭，是受通道闸门所控制的，一般有以下三类（图 4-6）。

1. 电压闸门通道（voltage-gated channel） 闸门的开闭受膜电位变化所控制，常以选择性通过的离子而命名。如：Na^+、K^+、Ca^{2+} 通道等。在正常情况下，膜两侧有一定电位差，接受某种刺激后，膜电位消失，就引起电压闸门开放，特定离子瞬间从高

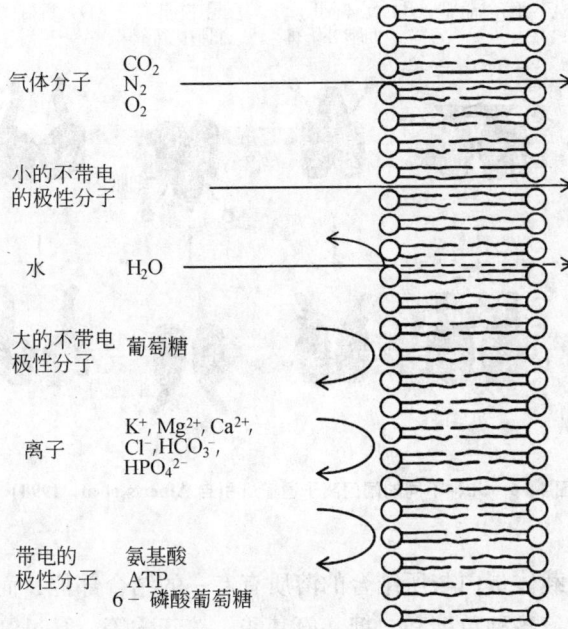

气体分子 CO_2 N_2 O_2

小的不带电的极性分子

水 H_2O

大的不带电极性分子 葡萄糖

离子 K^+, Mg^{2+}, Ca^{2+}, Cl^-, HCO_3^-, HPO_4^{2-}

带电的极性分子 氨基酸 ATP 6-磷酸葡萄糖

图 4-5 不同物质透过人工脂双层的能力

向低浓度大量流入或流出，电位差又恢复了，闸门即迅速自动关闭（图 4-6A）。

2. 配体闸门通道（ligand-gated channel） 闸门的开闭受化学物质调节，如细胞外的神经递质等化学物质与通道蛋白上的特异部位结合，引起蛋白质构象改变，导致离子通道开放，离子迅速从高浓度流向低浓度，闸门也随即关闭，如以神经递质命名的乙酰胆碱通道等，现已知各种离子通道有十余种。

各种闸门开放时间极短暂，一个通道离子的流入可引起在第二个通道的开放，此后又可影响其他通道开放。例如气味分子与化学感受器中的 G 蛋白偶联型受体结合，可激活腺苷酸环化酶，开启环核苷酸闸门通道，引起钠离子内流，膜去极化，产生神经冲动，最终形成嗅觉或味觉（图 4-6BC）。

3. 机械闸门通道（mechanosensitive channel） 细胞可以接受各种各样的机械力刺激，如摩擦力、压力、牵拉力、重力、剪切力等。细胞将机械刺激的信号转化为电化学信号最终引起细胞反应的过程称为机械信号转导（mechano transduction）。如：内耳毛细胞顶部的听毛是对牵拉力敏感的感受装置，听毛弯曲时，毛细胞会出现暂短的感受器电位（图 4-6D）。

闸门通道蛋白具有离子选择性，转运速率高；离子通道是门控的；只介导被动运输。

（三）易化扩散

狭义的协助扩散是指载体蛋白协助扩散——易化扩散（facilitated diffusion）。载体蛋白（carrier protein）是膜上与特定物质运输有关的跨膜蛋白或镶嵌蛋白。凡是溶质分子借助载体蛋白，顺浓度梯度的，不消耗代谢能的跨膜运输称为易化扩散。易化扩散具

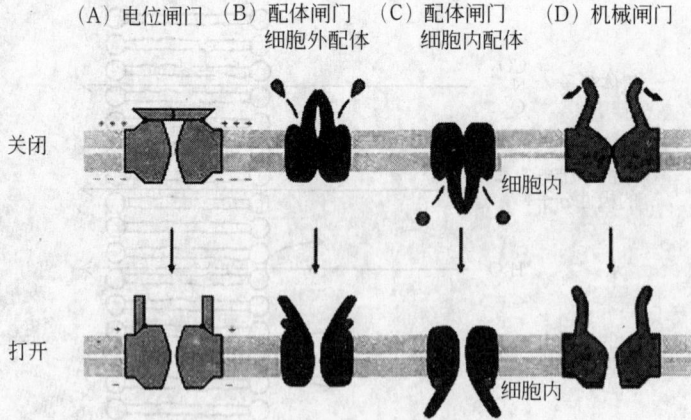

(A) 电位闸门　(B) 配体闸门　(C) 配体闸门　(D) 机械闸门
细胞外配体　细胞内配体

关闭

打开

图 4-6　几种不同的闸门离子通道（引自 Alberts et al，1998）

有以下几个特点。

有高度特异性。载体蛋白与所结合的溶质有专一的结合部位，而不同的溶质由不同的载体蛋白进行运输。各种单糖和二糖、氨基酸、核苷酸等，穿过细胞膜需要借助于高度专一性的载体蛋白帮助。

载体（carrier）的饱和性。协助扩散的速率仅在一定范围内同物质的浓度差成正比。细胞膜上特定载体蛋白的数量是相对恒定，当所有载体蛋白的结合部位都被占据，载体处于饱和状态时，转运速率达到最大值。扩散维持在一定水平。

通过载体易位机制转运，比自由扩散转运速率高。当某一溶质分子与某特异的载体蛋白结合后，蛋白分子构象发生可逆性变化而实现将物质从膜的高浓度一侧运至低浓度的另一侧，同时，随着构象变化，载体与溶质的亲合力也改变，于是，物质与载体分离而被释放，载体又恢复原来构象，如此反复循环使用。

如人红细胞有葡萄糖的载体蛋白，由内外四个亚基组成复合体。当葡萄糖分子与外侧两个亚基结合时引起它们的构象变化，就将葡萄糖甩入膜的中部，而后与内侧的两个亚基结合，通过构象变化，再将葡萄糖甩入细胞内。红细胞膜上约有 5 万个葡萄糖载体，其最大传送速度约每秒 180 个葡萄糖分子（图 4-7）。

非脂溶性（极性）物质如葡萄糖、氨基酸、核苷酸、离子等，不能以简单扩散方式进出细胞，它们穿过细胞膜需要借助于特定载体的帮助。

简单扩散和协助扩散都属于被动运输。被动运输是指物质从浓度较高的一侧通过膜运输到较低的一侧，不消耗细胞代谢能的运输方式。

二、主动运输

人们早就发现，有些离子在细胞内外的浓度差别很大，如大多数动物和人的细胞，K^+ 浓度在细胞内很高，Na^+ 浓度则细胞内很低。这种浓度差的维持有重要的生理意义，如形成膜电位，调节细胞渗透压等，那么，细胞是怎样维持这种浓度差的呢？研究认为，细胞具有逆浓度梯度运输物质的能力，在这种转运过程中，除了需要借助膜上载体

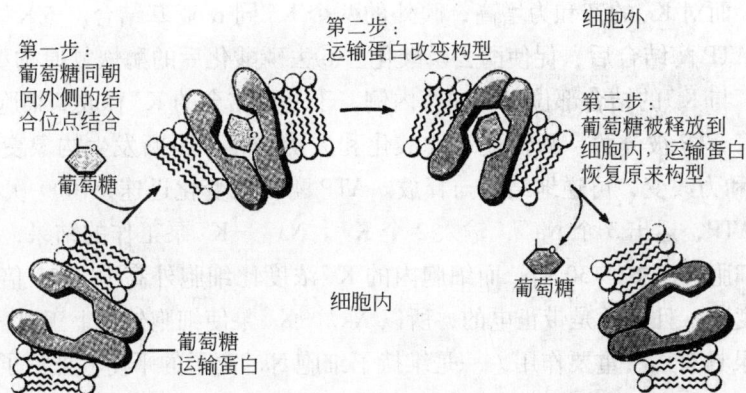

图4-7　红细胞膜载体蛋白协助葡萄糖扩散示意图（引自 Becker et al, 1996）

蛋白外，还要消耗代谢能（分解 ATP）。细胞这种利用代谢能，驱动物质逆浓度梯度转运的运输，称为主动运输（active transport）。

主动运输的特点是：①逆浓度梯度（逆化学梯度）运输。②需要能量（由 ATP 直接供能）或与释放能量的过程偶联（协同运输）。③都有载体蛋白。

主动运输所需的能量来源主要有：①ATP 驱动的泵通过水解 ATP 获得能量。②协同运输中的离子梯度动力。

（一）由 ATP 直接提供能量的主动运输——运输泵

参与主动运输的载体蛋白常被称为运输泵（transport pump），或称运输 ATP 酶（transport ATPase），这是因为它们能够水解 ATP，并利用 ATP 水解释放出的能量驱动物质逆浓度梯度跨膜运输。细胞膜上存在的主要是 $Na^+ - K^+$ 泵和 Ca^{2+} 泵。

1. $Na^+ - K^+$ 泵　$Na^+ - K^+$ 泵是动物细胞中由 ATP 驱动的将 Na^+ 输出到细胞外同时将 K^+ 输入细胞内的运输泵，又称 Na^+ 泵或 $Na^+ - K^+$ 交换泵。实际上是一种 $Na^+ - K^+$ - ATP 酶（图4-8 a）。

$Na^+ - K^+$ 泵是由大亚基（α 亚基）和小亚基（β 亚基）组成的二聚体，分子量约2.5 万。大亚基是跨膜蛋白，在膜的内侧有 ATP 结合位点，细胞外侧有乌本苷（ouabain）结合位点；在大亚基上有 Na^+ 和 K^+ 结合位点。小亚基为糖蛋白，从膜外表面半嵌，作用机制尚不清。蛋白酶活性本质上就是 $Na^+ - K^+$ - ATP 酶，$Na^+ - K^+$ - ATP 酶必须要有 Na^+、K^+、Mg^{2+} 离子存在才能被激活，它有两种构象，分别与 Na^+、K^+ 有不同的亲和力，Na^+ 和 K^+ 的运输方向是相反的。

$Na^+ - K^+$ 泵的转运过程主要靠 $Na^+ - K^+$ - ATP 酶的构象变化完成，具体可分为六个步骤（图4-8b）：①在静息状态，$Na^+ - K^+$ 泵的构型使得 Na^+ 结合位点暴露在膜内侧，ATP 酶的构象与 Na^+ 亲和力高，当细胞内 Na^+ 浓度升高时，3 个 Na^+ 与该位点结合。②由于 Na^+ 的结合，激活了 ATP 酶的活性，使 ATP 分解，释放 ADP，α 亚基被磷酸化。③由于 α 亚基被磷酸化，引起酶发生构型变化，磷酸化的酶与 Na^+ 的亲合力降低，于是与 Na^+ 结合的部位转向膜外侧，并向胞外释放 3 个 Na^+。④磷酸化的酶与 Na^+

的亲合力降低，而对 K^+ 的亲和力增高，膜外的两个 K^+ 同 α 亚基结合。⑤K^+ 与磷酸化的 $Na^+ - K^+ - ATP$ 酶结合后，促使酶去磷酸化。⑥去磷酸化后的酶恢复原构型，与 K^+ 的亲和力变低，与 K^+ 的结合部位又转向膜内侧，于是将结合的 K^+ 释放到细胞内。

可见，随着 ATP 被分解，酶快速地磷酸化和去磷酸化，不断发生构象变化，从而对 Na^+、K^+ 亲和力改变，可逆地结合与释放。ATP 酶构象变化迅速，1000 次/秒。ATP 酶每水解 1 个 ATP，运出 3 个 Na^+，输入 2 个 K^+。$Na^+ - K^+$ 泵工作的结果，使细胞外的 Na^+ 浓度比细胞内高 10~30 倍，而细胞内的 K^+ 浓度比细胞外高 10~30 倍。由于细胞外的 Na^+ 浓度高，且 Na^+ 是带正电的，所以 $Na^+ - K^+$ 泵使细胞外带上正电荷。

$Na^+ - K^+$ 泵具有三个重要作用，一是维持了细胞 Na^+ 离子的平衡，抵消了 Na^+ 离子的渗透作用；二是在建立细胞质膜两侧 Na^+ 离子浓度梯度的同时，为葡萄糖协同运输泵提供了驱动力；三是 Na^+ 泵建立的细胞外电位，为神经和肌肉电脉冲传导提供了基础。

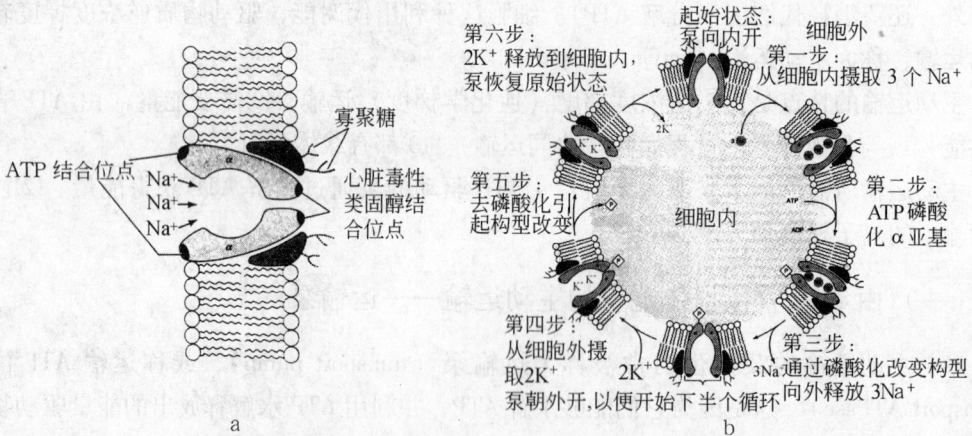

图 4 - 8　钠钾泵（引自 Becker et al, 1996）

a. $Na^+ - K^+$ ATP 泵的结构　　　　b. $Na^+ - K^+$ ATP 泵工作原理示意图

2. Ca^{2+} 泵　Ca^{2+} 泵的工作原理类似于 $Na^+ - K^+$ 泵。在细胞质膜的一侧有同 Ca^{2+} 结合的位点，一次可以结合 2 个 Ca^{2+}，Ca^{2+} 结合后使酶激活，并结合上一分子 ATP，伴随 ATP 的水解和酶被磷酸化，Ca^{2+} 泵构型发生改变，结合 Ca^{2+} 的一面转到细胞外侧，由于结合亲和力低 Ca^{2+} 离子被释放，此时酶发生去磷酸化，构型恢复到原始的静息状态。

$Ca^{2+} - ATP$ 酶每水解 1 个 ATP 将 2 个 Ca^{2+} 离子从胞质溶胶输出到细胞外。钙泵在肌细胞收缩中起重要作用。

（二）离子梯度驱动的主动运输——协同运输

协同运输（cotransport）也称伴随运输，是一类由 ATP 间接提供能量完成的主动运输方式。物质跨膜运动所需要的能量来自膜两侧离子的电化学浓度梯度，而维持这种电化学势的是钠钾泵或质子泵。根据物质运输方向与离子沿浓度梯度的转移方向，协同运输又可分为同向协同与反向协同。

1. 同向协同（symport）　指物质运输方向与离子转移方向相同。如动物小肠细胞对葡萄糖的吸收（图 4 -9）。

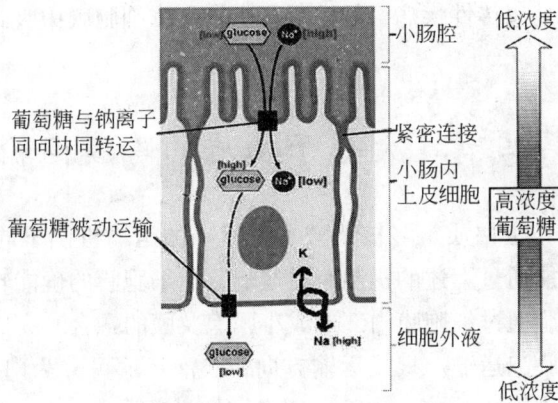

图 4 -9　小肠对葡萄糖的吸收

　　该运输系统是靠两个组分来完成的（同向运载体和钠泵）。一组分是膜中同向转运的载体，此蛋白有两个结合点，当细胞外 Na^+ 浓度高时，可分别与 Na^+ 和葡萄糖相结合，载体蛋白即发生构象变化，使 Na^+ 顺浓度梯度进入细胞的同时，葡萄糖或氨基酸就靠 Na^+ 的势能驱动，也相伴逆浓度梯度进入细胞，与载体分离而释放，载体蛋白又返回原构象，反复转运。另一组分是钠泵，Na^+ 顺浓度梯度回流到细胞内时，Na^+ 泵就开始工作，依靠分解 ATP 提供能量，不断将 Na^+ 泵出细胞外，维持细胞内外 Na^+ 的浓度差。所以，氨基酸、葡萄糖并不直接利用 ATP，而是利用 Na^+ 泵产生的 Na^+ 浓度梯度的势能伴随运输，不断进入细胞，实际上是 Na^+ 泵和同向转运载体共同协作而完成的，是一种间接的主动运输。

　　这种协同运输对小肠上皮吸收肠道营养物质有重要作用，像小肠上皮细胞吸收葡萄糖、果糖、甘露糖、半乳糖以及各种氨基酸等，都是通过 Na^+ 梯度驱动的伴随运输进行的，在动物细胞中，驱动伴随运输的离子常常是 Na^+，而在大多数细胞中是 H^+，即 H^+ 浓度梯度驱动着细胞对大多数糖基和氨基酸的运输。

　　2. 反向协同（antiport）　　物质跨膜运动的方向与离子转移的方向相反，如动物细胞常通过 Na^+/H^+ 反向协同运输的方式来转运 H^+ 以调节细胞内的 pH 值，即 Na^+ 的进入胞内伴随着 H^+ 的排出。此外质子泵可直接利用 ATP 运输 H^+ 来调节细胞 pH 值。

　　以上的运输方式都是小分子物质的跨膜运输，但一种物质运输并不只是一种机制来实现的。如 Na^+ 可由离子通道扩散，钠泵主动运输、协同运输等，葡萄糖、氨基酸可易化扩散、协同运输等，每个细胞膜也不只存在一种运输方式，也可进行多种方式的运输。如小肠上皮细胞顶部细胞膜与肠腔内物质转运（协同运输）、基底部膜与向核间的物质转运（易化扩散）。

三、膜运输系统异常引起的疾病

　　胱氨酸尿症的病人尿中含有大量的胱氨酸，当 pH 下降时，胱氨酸沉淀形成结石，这是一种遗传病，是由于细胞膜上的载体蛋白先天性缺陷。由于基因的突变发生载体蛋白中功能部分的一个氨基酸改变，而导致转运功能降低所致。

肾性糖尿病，也是遗传性疾病，是由于肾小管上皮细胞膜中吸收糖类的载体蛋白先天性缺陷而发生的。

第四节　大分子物质的跨膜运输

细胞膜对大分子（蛋白质、多核苷酸、多糖）的运输机制不同于小分子溶质和离子，即大分子物质不能通过上述的机制跨膜运输，但细胞膜的确能转运这些大分子物质和颗粒物质。真核细胞通过细胞膜内部形成小膜泡及膜的融合，完成大分子与颗粒性物质的跨膜运输，称为膜泡运输。根据运输方向，膜泡运输可分为内吞作用和外排作用。也叫胞吞作用和胞吐作用。

一、内吞作用

当被摄入物质附着于细胞表面，被局部质膜包围，然后分离下来，膜融合形成细胞内的小膜泡，泡内包含着被摄入物质，此过程为内吞作用（endocytosis）。

根据所形成的小膜泡的大小及内容物不同，而分为吞噬作用、胞饮作用两种方式。

（一）吞噬作用（phagocytosis）

内吞的物质是固体（像细胞碎片，入侵的细胞等），形成的膜泡较大，称为吞噬泡，它内移至胞质后，可由其他细胞的溶酶体与其结合而进行消化、分解、清除（图4－10）。

低等原生动物普遍存在此作用，是其摄取营养的主要方式，而在高等动物和人体，只少数特化的吞噬细胞具有吞噬作用，主要是消灭异物，在机体防卫系统中起重要作用。如中性颗粒白细胞和巨噬细胞具有极强的吞噬能力，以保护机体免受异物侵害。

（二）胞饮作用（pinocytosis）

内吞的物质是含大分子的液体溶质，形成的膜泡较小，称为胞饮小泡（图4－11）。

细胞的内吞作用根据其作用机制的不同又可分为批量内吞（bulk－phase endocytosis）和受体介导的内吞（receptor mediated endocytosis，RME）两类。批量内吞是非特异性地摄入细胞外物质，如培养细胞摄入辣根过氧化物酶。细胞表面的内陷是发生非特异性内吞的部位。

受体介导的内吞作用是一种专一性很强的选择浓缩机制，既可保证细胞大量地摄入特定的大分子，同时又避免了吸入细胞外大量的液体。低密度脂蛋白、运铁蛋白、生长因子、胰岛素等蛋白类激素、糖蛋白等，都是通过受体介导的内吞作用进行的。

受体介导过程中，一些特定的大分子结合到专一的细胞表面受体，引起受体移动，聚集到质膜一定部位，并向内凹陷，其膜的内侧面形成有刺毛状衣被结构，称为有被小窝（coated pits）。结合于特定细胞表面受体的这些大分子经过有被小窝内在化，即不断

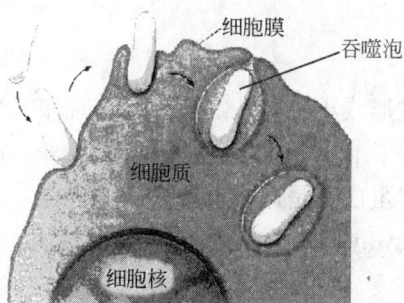

图 4-10　吞噬作用

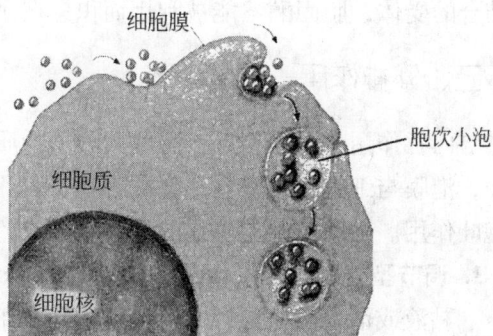

图 4-11　胞饮作用

内陷，最终从膜上脱落下来，形成覆盖有衣被的小膜包，称为有被小泡。这一过程的速度比一般的内吞作用快得多。这样，能使细胞大量、专一地摄入和消化特定的大分子，即使这些大分子胞外浓度很低，也能被选择吞入，同时又避免了吸入大量细胞外液体。形成的有被小泡在几秒钟内即脱去其包被，形成无被小泡，可再与其他无被小泡融合形成较大的膜泡，称为胞内体。

受体介导的内吞是高度特异性的，可使细胞有选择地吞入大量浓集专一的大分子，激素、转铁蛋白及低密度脂蛋白（LDL）等重要大分子都是通过这种途径进入细胞。

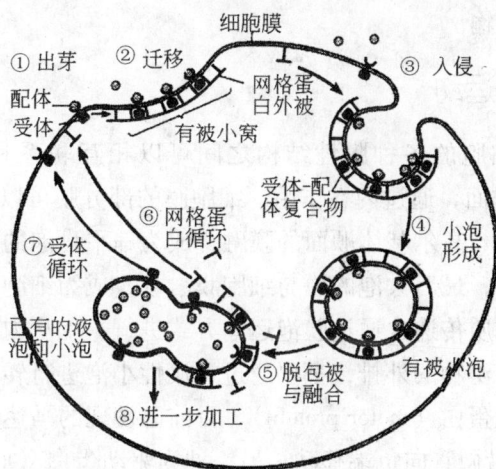

图 4-12　LDL 受体胞吞作用示意图

低密度脂蛋白（LDL 颗粒）是富含胆固醇的脂蛋白，是胆固醇的运输形式，由肝脏合成进入血液、悬浮其中。胆固醇是动物细胞膜形成的必需原料，当细胞需要胆固醇时，便合成一些 LDL 受体蛋白插入质膜中，与 LDL 特异结合的受体自动向有被小窝处集中，在结合 LDL 后，小窝内陷形成有被小泡，并很快脱去衣被成为无被小泡，并内移与其他的无被小泡融合成胞内体（内吞体），而其中的内含物受体返回质膜。LDL 进入溶酶体，水解为游离的胆固醇被细胞利用（图 4-12）。如果细胞膜上缺乏与 LDL 特异结合的受体，胆固醇不能被利用而积累在血液中，将造成动脉粥样硬化。

二、外排作用

与内吞作用的过程相反，有些大分子物质通过形成小膜泡从细胞内部逐渐移至细胞表面，泡膜与细胞膜相融合，将内容物排出细胞外，此过程称为外排作用（exocytosis）或胞吐作用。细胞内不能消化的物质和合成的分泌蛋白都是通过这种途径排出的。

1. 调节型外排途径（regulated exocytosis pathway） 分泌细胞产生的分泌物（如激素、黏液或消化酶）储存在分泌泡内，当细胞在受到胞外信号刺激时，分泌泡与质膜融合并将内含物释放出去。调节型的外排途径存在于特化的分泌细胞。其蛋白分选信号存在于蛋白本身，由高尔基体（TGN）上特殊的受体选择性地包装为运输小泡。

2. 组成型外排途径（default exocytosis pathway） 在粗面内质网中合成的蛋白质除了某些有特殊标志的蛋白驻留在 ER 或高尔基体中或选择性地进入溶酶体和调节性分泌泡外，其余的蛋白均沿着粗面内质网→高尔基体→分泌泡→细胞表面这一途径完成其转运过程。

胞吐作用的结果一方面将分泌物释放到细胞外，另一方面小泡的膜融入细胞膜，使细胞膜得以补充。

细胞的内吞和外排作用过程是一个连续的快速的膜移动、膜重排、膜融合过程，都要消耗代谢能，从这一点讲，也是一种主动运输。因此，任何抑制能量代谢的因素均影响内吞和外排的膜泡运输。

三、膜流与膜的运动

通过膜泡运输，细胞的各种膜性结构之间可以相互联系和转移，形成所谓膜流（membrane flow）。一方面，通过内吞作用，细胞膜的部分膜可以进入到细胞内，另一方面由内质网芽生的小泡与高尔基体顺面的膜融合成为扁平囊泡的膜，然后以出芽的方式形成大泡向细胞膜移动，最后大泡的膜与细胞膜融合，成为细胞膜的膜。细胞内部内膜系统各个部分之间的物质传递也通过膜泡运输方式进行。如从内质网到高尔基体，高尔基体到溶酶体，细胞分泌物的外排，都要通过过渡性小泡进行转运。胞内膜泡运输沿微管运行，动力来自马达蛋白（motor protein）。目前已发现的马达蛋白有两种：一种是动力蛋白（dynein），可沿微管向负端移动；另一种为驱动蛋白（kinesin），可牵引物质向微管的正端移动。通过这两种蛋白的作用，可使膜泡被运抵一定区域。

第五节　细胞表面的特化结构

细胞膜在结构与功能上并不是孤立存在的，各类细胞在质膜外还附有一些物质和结构，它们参与了细胞膜功能的实现。当前，人们把细胞膜、细胞膜外面的糖萼（亦称细胞外被）、细胞间连接结构以及膜的其他一些特化结构等总称为细胞表面（cell surface），有的把细胞膜内表面 $0.1 \sim 0.2 \mu m$ 酸溶胶层（胞质溶胶）也包括在内。

细胞表面是一个复合的结构体系，其中细胞膜是细胞表面中结构与功能的核心，它和细胞表面中的其他结构一起，使细胞有了一个稳定的微环境，实现其物质交换、信息传递、细胞识别和免疫反应等功能活动。

下面重点介绍细胞连接和其他特化结构。

一、细胞侧面的特化结构——细胞连接

细胞与细胞间或细胞与细胞外基质的连接结构称为细胞连接（cell junction）。是指多细胞有机体中相邻细胞接触区域特殊分化形成的连接结构，作用是加强细胞间的机械联系，维持组织结构的完整性，协调细胞间的功能活动。

细胞连接存在于各种互相紧密接触的细胞之间，数量与连接方式各不相同。总的来说，它们在结构上包括细胞膜特化部分、膜内侧胞质部分和细胞间隙部分。

细胞连接的结构很小，只有在电镜下才能观察到，根据结构与功能不同，细胞连接可分为三大类，即封闭连接、锚定连接和通讯连接。下面分别介绍它们的结构和功能特点。

（一）封闭连接

封闭连接（occluding junction）中紧密连接是典型代表，它将相邻细胞的细胞膜密切地连接在一起阻止溶液中的分子沿细胞间隙渗入体内。

紧密连接（tight junction）又称封闭小带（zonula occludens），普遍存在于管腔及腺体上皮细胞靠腔面的一端相邻面（图4-13、14）。结构似拉链，两相邻的细胞膜的外层相互融合，切面上可见多个嵴状空起对合点结构，立体上看，这些对合点是相邻细胞膜外片和嵌入蛋白相互融合构成的条索状结构，形成网状走行，平行于细胞的游离面，使连接具有很大的柔软性，能抗压力。

紧密连接功能主要有：①细胞连接作用。②防止物质双向渗透（封闭细胞间隙），既可防止管腔中的物质通过细胞间隙进入组织间隙，又可防止组织间隙的物质通过细胞间隙进入管腔中。③限制镶嵌蛋白在脂双分子层中流动，维持细胞功能的方向性。

例如小肠上皮中，紧密连接形成一个物质屏障，把与肠腔转运营养分子有关的运输蛋白限制在细胞的顶面膜内，而把细胞内向血液运送营养物的膜中运输蛋白限制在细胞基底面。

（二）锚定连接

锚定连接（anchoring junction）在机体组织内分布很广泛，在上皮组织、心肌和子宫颈等组织中含量尤为丰富。通过锚定连接将相邻细胞的骨架系统或将细胞与基质相连形成一个坚挺、有序的细胞群体。锚定连接具有两种不同的形式：①与中间纤维相连的锚定连接主要包括桥粒和半桥粒。②与肌动蛋白纤维相连的锚定连接主要包括黏着带与黏着斑。

1. 桥粒（desmosomes） 又称点状桥粒（spot desmosome），它是相邻细胞间纽扣

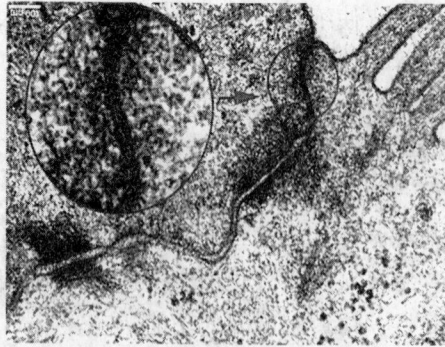

图 4 –13　紧密连接位于上皮细胞的上端

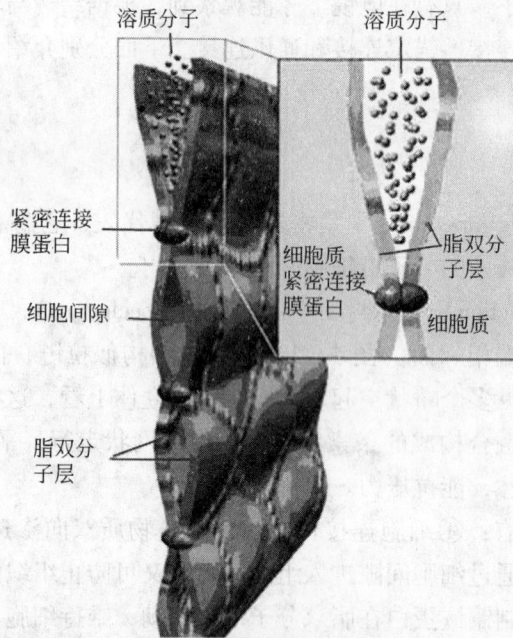

图 4 –14　紧密连接的模式图（引自 John Wiley and Sons. Inc. 1999）

样的接触点，直径约 0.5μm，直接将两个细胞铆在一起。分布于易受牵拉和摩擦的组织中，如口腔黏膜上皮，心脏组织（图 4 –15）。

　　结构：电镜下点状桥粒区的相邻细胞膜之间，有宽约 25nm 的细胞间隙，其间隙中充有丝状物质（为糖蛋白和钙），连接处细胞内侧细胞质面有对称而平行的电子密度等的两个圆盘形斑，称为胞质斑，斑内侧细胞质中有大量的张力丝、汇集并附着在胞质斑后又折回细胞质中，张力丝形成一具有张力的网状系统，伸展至整个细胞内部（图 4 – 16）。

　　功能：为细胞坚韧的连接点，可限制细胞的膨胀，又可分散作用于个别细胞的切力于整个表皮和下面的组织中去。

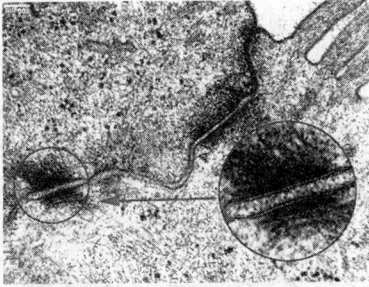

图 4 – 15 桥粒位于黏合带下方

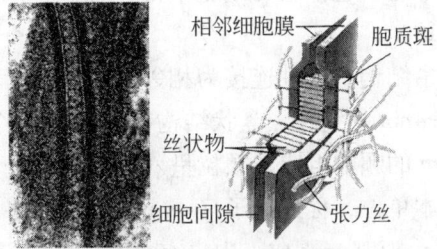

图 4 – 16 桥粒的结构模型

2. 半桥粒（hemidesmosome） 位于上皮组织和结缔组织的交界面，即位于上皮组织基底层细胞基底的细胞膜上（图 4 –17）。

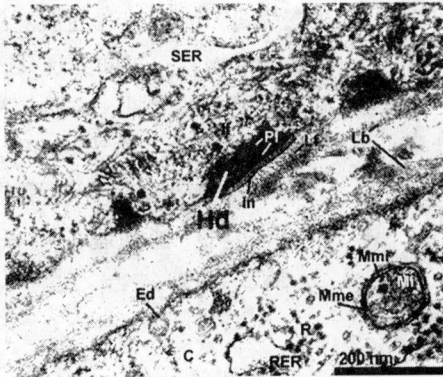

图 4 – 17 半桥粒连接上皮细胞基面和基膜

结构：为半个点状桥粒的结构，故称半桥粒。只在质膜内侧形成桥粒斑结构，其另一侧为基膜。

功能：半桥粒连接基底膜与结缔组织，为细胞质中的张力丝的固定部位。

3. 黏合带 黏合带又称带状桥粒（belt desmosome），通常位于上皮细胞紧密连接的下方，小肠上皮细胞等处。是围绕着每个上皮细胞的一条连接带，把相邻细胞连接起来。

结构：似点状桥粒，但其胞质斑不明显，在连接处两侧细胞质膜内侧，有由肌动蛋白的微丝环细胞一圈组成环行的微丝束，正因为微丝束环形成带故称带状桥粒，与胞质斑连接的不是张力丝，而是微丝束。

功能：除有细胞连接作用外，其他功能还不太清楚。

（三）通讯连接

通讯连接（communicating junction）主要包括间隙连接、神经细胞间的化学突触。

1. 间隙连接（gap junction） 间隙连接也称缝隙连接，是动物细胞间最普遍存在的一种细胞连接，除成熟的骨骼肌细胞及循环系统中血细胞之间没有这种连接外，在其他细胞，包括培养细胞中都存在。不同细胞的间隙连接单位由几个到 10^5 个不等（图 4 —18）。

结构：这种连接为相邻细胞接触面积较大的盘状结构装置。在连接处相邻细胞间有 2~4nm 的缝隙，盘状结构直径大小随组织不同，最大可达 1μm。盘是由许多直径 6~8nm 的颗粒组成，颗粒呈六角形，间距 9~10nm，规则排列成片。此颗粒即间隙连接的基本单位，称连接子（connexon）。每一个连接子是由 6 个贯穿膜全层的镶嵌蛋白分子（6 个亚基）围成，中央有 1.5nm 的管道（图 4 —19），相邻细胞膜上的连接相对连接，管道相通就构成了细胞间的直接通道，6 个亚单位以相互滑动的方式使管道开、闭。这就是细胞通讯的结构基础，故又称通讯连接。

间隙连接的通透性是可调节的。在实验条件下，降低细胞 pH 值，或升高钙离子浓度均可降低间隙连接的通透性。当细胞破损时，大量钙离子进入，导致间隙连接关闭，以免正常细胞受到伤害。平滑肌、心肌、神经末梢间均存在的这种间隙连接，称为电紧张突触（electronic synapses）。电紧张突触无需依赖神经递质或信息物质即可将一些细胞的电兴奋活动传递到相邻的细胞。

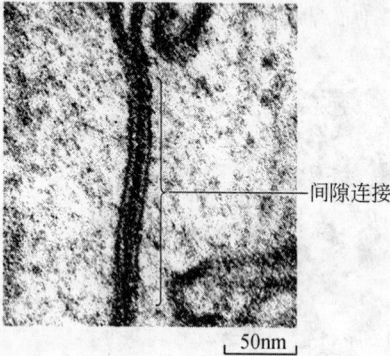

图 4 —18　间隙连接电镜照片

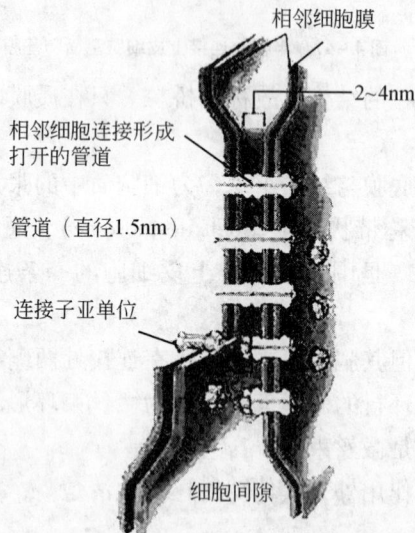

图 4 —19　间隙连接模型

2. 化学突触（chemical synapse）　　化学突触是存在于可兴奋细胞间的一种连接方式，其作用是通过释放神经递质来传导兴奋。由突触前膜（presynaptic membrane）、突触后膜（postsynaptic membrane）和突触间隙（synaptic cleft）三部分组成（图 4 —20）。

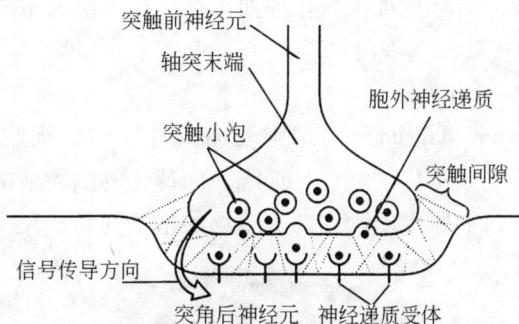

图4-20　化学突触的结构模型

当神经冲动传到突触前膜，突触小泡释放神经递质，为突触后膜的受体接受（配体门通道），引起突触后膜离子通透性改变，膜去极化或超极化。

二、细胞游离面的特化结构

细胞表面还具有一些特化的附属结构，主要有微绒毛、纤毛和鞭毛等，这些结构在细胞执行特定功能方面起重要作用。由于其结构细微，多数只能在电镜下观察到。

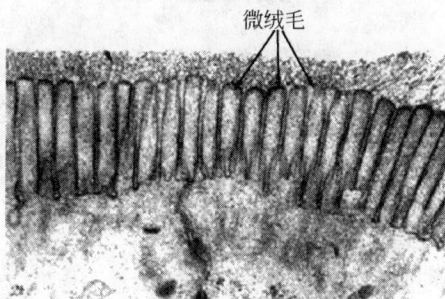

图4-21　微绒毛

（一）微绒毛

微绒毛（microvillus）广泛存在于动物细胞的游离面。电镜下观察，它是细胞表面伸出的细长指状突起，垂直于细胞表面，微绒毛表面是质膜，内部是细胞质的延伸部分，其间有数十根细丝，根部埋在质膜下方的终网中，有支撑作用（图4-21）。如小肠上皮细胞刷状缘中的微绒毛，长度约为 $0.6 \sim 0.8 \mu m$。微绒毛的内芯由肌动蛋白丝束组成，肌动蛋白丝之间由许多微绒毛蛋白（villin）和丝束蛋白（fimbrin）组成的横桥相连。微绒毛侧面质膜有侧臂与肌动蛋白丝束相连，从而将肌动蛋白丝束固定。

微绒毛主要作用是：①扩大细胞的表面积，有利于细胞同外界物质进行交换。如小肠上的微绒毛，使细胞的表面积扩大了30倍，有利于大量吸收营养物质。②在游走细胞如淋巴细胞、巨噬细胞，微绒毛似细胞运动的工具，能搜索抗原、毒素，及摄取细菌、病毒等异物。

不论微绒毛的长度还是数量，都与细胞的代谢强度有着相应的关系。例如肿瘤细胞，对葡萄糖和氨基酸的需求量都很大，因而大都带有大量的微绒毛。

（二）纤毛和鞭毛

纤毛和鞭毛（cilia and flagella）是细胞表面向外伸出的细胞突起，表面围以细胞膜，由内部微管构成的复杂结构，它们是细胞表面特化的运动结构，细胞靠纤毛和鞭毛的运动而在液体中穿行，如原生动物和高等动物的精子（精子尾为一根鞭毛）。

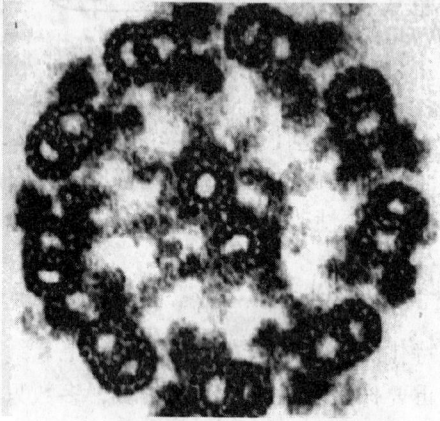

图 4 – 22　精子鞭毛横切（示 9 +2 微管结构）

纤毛和鞭毛两者在发生和结构上并没有什么差别，其核心结构均由 9 +2 微管构成，称为轴丝（图 4 -22）。在哺乳动物中，纤毛只出现在一些特定的部位，如呼吸道、生殖道的上皮，靠纤毛有节律的摆动，形成一定方向的波浪式运动，推动细胞表面的液体或颗粒状物质前进，在呼吸道可清除分泌物与异物，在输卵管又将卵子运送至子宫。这些细胞，虽具有纤毛，但细胞本体不动，纤毛的摆动可推动物质越过细胞表面，进行物质运送。

鞭毛和纤毛如出现异常，可导致一系列疾病发生，如纤毛不动综合征，Young 综合征及囊性纤维化等。近年来，科学家们发现这些呼吸疾病与男性不育症有一定的关系，如纤毛不动综合征多有慢性肺部炎症、慢性鼻炎及鼻息肉、慢性或复发性上颌窦炎及筛窦炎的病史，约 50% 的患者有内脏转位现象，患者的第二性征及性器官发育正常，精液量及精子数量在正常范围，精液染色显示精子是存活的，但不能运动或很少运动，超微结构检查可见鞭毛和纤毛轴丝的病理改变。

纤毛和鞭毛都来源于中心粒。关于纤毛和鞭毛的详细结构和功能可参见第七章细胞骨架。

第五章 细胞外基质

在多细胞生物中，机体的组织由细胞和细胞外基质共同构成。细胞外基质（extra-cellular matrix，ECM）是指分布于细胞外空间，由细胞分泌的多糖和蛋白质所构成的精密而有序的网络结构。它在细胞中合成，然后分泌到细胞外，为细胞的生存及活动提供适宜的场所，为组织、器官乃至整个机体的完整性提供力学支持和物理强度。细胞外基质通过与细胞膜上的细胞外基质受体（如整合素）结合，从而与细胞建立相互联系。各种组织中细胞外基质的含量不同，如在骨骼和皮肤中它占主要部分，而在脑、肝及脊髓中却很少。有的细胞外基质很硬（如骨、牙的钙化基质），有的则软而透明（如角膜的透明基膜），有的似绳索（如肌腱），有的如节片（如上皮和结缔组织之间的基膜）。很久以来，细胞外基质被认为仅具有连接和支持细胞、组织的作用，未受到应有的重视。近年研究表明，细胞外基质不仅成分和结构复杂，而且有重要的生物学功能，可以调节细胞和组织多方面生理活动，诸如细胞迁移、生长、分化，并且决定胚胎期组织和器官三维组织结构的形成。而且对所作用的细胞的基因表达方式有极其深远的影响，有时甚至具有决定性作用。此外，细胞外基质还与许多病理过程有关，例如肿瘤转移、脏器纤维化、老年病、胶原病、心血管病、骨关节病及糖尿病等。

第一节 细胞外基质的构成

细胞外基质的成分主要由多糖和纤维蛋白构成。前者分为氨基聚糖和蛋白聚糖；后者分为胶原、弹性蛋白、纤连蛋白和层粘连蛋白等。其中胶原和弹性蛋白起结构作用，纤连蛋白和层粘连蛋白起黏合作用（图5-1）。

一、多糖

多糖包括氨基聚糖和蛋白聚糖。它们的结构特点使其具有独特的物理性质，即高度亲水性、酸性、抗压性、黏弹性及润滑性，并在体内占据相对巨大的体积，形成凝胶，允许细胞在其间迁移，水溶性分子在其间通透并发生必要的生化反应。

氨基聚糖和蛋白聚糖普遍存在于动物体内各种组织中，但数量与种类有所不同，结缔组织中含量最高。哺乳动物组织中的氨基聚糖的种类与含量可因生长、发育及年龄而不同。例如，在发育与创伤组织中，透明质酸的生成特别旺盛，它可促进细胞增殖，而

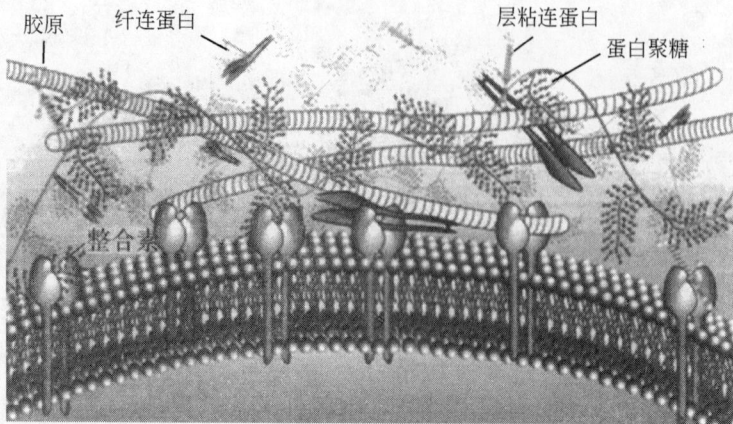

胶原　纤连蛋白　　　　　层粘连蛋白　蛋白聚糖

整合素

图 5 - 1　细胞外基质（引自 cella. cn，2002）

阻止细胞分化。一旦细胞增殖数量足够或细胞迁移到达靶位，便由透明质酸酶将其破坏，因而透明质酸的作用似乎是为细胞提供适宜的迁移及增殖条件，并防止细胞在增殖足量及迁移到位之前过早地进行分化。关节软骨中的蛋白聚糖随年龄的增长总量逐渐减少，硫酸角质素（keratan sulfate，KS）逐渐取代硫酸软骨素（chondroitin sulfate，CS），糖链所占比重下降，而肽链所占比重相对增加，因而导致组织的保水能力及弹性减弱，可见氨基聚糖及蛋白聚糖与老化过程有关。血液中的肝素还可与毛细血管壁上的脂蛋白脂酶结合，并将其拉入血循环，通过脂蛋白脂酶对甘油三酯的水解作用，可使血脂降低。

（一）氨基聚糖

氨基聚糖（glycosaminoglycan，GAG）是由重复的二糖单位聚合成的无分支直链多糖，因其二糖中的一个常为氨基糖而得名，过去称为黏多糖。在多数种类中，氨基聚糖的糖基常被硫酸化，且含糖醛酸。依组成的糖基、连接方式、硫酸化数量以及分布的不同，可将其分为透明质酸、硫酸软骨素、硫酸皮肤素、硫酸乙酰肝素、肝素、硫酸角质素等（表 5 -1）。

表 5 - 1　氨基聚糖的分子特性及组织分布（引自 cella. cn/book/，2003）

氨基聚糖	二糖单位	硫酸基	分布组织
透明质酸	葡萄糖醛酸，N - 乙酰葡萄糖	0	结缔组织、皮肤、软骨、玻璃体、滑液
硫酸软骨素	葡萄糖醛酸，N - 乙酰半乳糖	0.2 ~ 2.3	软骨、角膜、骨、皮肤、动脉
硫酸皮肤素	葡萄糖醛酸或艾杜糖醛酸，N - 乙酰葡萄糖	1.0 ~ 2.0	皮肤、血管、心、心瓣膜
硫酸乙酰肝素	葡萄糖醛酸或艾杜糖醛酸，N - 乙酰葡萄糖	0.2 ~ 3.0	肺、动脉、细胞表面
肝素	葡萄糖醛酸或艾杜糖醛酸，N - 乙酰葡萄糖	2.0 ~ 3.0	肺、肝、皮肤、肥大细胞
硫酸角质素	半乳糖，N - 乙酰葡萄糖	0.9 ~ 1.8	软骨、角膜、椎间盘

1. 透明质酸　是氨基聚糖中结构最简单的一种。它是进化过程中氨基聚糖的最原始形式，是唯一存在于原核细胞（如 A 型链球菌）的氨基聚糖。其重复二糖单位由葡

萄糖醛酸与 N - 乙酰氨基葡萄糖组成，糖链可含数千个糖基，是唯一不发生硫酸化修饰的氨基聚糖，亦不与蛋白质共价结合，因而不构成蛋白聚糖单体，但可与蛋白聚糖单体的核心蛋白借非共价键结合，故可作为多聚蛋白聚糖的聚合轴线。其聚合作用借连接蛋白质加固。

2. 硫酸软骨素 是哺乳动物体内最丰富的氨基聚糖。它重复的二糖单位由氨基半乳糖的 4 或 6 位碳原子（即 C - 4 或 C - 6）的 OH 基上发生硫酸化，而分别称为 4 - 硫酸软骨素及 6 - 硫酸软骨素。它们曾分别被称为硫酸软骨素 A 及硫酸软骨素 C。实际上，在同一硫酸软骨素分子中，常同时在不同的 N - 乙酰氨基半乳糖基上分别存在 C - 4 及 C - 6 的硫酸化。其二糖单位的重复序列通过一段由三个糖基组成的"连接序列"（→ Gal→Gal→Xyl）与核心蛋白质的丝氨酸残基（Ser）以糖苷键相连。

3. 硫酸皮肤素（dermatan sulfate，DS） 其二糖单位为艾杜糖醛酸 N - 乙酰氨基半乳糖，亦含有少量的葡萄糖醛酸。在 N - 乙酰氨基半乳糖的 C - 4 发生硫酸化，其糖 - 肽连接与硫酸软骨素相同。由于其结构与硫酸软骨素接近而被称为硫酸软骨素 B。

4. 肝素与硫酸乙酰肝素 虽列为同一类，但分布、结构及功能颇具差异。肝素由紧靠血管的肥大细胞产生，并储存于肥大细胞的颗粒中。受刺激而释放入血，具有抗凝作用。硫酸乙酰肝素则普遍存在于各种细胞的表面，参与膜结构以及细胞之间和细胞与基质之间的相互作用。肝素和硫酸乙酰肝素的共同结构特点是，以艾杜糖醛酸与葡萄糖醛酸或与 N - 乙酰氨基葡萄糖组成二糖单位。其中 N - 乙酰氨基葡萄糖基常发生去乙酰化并代之以硫酸化（N - 硫酸化）；同时 C - 6（有的还有 C - 3）羟基常发生 O - 硫酸化。甚至艾杜糖醛酸的 C - 2 亦可发生 O - 硫酸化。因而肝素与硫酸乙酰肝素的硫酸化程度可高达每个二糖单位 3 个硫酸基（ - SO_3^-）。肝素与硫酸乙酰肝素的不同之处在于：①肝素的艾杜糖醛酸多于葡萄糖醛酸，而在硫酸乙酰肝素则二者大致相等。②硫酸乙酰肝素与肝素相比，其硫酸化程度较低（去乙酰化少、N - 硫酸化及 O - 硫酸化均较少），而乙酰化程度高。③肝素及硫酸乙酰肝素与核心蛋白质的连接方式虽皆与硫酸软骨素相同，但核心蛋白质的肽链却全然不同。肝素常以蛋白聚糖单体的形式存在，而其分子量变动范围很大。肝素的抗凝血活性与其分子量有关，因为肝素的抗凝血作用系通过与抗凝血因子结合，从而使某些凝血因子失去作用，而肝素与抗凝血因子的亲和力在一定范围内随分子量的加大而增加。此外，肝素的抗凝活性还与 N - 硫酸基及糖醛酸的羧基有关，当它们被去除或遭化学修饰后则活性丧失。

5. 硫酸角质素 有两种不同的类型。角膜的硫酸角质素 I 是其中唯一的氨基聚糖；骨、软骨及髓核等支持组织的硫酸角质素 II 常与硫酸软骨素一起构成蛋白聚糖。这两种硫酸角质素内具有相同的重复二糖单位，不同的糖肽连接方式。其二糖单位不含糖醛酸，而代之以半乳糖，这是与其他氨基聚糖不同的。软骨素、皮肤素及角质素的硫酸化程度皆随年龄的增长而增加。

（二）蛋白聚糖

1. 蛋白聚糖的结构 蛋白聚糖（proteoglycan，PG）是一种含糖量极高（可达 95%

以上）的糖蛋白，由氨基聚糖与蛋白质共价结合。除透明质酸外，其他各种氨基聚糖都可与蛋白质共价结合形成蛋白聚糖。它的蛋白质称为核心蛋白（core protein），为单链多肽。一条核心蛋白的多肽链可以共价结合一至数百条氨基聚糖链构成蛋白聚糖单体。若干个单体又以非共价键与透明质酸相结合，成为一个巨大的蛋白聚糖多聚体（图 5 - 2）。由于氨基聚糖含有大量负电荷，同电相斥，其长链分子呈高度伸展的僵直状，似试管刷，有很大的亲水性。其分子可吸引大量水而膨胀，形成多孔的胶冻状细胞外基质，占据大量空间，具有很强的抗压力，可缓冲机械力，减轻冲撞所造成的损伤。它还允许水溶性分子在其间通过和细胞在其间迁移，可以作为分子和细胞通透的筛。肾小球基底膜中的蛋白聚糖有此功能。

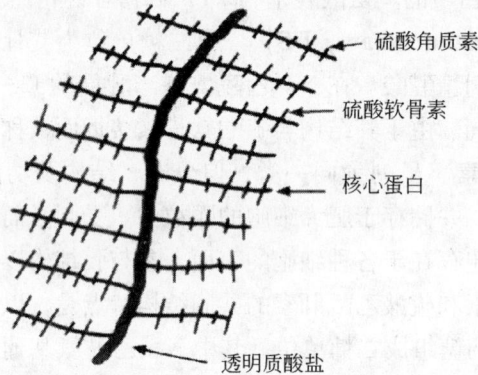

硫酸角质素

硫酸软骨素

核心蛋白

透明质酸盐

图 5 - 2　蛋白聚糖多聚体分子结构示意图（引自 Alberts，2010）

2. 蛋白聚糖的合成与降解　蛋白聚糖的合成包括肽链的合成和肽链的糖基化（糖链的合成）。核心蛋白质糖链的合成是在粗面内质网中进行的，其过程与一般分泌蛋白质相同；肽链的糖基化主要在内质网和高尔基复合体中进行；其糖链的合成过程与糖蛋白及糖脂类似，亦由一系列糖基转移酶催化而成，逐个将活化单糖的糖基转移到肽链的氨基酸残基（大多为 Ser）及未完成的糖链上，使糖链逐渐延长。在糖链延长过程中已连接到糖链上的某些糖基按顺序发生硫酸化及差向异构化。硫酸化反应是由硫酸基转移酶催化来实现的，由 3 - 磷酸腺嘌呤 - 5 磷酸硫酸（PAPS）提供活化硫酸基。差向异构化反应是在差向异构酶催化下，使其中的葡萄糖醛酸发生旋光异构化，转变为艾杜糖醛酸。蛋白聚糖的降解可在一系列细胞外酶或溶酶体中细胞内酶的催化下进行。降解糖链的酶分为内切糖苷酶及外切糖苷酶，分别在糖链中间及糖链非还原末端水解糖苷键。透明质酸酶是研究最充分的内切糖苷酶。哺乳动物的透明质酸酶可特异的水解链内 N - 乙酰氨基己糖键，并常生成含有两个二糖单位的四糖（GlcNA→GlcNAc→GlcUA→Glc-NAc），该四糖产物可再经两种外切糖苷酶（β - 葡萄糖醛酸酶和 β - N - 乙酰氨基葡萄糖苷酶）依次交替作用而逐个降解为单糖。精子所产生的透明质酸酶对其穿过卵膜完成受精是必要的；细菌所分泌的透明质酸酶对其侵犯宿主组织有重要作用；透明质酸酶可在临床上用于治疗某些外科和眼科疾患。氨基聚糖中的硫酸基是由硫酸酯酶催化水解脱硫酸，脱硫酸常为氨基聚糖糖链降解的限速步骤。至少核心蛋白质和连接蛋白质的降解过程与一般蛋白质者相同，细胞外蛋白聚糖可被某些细胞内吞，进入溶酶体而被降解。例如，在成纤维细胞表面的不同部位分别存在着与硫酸软骨素、硫酸皮肤素及硫酸乙酰肝素结合的部位，通过这种特异性的结合介导细胞内吞，内吞小泡与初级溶酶体融合，然后被溶酶体中相应水解酶降解。

二、纤维蛋白

（一）胶原

1. 胶原的分子结构及类型　胶原（collagen）是细胞外基质中的一个纤维蛋白家族，是动物体内含量最多的一类蛋白质，约占蛋白质总量的30%，在哺乳动物结缔组织中特别丰富。胶原由更细的胶原原纤维（直径为10～30nm）构成，经铅-铀染色可在电镜下显示，胶原原纤维在细胞外基质中按组织的需要以不同的形式组装。构成胶原原纤维的是原胶原（tropocollagen），原胶原相互交联形成胶原原纤维。原胶原是由三条多肽链盘绕形成的三股螺旋结构（图5-3）。每条多肽链约包含100个氨基酸残基，其中甘氨酸含量占1/3，脯氨酸常羟基化为羟脯氨酸，为胶原所特有。它们对协调稳定三股螺旋的构型起重要作用。成纤维细胞周围的胶原纤维（图5-4）。

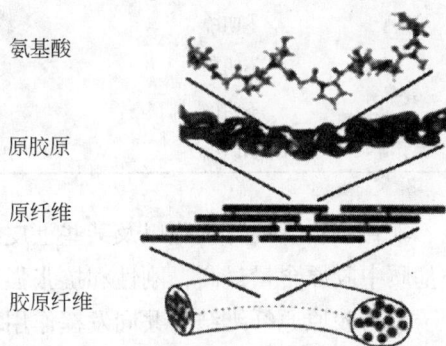

氨基酸
原胶原
原纤维
胶原纤维

图5-3　胶原分子结构示意图（引自 Alberts，2002）

1nm

图5-4　成纤维细胞周围的胶原纤维（Molecular Biology of the Cell. 4th ed. 2002）

目前已发现的胶原有19种不同类型（表5-2），最主要的是Ⅰ、Ⅱ、Ⅲ、Ⅳ型胶原。每一种胶原在体内均有特定的位置，但在相同的细胞外基质中常含有2种或3种以上的胶原类型。纤维中不同胶原组成，使其具有不同的结构和功能特性。各种类型胶原的分子结构及形状各不相同，有的形成纤维束（如Ⅰ、Ⅱ、Ⅲ型胶原），有的形成纤维网（如Ⅳ、Ⅴ、Ⅷ型胶原）；在超微结构上，有的有横带（如Ⅰ、Ⅱ、Ⅲ、Ⅴ、Ⅺ及Ⅻ型胶原），有的无横带（Ⅳ、Ⅵ、Ⅶ、Ⅷ及Ⅹ型胶原）。有横带的胶原纤维束，直径及方向因组织而异。

表5－2　胶原的类型

胶原型号	纤维长度	组织分布
Ⅰ	300nm	骨、角膜皮肤和肌腱
Ⅱ	300nm	软骨、玻璃体
Ⅲ	300nm	皮肤、动脉、子宫、胃肠道
Ⅳ	390nm	基底膜
Ⅴ	300nm	胎盘、骨和皮肤
Ⅵ	105nm	子宫、皮肤、角膜、软骨
Ⅶ	450nm	羊膜、皮肤、食管
Ⅷ	150nm	地塞麦氏膜内细胞
Ⅸ	200nm	软骨、玻璃体
Ⅹ	150nm	沉钙软骨
Ⅺ	不明确	软骨、椎间盘
Ⅻ	不明确	皮肤、肌腱、表皮
ⅩⅢ	不明确	内皮细胞、表皮
ⅩⅣ	不明确	皮肤、肌腱、软骨

　　胶原可由成纤维细胞、软骨细胞、成骨细胞以及某些上皮细胞合成，分泌到细胞间隙中加工而成。在细胞外基质中胶原含量最高，刚性和抗张强度最大，因而它是细胞外基质的骨架结构，其他分子可与胶原原纤维结合共同发挥作用。胶原原纤维与细胞表面接触可影响细胞的生长和形态。

　　2. 胶原的合成和降解　在组织中，胶原不断地进行合成和降解，处于动态平衡。成纤维细胞、成软骨细胞、成骨细胞、成牙质细胞、肌原细胞、脂肪细胞、内皮细胞以及某些上皮细胞等都可生成胶原。所产生胶原的类型和数量因细胞种类及其生理、病理状态而异。如果给动物注射有放射活性的脯氨酸，其放射性的脯氨酸迅速出现在尿中，是由于该氨基酸进行了后转化，新合成的胶原链有些又降解了。依组织和器官的不同，约有10%～90%的前胶原发生降解。催化这个反应的是胶原酶，它主要存在于高尔基复合体和溶酶体。

　　各型胶原的各种α链分别由一个结构基因编码。因而胶原基因转录后需进行大量而精确的剪接才能生成α链的mRNA。从mRNA翻译出的肽链还必须通过复杂的修饰过程才能变成功能完善的分子。因此，为修饰酶编码的一些基因亦参与胶原生成的控制。

　　胶原肽链的翻译在粗面内质网进行。生成带有信号肽的早前胶原（preprocollagen）。

于肽链翻译中及翻译后在内质网腔及高尔基复合体内先进行羟化，后进行糖基化修饰。由混合功能氧化酶催化 Gly－X－Y 序列中 Y 位的某些 Pro 及 Lys 残基进行羟化。此反应需 O_2 及 α－酮戊二酸参加，并需抗坏血酸及 Fe^{2+} 作为辅助因子。缺乏抗坏血酸则胶原生成不良。Ⅰ、Ⅲ型胶原的羟化程度低于Ⅱ、Ⅳ、Ⅴ型。羟化的赖氨酸残基可进一步发生糖基化。这需要专一性的糖基转移酶及活化的单糖供体。经过修饰的前 α 链自发聚合形成三股螺旋，即前胶原。然后通过高尔基复合体产生的分泌泡分泌到细胞外。

前胶原被分泌后，于细胞外在两种专一性不同的蛋白水解酶作用下，分别切去 N 端前肽及 C 端前肽，成为原胶原。两端各保留一小段非胶原序列。称为端肽区（telopeptide regions）。原胶原分子进一步自发聚合并交联，组装成特定的有序结构。间隙胶原分子间的交联是在赖氨酸及羟赖氨酸残基氧化脱氨生成相应的醛之后缩合重排形成的亚胺交联键。其他类型胶原常通过二硫键形成分子间交联键。例如，Ⅳ型胶原分子由 4 个原胶原分子的 N 端肽段互相重叠并以二硫键交联；其 C 端肽段卷曲为球形，并以非共价键两两聚合。

原胶原共价交联后成为具有抗张力强度的不溶性胶原。胚胎及新生儿的胶原因缺乏分子间的交联而易抽提。随年龄增长，交联键日益增多，胶原纤维亦日益紧密，从而导致皮肤、血管及各种组织变得僵硬，成为老化的一个重要方面。

胶原的转换率一般较慢。但在某些局部区域或特殊生理（胚胎发育、创伤愈合）或病理（炎症反应）情况下，胶原的转换率加快，并同时伴有胶原类型的改变。即原有胶原分解，代之以新生的另一类型胶原。天然的间隙胶原不能被一般蛋白酶降解。必须在胶原酶作用下于分子近羧基端 1/4 处的 Gly－Ile 或 Gly－Leu 间肽键断开后，才能被一般蛋白酶进一步降解。Ⅳ型胶原由于三股螺旋结构不连续，在非螺旋区或非典型的弱螺旋区可被胃蛋白酶水解成数个片段。各种胶原经酸处理或煮沸变成明胶后，由于三股螺旋结构被破坏而可被蛋白酶降解。

胶原酶在组织及血液中分布广泛。不过通常以无活性形式存在。在创伤组织及分娩后的子宫中胶原酶活性显著增高。恶性肿瘤细胞分泌专一性水解Ⅳ型胶原的胶原酶，为其浸润转移开辟途径。一些蛋白酶，如纤溶酶及激肽释放酶等，可以活化胶原酶。结缔组织可以合成胶原酶抑制剂，从前胶原水解下的前肽也可能对胶原酶有抑制作用。还有一些激素也影响胶原降解的速度。如糖皮质激素可诱导胶原酶合成，雌二醇和孕酮抑制子宫胶原降解，甲状旁腺素增高骨骺端胶原酶活性。总之，胶原酶的活化与抑制对于调节胶原的转换率具有重要作用。

（二）弹性蛋白

弹性蛋白（elastin）是弹性纤维的主要成分，为高度疏水性蛋白质，其分子中含有高比例的疏水性氨基酸残基，使之成为体内对化学及蛋白酶作用最具抵抗力的蛋白之一。它以随机方式排列，彼此之间相互连接，形成网状结构。弹性蛋白形成的弹性纤维，使其所分布的组织具有弹性和韧性。与胶原相似的是弹性蛋白含有丰富的甘氨酸及脯氨酸，不同的是羟脯氨酸含量很少，完全没有羟赖氨酸，亦没有糖基化修饰，由于没有胶原的 Gly – X – Y 重复序列，不形成规律的螺旋结构，而呈无规则卷曲状。弹性蛋白分子之间赖氨酸残基间交联形成富有弹性的网状结构，其长度可伸长几倍，并可像橡皮条一样回缩（图5 –5）。

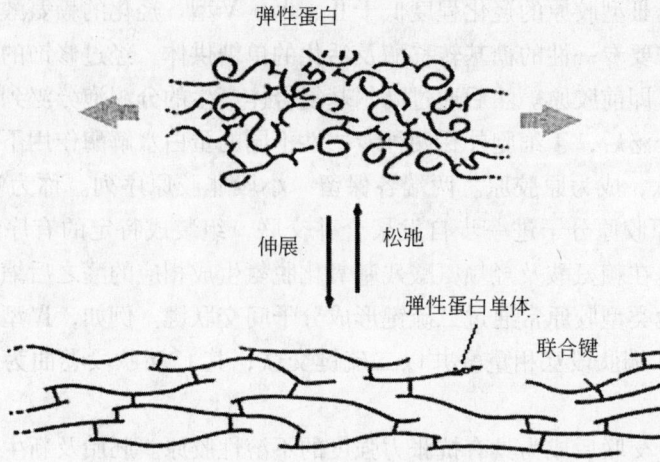

图5 –5 弹性蛋白分子结构示意图（引自 Alberts，2002）

弹性蛋白在皮肤结缔组织中特别丰富，在不同动物的皮肤中弹性蛋白占其干重的2% ~70%，使皮肤具有高度弹性。没有弹性的细长胶原纤维与弹性纤维相互交织，以限制其伸展程度，防止组织撕裂。

关于弹性蛋白的生物合成及加工还了解不多。其降解主要由弹性蛋白酶催化。细菌的胶原酶对其无作用。

弹性纤维除主要由弹性蛋白构成外，在其表面还有由糖蛋白构成的微原纤维。在发育中的弹性组织内，糖蛋白微原纤维常先于弹性蛋白出现，似乎对于弹性蛋白分子组装成纤维具有组织作用。

（三）纤连蛋白

纤连蛋白（fibronectin，FN）广泛存在于动物界（从淡水海绵到人类），是一种大的纤维状糖蛋白，含糖量4.5% ~9.5%，其亚单位分子质量为220 ~250kDa，约由2500个氨基酸残基构成。不同组织来源的 FN 亚单位结构不尽相同，但很相似。其肽链的共同特点是由一些重复的氨基酸序列构成若干球形结构域，每个球形结构域可分别与不同的大分子或细胞表面特异性受体结合，从而使之成为多功能分子。FN 在体内的分布十分广泛：以可溶形式存在于血浆及各种体液中；以不溶形式存在于细胞外基质（包括某些基膜）及细胞表面。前者称为血浆 FN，后者称为细胞 FN。FN 主要由间质细胞（如成纤维细胞、成软骨细胞、血管内皮细胞、巨噬细胞等）产生。

1. 纤连蛋白的类型及特点

（1）血浆纤连蛋白 为可溶性的二聚体，由两条肽链末端形成二硫键交联组成，整个分子呈"V"形（图5 –6）。FN 参与凝血、创伤愈合、增强吞噬细胞功能等活动。

正常人血浆中纤连蛋白的浓度约为 0.3mg/ml，男人和老人的水平略高，妇女在行经期及妊娠后升高，分娩时达到高峰。暴发性肝损伤者血浆纤连蛋白急剧下降，某些癌症患者血浆纤连蛋白升高，腹水中的纤连蛋白浓度可协助鉴别肿瘤性腹水与非肿瘤性腹水（肿瘤性腹水中的纤连蛋白浓度显著高于非肿瘤者，两者相差 10 倍左右）。

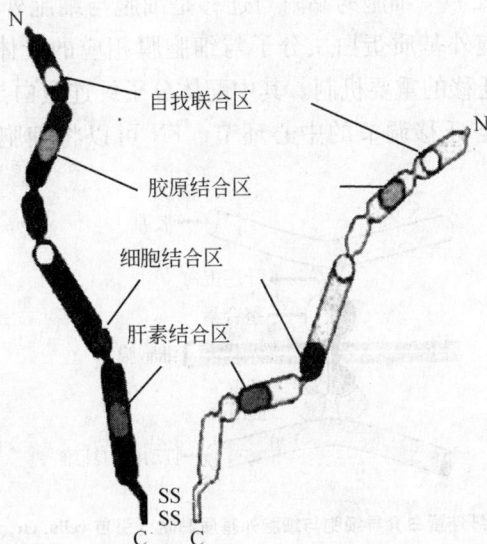

图 5-6　纤连蛋白二聚体结构（引自 Alberts，2010）

（2）**细胞表面纤连蛋白**　为附着在细胞表面的不溶性寡聚体，在成纤维细胞表面呈纤维状，与细胞内肌动蛋白丝的走行一致，二者在组装上相互制约。例如，用细胞松弛素破坏肌动蛋白丝可导致纤连蛋白从细胞表面脱落。体外培养的细胞还常在桥粒或其附近发现纤连蛋白。当原始间质细胞分化为特定的细胞（如羊膜、牙胚及软骨细胞）后，细胞表面的纤连蛋白常消失。可见，纤连蛋白在细胞表面的表达不仅与细胞的种类有关，而且与细胞的分化阶段有关。在纤连蛋白研究史上曾引起广泛关注的是，无论体外转化的恶性细胞，还是体内生长的肿瘤细胞，细胞表面的纤连蛋白一般显著减少，甚至完全消失，同时伴有细胞内的张力纤维减少。在培养液中加入来自正常细胞的纤连蛋白后，可使恶性细胞的表型正常化，即细胞内已减少的张力纤维又增多，细胞表面增多的微绒毛及膜皱襞减少，细胞从近球形变为多突、扁平的铺展状，细胞排列亦较规整，少重叠。然而，纤连蛋白并不能改变肿瘤细胞的恶性行为（如生长失控、侵袭、转移等）。以上事实只能说明细胞表面的纤连蛋白对细胞内骨架（微丝）的组装具有组织作用，并有人将纤连蛋白称为细胞外骨架。在这方面，血浆纤连蛋白远不如细胞纤连蛋白有效。上述形态学变化系由细胞骨架组装的不同所引起。

（3）**基质纤连蛋白**　为高度难溶的纤维形多聚体，存在于细胞外基质中，包括细胞间质及某些基膜。纤连蛋白分子的多形性并非来自于不同的基因。肽链结构及亚单位组成不同的纤连蛋白，皆为同一基因的表达产物，该基因由 70000 个以上的核苷酸组成，约有 50 个外显子。转录后的 RNA 前体以不同方式剪接，而产生不同的 mRNA。此外，翻译后的修饰（如糖基化）亦有差异。

2. 纤连蛋白的生物学意义　纤连蛋白及其相应的受体整合素分子之间的相互作用，与细胞的黏附与迁移有关。另外，纤连蛋白也参与细胞周围基质的形成过程。纤连蛋白是一种重要的具有多种生物学功能的细胞外基质成分。

（1）细胞的黏附与迁移　细胞的黏附与迁移是细胞与细胞外基质进行特异性识别、结合与作用的结果。细胞外基质蛋白质分子与细胞膜相应的受体整合素之间的相互作用，是决定细胞黏附与迁移的重要机制。其中配体分子纤连蛋白与相应的整合素之间的相互作用，是细胞黏附与迁移调节的中心环节，FN 可以将细胞连接到细胞外基质上（图 5 - 7）。

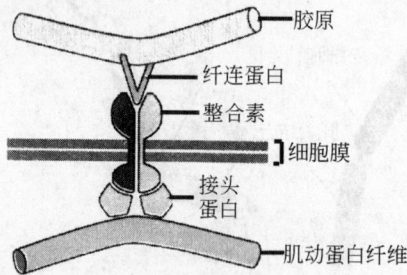

胶原
纤连蛋白
整合素
细胞膜
接头蛋白
肌动蛋白纤维

图 5 - 7　纤连蛋白介导细胞与细胞外基质黏附（引自 cella. cn，2003）

纤连蛋白由三种类型的重复序列组成。这些重复序列组成不同的蛋白酶抗性位点结构，含有各种生物大分子的结合位点，如肝素、胶原、纤维蛋白和细胞表面受体等。纤连蛋白分子中含有至少两种不同的细胞黏附位点区。如果纤连蛋白中的 RGD 序列（Arg - Gly - Asp）三肽结构区发生突变或缺失，则会导致纤连蛋白中心部位的细胞黏附活性下降。因此，纤连蛋白分子中的 RGD 结构位点是细胞黏附活动的重要结构基础。除了 RGD 结构本身外，RGD 附近的结构序列位点对于 RGD 正常构象的维持，都有重要功能。

（2）纤连蛋白与心血管系统　纤连蛋白的表达在心血管系统的正常发育、正常生理机能的维持过程中具有重要作用，并与心血管疾病的发生、发展之间的关系也极为密切。

1）纤连蛋白与心脏发育：在胚胎发生过程中，纤连蛋白在不同组织中的表达具有高度特异性的方式。在心脏发育过程中亦是如此。纤连蛋白 mRNA 的剪切加工在发育过程中也受到严格的调控。在胚胎发育早期 EAⅢ和 EBⅢ两个外显子的编码区具有共同表达的特点，胚胎形成和器官形成之后则有选择地剪切去除。无论是纤连蛋白的总 mRNA 以及含有 EAⅢ和 EBⅢ外显子的纤连蛋白在发育过程中都逐渐下降，至成年时，心脏中的纤连蛋白的总 mRNA 表达水平很低，而在衰老的心脏中继续下降，纤连蛋白 mRNA 的选择性剪切方式也发生变化。对于大鼠胚胎心脏中的纤连蛋白的分布表达进行定量、定位研究表明，整个胚胎发育阶段中都有纤连蛋白的表达，分布方式呈网状，表明呈细胞周边或间隙性分布。心脏中的纤连蛋白主要是由心脏间质细胞合成分泌的。纤连蛋白在心肌细胞前体的移行中和心脏的形态学发生过程具有十分重要的作用。心脏含有的纤连蛋白和不含有这些外显子的纤连蛋白的表达水平大致相当。说明在心肌的发育过程中，并没有哪一种纤连蛋白 mRNA 的剪切加工方式占绝对优势。

2）纤连蛋白与心肌肥大：动脉高压继发的心肌肥大是由于心肌细胞肥大和成纤维细胞增生引起的。动脉高压也可引起动脉壁的肥大和血管周围硬化。在纤维化过程中胶原和纤连蛋白基因的表达水平显著增高。对于高血压引起的心肌肥大中的纤连蛋白 mRNA 的表达水平进行定量检测，动脉高压发生 4～6 周后，心肌肥大的程度超过 70%，其实没有心力衰竭的征象，而且心脏中的纤连蛋白 mRNA 的表达水平也没有显著上升。在纤连蛋白 mRNA 表达水平保持恒定状态的同时，与正常心肌中的纤连蛋白 mRNA 的表达水平相比较，肥大心肌中的纤连蛋白 mRNA 的表达的性质特点也不完全相同，含有外显子 EAⅢ 的纤连蛋白 mRNA 的表达水平升高 2 倍以上。但含有 EBⅢ 外显子的纤连蛋白 mRNA 的表达水平并没有显著的升高。在动脉高压引起的心肌肥大过程中，总的纤连蛋白 mRNA 的表达水平虽没有显著的变化，但以原位杂交以及免疫组化等研究技术证实，极少部分的心肌细胞中纤连蛋白 mRNA 以及蛋白质的合成水平显著上升。在动脉高压引起的心肌肥大发展过程中，有时见到局灶性心肌坏死。在发生坏死的病灶中，纤连蛋白 mRNA 的水平具有累积现象。此时所表达的纤连蛋白分子中又包含有 EAⅢ 和 EBⅢ 外显子序列。心脏中的这种胎儿型纤连蛋白表达主要来源于冠状动脉的平滑肌细胞以及主动脉的平滑肌细胞。成熟的血管平滑肌细胞又重新表达胎儿型的纤连蛋白，这在发生动脉粥样硬化性疾病中也能见到。

(3) 纤连蛋白与结缔组织的衰老　结缔组织的衰老有三个原因：间质细胞的衰老；细胞基质合成以后的衰老；细胞与基质之间相互作用的不断变化。结缔组织的这些变化，往往见于衰老的疾病过程中，而发生衰老相关的疾病时，这些结缔组织的结构与功能将发生更为显著的改变。

多数的间质细胞具有合成细胞外基质的功能，而且这些细胞处于旺盛的有丝分裂期。体外培养的动脉平滑肌细胞随着衰老的发展，其合成细胞外基质的功能也逐渐下降。但与这些细胞的分裂活动没有更为密切的关系。当处于有丝分裂状态的间质细胞在三维胶原基质中进行培养时，其增殖效率显著降低，体外培养其胶原合成速率的降低较其增殖功能衰退出现得早。但也有研究表明，体外培养的人皮肤成纤维细胞随着细胞增殖率的下降，其胶原合成水平显著上升。人皮肤成纤维细胞以及血管平滑肌细胞在体外培养过程中，纤连蛋白合成的水平也显著升高。这充分说明细胞的增殖状态与细胞外基质蛋白的生物合成调节是独立进行的。关于弹性蛋白受体的研究表明，在富含细胞外基质的器官中，细胞所发生死亡的机制是一种细胞凋亡过程，其触发因素是细胞内钙离子浓度逐渐升高，失去其内环境稳定机制的调节，而不是其增殖潜能有何变化。基于这样的考虑，从单一的细胞水平上是很难对结缔组织的老化过程和特点进行研究的。

随着结缔组织的衰老，细胞外基质大分子衰老依赖性的变化也是显而易见的。结缔组织衰老依赖性的生物大分子的变化可以分为两种情况，一个是细胞外基质蛋白质分子合成速率的变化以及细胞外基质蛋白质分子翻译后的修饰加工的改变，生物合成以后的修饰加工过程包括逐步地与胶原纤维之间的交联；另外一个显著的变化就是弹性纤维中脂质和钙的不断累积。细胞外基质大分子的蛋白裂解降解过程也是细胞外基质生物合成以后的重要修饰方式。在纤维结缔组织的衰老过程中，弹性蛋白酶型蛋白酶表达水平也显著升高，这种弹性蛋白酶型的膜结合型的平滑肌丝氨酸蛋白酶，也可以是皮肤成纤维细胞的金属内肽酶。这种酶的表达水平和活性可以作为结缔组织衰老程度定量测定的一个指标。

（4）纤连蛋白与肿瘤转移　研究肿瘤转移的方法有多种，一种是静脉注射肿瘤细胞，然后测定转移瘤灶的数目及直径。静脉注射肿瘤细胞悬液时，瘤灶一般在肺或肝中发生。但这样忽略了肿瘤细胞从瘤组织中剥离，浸入血管等肿瘤转移的早期过程，而只是重复了血液系统肿瘤发生转移的最初步骤。另一种为自发性转移模型。在肿瘤研究中鉴定了一系列的具有高度转移特性的肿瘤和肿瘤细胞，当移植给受体动物之后可形成瘤灶，并发生转移，此时可通过定量发生转移的瘤灶数目及直径，对其转移的潜能进行测定。

根据纤连蛋白的一级结构序列，设计并合成含有 RGD 的序列 GRGDS，研究这一多肽对于 B16 - F10 小鼠黑色素瘤细胞在 C57BL/6 纯系小鼠的肺脏中形成转移瘤灶能力的影响。GRGDS 多肽其血液循环中的半寿期为 8 分钟，可以特异性地抑制 B16 - F10 黑色素瘤细胞在纯系小鼠肺脏中的瘤灶形成能力，而且这种抑制作用的效果是 GRGDS 多肽剂量依赖性的。GRGDS 多肽的主要作用似乎是阻断肿瘤细胞在肺脏中的附着，而对于处于血液循环中的黑色素瘤细胞团的大小以及在肺脏中形成的瘤灶的直径没有显著影响。GRGDS 多肽阻断黑色素瘤肺转移的能力，与动物缺乏血小板的正常功能以及自然杀伤细胞的功能状态无关。因此，认为多肽抑制肿瘤转移的机制可能是破坏了肿瘤细胞早期黏附的一些步骤。即使使用单一剂量的合成多肽 GRGDS，也可以显著破坏黑色素瘤细胞的转移，并提高荷瘤小鼠的平均寿命。

（四）层粘连蛋白

层粘连蛋白（laminin，LN）存在于各种动物的胚胎及成体组织的各种基膜中，成为其主要成分之一。LN 主要存在于基膜的透明层，紧靠细胞基底的表面，通常不存在于正常细胞的顶及侧表面。然而，在恶性细胞则不限于基底表面。具有高转移潜能的肿瘤细胞表面的 LN 较多。此外，LN 也少量存在于大鼠真皮结缔组织中及胚胎细胞之间。迄今未发现与 LN 有关的只有软骨细胞及骨髓造血细胞体系。LN 在血液及组织液中的浓度极低。

1. 层粘连蛋白的分子结构　层粘连蛋白的分子结构独特，是一种分子质量（820～850kDa）极高的糖蛋白，含糖 15%～28%，其长度相当于基膜的厚度。由一条重链（A链）及两条轻链（B₁ 及 B₂）构成不对称的十字形结构，有三条短臂和一条长臂，每一条短臂由 2～3 个球区及短杆区构成，长臂末端为一较大的球区（图 5 - 8）。A 链（440kDa）近 N 端部分成一条短臂，包括 2～3 个球形结构区域及两个短杆臂；C 末端卷曲形成至少由 3 个球区构成的大球区。B₁（230kDa）及 B₂（220kDa）链近 N 端肽段各形成一个短臂，包括两个由一短杆分隔的球区；近 C 端肽段与 A 链共同形成长臂的杆区。在十字交叉处二硫键十分丰富。层粘连蛋白亦是由多个结构域构成的多功能分子，具有与Ⅳ型胶原、腱蛋白、硫酸乙酰肝素、肝素、半乳糖脑硫脂及神经节苷脂等分子结合的部位。与Ⅳ型胶原结合的部位存在于长臂及三个短臂的球区，后者皆含有RGD序列。长臂中与Ⅳ型胶原结合的部位亦是层粘连蛋白自相聚合的结合点，腱蛋白牢固结合于十字交叉区。现已证明层粘连蛋白分子至少有4个部位与细胞结合。

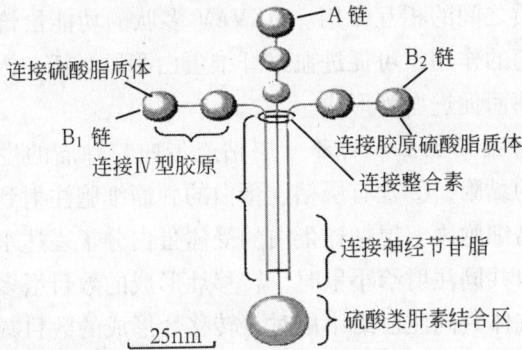

图5-8 层粘连蛋白的分子结构模式图 （引自 Molecular Biology of the Cell. 4th ed. 2002）

2. 层粘连蛋白的生物学意义

（1）层粘连蛋白与细胞的黏附、生长、迁移及形态发生 层粘连蛋白的细胞黏附功能首先是以表皮细胞、内皮细胞以及神经元细胞为研究材料证实的。成纤维细胞在层粘连蛋白基质上不能进行正常生长。这一特点被用来除去神经元细胞以及成肌细胞培养体系中成纤维细胞的污染。因为层粘连蛋白具有促进细胞分化以及降低成纤维细胞的黏附作用，因此在神经元细胞以及成肌细胞培养中，经常应用含有层粘连蛋白、Ⅰ型胶原以及多聚赖氨酸的基质进行培养。

对于大多数类型的细胞来说，层粘连蛋白基质可以促进其生长过程。但这不是由于层粘连蛋白基质促进细胞的黏附引起的。层粘连蛋白促进细胞生长的结构位点中富含表皮生长因子（epidermal growth factor, EGF）样重复序列，但这一序列并不与EGF竞争地去和EGF受体结合，也不能在单独情况下与EGF受体结合。这说明层粘连蛋白促进细胞生长是通过一种全新的机制来完成的。

层粘连蛋白促进细胞迁移的作用只有在浓度达到摩尔水平才能表现出来，并且此作用是层粘连蛋白多个位点结构同时与细胞结合并发挥作用的综合结果。这种对细胞移行的促进作用可被层粘连蛋白以及纤连蛋白特异性的抗体所阻断，表明体内存在着重要的细胞间的相互作用。

层粘连蛋白在形态发生中也有十分重要的作用。上皮细胞与间质细胞在层粘连蛋白-nidogen复合物的形成过程中相互协调，层粘连蛋白或 nidogen 合成水平下降，则意味着组织界面的基底膜组装水平下降。在发育过程中的肺的不同部位具有不同的层粘连蛋白 mRNA 的表达，从而决定基底膜的形成，这在肺分支形态学发生过程中具有十分重要的调节作用。

（2）层粘连蛋白与细胞分化 体外培养下，层粘连蛋白能促进和维持各种上皮细胞的分化。层粘连蛋白促进血管形成的过程是其促进上皮细胞分化的典型例子。含有 YIGSR 和 SIKVAV 多肽序列对血管形成也有很强的促进作用，所以认为血管形成的过程可能是细胞和层粘连蛋白分子中的多个位点发生相互作用的结果。

　　YIGSR 的合成多肽对血管形成有阻断作用，但对业已形成的血管没有阻断或破坏作用，只是对新的血管形成过程有阻断作用。YIGSR 多肽可防止内皮细胞之间的正确排列，但不影响细胞与基质之间的相互作用。SIKVAV 多肽的功能恰恰相反，可促进血管形成，还具有Ⅳ型胶原酶的作用，可促进血浆纤维蛋白酶原激活，因此认为这一多肽序列可能是通过激活蛋白酶而促进血管形成。

　　（3）层粘连蛋白与肿瘤的生长和转移　　层粘连蛋白与肿瘤的生长和转移，主要表现在：①促进肿瘤细胞的黏附；②含有层粘连蛋白的肿瘤细胞注射到体内之后具有更高的恶性程度；③恶性肿瘤细胞膜上层粘连蛋白的受体蛋白分子表达水平显著升高；④黑色素瘤细胞与层粘连蛋白共同注射给小鼠时，转移灶形成的数目增多；⑤黑色素瘤细胞与层粘连蛋白特异性的抗体共同注射给小鼠时，转移灶形成的数目减少；⑥在层粘连蛋白基质上成长的肿瘤细胞具有更为显著的转移能力；⑦层粘连蛋白提高胶原酶，特别是的Ⅳ型胶原酶活性，这是肿瘤细胞侵袭的重要环节；⑧来源于层粘连蛋白序列的合成多肽 YIGSR 可以降低肿瘤的转移与生长能力；⑨来源于层粘连蛋白序列的合成多肽 SIKVAV 可以提高Ⅳ型胶原酶的活性，提高肿瘤的转移与生长能力；⑩提高肿瘤的抗药能力，并可以阻断肿瘤细胞对于内皮细胞的黏附。

　　（4）层粘连蛋白与神经系统的发育　　层粘连蛋白对神经系统的存活和分化都具有显著的促进作用，并且在很低的浓度就表现出很强的生物学活性。层粘连蛋白的分子结构序列 SIKAVA 位点多肽仅对某些类型，而不是所有的神经元细胞都具有活性。从 β 链序列来源的一段由 20 个氨基酸残基组成的多肽也仅证实对于小脑神经元具有促进生长和分化的作用。其他来源与层粘连蛋白 α 链的多肽分子也具有促进神经元突触生长的作用，但只是在少数几种类型的神经元中得到了证实。层粘连蛋白以及富含层粘连蛋白的基底膜基质可以促进外周及中枢神经元细胞的再生以及移植物的存活。受到层粘连蛋白的刺激以后，外周及中枢神经元再生性应答的出现快速而持久。另外，发育中的轴突部位、神经嵴细胞迁移路线中也见到了层粘连蛋白的免疫活性。此外，在体内可减少疤痕的形成，以利于神经损伤时的再生过程。因此，层粘连蛋白或其活性多肽对于损伤的神经具有治疗的应用前景。

　　（5）层粘连蛋白的碳水化合物与细胞之间的作用　　研究表明，层粘连蛋白中含有 12%～15% 的碳水化合物。以外源凝集素亲和层析从 EHS 肉瘤中纯化分离到的层粘连蛋白中的碳水化合物的含量更是高达 25%～30%。小鼠层粘连蛋白分子中，68 个保守的天门冬氨酸残基位点发生了糖基化修饰，大部分糖基化位点都集中在层粘连蛋白的长臂结构区。正常而完全的糖基化是某些糖蛋白分子完整的生物学活性所必须具备的修饰加工形式，如 α 链未发生糖基化修饰的促性腺激素不能有效地与细胞膜上相应的受体结合。如果将这种多肽激素糖链切除，则不能通过第二信使产生正常的信号转导。层粘连蛋白可与其特异性受体相结合，这种受体有一个半乳糖结合位点，识别层粘连蛋白分子的糖链。细胞表面的糖基转移酶是与层粘连蛋白糖链识别与结合的又一类蛋白质分子。这种糖基转移酶是介导细胞之间的黏附以及细胞外基质底物上移行过程中的重要调节分子。说明层粘连蛋白的糖基化修饰，其分子中的糖链结构也具有十分重要的生物学功能。

第二节　细胞外基质的功能

机体是由细胞、组织、器官构成的。不同的组织、不同的器官由不同的细胞组成。细胞外基质将这些不同类型的细胞集合在一起，使其构成不同的组织和器官。没有细胞外基质的参与，就不能构成一个机体。因此，细胞外基质具有十分重要的生物学功能。细胞外基质不仅赋予机体的物理性特征，为全身的各种细胞提供附着的支架组织，而且还对这些细胞的生物学功能有深远的影响。

一、细胞外基质的物理学功能

细胞外基质是构成骨、软骨、韧带、皮肤、头发、各种器官包膜以及各种实质器官的基底膜的主要成分。因此，细胞外基质在维持机体的结构完整性、为机体提供支架结构方面具有十分重要的功能。细胞外基质在维持各种器官的形态以及物理学特征方面也有十分重要的作用。如肺中有纤连蛋白以及层粘连蛋白等组成的基底膜结构，是肺上皮细胞与内皮细胞附着的支架结构，便于气体交换。同时，其中的弹性纤维又赋予肺组织高度弹性，使其随呼吸的变化而收缩与舒张，完成呼吸过程。皮肤及实质脏器周围由细胞外基质组成的屏障结构，可防止在突然外力的冲击下发生损伤。实际上，机体的运动机能大部分是由细胞外基质蛋白所构成的组织、器官来完成的。

二、细胞外基质由细胞分泌表达

所有的细胞外基质蛋白都是由细胞合成并分泌到细胞外，在经过一系列的加工、修饰、构成特殊类型的组织、器官。绝大部分的细胞外基质蛋白都是可分泌型的蛋白质，因而其氨基末端都毫无例外地含有一段由 20 个左右氨基酸残基组成的信号肽序列。细胞外基质蛋白的修饰加工包括糖基化、磷酸化、硫酸化、末端肽序列的切除、二硫键的形成、链内交联、链间交联、二聚体、三聚体、四聚体等多聚体结构的形成等。

三、细胞外基质对于细胞功能的影响

细胞外基质可影响细胞的黏附、迁移、增殖、分化以及基因表达的调控。一方面，在发育过程中有助于正常组织和器官的形成，另一方面，在病理状态下参与修复过程。细胞外基质不仅与主要脏器的纤维化有关，而且与肿瘤细胞的转移有关。

（一）细胞外基质与细胞的黏附过程

细胞与细胞外基质之间的结合是主动的、特异性的过程。细胞与细胞外基质之间的结合，不仅仅为细胞的附着提供一个物理位点，而且还触发跨膜信号转导，对于细胞的基因表达及细胞表型和功能产生显著的影响，细胞外基质蛋白分子结构中具有细胞结合的位点，为细胞黏附位点。细胞黏附位点与细胞膜上的相应的受体结合，这是细胞外基质与细胞之间进行结合的一般方式。

（二）细胞外基质与细胞的迁移过程

细胞外基质与细胞膜上相应的受体之间的相互作用决定了细胞迁移过程。与细胞迁移有关的细胞膜上的受体分子，主要是整合素这种细胞表面的黏附性受体蛋白分子。每一种整合素分子都是由 α 和 β 亚单位组成的异二聚体分子形式，两者之间以 1∶1 的比例共价结合。到目前为止已鉴定了 20 余种不同类型的整合素分子，与纤维连接蛋白、层粘连蛋白、亲玻粘连蛋白和胶原蛋白之间都存在着结合功能。

在多细胞的生物发育过程中，许多发育过程和步骤都涉及细胞向新的位点迁移的过程。在形态学发生过程中，由纤连蛋白以及其他类型的具有黏附作用的生物大分子，构成了细胞黏附与迁移的主要基质结构。尽管各个胚胎之间有所差别，但一般来说，阻断由整合素介导的细胞迁移，会阻断胚胎原肠胚的形成。含有 RGDS 序列的合成多肽，抗整合素抗体的 Fab 片段、抗纤连蛋白的抗体，单独情况下都可以抑制细胞迁移过程。如果细胞内注射 β_1 整合素亚单位胞浆位点特异性的单克隆抗体或者抗体的 Fab 片段，都可以打乱细胞基质的装配。进一步证实整合素在细胞迁移过程中的重要作用。细胞在纤连蛋白上的迁移过程，需要 RGD 和其他协同的结构位点。针对 RGD 和协同作用位点的单克隆抗体，都能抑制细胞的移行过程，β_1 整合素片段的抗体或含有 RGD 序列的多肽也都能在体外抑制正常细胞与肿瘤细胞的迁移过程。含有 RGD 多肽的抑制效应仅仅是部分性的，对于细胞迁移的抑制过程，其作用机制多数情况下是破坏了 β_1 整合素与纤连蛋白之间的相互作用。

（三）细胞外基质与细胞的增殖过程

细胞外基质的某些类型具有促有丝分裂素的功能，可以促进细胞增殖。如在神经细胞的增殖过程的早期阶段，神经上皮细胞对于成纤维细胞生长因子的作用十分敏感。成纤维细胞生长因子对于体外培养的神经上皮细胞的作用之一，就是能够促进这种细胞层粘连蛋白表达水平的升高。以 Northern blot 杂交技术证实，受到成纤维细胞生长因子刺激作用的细胞中，层粘连蛋白 B_1 和 B_2 链的 mRNA 表达水平都显著升高。随着前体细胞具有不同的主要组织相容性 I 型抗原表达，又可分为前体细胞群和胶质细胞群，而只有分化为胶质细胞的细胞亚群，才具有层粘连蛋白的合成能力。因而推测成纤维细胞生长因子对于神经上皮细胞的主要作用，就是促进其层粘连蛋白的合成与释放能力，以旁分泌的方式，进一步刺激神经细胞的分化。在一项研究中还发现，视网膜中的神经前体细胞与其下层的细胞外基质之间保持持续的接触，这对于维持神经系统的发育过程具有重要的意义。

（四）细胞外基质与细胞的分化过程

神经细胞的分化，在很大程度上取决于神经细胞与环境中各种活性分子之间的相互作用。利用体外细胞培养系统，鉴定了一系列的可溶性神经营养因子，诸如神经生长因子（nerve growth factor，NGF）、膜结合型细胞黏附分子（cell adhesion molecule，CAM）以及细胞外基质等。近年来，在神经元周围环境中鉴定发现了对于神经轴突生长具有促进作用的细胞外基质蛋白分子及其膜表面的受体蛋白分子。层粘连蛋白、纤连蛋白以及胶原蛋白等基质蛋白成分，都具有促进体外培养的神经元的轴突生长的功能。

大鼠的嗜铬细胞瘤细胞系 PC12 是研究神经元细胞分化过程的一个重要模型。以 NGF 进行长时间的刺激之后，PC12 细胞发生有丝分裂停滞，从形态学以及生物化学等方面进行分化，表现为交感神经元的特征。由 NGF 刺激之后，使 PC12 细胞能够在无血清培养基中存活，因而可以对每一种类型的细胞外基质蛋白对于细胞黏附以及轴突生长的影响进行逐一研究。一系列的研究表明，PC12 细胞受到 NGF 的刺激之后，PC12 细胞及其生长的轴突可以有效地与层粘连蛋白、I 型和 IV 型胶原以及纤连蛋白等进行黏附结合。经 NGF 处理之后，如果在含血清的培养基中，PC12 细胞的轴突可以在未进行包被的塑料细胞培养皿的表面上伸展，提示血清中含有能够促进神经元轴突生长的细胞外基质蛋白分子。

目前已积累的研究资料表明，每一种类型的细胞外基质蛋白都可以被一种整合素受体蛋白所识别。在细胞外基质蛋白分子的结构中，已鉴定出几种不同的与整合素结合有关的结构位点，其中最为重要的是纤连蛋白 III 型重复序列结构位点。这一与整合素受体结合有关的位点结构，存在于一系列的细胞外基质糖蛋白分子中的序列结构中。纤连蛋白 III 型重复序列含有 RGDS 四肽序列，这是与纤连蛋白细胞黏附作用有关的主要结构位点。因此，RGDS 序列结构是纤连蛋白与 PC12 细胞进行结合并促进 PC12 细胞轴突生长的主要结构位点。含有这段 RGDS 的合成多肽，可以抑制 NGF 刺激的 PC12 细胞在纤连蛋白包被的培养皿上的形态学分化过程。

第六章　细胞核与细胞遗传

　　1781 年，意大利博物学家 Fontana 首先在鱼皮肤中见到细胞核。除细菌、放线菌和蓝藻及人类成熟的红细胞外，其他真核细胞，在其生活的某一阶段或整个生活周期中均有细胞核。

　　细胞核的出现是生命进化的重要一步，也是真核生物和原核生物最大的区别。原核细胞没有核，其 DNA 等物质位于细胞质内，称为拟核。真核的出现标志着细胞的区域化，核膜将遗传物质包围在核内，使之与细胞内的其他活动分开，保证了细胞的遗传稳定性。遗传信息由 DNA→mRNA→蛋白质传递过程中，由于核膜的存在，细胞内转录和翻译的过程被分隔开，转录在核内，翻译在细胞质，真核细胞因此具有更多的基因表达调控的环节，赋予真核细胞更为复杂的功能。

　　1. 细胞核的形状、大小、数目和位置　　细胞核是细胞内最大的细胞器，其形状、大小、数目及位置都和细胞功能有关。①核的形状与细胞形态相适应：球形、立方形或多边形细胞如卵细胞、生精细胞、肝细胞及神经元，其胞核多呈圆形；柱状、矮柱状细胞如胃肠、子宫、输卵管等上皮细胞，其胞核呈椭圆形；②细胞核的大小与细胞大小有关：动物细胞核的直径一般在 $10\,\mu m$ 左右。通常生长旺盛的细胞，如卵细胞、肿瘤细胞核较大；分化成熟的细胞则核较小。③细胞核的数量与细胞分化有关：通常一个细胞含有一个核，但有些细胞有双核甚至多核。如肝细胞、心肌细胞可有双核，破骨细胞可有 6～50 个或更多个细胞核；人体内成熟红细胞不含细胞核，属于终末细胞。④核的位置与细胞功能有关：如脂肪细胞因含大量脂肪，核被挤向边缘；胃肠上皮细胞核位于细胞基底部，有利于分泌与吸收功能。

　　2. 细胞核的功能　　细胞核是遗传物质储存、复制和转录的场所，是细胞生命活动的控制中心。只有在间期的细胞中才能观察到细胞核的整体结构。间期核的基本结构包括核被膜、核仁、染色质和核基质。

第一节　核　被　膜

　　在光学显微镜下观察到细胞中最显著的区域，即为细胞核，其实光学显微镜看到的不是膜本身，而是由于膜内外物质密度不同而形成的光学界面。直到 20 世纪 50 年代电子显微镜应用，才看到膜结构，并发现核膜实际上是包围核物质的内质网的一部分（图

6 -1）。从而进一步理解到核膜实际上也就是遍布于细胞中"内膜系统"的一部分，而不是独立的结构，它的意义就在于对核物质的"区域化"。其功能是将 DNA 和细胞质分隔开，使细胞核成为细胞的指令中心，构成保护性屏障（图 6 -1）。

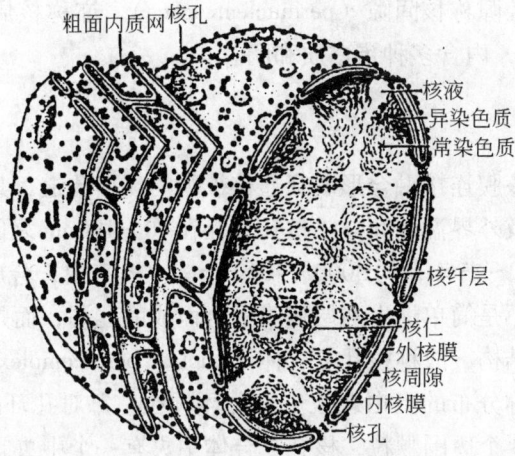

图 6 -1 内质网与核膜（引自 陈诗书）

核膜由双层膜结构组成，电镜下结构组成包括外核膜、内核膜、核周隙、核孔和核纤层（图 6 -2）。

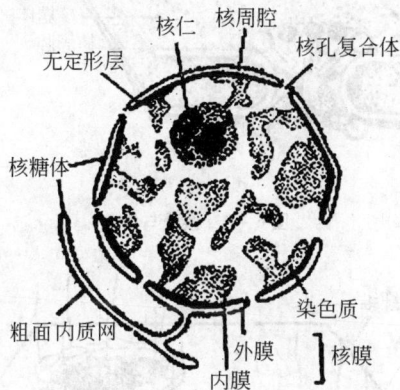

图 6 -2 核内膜、外膜（引自 Alberts et al）

一、外核膜

外核膜（outer nuclear membrane）是核被膜朝向胞质的一层膜。与粗面内质网膜连续，外核膜被认为是内质网膜的特化区域，外表面亦有核糖体附着，可进行蛋白质的合成。

二、内核膜

内核膜（inner nuclear membrane）是核被膜朝向核质的内层膜，与外核膜平行排列，外表面无核糖体附着。

三、核周隙

内外核膜之间的腔隙称核间隙（perinuclear space），亦称核周腔，与粗面内质网腔相通，宽约 20~40nm，内含多种蛋白质和酶。

四、核孔

核被膜上内、外核膜连接融合形成穿通核被膜的环形孔道，其数目、大小及分布因细胞种类、功能状态及外界温度而异。核孔直径在 40~100nm 之间，哺乳动物的核孔一般为核被膜面积的 5%~15%，约 3000~4000 个。一般来说，合成功能旺盛的细胞其核孔数目较多。核孔并不是简单地由两层核膜融合而成的孔洞，而是由一组蛋白质颗粒按特定方式排列形成的结构，故称核孔复合体（nuclear pore complex）。核孔复合体在核孔内外膜处各有 8 个对称分布的蛋白颗粒——孔环颗粒，每对孔环颗粒之间有边围颗粒，共计 8 对孔环颗粒和 8 个边围颗粒，核孔复合体中央有一个中央颗粒，以上各颗粒间有蛋白质细丝相连，维持核孔复合体稳定，调节物质运输（图 6 -3、6 -4）。

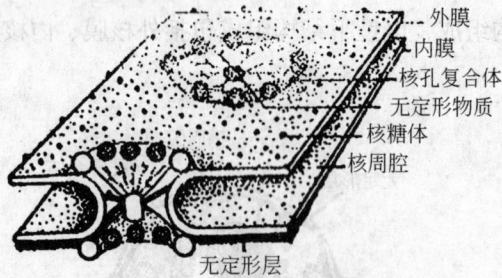

图 6 -3   核膜与核孔

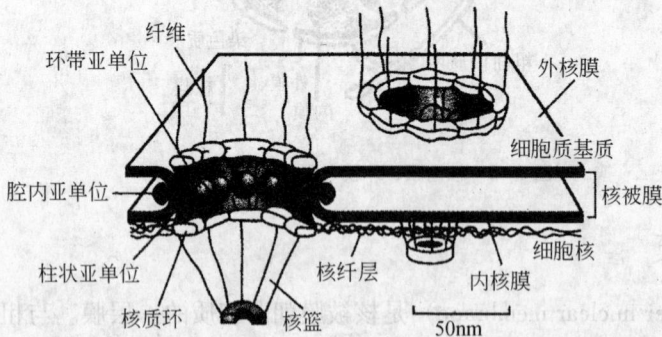

图 6 -4   核孔复合体结构模式图（引自 B. Alberts）

核膜的出现使真核细胞的功能出现区域性的分工，以核膜为界，遗传物质的复制、RNA 的转录发生在细胞核中，蛋白质合成则发生在细胞质中，当细胞作为一个整体完成细胞分裂、蛋白质合成等功能时，核孔对细胞活动所需要成分的定向运输起到决定性作用。核内转录加工形成的 RNA，组装完成的核糖体亚基前体通过核孔运至胞质中，DNA 复制、RNA 转录所需的各种酶，组装染色体的组蛋白，组装核糖体的蛋白质均在胞质中合成，经核孔定向运送至细胞核。

五、核纤层

核纤层（nuclear lamina）位于核膜的内表面，由中间纤维蛋白形成，为核被膜提供支架。在细胞间期，核纤层为染色质提供锚定部位，在分裂期通过其磷酸化及去磷酸化过程对核膜的崩解和重组起调控作用。磷酸化时，核纤层蛋白解聚，核被膜裂解；去磷酸化时，核纤层蛋白聚合，在间期核的装配中发生作用（图 6−5、6−6）。

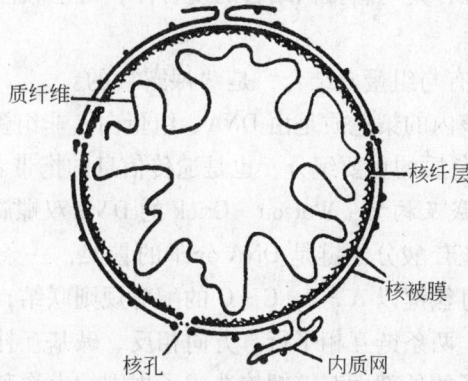

图 6−5　核膜与核纤层（引自 陈诗书）

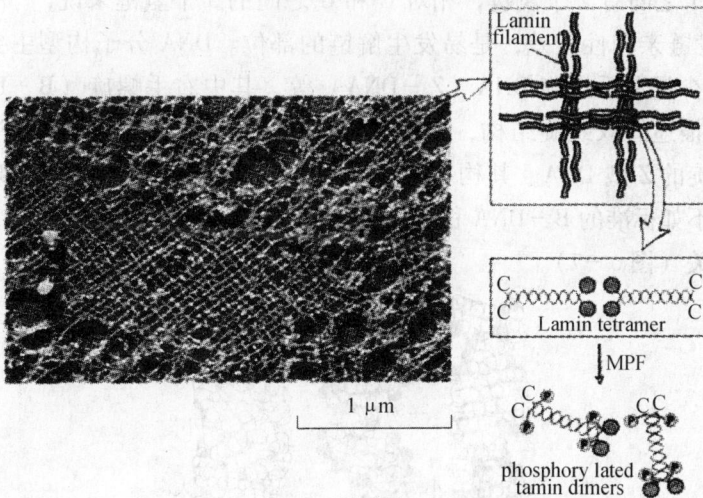

图 6−6　核纤层结构（引自 Ward 和 Coffey）

第二节　染色质和染色体

染色质（chromatin）和染色体（chromasome）是真核细胞遗传物质在细胞周期不同

阶段的两种存在形式，是细胞内遗传信息在不同时期的贮存形式。1882 年，Flemming
首先提出染色质一词，是指在光学显微镜下分裂间期细胞核内易被碱性染料染色的物
质。在有丝分裂期，染色质高度浓缩形成棒状的染色体。在分裂后期核重建中，染色体
解螺旋后回复到染色质状态。

一、染色质的化学组成及种类

（一）染色质的化学组成

真核细胞的染色质是 DNA 和组蛋白的复合物，也就是说，在真核细胞中，DNA 不
是以独立的分子形式存在，是与组蛋白结合的复合体，由于碱性的组蛋白易被碱性染料
染色，因故得名染色质。

原核细胞的 DNA 没有与组蛋白结合，是"裸露"的。

高等真核生物细胞核内的染色质是由 DNA、组蛋白、非组蛋白及少量 RNA 组成。

1. DNA DNA 是染色质的重要组分，也是遗传信息的携带者。

（1）DNA 分子的组成及构型 Watson－Crick 的 DNA 双螺旋模型指出，两条由脱氧
核糖核苷酸组成的多聚核苷酸分子链是 DNA 分子的骨架，一条链上的嘌呤、嘧啶碱基
与另一条链上的碱基通过氢键以 A－T，C－G 的配对规则联结，处于分子的内部，嘌呤
的总和等于嘧啶的总和。两条链互相平行、方向相反、碱基互补，围绕一共同的轴为中
心形成右手螺旋。在分子的外部由双链螺旋造成了规则的大沟和小沟。两个螺旋之间的
沟大，两条链之间沟小，这些沟对蛋白质与 DNA 相互识别很重要。

由于 A 和 T 之间有 2 个氢键，相对 C 和 G 之间的 3 个氢键来说，"A－T 丰富型"
的 DNA 其两股链亲和性较差，是易发生解链的部位。DNA 分子构型主要为右手螺旋
（A－DNA）和少量左手螺旋 DNA（Z－DNA）等，其中右手螺旋（B－DNA）就即是
Watson－Crick 描述的双螺旋结构，是高湿度环境中的 DNA 构型，在低湿度时称 A－
DNA。左手螺旋的 Z 型 DNA，其构型与 A、B 型全然不同。它可能只出现于很短的区
段，这一构象不如标准的 B－DNA 稳定，显然是为了影响下游正在转录的基因，与基因
的表达活性有关（图 6－7）。

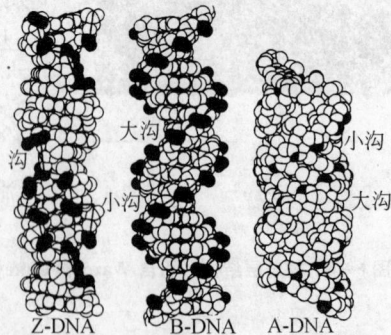

图 6－7 三种不同构象的 DNA 双螺旋示大小沟

（2）DNA 分子的存在形式 从 DNA 序列分析中发现，真核细胞染色质 DNA 某些

核苷酸序列有相同的拷贝，根据其重复出现的程度不同，基因组 DNA 碱基顺序可分为重复顺序 DNA 和单一序列 DNA。①单一序列（unique sequence）在人类基因组中约占 DNA 总量的 10%，是单拷贝的单一序列，在一个基因组中只出现一次或很少几次。它们主要构成编码蛋白质或酶的基因，称为结构基因（structral gene）。以往估计人类的结构基因大约为 5 万~10 万个，但是随着人类基因组计划的进展，目前估计一个人类基因组中大约含有 3 万~4 万个左右的结构基因。②重复序列（repetitive sequence）是指一个基因组中存在有多个拷贝的 DNA 序列，约占人类基因组的 90%，这些重复序列对于维持染色体的结构和稳定、参与减数分裂时同源染色体的联合配对、基因重组，甚至对基因功能的调节具有重要的作用。根据 DNA 重复顺序的长度和拷贝数，重复顺序又可分为中度重复序列和高度重复序列。中度重复序列（moderately repetitive sequence）在人类基因组内散在或成簇存在，分为 150~300bp 短分散序列和 5000~6000bp 长分散序列两种，拷贝数可高达 9×10^5，占基因组总 DNA 的 25%~40%，中度重复序列大多位于异染色质区，无编码功能，是在基因调控中起作用。组蛋白基因、rRNA、tRNA 基因等也都属中等重复顺序 DNA，但只有组蛋白基因能编码转译。高度重复序列（highly repetitive sequence）是由很短的碱基序列组成，往往在几个到几百个（一般不大于 200bp）碱基之间，重复频率很高，可以达 10^6 以上，占基因组的 10%~30%，散在于基因组中。高度重复顺序一般不进行转录，不编码任何蛋白质。目前认为它们主要功能是参与维持染色体的结构，如构成着丝粒、端粒等，或间隔结构基因并参与减数分裂时染色体的配对。

用等密度 CsCl 梯度离心法，可以从主沉淀带附近分出小沉淀带，这是因为这些重复序列的平均碱基组成与整个基因的不同，此小沉淀带叫做卫星带，在人类，由 15~100 个寡核苷酸（bp）组成的重复单位，重复 20~50 次形成的 1~5kb 的短 DNA，叫做小卫星（minisatellite）DNA，甚至更短小的 2~6bp 组成的重复单位叫做微卫星 DNA（satellite DNA）。同一物种内，高度重复序列相当保守，但偶尔也发生突变，这样形成了不同数目的重复单位，长度也会发生变化。以少量的小卫星探针即可检测 DNA 个体差异（两人相同的可能性为 9.5×10^{-22}），是一种新的 DNA 指纹方法。这种新的 DNA 标记系统，其多态信息量大于 RFLP，可用于基因定位、群体进化、基因诊断等。

（3）DNA 分子的特殊序列　在每一个 DNA 分子上，有 3 种特异的核苷酸序列是复制所必需的：①复制起始点（replication origin）顺序，真核细胞 DNA 中有多个这样的复制起点，在该处 DNA 双螺旋链被解开，在两条 DNA 单链上分别合成新的 DNA 链，这样就形成了一个个复制叉（replication fork），每个复制叉以复制起始点为中心沿两个相反的方向合成新的 DNA 链，直至相邻复制叉连在一起最终完成整个 DNA 分子的复制。②着丝粒（centromere）顺序，它是复制完成的两条姐妹染色单体的连接部位。在分裂中期，该序列与纺锤体的纺锤丝相连，保证染色体在细胞分裂时平均分配到两个子细胞中。③端粒（telomere）顺序，端粒是染色体 DNA 的两末端的特异序列，富含 G 的简单重复序列。端粒在进化上高度保守，作用是保证 DNA 复制的完整。因为 DNA 复制时，在被复制序列的前方总有一段序列要作为 RNA 引物的结合部位，如果没有模板链

3′端的这段"附加"出来的重复序列，则新合成的 DNA 链将不能把末端的一段序列完全复制下来（图 6-8）。因此在每个复制周期完成后，DNA 就会缩短若干个碱基对。细菌及病毒等生物体通过形成环形 DNA 分子解决末端复制问题，而真核细胞则在 DNA 两末端进化产生端粒序列来保证 DNA 复制的完整性。

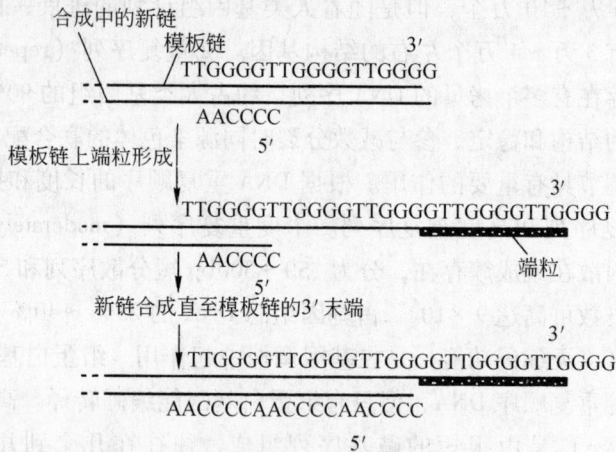

合成中的新链
模板链   3′
TTGGGGTTGGGGTTGGGG

AACCCC
5′

模板链上端粒形成

3′
TTGGGGTTGGGGTTGGGGTTGGGGTTGGGG

AACCCC   端粒
5′

新链合成直至模板链的3′末端

3′
TTGGGGTTGGGGTTGGGGTTGGGGTTGGGG

AACCCCAACCCCAACCCC
5′

图 6-8   染色体端粒结构组成示意图

2. 组蛋白   组蛋白是真核细胞特有的蛋白质，富含碱性的精氨酸和赖氨酸，带有丰富的正电荷，属于碱性蛋白质，因此可以和酸性的 DNA 紧密结合，抑制基因的表达。组蛋白在细胞中大量存在，用聚丙烯酰胺凝胶电泳可以将组蛋白分为 5 种，分为核小体核心组蛋白（H_2A、H_2B、H_3、H_4）和连接组蛋白 H_1 两大类。

H_2A、H_2B、H_3、H_4 各两分子组成的八聚体是核小体的核心，其外有长约 140 碱基对的 DNA 螺旋围绕，结合于 DNA 中富含 A-T 碱基对的区段，对形成 DNA 盘绕的核小体结构起关键性的作用。H_1 组蛋白不参与核小体的组建，而是负责把核小体包装成更高一级的结构（图 6-9）。

3. 非组蛋白   非组蛋白是一类酸性蛋白质，富含天门冬氨酸、谷氨酸等酸性氨基酸，带负电荷，它们是真核细胞转录活动的调控因子，与基因的选择性表达有关（详见"基因表达的调控"）。

4. RNA   染色质中 RNA 含量很低，来源与功能尚存争议。

（二）染色质的种类

根据染色质的结构状态、着色程度和转录活性等情况，常将染色质分为常染色质（euchromatin）和异染色质（heterochromatin）两种类型。

1. 常染色质   是间期细胞中位于核的中央、结构松散（螺旋化程度低）、染色较浅、功能活跃的染色质。含有单一序列和中度重复序列的 DNA 组成，在一定条件下有转录活性，进行基因表达。

2. 异染色质   是间期细胞中位于核周缘、紧靠核内膜、结构紧密（螺旋化程度较高）、染色较深、功能关闭的染色质。是高度重复 DNA 序列，很少转录，功能处于静止

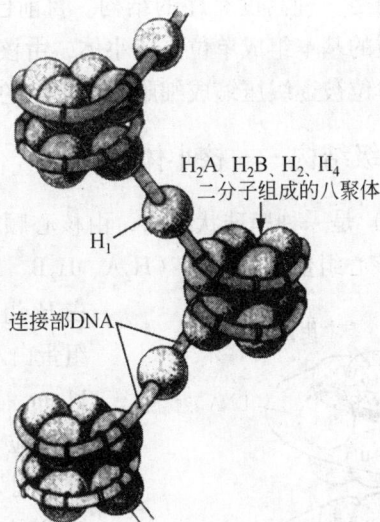

图6-9 核心组蛋白和连接组蛋白 H_1

状态（图6-10）。

异染色质分为结构（或恒定）异染色质和功能（兼性）异染色质。①结构（或恒定）异染色质（constitutive heterochromatin），是指核内两条同源染色体上同时都出现的异染色区，在所有细胞核内永久呈现异固缩的染色质，如在着丝粒附近出现的异染色质。②功能（或兼性）异染色质（facultative heterochromatin），是指不同细胞类型或在不同发育时期出现不同的异染色质区，在同源染色体上两者也可不同，甚至原来的常染色质也可变为异染色质。兼性异染色质中了解得最清楚的是哺乳类动物的 X 染色体。雄性动物只有1个 X 染色体，完全是常染色质。雌性动物有2个 X 染色体，其中一个在胚胎发育到一定时间（人为第16天）在间期核内可变为异染色质即 Barr 小体（Barr body），呈块状紧靠核膜，形如鼓槌，借此可以鉴别胎儿的性别。

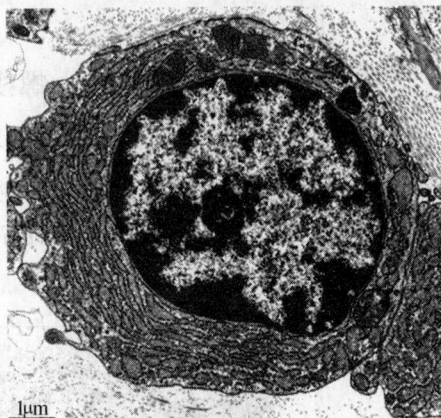

图6-10 异染色质—核内深染部分，常染色质—核内浅染部分（引自 Alberts）

二、染色质的包装

人是二倍体生物，基因组约含 3.2×10^9 核苷酸对，46 条染色体（即23 对 DNA 分子），含 $2 \times 3.2 \times 10^9$ 核苷酸对，核内全部染色体 DNA 连接起来总长可达 $1.7 \sim 2.0 m$。然而，细胞核的直径不足 $10 \mu m$，这么长的 DNA 要在核内保存并行使功能，显然要进行折叠盘绕的压缩，这种压缩不是随机的，而是以有利于准确、高效地进行基因的复制和表达的方式实现的，因而是一种高度有序的结构。目前已知，染色质 DNA 在核内分四个等级进行压缩，染色质的基本组成单位是核小体，由核小体→螺线管→超螺线管→染色单体，经过四个结构单位被逐级压缩成细胞分裂中期的染色体。

（一）染色质的一级结构——核小体

核小体（nucleosome）是一种串珠状结构，由核心颗粒和连接线 DNA 两部分组成。即由 200bp DNA 和一个核心组蛋白八聚体（H_2A、H_2B、H_3、H_4 各两分子）及连接组蛋白 H_1 组成，DNA 双链分子 140bp 缠绕组蛋白八聚体外周 1.75 圈，形成直径 11nm、高 5.7nm 的扁圆柱形核小体核心颗粒（core particle）。相邻核心颗粒之间为一段长约 60bp DNA，称连接线 DNA（lilaker DNA），连接线 DNA 上有非组蛋白和组蛋白 H_1，在组蛋白 H_1 作用下可使 DNA 螺旋圈保持稳定并控制染色质纤维进一步折叠盘曲，使核小体中 DNA 的长度被压缩了 7～10 倍（图 6 –11）。

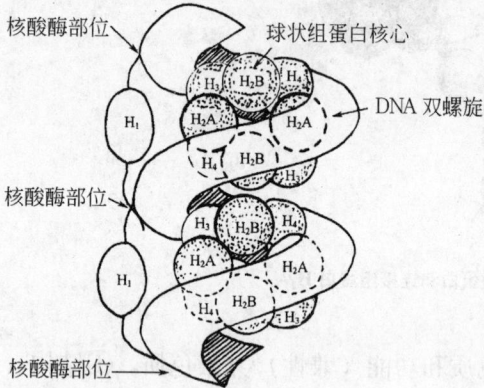

图 6 –11　核小体结构模式图（引自 左伋，1999）

（二）染色质的二级结构——螺线管

螺线管（solenoid）是在核小体基础上建立的更为紧密的染色质二级结构，是由核小体螺旋化形成，每 6 个核小体绕成一圈，构成外径 30nm、内径 10nm、相邻螺旋间距为 11nm 的中空管。此即电镜内所见 30nm 的染色质纤维。形成螺线管时，DNA 长度又压缩了 6 倍（图 6 –12、6 –13）。

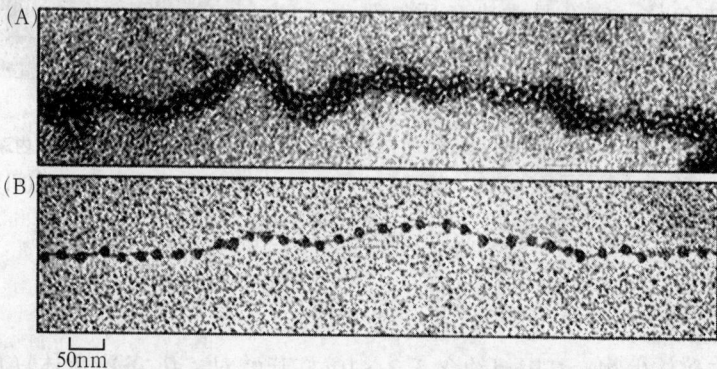

50nm

图 6 –12　处理前后的染色质丝的电镜照片

（A）自然结构：30nm 纤丝（引自 B. Hamkalo）；解聚的串珠状结构（引自 V. Foe）

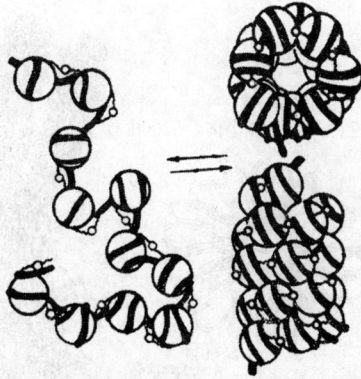

图 6-13 核小体与螺线管（引自 Thorpe. N-O）

（三）染色质的三级结构——超螺线管

30nm 的螺线管进一步盘绕，即形成超螺线管（supersolenoid），管的直径为 400nm，该结构为染色质的三级结构。此时 DNA 长度又压缩了 40 倍。

（四）染色质的四级结构——染色单体

超螺线管经过再一次折叠，可形成染色单体（chromatid），即染色质的四级结构。这一过程 DNA 又压缩了 5 倍（表 6-1）。

表 6-1 染色质的包装

			DNA 双螺旋分子
			↓ 1/7（包扎率）
一级结构	直径	11nm	核小体
			↓ 1/6
二级结构	直径	30nm	螺线管
			↓ 1/40
三级结构	直径	0.4μm	超螺线管
			↓ 1/5
四级结构	直径	1.2μm	染色单体

目前对染色质高级结构的形成尚有争议。由 Laemmli 等人提出的染色体"环祥"模型已引起人们的重视，该模型认为：30nm 染色质纤维形成的祥环沿染色单体纵轴向外伸出，形成放射环，环的基部连在染色单体中央的非组蛋白支架上，每个 DNA 祥环平均包含 315 个核小体，约 63000 个碱基对，每 18 个祥环呈放射状平面排列形成微带（miniband），再沿纵轴构建成染色单体（图 6-14）。

由于染色体 DNA 全长的螺旋化和折叠紧密程度不同，因而造成染色体显带现象。

由 DNA 双螺旋分子开始，经历核小体、螺线管、超螺线管和染色单体四个等级都是经过螺旋化实现的，故称为多极螺旋化模型（multiple coiling model）。在这种四级结构模型中，DNA 双螺旋分子总共被压缩了约 8400 倍（图 6-15）。

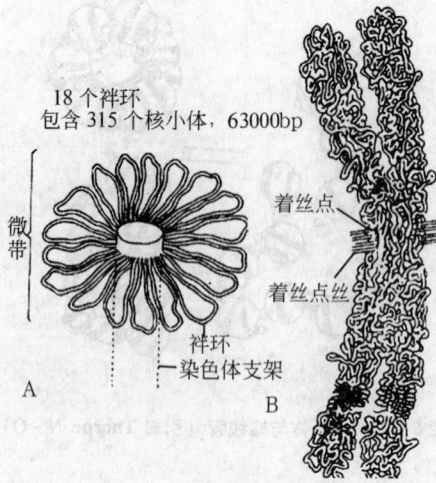

图 6 - 14 染色体"环袢"模型（引自 左仮，1999）

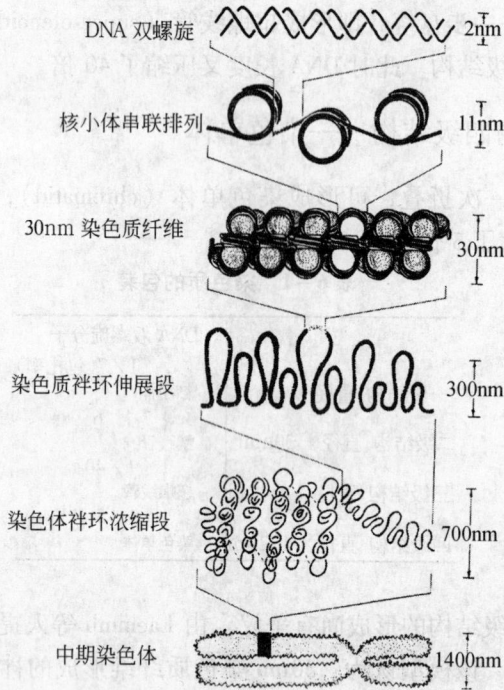

图 6 - 15 染色体多极螺旋化模型（引自 Thorpe. N - O）

三、染色体

染色体（chromosome）是真核细胞分裂期遗传物质的存在形式。其长度约为染色质的万分之一。这种有效的包装方式，保证细胞在分裂过程中能够把携带遗传信息的 DNA 以染色体形式平均分配给子细胞。

（一）染色体的形态特征

染色体的形态结构特征以细胞分裂中期最为典型，称为中期染色体。不同生物体的染色体常具有不同的大小、数目和形态。

1. 人类中期染色体的结构和形态

（1）染色单体　在细胞分裂间期，组成染色体的 DNA 和组蛋白进行了复制和组装，因此每一个中期染色体均由两条完全相同的染色单体构成。每一条染色单体由一个 DNA 双链经过盘曲折叠压缩万倍而成，两条染色单体互称为姐妹染色单体（sister chromatid），它们由着丝粒连在一起。在细胞分裂后期，着丝粒一分为二，纺锤丝牵引每个单体移向细胞两极，保证细胞在分裂过程中能够把复制后的 DNA 平均分配给两个子细胞（图 6 -16）。

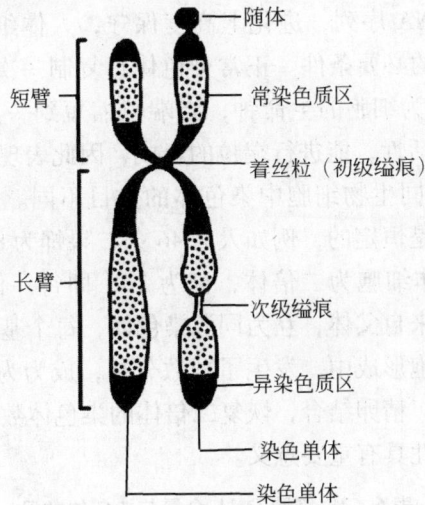

图 6 - 16　人类中期染色体形态模式图

（2）着丝粒和主缢痕　两条染色单体通过一个着丝粒彼此相连，此处内缢，又称主缢痕。着丝粒区有一特殊结构为纺锤丝附着位点，在细胞分裂时与染色体移动有关。着丝粒将染色体横向分为两臂，即长臂（q）和短臂（p）。

染色体上着丝粒的位置是恒定的。如将染色体沿纵轴分为八等分，再根据着丝粒在染色体中的位置不同，染色体通常分为 4 类：①中央着丝粒染色体（metacentic chromosome）；②近中着丝粒染色体（submetacentric chromosome）；③近端着丝粒染色体（subtelocentric chromosome）；④端着丝粒染色体（telocentric chromosome）（图 6 -17）。

（3）次缢痕和随体　在某些染色体臂上也可见到浅染内缢的区段称副缢痕。人类近端着丝粒染色体短臂的远侧有一个以细丝样结构相连的染色体节称随体（satellite），随体与短臂间的细丝样结构也属于副缢痕区，此处是核糖体 rRNA 基因存在的部位。其表达产物与构成核仁及维持核仁结构和形态相关，又称为核仁组织者（nucleoius organizer）。

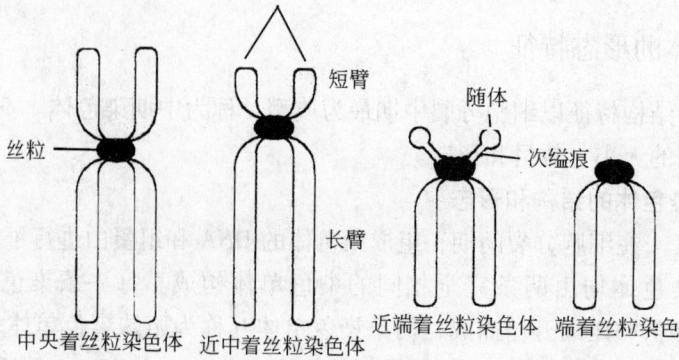

中央着丝粒染色体　　近中着丝粒染色体　　近端着丝粒染色体　　端着丝粒染色

图 6 - 17　根据着丝粒位置对染色体的分类（引自 DeRobertis）

（4）端粒　端粒是存在于染色体末端的特化部位，可以防止染色体末端的彼此黏着。端粒是高度重复的 DNA 序列，进化上高度保守，人体细胞中的保守序列为 GGG-TAA。端粒是染色体稳定的必要条件。正常染色体每复制一次，端粒序列减少 $50 \sim 100$ 个 bp，因而，端粒也被称为细胞的生命钟，当端粒缩短到一定程度，即是细胞衰老的标志。肿瘤细胞具端粒酶活性，能进行端粒的合成，因此表现出无限繁殖的特性。

2. 染色体的数目　不同生物细胞中染色体的数目不同。但同一物种不同个体、不同细胞中染色体的数目都是恒定的，例如人为 46 条，果蝇为 8 条，小鼠有 40 条等（表 6 - 2）。正常的高等动物体细胞为二倍体，记为 2n，即每一体细胞有两套同样的染色体，一套来自母体，一套来自父体，互为同源染色体，每个基因表达时会受到其等位基因的调节作用。在生殖细胞形成中，发生了减数分裂，成为为单倍体，记为 n，数目是体细胞的一半。经过受精，精卵结合，恢复二倍体的染色体数量。保持恒定的染色体数目对维持物种的遗传稳定性具有重要意义。

表 6 - 2　细胞 DNA 含量与染色体数目

物种	染色体数目	DNA 含量（hp）
Ms_1	1	3×10^3
菌体	1	5×10^4
T_4	1	5×10^5
枯草杆菌	1	2×10^6
大肠杆菌	1	4.2×10^6
啤酒酵母	34	1.4×10^7
果蝇	8	1.4×10^8
海胆	52	1.6×10^9
蛙	26	4.5×10^9
小鸡	78	2.1×10^{10}
小鼠	40	4.7×10^9
玉米	20	3×10^9
人	46	3.2×10^9

（二）染色体组与核型

20 世纪 50 年代发展起来的低渗处理、压片技术、秋水仙素处理技术和细胞培养技术，是染色体分析的关键技术，借助这些技术人们于 1956 年可以对染色体进行准确的观察计数。

1. 染色体组 染色体组是指携带着控制一种生物生长发育、遗传和变异的全部信息的一组染色体，它们在形态和功能上各不相同，是一组非同源染色体。人体每个体细胞内含有两个染色体组，即是二倍体 2n =46。

2. 染色体分组 1960 年在美国丹佛（Denver）会议上确立了世界通用的细胞内染色体组成的描述体系——丹佛体制。此体制根据染色体的长度和着丝粒位置将人类染色体顺次从 1 编到 22 号，并分为 A、B、C、D、E、F、G 共 7 个组，X 和 Y 染色体分别归入 C 组和 G 组（表 6 -3）。

表 6 -3   人类染色体分组与形态特征

组别	染色体编号	大小	着丝粒位置	副缢痕	随体
A	1 ~3	最大	近中、亚中着丝粒	1 号可见	—
B	4 ~5	大	亚中着丝粒	—	—
C	6 ~12：X	中等	亚中着丝粒	9 号可见	—
D	13 ~15	中等	近端着丝粒	—	有
E	16 ~18	较小	近中、亚中着丝粒	16 号可见	—
F	19 ~20	小	近中着丝粒	—	—
G	20 ~22：Y	最小	近端着丝粒	—	21, 22 有，Y 无

3. 核型（karyotype）   一种生物所特有的染色体数目和染色体形态特征叫核型。核型包括染色体数目、大小、着丝粒的位置、随体有无、次缢痕的有无和位置等。如果将成对的染色体按形状、大小依顺序排列起来叫核型图（karyogram）（图 6 -18），通常是将显微摄影得到的染色体照片剪贴而成。

4. 染色体显带核型 用物理、化学因素处理染色体后，再用染料进行染色，使染色体臂上呈现特定的深浅不同带纹（band）的方法称为染色体显带技术（chromosome banding）。显带技术可分为两大类，一类是产生的染色带分布在整条染色体的长度上如：G 带（图 6 -18、图 6 -19、图 6 -20）、Q 带和 R 带，另一类是局部性的显带，它只能使少数特定的区域显带，如 C、Cd、T 和 N 带。

第三节 核 基 质

在经典细胞学中，把间期核内除染色质和核仁以外的无定形基质称为核基质。

核基质（nuclear matrix）是指细胞核内除染色质和核仁之外的无定形液体部分，近

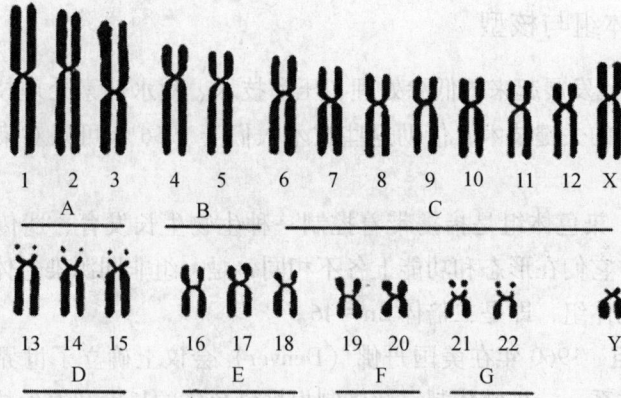

图 6-18 人类染色体非显带核型图

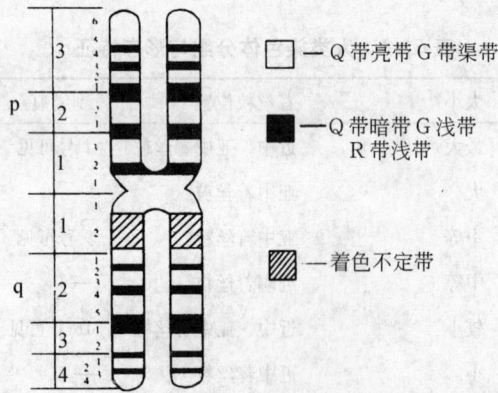

图 6-19 染色体显带

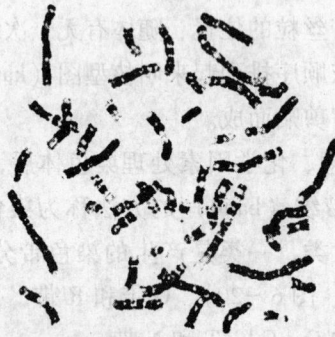

图 6-20 人类 G 带核型，G 带显示的是染色体上富含 AT 的区域

年来研究发现核基质中除液体成分外，还有一种类似于细胞质中细胞骨架的核内结构网架，又称核骨架（nucleoskeleton），主要成分是纤维状的酸性非组蛋白。

一、核基质的化学组成

核基质的化学组成较为复杂，组分如下：①电泳显示的蛋白成分多数为酸性非组蛋白性的纤维蛋白。②少量 RNA 和 DNA 成分，研究表明在细胞周期中染色体的所有 DNA 都会以某种程度附着于核骨架上。③少量磷脂和糖类。

二、核基质的功能

核基质是以纤维蛋白为主要成分的核内骨架，与核纤层、核孔复合体及胞质中间纤维形成统一网络系统，维持细胞核的形态、位置及功能，如为细胞核内的化学反应提供空间支架，或直接参与某些重要的核功能活动，如 DNA 复制。目前认为核基质的改变可能与细胞分化及癌细胞发生有关。

（1）核基质与 DNA 的复制　相关实验显示，核基质是 DNA 复制的支撑物。

（2）核基质与基因表达调控　核基质上有 RNA 聚合酶的结合位点，基因只有结合于核基质才能进行转录，RNA 的合成是在核基质上进行的。

（3）核基质与染色体的构建　染色质的螺线管纤维就是结合在核骨架上，形成放射环状的结构，在分裂期进一步包装成光学显微镜下可见的染色体（图6-21）。

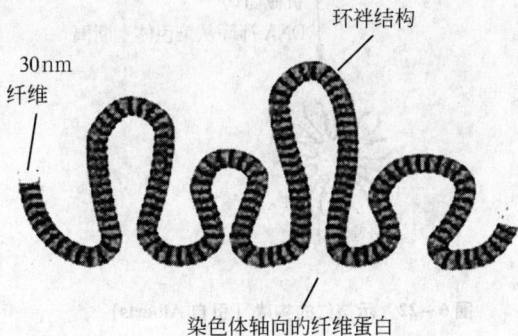

图6-21　染色质结合在核骨架/染色体骨架上

第四节　核　仁

核仁（nucleolus）见于真核细胞间期核内，一般为 1～2 个，核仁的数量和大小因细胞种类或细胞生理功能状态而不同。一般讲，蛋白质合成旺盛或分裂增殖较快的细胞如神经细胞、卵细胞、胰腺泡细胞等，核仁较大，数目也较多；而蛋白质合成功能不活跃的细胞，如精子细胞、成熟血细胞、肌细胞等，核仁少甚或缺如。核仁在细胞分裂前期消失，分裂末期又重新出现。

一、核仁的形态结构和化学组成

核仁呈圆或卵圆形，但其外无界膜包围的一种网络结构。核仁的主要化学组成为

RNA、DNA、蛋白质和酶类等。蛋白质含量很高，占80%，RNA占11%，DNA占8%。

在电镜超薄切片中可以看到，核仁包括互相不完全分隔的3个部分。

1. 核仁组织区（nucleolar organizing region，NOR）　呈浅染区，位于核仁中央部位，又称纤维中心。是由数条从染色体上伸出的DNA袢环组成，上有rRNA基因故称为rDNA。rDNA串联排列，高速转录大量rRNA，构建形成核仁。每一个rRNA基因的袢环称为一个核仁组织者（nucleolar organizer）。人类rDNA只分布在5种染色体上，它们在13、14、15、21、22号染色体（近端着丝粒染色体）上的次缢痕部位（图6－22）。

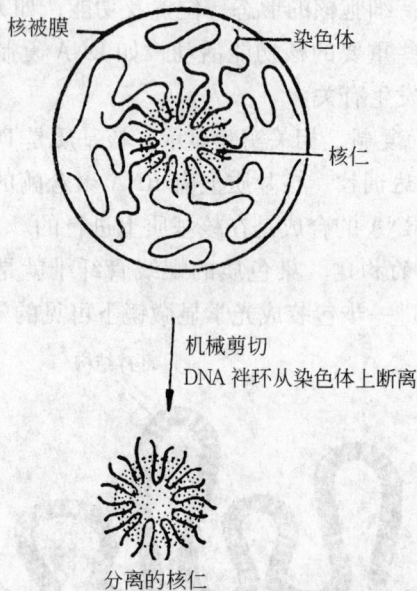

图6－22　示核仁的构建（引自Alberts）

2. 纤维成分（fibrillar component）　细丝纤维部分，在核仁组织区周围，是转录出来的线形RNA分子。

3. 颗粒成分（granular component）　这些颗粒是已合成的核糖体前体颗粒，由rRNA和胞质输入的蛋白质组成，多位于核仁外周。

4. 核仁周边染色质（nucleolar chromatin）　相连在rDNA片段两侧的那些非rDNA染色质，从结构上围绕在核仁周围。此外，核仁中无定形的蛋白质液体物质称为核仁基质（nucleolar matrix）。

二、核仁的功能

核仁是核糖体前体合成和装配的重要场所，核糖体的组成部分。核仁与细胞内蛋白质的合成密切相关，代谢旺盛的细胞核仁就相对较大。

1. 转录rRNA　编码rRNA的DNA片段称rDNA基因，它是中度重复序列基因，人的一个体细胞核内约有200个拷贝。转录时，RNA聚合酶沿rDNA分子排列，并由起始端向末端移动，转录好的 rRNA 分子从聚合酶处伸出，愈近末端愈长，并且从左右两侧均可伸出，形成羽毛状或圣诞树状（图 6-23）。

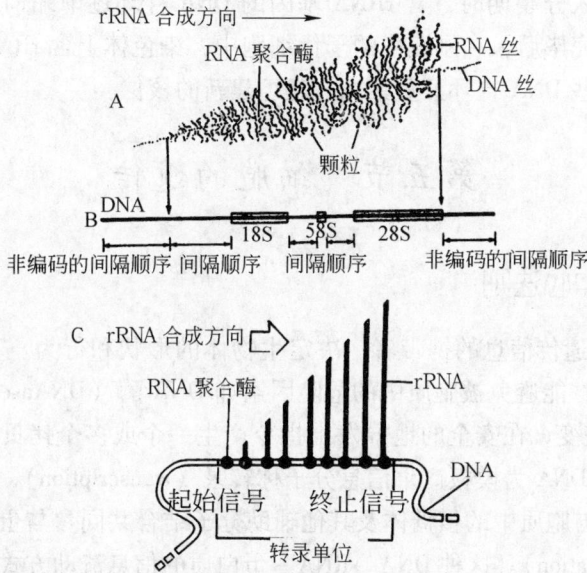

图 6-23　rRNA 转录单位转录示意图（引自 DeRoberfis）

A. rRNA 在转录　B. 一个转录单位（rRNA 基因）C. 一个转录单位转录示意图

2. rRNA 的加工　核仁的纤维成分是新合成的 rRNA，是 45SRNA 的长纤维大分子，甲基化后，在核酸酶的催化下，剪切形成 28S、18S、5.8S 三种 rRNA。

3. 核糖体大、小亚基前体的组装　剪切后的 28SrRNA、5.8SrRNA 连同来自核仁外的 5SrRNA 与 49 种蛋白质装配组成大亚基的核仁颗粒，18SrRNA 与 33 种蛋白质装配成小亚基的核仁颗粒，这些就是电镜下看到的核仁的颗粒结构。组装完成的核糖体大、小亚基前体通过核孔，进入细胞质，在细胞质内装配形成 40S 小亚单位和 60S 大亚单位，最终结合成功能性的核糖体（图 6-24）。

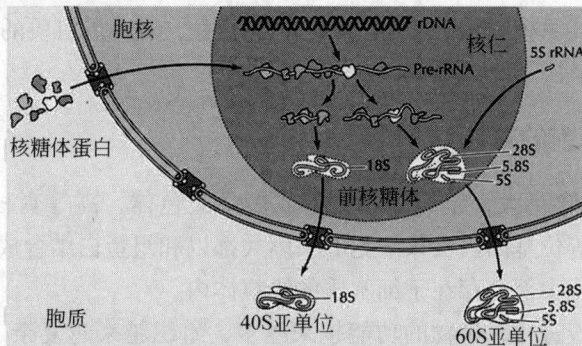

图 6-24　核糖体大、小亚基前体的组装

三、核仁周期

细胞从间期进入分裂期时，含 rRNA 基因的 DNA 袢环逐渐缩回至相应染色体，核仁消失。细胞分裂完毕后，在刚诞生的子代细胞中，染色体上含 rRNA 基因的区段重新松解和伸展，在这些 DNA 袢环又重聚在一起组建新的核仁。

第五节　细胞的遗传

一、遗传的中心法则

DNA 是生物体遗传信息的携带者，决定生物体的形状和行为。真核细胞中的 DNA 被核膜与胞质分开，能避免被胞质中的危险因素如 DNA 酶（DNAase）所降解，或因环境复杂引起 DNA 突变，在安全的地方发出指令产生一个或多个拷贝的信息分子，用于蛋白质的合成。由 DNA 为模板产生信息分子称转录（transcription），转录出的信息分子是 mRNA，mRNA 与胞质中的核糖体及其他辅助分子结合共同参与蛋白质合成，这一过程称为翻译（translation）。这种 DNA→RNA→蛋白质的信息流动方式为分子生物学的经典的中心法则（central dogma）。完整的中心法则还应包括 RNA→DNA 的逆转录和 RNA 复制过程。

二、基因与基因转录

（一）原核细胞的基因结构

原核细胞只有一条环状染色体，是单倍体，因此每个基因的表达不会受到同源染色体上相应基因的干扰。原核细胞的基因结构有如下特点：①功能相关的结构基因可串联在一起，受上游共同调控区的控制，当基因开放时，这几个基因转录在一条 mRNA 链上，同时翻译，最终形成功能相关的几种蛋白质。②原核细胞的结构基因中没有内含子（intron）成分，它们的基因序列是连续的，因此转录后不需剪切加工，并可以边转录边翻译，同步进行。③原核细胞的 DNA 绝大部分使用于编码蛋白质的，没有间隔区或间隔区很小。④细菌基因却无重叠现象。

（二）真核细胞的基因结构

真核细胞 DNA 含量大，结构复杂，组成多条染色体，高等真核细胞都是二倍体，每个基因都对应有等位基因。真核细胞的基因大都以和组蛋白结合成核小体的形式存于细胞核内，还有很少部分存在于细胞质的线粒体内。

一般认为，随着进化，生物的功能越来越多，组织越来越复杂，生物的 DNA 总量也应越来越多，但事实却出现了例外，例如一些植物和两栖类动物，它们的 DNA 量可高达 10^{10}bp 到 10^{11}bp，比人类要高出几十倍，有人认为，这种现象在进化中可扩大和发展基因对环境的适应性，显示出生物多样性。总之，真核细胞基因结构的复杂性赋予了真核生物更为丰富、精细的功能。

1. 真核细胞基因分类　真核细胞基因按其功能序列可分为四类，即单一基因、串联重复基因、多基因家族和假基因。

（1）单一基因（solitary gene）　在人的基因中，25%～50%的蛋白质基因在单倍体基因组中只有一份，故又称为单一基因。

（2）串联重复基因（tandemly repeated genes）　45SrRNA、5SrRNA、各种tRNA基因以及蛋白质家族中的组蛋白基因是呈串联重复排列的，这类基因叫做串联重复基因。它们编码了同一种或近乎同一种的RNA或蛋白质。

串联重复基因的存在是符合细胞的需要的。以Hela细胞的前体rRNA合成为例，细胞每个世代需要500万～1000万个核糖体，需要100个前体rRNA基因才能使细胞每24小时分裂一次。

（3）多基因家族（multigene family）　是由一个祖先基因经重复和变异形成的，拷贝之间高度同源又有细微差异，它们编码的蛋白质相似，但其氨基酸顺序不完全相同，是真核生物基因结构中最显著的特征之一。多基因家族分为两类，一类是串联排列于特殊的染色体区段的基因簇（gene cluster），它们常可同时转录，合成功能相关或相同的产物；另一类是分散存在于不同的染色体上的基因家族，可能对同一个体的不同的细胞类型，呈现差别性表达，以合理搭配，发挥其生理作用。

（4）假基因　与功能基因结构相似，但是它没有相应的蛋白质产生，所以叫做假基因（pseudogene）。这些基因在进化中核苷酸序列发生了缺失、倒位、点突变而形成。

2. 真核细胞基因结构特点　①真核细胞基因包括了编码序列和非编码序列两部分。编码序列在DNA分子中也是不连续的，编码的外显子被非编码的内含子序列隔开，形成镶嵌排列的断裂形式，称为断裂基因（split gene）。不连续的外显子的不同组合（剪切拼接）可产生不同的基因表达产物。②真核生物转录在细胞核内进行，基因转录后需加工切去内含子成为成熟的mRNA进入细胞质。翻译是在细胞质内完成的，转录和翻译不能同步进行。③真核生物的DNA在基因组中含有大量的低度、中度、高度反复出现频率不等的重复序列。编码的重复序列可在短时间内形成大量蛋白如组蛋白、rRNA等。有些重复序列尤其是反向序列的空间构象可形成十字架结构、茎环结构等而参与基因表达的调控。④真核基因中约90%的基因不表达，仅10%的基因表达。⑤真核生物DNA大多与蛋白质结合形成有序的高级结构的染色质或染色体。染色质结构蛋白中包括组蛋白和非组蛋白。这两种蛋白质均参与染色质的结构与基因表达的调控。

3. 真核细胞基因构建　真核细胞基因根据功用的不同分为结构基因、45SrRNA基因、5SrRNA基因和tRNA基因。结构基因序列决定组成生物性状的蛋白质或酶分子的结构，每个结构基因的两侧都有一段不被转录的非编码区，称为侧翼序列（flanking sequence），其上有一系列功能区称为调控序列，这些结构包括启动子、增强子和终止子等。对基因的有效表达起着调控作用。

（1）外显子与内含子　一个结构基因序列可以含有几段编码序列，称为外显子（exon）；两个外显子之间的序列无编码功能称内含子（intron）。不同结构基因序列所含外显子、内含子数目和大小也不同。例如，人血红蛋白β珠蛋白基因有3个外显子和2个内含子，全长约1700个碱基对。编码146个氨基酸（图6-25）。

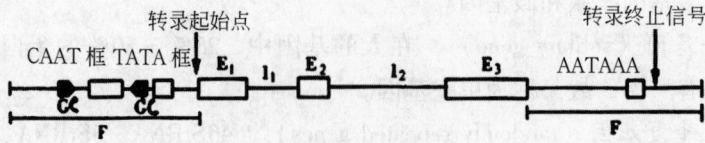

图6-25 人血红蛋白β珠蛋白基因

E：外显子；I：内含子；F：侧翼顺序；G：GC框

（2）GT-AG法则 在每个外显子和内含子的接头区存在高度保守的一致序列，称为外显子-内含子接头，即在每个内含子的5′端开始的两个核苷酸为GT，3′端末尾是AG，这种接头形式即为通常所说的GT-AG法则（图6-26）。

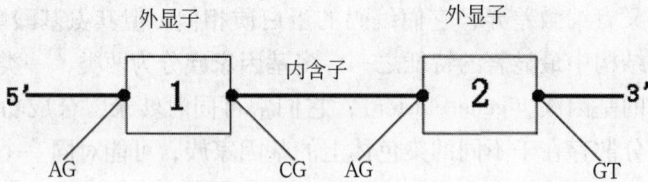

图6-26 外显子与内含子的接头区

（3）编码链与反编码链 一个结构基因的3′→5′单链作为mRNA合成的模板，称模板链；模板链相对应的5′→3′单链由于与转录产物mRNA的序列相同，称为编码链（coding strand）或有义链（sense strand），而模板链却如同照相的底片，其碱基序列与mRNA及编码链都呈互补关系，因此又称为反编码链（anticoding strand）或反义链（antisense strand）。

（4）启动子（promoter） 是一段特异的核苷酸序列，通常位于基因转录起始点上游100bp的范围内，是RNA聚合酶结合部位，可决定转录的起始点，启动转录过程。常见的启动子包括：①TATA框（TATA box）位于基因转录起始点上游大约25~30个核苷酸处，其序列由TATAA/TAA/T 7个碱基组成，高度保守。该序列只有两个碱基（A/T，A/T）可以变化，周围是富含GC的序列。TATA框通过与RNA聚合酶Ⅱ结合，能够准确识别转录起始点。②CAAT框（CAAT box）位于转录起始点上游约50~70核苷酸处，由9个碱基组成。其序列为GGT/CCAATCT，其中只有一个碱基（T/C）可以变化。CAAT框与转录因子CTF结合，促进转录。③GC框（GC box）有两个拷贝，分别位于CAAT框的两侧，其序列为GGCGGG，能与转录因子SP₁结合，起到增强转录效率的作用。

（5）增强子（enhancer） 位于启动子上游或下游，其作用是增强启动子转录，提高基因转录的效率。增强子发挥作用的方向可以是5′→3′，也可以是3′→5′。

（6）终止子（terminator） 是位于3′端非编码区的下游的一段碱基序列，在转录中提供转录终止信号。原核生物的终止子目前研究得比较清楚，由一段反向重复序列（invertal repeat sequence）及特定的序列 5′- AATAAA -3′组成，二者构成转录终止信号。AATAAA 是多聚腺苷酸（polyA）附加信号，反向重复序列是 RNA 聚合酶停止工作的信号，该序列转录后，可以形成发卡式结构，后者阻碍了 RNA 聚合酶的移动，其末尾的一串 U 与模板中的 A 结合不稳定，从而使 mRNA 从模板上脱落，转录终止。因此，与启动子的作用不同，终止子的终止作用不是在 DNA 序列本身，而是发生在转录生成的 RNA 上。

上述侧翼序列中的特殊结构均属于基因转录的顺式调控因子，也称调控序列（regulator sequence），它们对基因的表达均起到调控作用（图 6 - 27）。

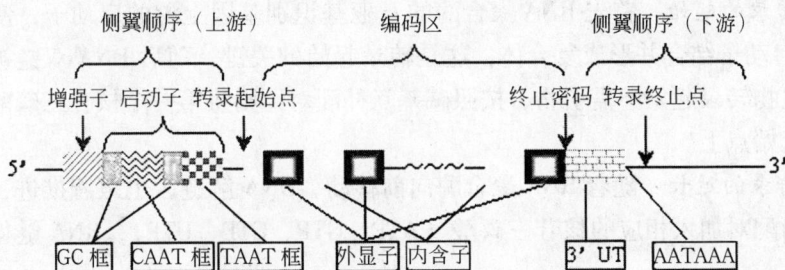

图 6 - 27 结构基因：侧翼序列与编码区

（三）原核细胞的基因转录

在原核细胞，很大的一个特点是转录和翻译同时进行。mRNA 分子的合成还未结束，这 mRNA 分子就已经在核糖体上进行着转译和降解（图 6 - 28）。

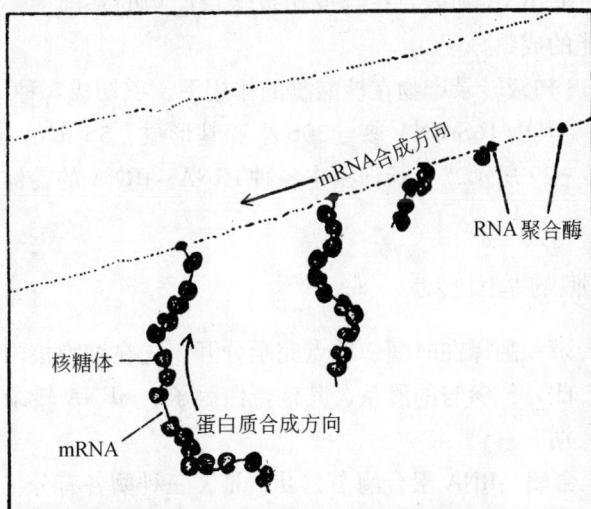

图 6 - 28 电镜下细菌的转录和转译

1. 原核细胞基因转录 已知 DNA 分子是个双螺旋分子的多核苷酸链，在转录时，DNA 双链在解旋酶和解链酶的作用下局部解开，暴露出碱基序列，然后其中的一条链为模板，在 RNA 聚合酶和 Mg^{2+} 或 Mn^{2+} 的作用下，四种核糖核苷三磷酸 ATP、UTP、GTP、CTP 为原料，以碱基互补的规则合成 RNA 分子。在转录时，模板与转录产物的方向相反。转录产物 mRNA 合成的方向是由 $5' \rightarrow 3'$，即新的核苷酸顺序添加在 $3'-OH$ 端。

2. 原核细胞转录相关因子

（1）RNA 聚合酶　原核细胞中只有一种 RNA 聚合酶，催化转录形成各种 RNA 分子。

（2）ρ 因子　ρ 因子是一种蛋白质。当转录进行到基因末端时，ρ 因子能识别终止信号并与之结合，使 RNA 聚合酶不能继续作用而使转录终止。

3. 原核细胞基因转录过程

（1）**转录的起始**　首先 RNA 聚合酶的 σ 亚基识别基因上游的启动子，使全酶（α_2 $\beta\beta'\sigma$）与启动子结合并形成复合体，这是转录起始的关键，随后 DNA 双链被从局部打开，原核生物转录起始不需引物，按照碱基互补配对原则将第一个核苷三磷酸结合到模板的转录起始点上。

（2）**转录的延长**　随着 RNA 聚合酶向前移动，DNA 解链区也跟着推进，并按模板的碱基序列配对加入相应的核苷三磷酸（ATP、GTP、CTP、UTP），RNA 链得以不断延长。

（3）**转录的终止**　模板 DNA 在 AT 丰富区存在一连串的 A 碱基，故新生的 RNA 链的终止端带有多个 U 核苷酸。寡聚 U 序列可能提供信号使 RNA 聚合酶脱离模板，转录停止。

3. 原核细胞基因转录后加工　原核生物的 mRNA 一般不需要修饰加工。在它的 $3'$ 端还尚未转录完成之前，其 $5'$ 端已与核糖体结合，开始蛋白质的合成，即所谓转录与翻译的偶联。但 tRNA 和 rRNA 则需要在合成初级转录产物的基础上，进一步剪切修饰才能成为具有生物功能的成熟分子。

rRNA 基因的 38S 初级转录产物在核酸酶的作用下，剪切成 3 种 rRNA，即 5SrRNA，16SrRNA，23SrRNA。其中 16SrRNA 参与 30S 小亚基形成，5SrRNA、23SrRNA 参与 50S 大亚基形成。如图 6-29 所示，大肠杆菌中各种 rRNA、tRNA 的前体共存于同一初级转录物中。

（四）真核细胞的基因转录

真核细胞内，转录和翻译在时间、地点完全分开，先在细胞核内进行转录，然后在细胞质中进行翻译。此外，参与的酶系、其他蛋白因子、mRNA 转录后的修饰加工都与原核生物有很大的区别。

1. 三种 RNA 聚合酶　RNA 聚合酶 Ⅰ，Ⅱ，Ⅲ，三种酶各有分工，它们专一性地转录不同的基因，RNA 聚合酶 Ⅰ 合成 rRNA，RNA 聚合酶 Ⅱ 合成 mRNA 或 mRNA 前体，RNA 聚合酶 Ⅲ 合成 5SRNA 及 tRNA（表 6-4）。

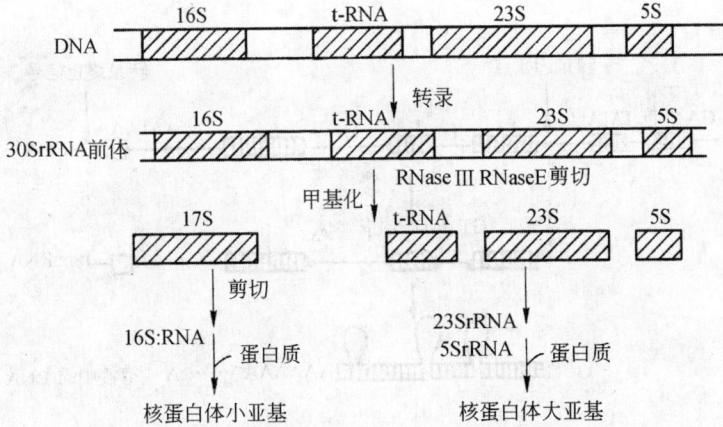

图 6-29 原核细胞 rRNA、tRNA 基因转录后的加工

表 6-4 真核细胞 RNA 聚合酶的特点及功能

酶	部 位	基因转录产物
I	核 仁	5.8S、18S 和 28S rRNA
II	核 质	mRNA
III	核 质	tRNA、5SRNA

2. 相关转录因子 参与真核细胞转录过程的有一类特殊的蛋白因子，它们能够与 DNA 的特殊序列结合调节基因转录，被称为转录因子（transcription factor，TF）。迄今为止，研究得较为清楚的转录因子是 TFⅡD，此外 TFⅡB、TFⅡE、TFⅡS 等在 RNA 聚合酶Ⅱ作用时也是必需的。在结构基因转录中，TFⅡD 首先与 DNA 分子上的 TATA 框结合，形成稳定的 TFⅡD-DNA 复合体，随后 IFⅡB 与 RNA 聚合酶Ⅱ结合形成 RNA 聚合酶Ⅱ-TFⅡB 复合体，两个复合体互相结合，此时 TFⅡB 显示出 ATP 酶活性，通过水解 ATP 提供能量，使复合体中某些蛋白构象改变，同时使 DNA 双螺旋局部解旋，开始转录。在转录延长阶段起主要作用的是 TFⅡE 和 TFⅡS，二者形成复合体，使 RNA 延长并阻止 RNA 聚合酶Ⅱ过早从 DNA 模板脱落。

3. mRNA 的转录和加工 真核细胞基因转录也分为转录的起始、延长和终止。所需酶及各种蛋白因子与原核细胞有所不同，最为复杂的是转录后的加工修饰。

（1）核内异质 RNA（heterogeneous nuclear RNA，hnRNA） 真核生物基因的转录是在细胞核中进行的。对于任何一个特定的基因来说，DNA 双链分子中只有一条链带有遗传信息，即前述的反编码链（又称模板链），而另一条链为其互补顺序，称为编码链。转录时，以 DNA 的反编码链为模板，从转录起始点开始，以碱基互补的方式合成一个 RNA 分子。由于外显子、内含子和部分侧翼顺序都一同转录出来，这种 RNA 分子称为核内异质 RNA（hnRNA）。hnRNA 要经过剪接、戴帽、加尾等加工过程才能形成成熟的 mRNA（图 6-30）。

（2）剪接（splicing） 剪接是指在酶的作用下，按"GT-AG"法则将 hnRNA 中

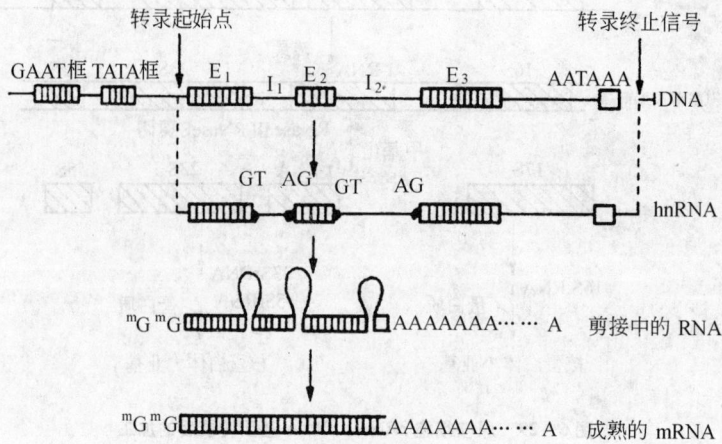

图6-30　真核细胞 mRNA 转录后的加工

的内含子切掉，然后把各个外显子按照一定顺序准确地拼接起来，形成可以连续编码的 mRNA 的过程（图6-31）。如果剪切点 GT 或 AG 发生突变，则 hnRNA 无法完成剪切过程。例如人血红蛋白 β 珠蛋白的 hnRNA 的内含子剪切点顺序发生改变，不能形成成熟的 β 珠蛋白 mRNA，进而不能合成正常的血红蛋白，导致障碍性贫血疾病。

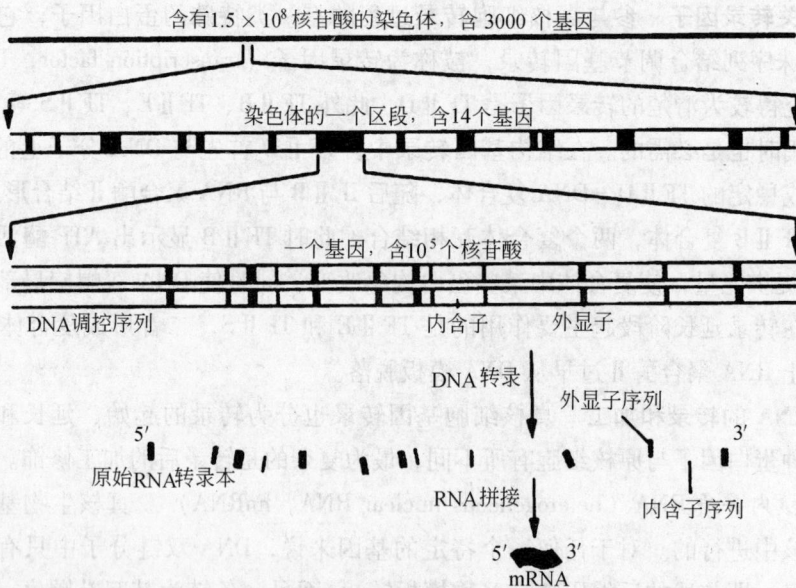

图6-31　内含子的剪切与外显子拼接（引自 凌诒萍，2002）

在 mRNA 剪接研究中的重大发现是选择性剪接（alternative splicing），即在同一个基因中，其剪接位点和拼接方式可以改变，从而导致一个基因能产生多个具有明显差异的相关蛋白产物。例如肌肉收缩蛋白通过可变剪切可产生出不同功能的骨骼肌纤维和平滑肌纤维，两种肌纤维的不同比例加上适当的神经刺激，会使有的肌肉遒劲有力，有的则执行非常精巧的收缩。例如肌钙蛋白 T 基因有 18 个外显子，如果全部表达将产生 259 个氨基酸的蛋白质，但实际上肌钙蛋白 T 的长度变化很大，在 150～250 个氨基酸之间。分析表明，所有肌钙蛋白 TmRNA 都含有 1～3、9～15 和 18 号外显子，但 4～8 号外显子可以任意组合，16 和 17 号相互排斥，每条 mRNA 只含其中之一。再如 a-原肌球蛋白基因已经测定，一共含有 13 个外显子，其中外显子 1、4、5、6、9、10 是表达这一基因的所有 mRNA 所共有的，外显子 2 和 3 号、7 和 8 号、11～13 号可以在骨骼肌纤维和平滑肌纤维中任意组合（图 6-32）。

选择性剪接和编辑机制，在结构基因的差异表达和生物物种多样性的形成中均发挥重要的作用。

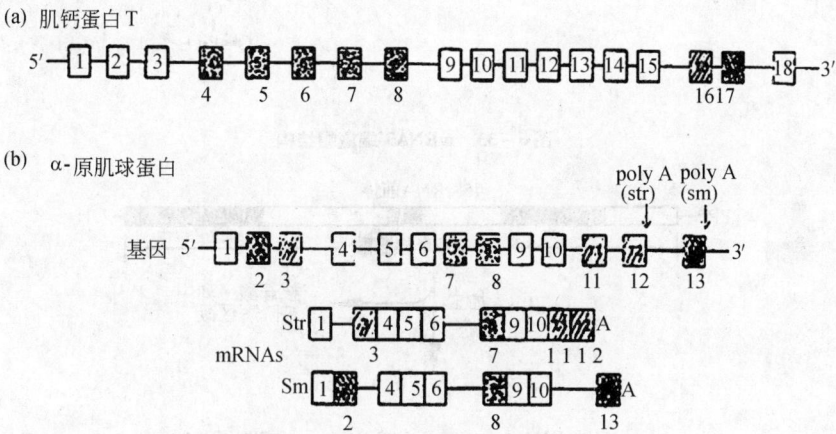

图 6-32 肌蛋白表达过程中的可变剪接（str：横纹肌、sm：平滑肌）

（3）戴帽（capping） 加帽发生在 hnRNA 的 5′端，5′端连接一个 7-甲基鸟苷（m^7G）-5′-三磷酸为帽，"帽"使 mRNA 移入细胞质后，能够被核糖体的小亚基识别，并与之结合而进行翻译（图 6-33）。

（4）加尾（tailing） 加尾是指剪接的 mRNA 在 5′端戴帽的同时，其 3′端在腺苷酸聚合酶的作用下加接 100～200 个腺苷酸，形成多聚腺苷酸（poly A）尾的过程，能保护 mRNA 的 3′末端稳定，并且可以促使 mRNA 由细胞核转运到细胞质中。

hnRNA 经过剪接、戴帽和加尾过程，形成了成熟的 mRNA 进入细胞质后即与核糖体小亚基结合而作为蛋白质合成的模板进行翻译。

4. rRNA 的合成与加工

（1）45SrRNA 的合成与剪切 rRNA 基因被 RNA 聚合酶 I 转录产生一个大的 45S 的初级产物，初级产物被核酸外切酶（从 RNA 链的游离端切除核苷酸）和核酸内切酶（从核酸内部裂解 RNA 链）进行一系列裂解，产生 18S，5.8S 和 28S rRNA。其中 18S rRNA 参与 40S 小亚基形成，5.8S 和 28S rRNA 参与 60S 大亚基形成（图 6-34）。

（2）5SrRNA 的合成与加工 5SrRNA 是由核仁外的串联重复基因编码，独立于上述其他三种 rRNA 的基因转录。在 RNA 聚合酶 III 的作用下，5SrDNA 转录为 5SrRNA，

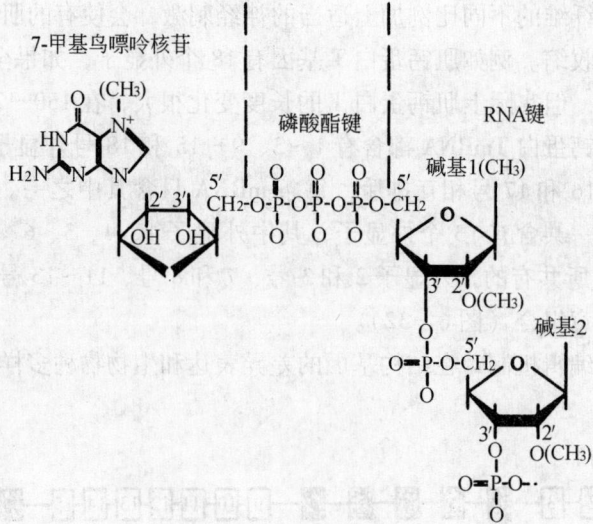

图 6 – 33   mRNA5′端戴帽结构

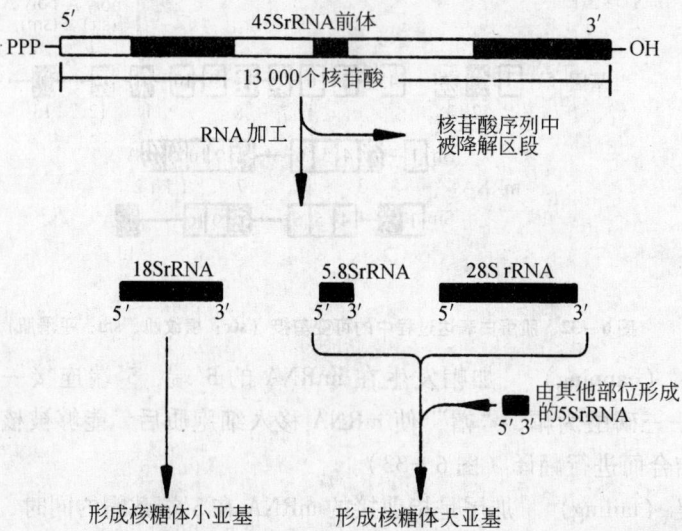

图 6 – 34   真核细胞 rRNA 的合成与加工（引自 B. Alberts et al）

转运至核仁中，直接参与核糖体大亚基的组装。

5. tRNA 的合成与加工   在人体细胞中有 1300 个 tRNA 的基因拷贝，成簇存在并被间隔区分开，真核细胞 tRNA 前体是在 RNA 聚合酶Ⅲ的作用下被转录而成。

真核生物 tRNA 前体约为 100 个核苷酸长度，经剪切和外显子拼接，并将 3′端残基用 CCA 序列取代等化学修饰，为蛋白质合成过程中氨基酸的结合提供位点。最终形成固定的含有 75～85 个核苷酸的成熟 tRNA 分子（图 6 –35）。

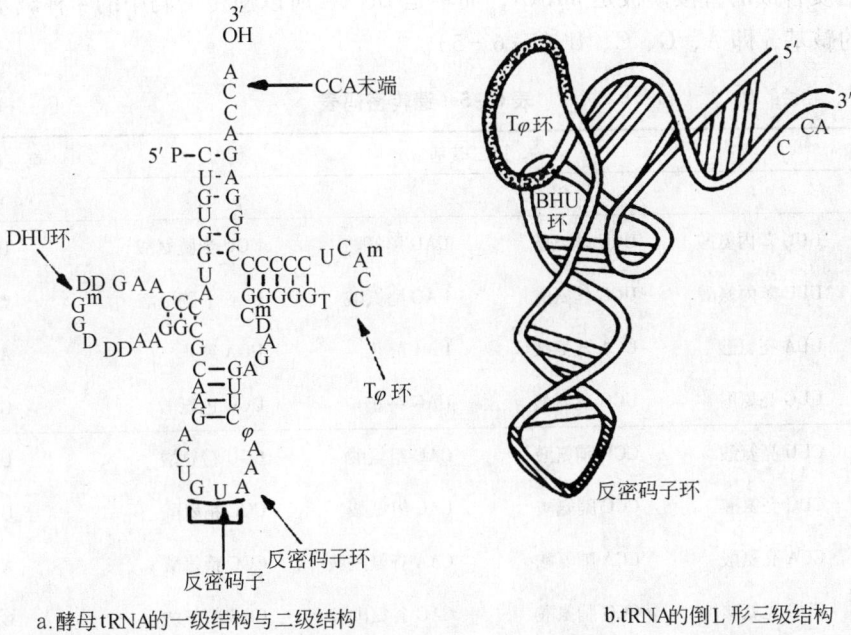

图 6−35 tRNA 的一级、二级、三级结构

a.酵母 tRNA 的一级结构与二级结构　　　　b.tRNA 的倒 L 形三级结构

第六节　遗传信息翻译

翻译（translation）是指 mRNA 碱基序列所包含的遗传信息被表达为蛋白质中氨基酸顺序，最后表达为细胞功能的过程，即蛋白质的生物合成。翻译过程在核糖体上进行，需要 200 多种生物大分子参加，包括三种 RNA、内质网、核糖体、氨基酸、能量供应和各种翻译因子等。翻译后的初始产物大多数是无功能的，需要经过进一步的加工才可成为具有一定生物活性的蛋白质，这一加工过程称为翻译后修饰。其方式主要包括 N 端脱甲酰基、N 端乙酰化、多肽链磷酸化、糖基化和多肽链切割等。

一、遗传密码与 mRNA

构成蛋白质分子的氨基酸有 20 种，而构成核酸的碱基却只有 4 种，它们能否为 20 种氨基酸编码呢？最初由 Nirenberg 在 1961 年运用人工合成多聚核苷酸体外翻译技术，发现在用由单一尿苷酸序列组成的模板 PolyU 是可生成由单一苯丙氨酸序列组成的肽链产物，由此破译了第一个遗传密码，即 UUU 编码苯丙氨酸。在此基础上，Khorana 等人经过多年研究，逐步破译了编码 20 种氨基酸的密码子。

研究发现 4 种碱基以三联体形式组合成 $4^3 = 64$ 种遗传密码。其中，61 个密码子分别为 20 种氨基酸编码，其余 3 个不编码任何氨基酸而作为蛋白质合成的终止信号，即终止密码（stop codon）。至 1967 年正式完成了遗传密码表（遗传密码词典）的编制工作，蛋白质合成的直接模板是 mRNA，而不是 DNA，所以遗传密码中的 4 种碱基是构成 mRNA 的碱基，即 A、G、C、U（表 6 − 5）。

表 6 − 5　遗传密码表

第一碱基 (5′端)	第二碱基				第三碱基 (3′端)
	U	C	A	G	
U	UUU 苯丙氨酸	UCU 丝氨酸	UAU 酪氨酸	UGU 半胱氨酸	U
	UUC 苯丙氨酸	UCC 丝氨酸	UAC 酪氨酸	UGC 半胱氨酸	C
	UUA 亮氨酸	UCA 丝氨酸	UAA 终止	UGA 终止	A
	UUG 亮氨酸	UCG 丝氨酸	UAG 终止	UGG 色氨酸	G
C	CUU 亮氨酸	CCU 脯氨酸	CAU 组氨酸	CGU 精氨酸	U
	CUC 亮氨酸	CCC 脯氨酸	CAC 组氨酸	CGC 精氨酸	C
	CUA 亮氨酸	CCA 脯氨酸	CAA 谷氨酰胺	CGC 精氨酸	A
	CUG 亮氨酸	CCG 脯氨酸	CAG 谷氨酰胺	CGG 精氨酸	G
A	AUU 异亮氨酸	ACU 苏氨酸	AAU 门冬酰胺	AGU 丝氨酸	U
	AUC 异亮氨酸	ACC 苏氨酸	AAC 门冬酰胺	AGC 丝氨酸	C
	AUA 异亮氨酸	ACA 苏氨酸	AAA 赖氨酸	AGA 精氨酸	A
	AUG 甲硫氨酸	ACG 苏氨酸	AAG 赖氨酸	AGG 精氨酸	G
G	CUU 缬氨酸	GCU 丙氨酸	GAU 门冬氨酸	GGU 甘氨酸	U
	CUC 缬氨酸	GCC 丙氨酸	GAC 门冬氨酸	GGC 甘氨酸	C
	CUA 缬氨酸	GCA 丙氨酸	GAA 谷氨酸	GGA 甘氨酸	A
	CUG 缬氨酸	GCG 丙氨酸	GAG 谷氨酸	GGG 甘氨酸	G

1. 遗传密码的通用性　一个特定的碱基序列无论在哪一种生物体中均编码同一种氨基酸。但这种通用性并不是绝对的，也有一些例外存在。如 AUG 在原核细胞中编码甲酰甲硫氨酸，在真核生物中则编码甲硫氨酸（即蛋氨酸）；线粒体 DNA 有 3 个遗传密码与通用密码不同：CUA 编码苏氨酸，AUA 编码甲硫氨酸，UGA 编码色氨酸；而在通用密码中，这 3 个密码子依次为亮氨酸、异亮氨酸的密码和终止密码。

2. 遗传密码的兼并性　在 61 种编码氨基酸的密码中，除甲硫氨酸和色氨酸分别仅有一种密码子外，其余氨基酸都各被 2～6 个密码子编码，这种现象，称为遗传密码的兼并性。兼并的遗传密码的第三个碱基变化，不会引起氨基酸种类的改变，这就有利于保持物种的稳定性。

3. 遗传密码阅读的无间隔性　在翻译过程中，遗传密码的阅读是连续的，每个三联体之间没有作为"符号"的碱基存在。

4. 遗传密码的重叠性与非重叠性　有编码功能的 DNA 序列，从起始信号到终止信号，中间有一段可读顺序，即连续的氨基酸密码不能被更多的终止子打断阅读，称为开放阅读框架（ORF），如被多次打断此序列就是非编码序列。人类基因组计划研究中，就是利用计算机可读出的密码子开放阅读框架的分析软件，来快速确定人类基因组中哪些 DNA 序列是编码序列，哪些是非编码序列。遗传密码的非重叠性，是指阅读框架是固定的；重叠性遗传密码的阅读框架会发生移动（只能移动 1 个或 2 个碱基，而不能移动 3 个），在一个新的起始点开始，这样较小的 DNA 序列能携带较多的遗传信息，相同的 DNA 序列，由于阅读框不同（起止点不同）产生的蛋白质会不同或不完全相同。

二、反密码子与 tRNA

tRNA 是一类能联结 mRNA 与氨基酸的小 RNA 分子，固定的含有 75 ~85 个核苷酸。tRNA 分子的形状都呈三叶草形，它们是单链 RNA 分子，但有局部片段回折部分碱基配对成双螺旋臂，不配对的部位呈环状。

1. tRNA 分子主要的成分包括以下四个部分：①3′端有 CCA 三个碱基，以共价键与相应的氨基酸连接。②反密码环上有三个碱基构成反密码子，能识别 mRNA 的密码，并以氢键与之连接。③D 环，含有二氢尿嘧啶，识别特异性的氨酰 tRNA（aminoacyl - tR-NA）合成酶，决定本 tRNA 特异性结合并运送某种氨基酸。④T 环又称 TΨC 环，在蛋白合成时，它与核糖体的 5S rRNA 互补结合，识别核糖体位置（图 6 -36）。

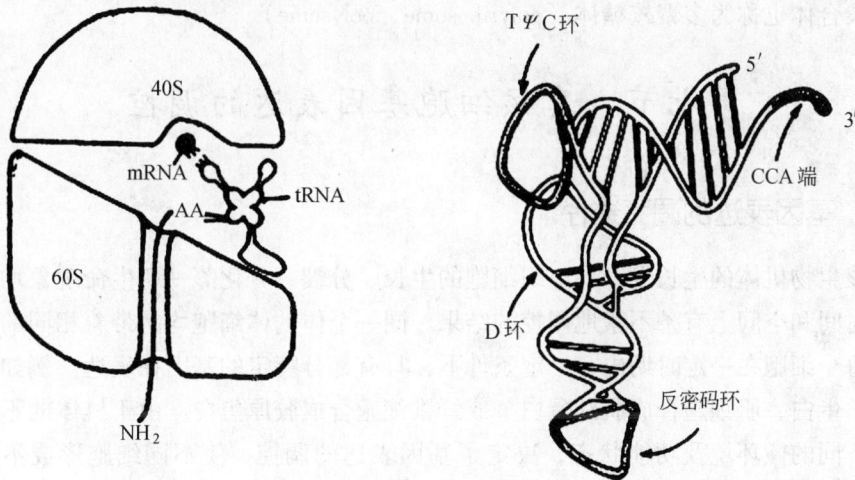

图 6 -36　图示核糖体大小亚基与 mRNA、tRNA 的可能结合部位

2. tRNA 运送氨基酸主要有以下两个步骤，以保证蛋白质合成的精确性。

第一步，特异的 tRNA 选择正确的氨基酸形成氨酰 tRNA，这过程是由 D 环激活的氨酰 -tRNA 合成酶特异性催化完成的。

第二步，正确的氨酰 -tRNA 以 TΨC 环识别到达核糖体上，凭反密码子与 mRNA 相应的密码子对应。

三、反密码子与密码子配对的摆动假说

密码子与反密码子之间的正确识别是遗传信息正确传递的保证。可是研究发现密码

子的前两位碱基在和反密码子配对时，严格遵循碱基互补配对原则，而第三位碱基的配对具有一定的灵活性，这就是密码子和反密码子配对的摆动假说（wobble hypothesis）。例如，携带丙氨酸的 tRNA 反密码子为 CGC，它既可以和密码子 GCG 配对，也可以和 GCU 配对；或者说 tRNA 反密码子的第三个碱基可以不按配对原则，而这一原则正与碱基兼并现象相适应，因为密码子 GCG 和 GCU 甚至 GCC、GCA 都代表同一种氨基酸——丙氨酸。

四、核糖体与遗传信息的翻译

在多肽链合成前，核糖体的大、小亚基是分开的，各自游离于细胞质中。合成开始的第一步是游离于细胞质中的小亚基首先与 mRNA 结合。

在起始因子作用下，携带起始氨基酸的氨酰 - tRNA 上的反密码子与小亚基上的 mRNA 的起始密码子（AUG）互补结合，形成了起始复合物。之后，小亚基与大亚基结合，形成一完整的核糖体，进行肽链的合成。

一个核糖体附着到一个 mRNA 分子的起始部位沿着 5′→3′方向移动并合成多肽时，另一个核糖体又附着到此 mRNA 的起始部位，开始翻译合成另一条多肽链。结果多个核糖体可以在同一条 mRNA 模板上，按不同进度翻译出多条相同的多肽链。这种同时进行翻译的聚合体也称为多聚核糖体（polyribosome，polysome）。

第七节　真核细胞基因表达的调控

一、基因表达的调节途径

真核生物机体的生长发育，组织细胞的生长、分裂、分化等一切生命现象均是基因表达在时间和空间上有条不紊地调控的结果。同一个体的体细胞均携带着相同的遗传信息，但每个细胞在一定时期内，一定条件下，只有部分特定的基因在表达。例如表皮细胞合成角蛋白、肌细胞合成肌红蛋白、成纤维细胞合成胶原蛋白。由于机体的不同发育阶段、不同的微环境及功能状态，决定了基因表达的调控，使不同细胞形成不同的表型。

真核基因表达调控包括转录前、转录、转录后水平和翻译、翻译后水平的调控。

1. 转录前的调控　转录前基因的功能状态既受内部自我调控系统的调节，又受外部激素等因素的调节。

（1）非组蛋白的调节　染色质中的 DNA 带负电荷，组蛋白带正电荷，组蛋白与 DNA 结合，抑制 DNA 转录功能。非组蛋白带负电荷，它能与带正电荷的碱性组蛋白结合成为带负电荷的复合物，与同样带负电荷的 DNA 相斥，组蛋白从 DNA 上脱落下来，从而使这段 DNA 裸露。这段裸露的 DNA 就可以被 RNA 聚合酶识别并结合，转录即开始进行（图 6 -37）。

（2）激素的调控作用　神经递质、肽类激素可能通过膜受体 cAMP 系统来调节基因的表达功能，固醇类激素则通过核内受体直接作用于染色质。

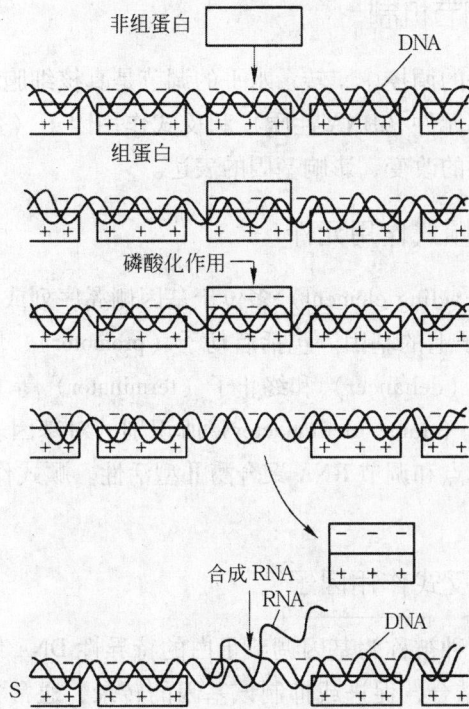

图 6 – 37 组蛋白转位模型图解

（3）DNA 水平的调控　转录前的基因表达由基因数量和顺序的改变实现调控：

①基因丢失：在某些生物如线虫的发育过程中，一些细胞永久地丢失了某些基因，这是一种极端形式的不可逆调控。②基因扩增：一些脊椎动物的卵母细胞能够在一定时间内，专一性地使 rRNA 的数目极大量增加，以满足细胞的需要。③基因重排：基因在顺序上的重排可影响基因表达的种类和数量，如免疫球蛋白基因在浆细胞成熟过程中重排，可产生各种不同的免疫球蛋白。

2. 转录水平的调控　转录水平的调控主要是指对转录的启动、起点的精确性和转录速度等的调节。转录水平的调控是最重要的控制点，是本节重点，详见后解。

3. 转录后的调控　指核内异质 RNA（hnRNA），hnRNA 剪切掉内含子和非编码区的侧翼序列、戴帽和加尾等加工过程。此过程中 hnRNA 剪切的选择性、拼接的编辑性和 mRNA 稳定性的调节都决定转录后 mRNA 的特性。

4. 翻译水平的调控　翻译过程受核糖体数量、mRNA 成熟度、相关因子、各种酶类的作用，它们将影响翻译的速度、翻译产物的完整性或产物的生物活性。

5. 翻译后的调控　翻译初产物往往是一个大的无活性多肽分子，需要经过酶切、磷酸化等一系列修饰、加工和组装后才有活性。

以上每一水平的基因调控都影响基因最终的表达结果。但对大多数基因来说，转录水平的调控是最重要的控制点。深入研究基因表达的调控机制，可以揭示生命的奥秘，对遗传性疾病、恶性肿瘤的防治及改造生命等具有不可估量的前景。

二、转录水平的调节机制

在真核基因不同水平的调控中，转录水平的调节是真核细胞基因表达的关键。在转录水平的调控中顺式作用元件（DNA 性质）和反式作用因子（蛋白质性质）两者相互作用可导致两者空间构型的改变，影响基因的表达。

（一）基因调控的顺式作用元件

顺式作用元件（cis-acting element）多位于基因侧翼序列或内含子中，只影响与其自身同处在一个 DNA 分子上的基因。包括启动子（promotor）、增强子（enhancer）、沉默子（silencer）、衰减子（dehancer）和终止子（terminator）等 DNA 序列片段。顺式作用元件是被反式作用因子（trans-actingfactor）所识别的对基因表达有调节活性的 DNA 序列，可决定转录起始位点和调节 RNA 聚合酶 II 型活性。顺式作用元件 DNA 序列一般不编码蛋白质。

（二）基因调控的反式作用因子

真核细胞中存在有多种被称为基因调节蛋白的特异性 DNA 结合蛋白，它们能够与靶基因附近的 DNA 序列结合，促进或抑制该基因的转录，通常将这类基因调节蛋白叫做反式作用因子（trans-acting factor），或称转录因子（transcription factor，TF）。顺式作用元件是反式作用因子的结合位点。反式作用因子分为两类，一类是与 TATA 盒结合的通用的反式作用因子，可与多种细胞中不同基因表达中具有相同 DNA 序列的顺式元件相结合。另一类是具有组织特异性、与顺式作用元件中特异的 DNA 调节序列结合的基因调节蛋白，又称转录因子。

反式作用因子的作用特点是：①识别启动子、增强子等顺式作用元件中的特异靶序列。②对基因表达具有正调控和负调控作用，即可激活或抑制基因的表达。

（三）顺式作用元件与反式作用因子的相互作用

真核生物转录调控大多是通过反式作用因子和顺式作用元件相互作用而实现的。作用形式不外乎三种：一种反式作用因子（转录因子）与一个特定的顺式作用元件结合、一种反式作用因子与多种顺式作用元件靶点结合、多种反式作用因子和一个顺式作用元件作用。

1. 反式作用因子中的 DNA 结合结构域

（1）锌指型结构域（zinc finger motif）　是由少数保守的氨基酸的短肽链围绕 Zn^{2+} 离子折叠形成一指状结构而得名。锌指蛋白就是含有锌指结构的蛋白质。锌指结构一般由 30 个氨基酸残基组成，其中含有两个半胱氨酸（C）残基和两个组氨酸（H）残基，它们通过位于中心的锌离子络合成一个稳定的指状结构。在指状突出区表面暴露的碱性及极性氨基酸与 DNA 结合有关（图 6-38）。一个蛋白质分子可具有 2~9 个锌指的重复单位，每个单位以其指部嵌入 DNA 双螺旋的深沟内。

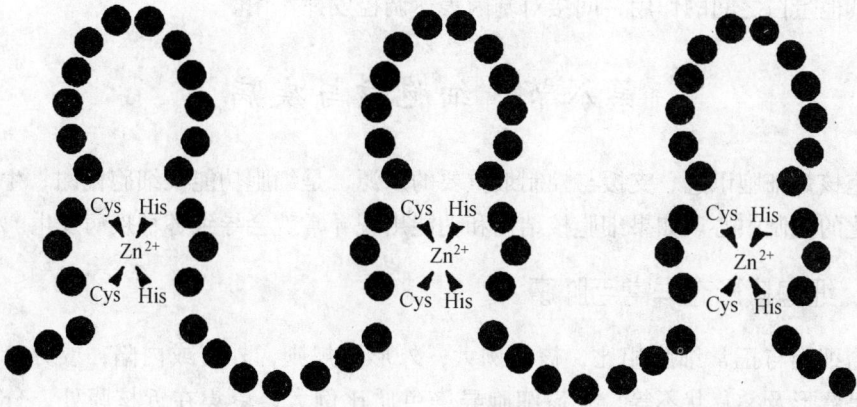

图 6 −38　锌指型结构域示意图

（2）亮氨酸拉链（leucine zipper，L −Zip）结构域　所谓亮氨酸拉链的蛋白质 C 末端区由约 30 个氨基酸组成，亮氨酸以固定间隔排列在一段 α 螺旋的一侧，与其他疏水基团一起，这一段 α 螺旋与另一个同类蛋白质相应 α 螺旋为两组平行走向，成为对称二聚体，通过疏水引力相互靠近，形成螺旋化螺旋（coiled −coil），仿佛一条拉链被拉和。与亮氨酸重复区近邻的 α 螺旋富含碱性氨基酸残基，碱性 α 螺旋是与 DNA 的结合部位（图 6 −39）。

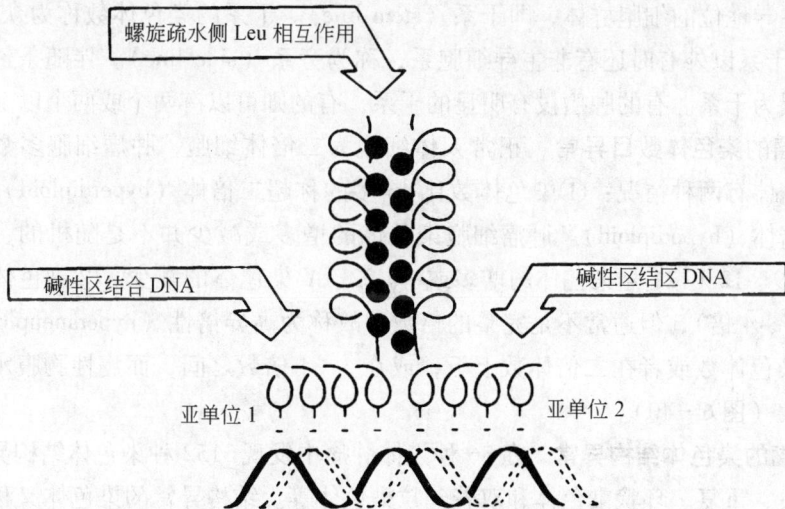

图 6 −39　亮氨酸拉链结构域示意图

此外，常见的反式作用因子中的 DNA 结合结构域还有 α 螺旋 −转角 −α 螺旋结构域（helix −turn −helix motifα）及螺旋 −环 −螺旋结构域（helix −loop −helix，HLH）。

2. 反式作用因子对转录水平调控的作用机制　①反式作用因子与 DNA 的相互作用，可影响此 DNA 之空间构型，或具有 ATP 依赖性的 DNA 解旋酶作用，使在转录起始点的 DNA 双螺旋解链。②反式作用因子影响 RNA 聚合酶的活性。③反式作用因子之间及其与其他蛋白之间的作用，间接对基因表达调控发挥作用。

第八节　细胞核与疾病

细胞核是细胞讯息、支援与控制最重要的来源，是细胞功能及细胞代谢、生长、增殖、分化的控制中心。如果细胞核结构和功能出现异常就会导致各种疾病发生。

一、细胞核形态异常与肿瘤

肿瘤细胞与正常细胞相比，核比例大，外形不规则，外突或内陷，或分叶，或出芽，核呈肾形及桑葚状不等。肿瘤细胞异染色质比例大，聚集在近核膜处，分布不均匀。核仁增大，数目增多，表现为 rRNA 转录活性增强，反映出肿瘤细胞代谢活跃、生长旺盛的特点。同时，核孔数目显著增加有利于核内外物质的频繁转运。在对恶性肿瘤形态定量研究中，发现肿瘤细胞核在面积、周长、体积、长径、短径等 15 项形态学指标上与正常细胞对照有高度显著性差异，对肿瘤患者预后的判断有重要意义。

二、染色体异常与肿瘤

染色体异常可能是肿瘤发生的原因，也可能是肿瘤发生的结果。所有肿瘤细胞都有染色体异常，染色体异常被认为是癌细胞的特征。肿瘤细胞群通过淘汰和生长优势，逐渐形成占主导地位的细胞群体，即干系（stem line）。干系的染色体数称为众数（modal number）。干系以外有时还有非主导细胞系，称为旁系（side line）。伴随条件改变，旁系可以发展为干系。有的肿瘤没有明显的干系，有的则可以有两个或两个以上的干系。

1. 肿瘤的染色体数目异常　正常人体细胞为二倍体细胞，肿瘤细胞多数为非整倍体。非整倍体有两种情况：①染色体数比 46 多的称超二倍体（hyperdiploid），比 46 少的称亚二倍体（hypodiploid）。肿瘤细胞染色体的增多或减少并不是随机的，比较常见到的是 8、9、12 和 21 号染色体的增多或 7、22、Y 染色体的减少。②染色体数成倍地增加（3 倍、4 倍），但通常不是完整的倍数，故称为高异倍性（hyperaneuploid）。许多实体肿瘤染色体数或者在二倍体数上下，或在 3～4 倍数之间，而癌性胸腹水的染色体数变化更大（图 6－40）。

2. 肿瘤的染色体结构异常　在 56 种人体肿瘤中发现 3152 种染色体结构异常，包括易位、缺失、重复、环状染色体和双着丝粒染色体等。结构异常的染色体又称为标记染色体（marker chromosome）。标记染色体分为两种：一种是非特异性的，它只见于少数肿瘤细胞，对整个肿瘤来说不具有代表性；另一种是特异性的，它经常出现在某一类肿瘤，对该肿瘤具有代表性。特异标记染色体的存在也解释为肿瘤起源于一个突变细胞。重要而常见的标记染色体如慢性粒细胞白血病（CML）细胞中的费城（Ph）染色体，是由 22 号染色体长臂与 9 号染色体长臂之间部分区段的易位形成，大约 95% 的慢性粒细胞白血病（CML）有 Ph 染色体，有时 Ph 染色体先于临床症状出现，故又可用于早期

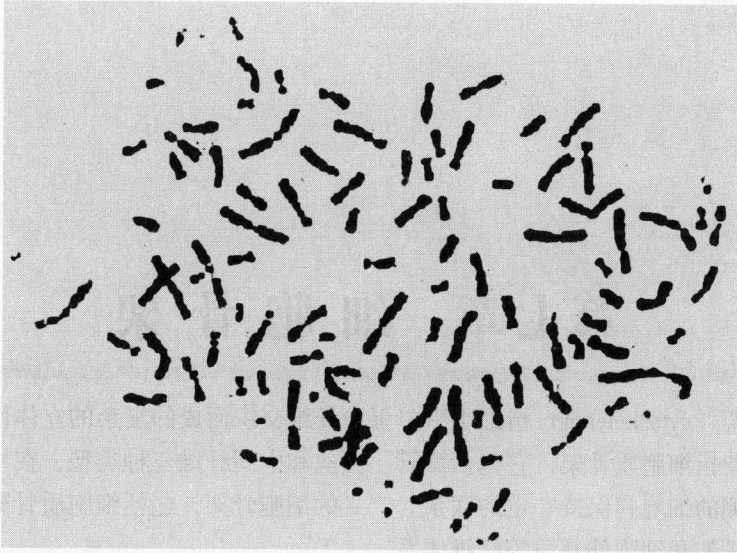

图 6 – 40　一个癌细胞的染色体共 104 条，包括许多异常的染色体（引自 Thompson）

诊断，并且已知 Ph 阴性的慢性粒细胞性白血病患者对常规治疗反应差，预后不佳。在视网膜母细胞瘤中可见 13 号染色体长臂的中间缺失，另有一些标记染色体和染色体结构异常不是某一肿瘤所特有，例如巨大亚中着丝粒染色体、巨大近端着丝粒染色体、双微体、染色体粉碎等。

染色体畸变与肿瘤相关基因的激活、扩增、丢失等重要事件有关，是目前相关领域的研究热点。

第七章　细胞骨架

细胞骨架（cytoskeleton）指细胞中由蛋白纤维交织而成的复杂的立体网架体系。经典的细胞骨架指细胞质骨架，它包括微管、微丝和中间纤维三种类型，在结构上与内侧的核膜和外侧的细胞膜保持一定的联系。广义的细胞骨架，包括细胞质骨架、细胞核骨架、细胞膜骨架和细胞外基质等纤维体系。

1928年Klotzoff提出了细胞骨架的原始概念，但限于当时的技术方法问题，电镜下一直未观察到想象中的硬性"骨架"结构。直到1963年，电镜标本采用戊二醛常温固定方法后，才相继观察到微管、微丝、中间纤维的形态结构。以后陆续发现了细胞核骨架、细胞膜骨架和细胞外基质，它们相互连接形成细胞的"骨架"网络体系，并随机体细胞的各种生理活动状态而发生动态改变，因而细胞骨架在时间和空间上受细胞内外因素的调控。

目前，人们对细胞骨架的研究已由形态观察为主进入到分子水平。细胞骨架不仅在保持细胞形态、维持细胞内各结构成分的有序性排列（如细胞器的空间定位及其位置的动态变化）方面起重要作用，而且与细胞的多种生命活动如细胞运动、细胞增殖分裂、细胞分化、细胞的物质运输、细胞信息传递、能量转换、基因表达等密切相关，它几乎参与细胞的一切重要生命活动。总之，细胞骨架是当今细胞生物学中最为活跃的研究领域之一。本章主要介绍细胞质骨架，细胞核骨架、细胞膜骨架和细胞外基质的内容在其他相关的章节中介绍。

第一节　微　　丝

微丝（microfilament，MF）是广泛存在于各种真核细胞中的骨架网络纤维，是一种实心的蛋白纤维细丝，常以束状或网状等形式分布于细胞质的特定空间位置上。微丝除参与构成细胞骨架成分及维持细胞形态外，还参与细胞内外物质转运、细胞间的信息传递及一些特殊结构的形成或功能活动的发生等。

一、微丝的组成

微丝的化学成分包括收缩蛋白质（contractile protein）、调节蛋白质（regulatory protein）和连接蛋白质（linking protein），它们共同构成微丝体系。微丝体系的主要结构成分是具有收缩作用的肌动蛋白（actin），此外还有一些微丝结合蛋白。

肌动蛋白是微丝的基本组成单位，其相对分子量为 $43 \times 10^3 Da$。肌动蛋白的立体结构由两个结构域（structral domain）组成，外观呈蛤蚌形。每个结构域各自分别由两个亚基组成，因而每个肌动蛋白单体周围都有 4 个亚基，呈上、下及两侧排列（图 7 - 1A，图 7 - 1C），形成三维结构。每个肌动蛋白分子均具有明显的极性，分子的一端为正端（plus end），另一端则称为负端（minus end）。在 Mg^{2+} 等阳离子的诱导下，它们能"首尾"相接形成螺旋状的肌动蛋白丝（图 7 - 1，图 7 - 2B）。

在细胞中肌动蛋白的存在方式有两种：一种是游离状态的球状肌动蛋白单体，称为球状肌动蛋白（globular actin，G - actin）简称 G - 肌动蛋白；另一种是由 G - 肌动蛋白"首尾"相接聚合而成的螺旋状纤维多聚体，称为纤维状肌动蛋白（filamentous actin，F - actin）简称 F - 肌动蛋白（图 7 - 1C，图 7 - 2B）。这两种形式的肌动蛋白在一定条件下可互相转换，但 F - 肌动蛋白构成微丝的主体。

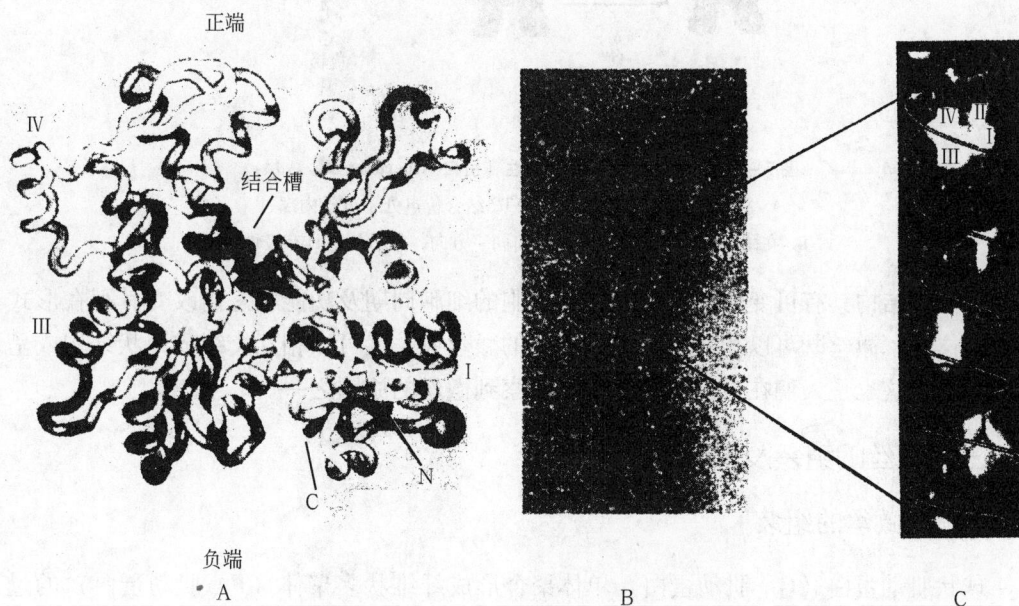

图 7 - 1 肌动蛋白三维结构与肌动蛋白纤维

A. 肌动蛋白单体三维结构，一分子 ATP 和 Ca^{2+} 结合于分子中间核苷结合槽；

B. 肌动蛋白纤维电镜照片；C. 肌动蛋白纤维分子模型

肌动蛋白在真核生物细胞进化过程中高度保守。目前，在人等哺乳动物及鸟类细胞中，已经分离到 6 种不同亚型的肌动蛋白，它们可集中分为 α、β 和 γ 三种异构体。其中，4 种称为 α 肌动蛋白，分别为骨骼肌、心肌、血管及肠壁平滑肌细胞所特有；另两种为 β 肌动蛋白和 γ 肌动蛋白，可见于所有非肌细胞和肌细胞中。由于肌动蛋白基因是由同一祖先基因进化而来的，因而不同细胞中的非同种 α 肌动蛋白分子之间仅有个别氨基酸的差异（通常为 4~6 个）。

二、微丝的形态结构

微丝是一种较细的、可弯曲的蛋白纤维细丝（图7－1B，图7－2B），其直径为5～10nm，长短不一。在电镜下观察，微丝成束或散在呈网状分布于细胞质中，在细胞膜的内侧分布比较集中，参与细胞支架的构成。一般认为，微丝是由一条纤维状肌动蛋白以自身α－螺旋盘绕形成的。由于肌动蛋白具有极性，因而微丝也具有极性。

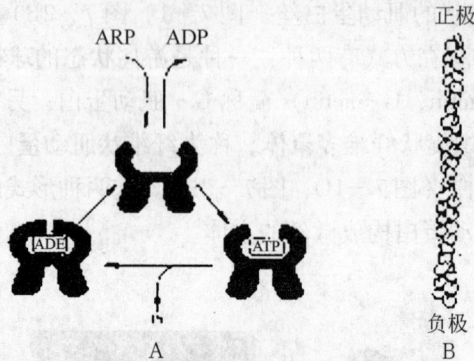

图7－2　肌动蛋白及微丝的极性（引自 Alberts et al，1994）
A. 肌动蛋白的河蚌状结构，ATP 结合位点处于分子内部；
B. 在微丝中所有单体的极性指向同一方向，故微丝也具有极性

微丝的结构具有可变性，可依其所在细胞的细胞周期及功能状态而改变其存在形式和空间位置。微丝既可以相互聚合形成线状的微丝束，又可以相互交织成网状结构或呈溶胶状态，这也是人们在常规状态下不易观察到微丝的原因之一。

三、微丝的组装及影响因素

（一）微丝的组装

球状肌动蛋白（G－肌动蛋白）单体聚合形成纤维状多聚体（F－肌动蛋白）的过程，称微丝的组装；反之，由纤维状多聚体解离成球状肌动蛋白单体的过程，称微丝的去组装。体外实验表明，球状肌动蛋白单体在适宜的条件下，即具备 ATP 和一定的盐浓度（主要是 K^+ 和 Mg^{2+}），可自我组装，形成微丝（图7－3）。

微丝的组装步骤为：球状肌动蛋白（G－肌动蛋白）单体→纤维状肌动蛋白（F－肌动蛋白）→微丝三个阶段。首先由球状肌动蛋白单体"首尾"相接，形成二聚体，继而形成稳定的三聚体（多聚体），即核心作用（图7－3）。此期是微丝组装的限速步骤，需要一定的时间，当核心形成后，球状肌动蛋白在核心两端迅速地聚合、延长，形成直径约7nm 的、具有极性的螺旋纤维。微丝延长到一定时期，肌动蛋白聚合入微丝的速度与其从微丝上解离的速度达到平衡，即 G－肌动蛋白在微丝头端（正端）不断聚合，使微丝延长，而尾端（负端）不断解离，使微丝缩短，微丝长度基本不变，此时即进入平衡期。在微丝正进行的聚合与解离过程中，正端延长长度等于负端缩短长度，

此现象又称"踏车"现象。

在体内大多数非肌细胞中，微丝持续性地进行组装与去组装的动态过程，这与微丝所在细胞的形态改变及细胞运动等机能活动密切相关，反映了微丝的动态结构特征。肌细胞中的细丝、小肠上皮微绒毛中的轴心微丝等，反映了微丝的永久性结构特征。大多数质膜下的微丝组装形成后，尚需形成复杂的三维空间网络，称组装后重组。

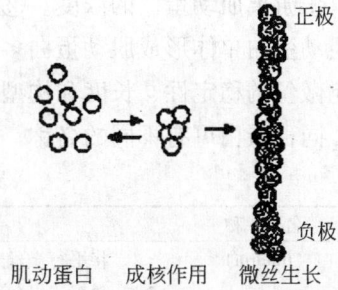

正极

肌动蛋白　成核作用　微丝生长

负极

图 7 – 3　提纯的 G – 肌动蛋白
在试管中形成微丝

（二）影响微丝组装的因素

微丝组装与肌动蛋白是否达到临界浓度及环境有密切关系。通常 ATP 及一定浓度的 Mg^{2+} 是微丝组装时必需的能量及离子环境。在含有 Ca^{2+} 以及低浓度 Na^+、K^+ 等阳离子溶液中，微丝表现为去组装，由 F – 肌动蛋白趋于解聚成 G – 肌动蛋白；而在 Mg^{2+} 和高浓度的 Na^+、K^+ 溶液诱导下，G – 肌动蛋白则组装为 F – 肌动蛋白，新的 G – 肌动蛋白不断加入，使微丝延长。溶液 pH 值 >7.0 时，有利于微丝的组装。

四、微丝组装的动态调节

微丝的组装可用"踏车"模型（treadmiling model）和非稳态动力学模型（dynamic instability model）来解释，因每根纤维的长度不是延长便是缩短，并非固定不变的，而是呈动力学不稳定状态。故后者更为合理。调节微丝组装的动力学非稳态行为的主要因素是 ATP，另外，微丝结合蛋白对微丝的组装也具有调控作用。

五、微丝的特异性药物

细胞松弛素（cytochalasins）是真菌的代谢性产物，细胞松弛素 B 能切断微丝，它可与 F – 肌动蛋白端 – 端结合，从而阻抑肌动蛋白聚合，停止微丝的组装，因而可以破坏微丝的三维空间网络结构，但对解聚没有明显影响。细胞松弛素 B 可破坏分布于细胞质膜下且形成疏松网状形式的微丝，而形成鞘或粗纤维状的微丝不能被其所破坏。

鬼笔环肽（philloidin）是从真菌中提取的一种双环杆肽，与微丝有较强的亲合作用，荧光标记的鬼笔环肽可清晰地显示出细胞内的微丝。鬼笔环肽可增强肌动蛋白纤维的稳定性，抑制解聚，从而可防止微丝降解。实验研究发现，鬼笔环肽仅与 F – 肌动蛋白结合，而不与 G – 肌动蛋白结合。

六、微丝结合蛋白及其功能

微丝体系的主要结构成分是肌动蛋白，它可组装成不同的微丝网络结构。此外，微丝系统中还包括许多微丝结合蛋白（microfilament associated protein）；微丝结合蛋白有40 余种，参与形成微丝纤维的高级结构。微丝结合蛋白主要从两个水平上调控微丝的组装：①游离肌动蛋白的浓度。②微丝横向连接成束或成网的程度。其调控作用表现为调节肌动蛋白单体形成肌动蛋白多聚体，以及肌动蛋白多聚体组装成微丝等过程中，以此影响微丝的稳定性、长度和构型等。微丝结合蛋白种类多（表7-1），因分类方式的不同，同种蛋白可有不同的名称。

表7-1　微丝结合蛋白

名　称	功　能
毛缘蛋白（fimbrin）	将平行微丝连接成微丝束
束捆蛋白（fascin）	将平行微丝横向连接成束
细丝蛋白（filamin）	横向连接相邻微丝，形成三维网络结构
肌球蛋白Ⅰ（myosinⅠ）	与肌动蛋白结合可引起非肌肉细胞收缩；与血影蛋白一起可将微丝束连接至微绒毛膜上
肌球蛋白Ⅱ（myosinⅡ）	介导细胞变形、运动和胞内物质运输
血影蛋白（spectrin）	在红细胞膜下与微丝相连成网；与肌球蛋白一起可将微丝束连接至微绒毛膜上
纽蛋白（vinculin）	在细胞连接部位介导微丝连接到质膜上
α-辅肌动蛋白（α-actin）	黏接多条微丝的端点，将平行微丝连接成束；并介导微丝连接到质膜上
踝蛋白（talin）	介导微丝连接到质膜上形成黏着斑
张力蛋白（tensin）	维持微丝锚着点的张力
凝溶胶蛋白（gelsolin）	高 Ca^{2+} 浓度下可切断长微丝，使肌动蛋白由凝胶向溶胶状态转化
断裂蛋白（fragmin）	高 Ca^{2+} 浓度下可切断长微丝
绒毛蛋白（villin）	见于微绒毛中，低 Ca^{2+} 浓度时促进微丝束形成，高 Ca^{2+} 浓度下可切断长微丝，阻止其装配
促聚蛋白（profilin）	结合到 G 肌动蛋白单体上，促进微丝的装配
钙调蛋白（calmodulin）	低 Ca^{2+} 浓度时与肌动蛋白结合后，抑制肌球蛋白的结合
封端蛋白（capping protein）	结合于微丝的一端，抑制肌动蛋白单体的增加或减少

（一）收缩蛋白

收缩蛋白也称移动因子，指促进细胞中微丝移动的蛋白，即肌球蛋白（myosin）。目前，已发现有十几种肌球蛋白。

1. Ⅱ型肌球蛋白（myosin Ⅱ）　Ⅱ型肌球蛋白主要功能是参与肌丝滑行，其分子量为 460×10^3 Da，由四条多肽链（两条重链和两对不同类型的轻链）组成，形似豆芽状，有杆部和头部组成（图7-4）。

2. Ⅰ型肌球蛋白和Ⅴ型肌球蛋白　它们参与细胞骨架和细胞膜的相互作用，如胞膜运输等。

（二）调节蛋白

调节蛋白是一类对收缩蛋白质（肌动蛋白、肌球蛋白）起调节作用的蛋白种类较多，可控制微丝的结构和功能。

1. 原肌球蛋白（tropomyosin）　原肌球蛋白位于肌动蛋白螺旋沟内，并与肌动蛋白相连，其在肌动蛋白螺旋沟内的空间位置变化，可调节肌动蛋白与肌球蛋白头部的结合（图7-5）。

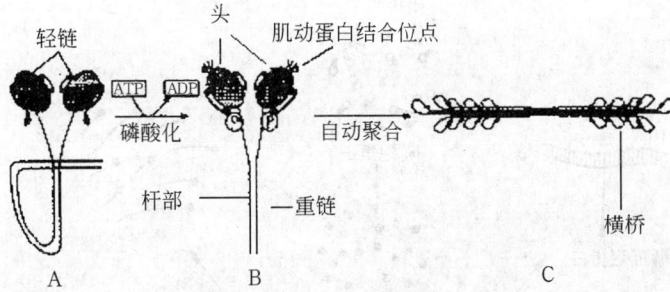

图 7 - 4　肌球蛋白的结构及聚合（引自 B. Alberts et al）
A. 无活性状态　B. 活性状态　C. 双极粗丝

2. 钙调蛋白（calmodulin）　存在于各种细胞质中，在 Ca^{2+} 浓度低时可与原肌球蛋白及肌动蛋白结合，以阻止肌球蛋白结合。当 Ca^{2+} 浓度增高时，钙调蛋白与 Ca^{2+} 结合，可活化肌球蛋白轻链激酶，使肌球蛋白头部轻链磷酸化，致使肌球蛋白聚合成束（粗丝），并与肌动蛋白产生关联。

3. 聚合因子（polymerization factor）　包括肌动蛋白单体结合蛋白、封端蛋白和剪切蛋白（图 7 - 5，图 7 - 6）。

4. 掺入因子（folding factor）　如 TCP - 1（t - complex polypeptide 1）复合体等，它们可与肌动蛋白结合，使其处于聚合活性状态，参与微丝的组装过程。

（三）连接蛋白

连接蛋白是一类在微丝之间或微丝与质膜之间起连接、固定、沟通作用的蛋白质。对不同细胞特异功能的发挥起重要作用。

1. 交联蛋白（cross - linking protein）和集束蛋白（bundling protein）　包括 α - 辅肌动蛋白（α - actinin）、束捆蛋白（fascin）、毛缘蛋白（fimbrin）和绒毛蛋白（villin）、细丝蛋白（filamin）（图 7 - 5，图 7 - 6）等，它们将平行的微丝连接成微丝束，亦可横向连接相邻微丝，形成三维网络结构。

2. 锚定蛋白（ankyrin）　锚定蛋白是一类能与细胞膜特异性结合的跨膜蛋白，它可将微丝或微丝束的端端或侧面固定在细胞膜下（图 7 - 5），即介导微丝连接到质膜上。如纽蛋白（vinculin）、踝蛋白（talin）、α - 辅肌动蛋白（α - actinin）等。

3. 间隔蛋白又称间距因子（spacing factor）　为一类形似杆状的蛋白质，垂直分布于两条微丝之间（图 7 - 5），起连接与沟通作用。如位于红细胞质膜内侧面胞质内的血影蛋白（spectrin）（图 7 - 6），可将散的微丝相互连接沟通，形成微丝网络结构，使红细胞膜具有柔韧性和可塑性。

4. 黏着斑（forcal adherension）和黏着连接（adhering junction）　是由许多蛋白分子组成的复合体，是肌动蛋白的核心形成位点，可调节微丝的核心形成。另一类对微丝的核心形成有影响作用的蛋白复合体是肌动蛋白相关蛋白（actin - related protein）Arp2/Arp3 复合体，其与某些蛋白的协同作用下，可启动微丝的核心形成。

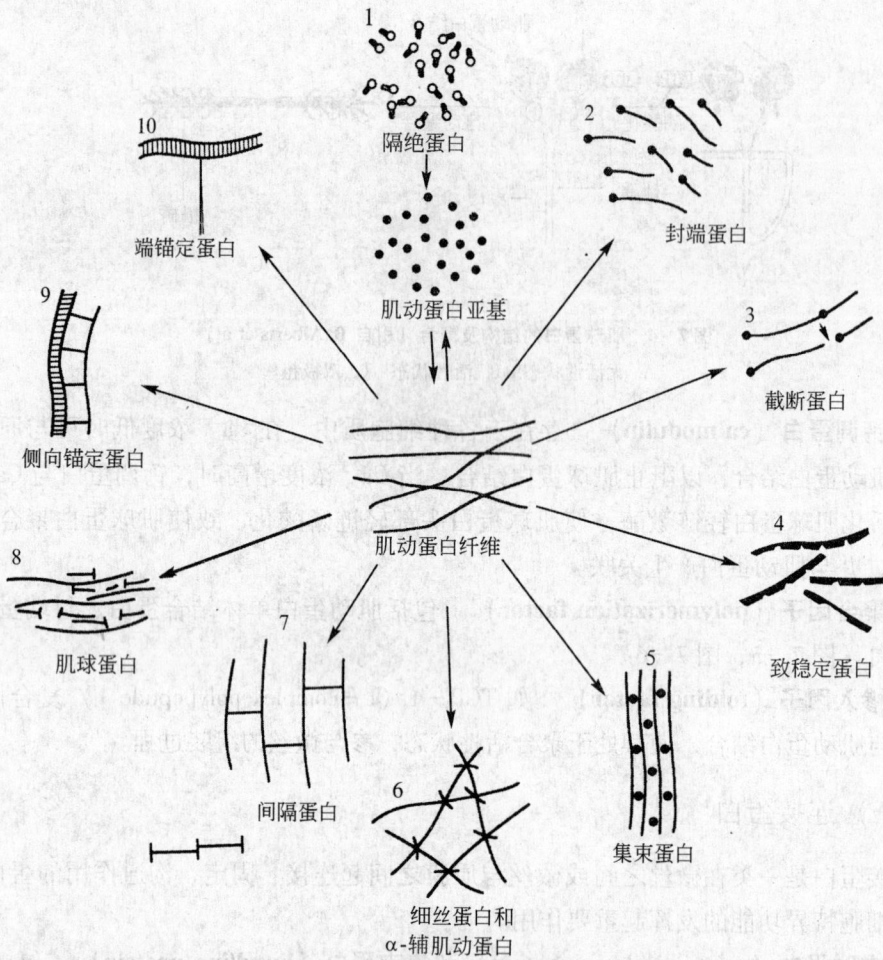

图7-5 微丝中的多种蛋白质示意图

七、微丝的功能

肌动蛋白在微丝结合蛋白的协同作用下，形成独特的微丝性骨架结构——微丝体系，它与细胞内许多重要的生理活动密切相关。如细胞形态的维持、肌肉收缩、变形运动、细胞分裂、物质运输等；近年来发现，微丝体系与细胞信号传导有关，纽蛋白等微丝结合蛋白是蛋白激酶及癌基因产物的作用底物；多聚核糖体和蛋白质的合成与微丝的关系等均引起人们的关注。

（一）参与细胞特定形态的维持

人体内 200 余种不同类型的细胞中，许多细胞各自拥有特定的形态。微丝在细胞中必须形成束状结构或网络结构才能发挥其作用。

细胞皮层（cell cortex）或称肌动蛋白皮层（actin cortex）是位于多数细胞膜下的一层网状结构，由微丝和各种微丝结合蛋白组成。细胞皮层具有较强的动态性，它与肌动

肌动蛋白结合蛋白	形态、分子质量	功 能
原肌球蛋白（tropomyosin）	23×35kDa	稳定微丝并微丝移动调节
毛缘蛋白（fimbrin）	68kDa	在微丝间形成联结，使成束 14nm
α—辅肌动蛋白（α—actini）	2×100kDa	40nm
丝束蛋白（filamin）	2×270kDa	交联微丝使凝胶化
凝溶胶蛋白（gelsonlin）	90kDa	Ca^{2+} 截断微丝使成片段
II型肌球蛋白（myosin—II）	2×260kDa	ATP 使微丝滑动
I型肌球蛋白（myosin—I）	150kDa	ATP 使小泡移远
血影蛋白（spectrin）	2×265kDap+2×260kDa	横向连接微丝并与质膜相连
胸腺蛋白（thymosin）	5kDa	隔绝肌动蛋白单体，抑制聚合
前纤维蛋白（profilin）	15kDa	结合肌动蛋白单体，促进聚合

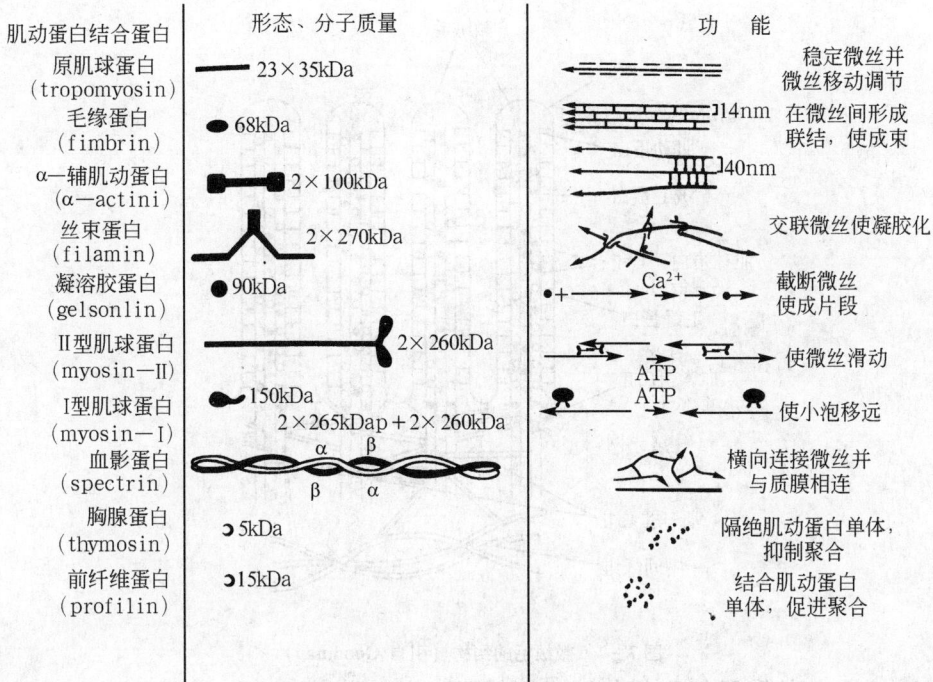

图 7－6 脊椎动物细胞中的微丝结合蛋白

蛋白共同维护细胞膜的强度和韧性，并可维持细胞的形态。

微丝还可形成细胞的特化结构——应力纤维（stress fiber）和微绒毛（microvillus）。应力纤维（张力丝）也是由大量不同极性的微丝平行排列构成，以维持细胞的扁平铺展和特异的形状，并赋予细胞韧性和强度。微绒毛的核心部分是由 20～30 个同向平行的微丝组成的束状结构，其中含有的绒毛蛋白和毛缘蛋白（fimbrin）可将微丝连接成束（图 7 -6），使微绒毛结构赋予刚性。另外还有肌球蛋白－Ⅰ（myosin－Ⅰ）和钙调蛋白（calmodulin），它们在微丝束的侧面与微绒毛膜之间形成横桥连接，提供张力，使微丝束能处于微绒毛的中心位置（图 7 -7）。微绒毛核心处的微丝束上达微绒毛顶端，下止于细胞膜下的终末网（terminal web），在这一区域中还存在一种纤维状蛋白——血影蛋白（spectrin），它结合于微丝的侧面，通过横桥把相邻微丝束中的微丝连接起来，并把它们连到更深部的中间纤维丝上（图 7 -7）。

（二）参与肌肉收缩

在细胞的种种运动形式中，人们最为熟悉的是肌肉收缩。很多与微丝相结合的蛋白都是在肌细胞中首先发现的，肌细胞的收缩是实现机体一切机械性运动的重要方式。

骨骼肌收缩的基本结构和功能单位是肌节（sarcomere），其主要成分是肌原纤维，而肌原纤维由粗肌丝（thick myofilament）和细肌丝（thin myofilament）组成（图 7 -8）。粗肌丝直径约 10nm，长约 1.5mm，由肌球蛋白（myosin）组成。细肌丝直径约 5nm，由肌动蛋白、原肌球蛋白（tropomyosin）和肌钙蛋白（troponin）组成（图 7 -8），又称肌动蛋白丝。

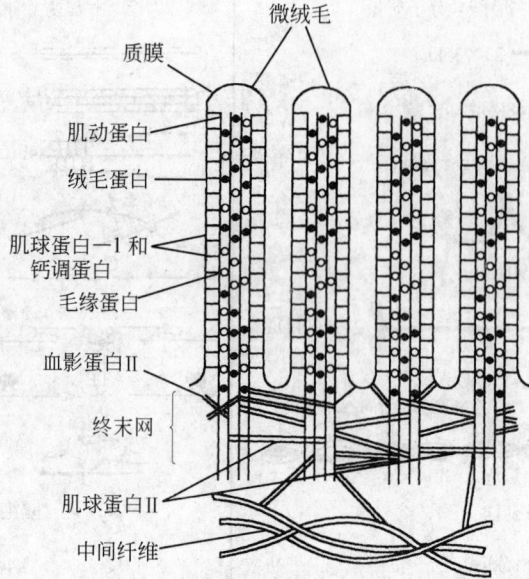

质膜

微绒毛

肌动蛋白

绒毛蛋白

肌球蛋白—1 和
钙调蛋白

毛缘蛋白

血影蛋白Ⅱ

终末网

肌球蛋白Ⅱ

中间纤维

图 7 - 7　微绒毛的结构（引自 Goodman）

目前公认的骨骼肌细胞的收缩机制是肌丝滑动学说（sliding filament hypothesis）。Huxley 于 1954 年提出的肌丝滑动学说认为：固定在 Z 线上的细肌丝向粗肌丝的 M 线方向滑动，引起肌节缩短，肌原纤维也随之缩短，从而导致整条骨骼肌纤收缩变短。是粗、细肌丝之间相互滑动的结果。电镜下观察：每一肌节的纵切面上，粗、细肌丝呈现有规律的相互间隔平行排列，粗肌丝可伸出横桥（cross bridge）与邻近的细肌丝连接。在肌细胞收缩时，横桥可推动肌动蛋白丝（细丝）和肌球蛋白丝（粗丝）的滑行（图 7 - 8）。

（三）参与细胞分裂

细胞进行有丝分裂时，在分裂末期两个即将分离的子细胞之间产生一个收缩环或称缢环（contractile ring）。收缩环是由大量具有不同极性的平行排列的微丝构成，它是存在于绝大多数非肌细胞中的具有收缩功能的环状微丝束的一个代表。收缩环收紧的动力来自于其纤维束中的肌动蛋白和肌球蛋白的相对滑动，或者说是由肌球蛋白介导的，相反极性微丝之间的滑动。

干扰肌动蛋白或肌球蛋白均可抑制收缩环的功能。已经形成收缩环的细胞在细胞松弛素 B 存在时，收缩环可松开或消失。用细胞松弛素 B 处理过的细胞，不能形成收缩环，但不干扰核的分裂，可致双核或多核细胞的形成。

（四）参与细胞运动

细胞的各种运动都与微丝有关。目前认为，微丝使细胞产生变形运动的动力来自于微丝的化学机械系统。胞质环流（cyclosis）、变形运动（阿米巴运动，amoiboidmotion）、变皱膜运动（ruffledmembrane locomotion）以及细胞的吞噬作用（phagocytosis）等现象，

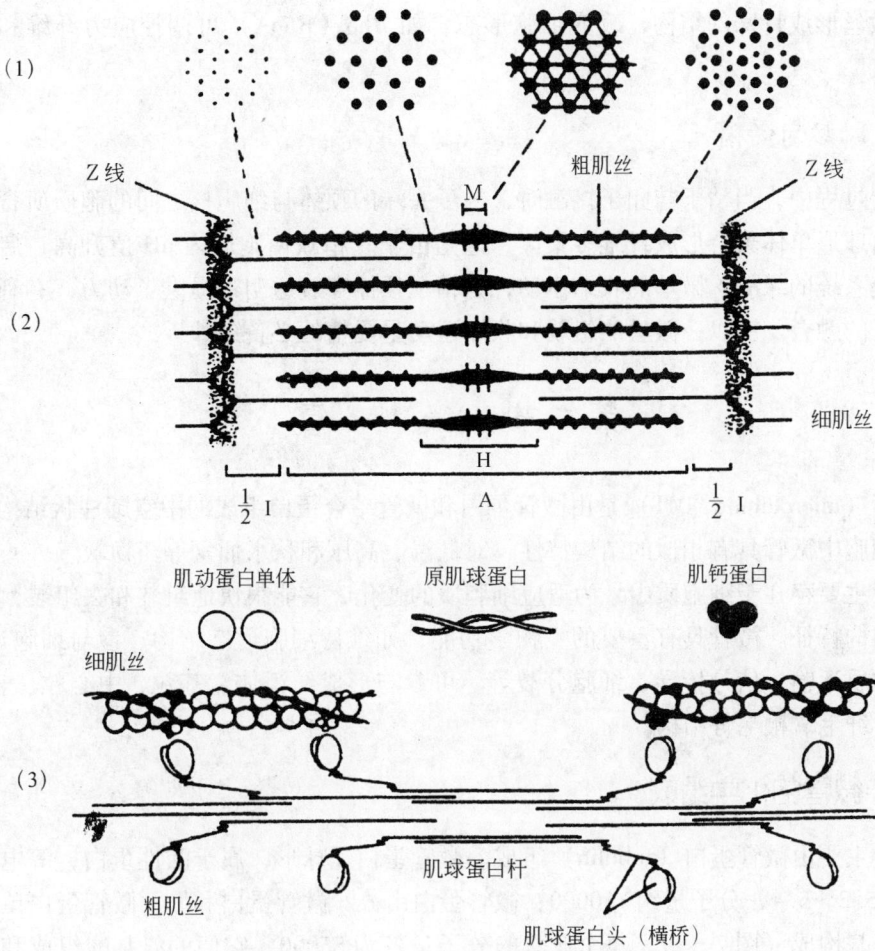

图 7-8 粗、细肌丝的分布与结构模式图

(1) 肌节不同部位的横切面——粗肌丝和细肌丝的分布；(2) 一个肌节的纵切面——两种肌丝的排列；

(3) 粗肌丝与细肌丝的分子结构

均可通过微丝的滑动或通过微丝和微丝束的聚合和解离两种不同的方式产生运动。

（五）参与细胞内物质运输

微丝在微丝结合蛋白介导下可与微管一起进行细胞内物质运输。实验证实，小鼠黑色素细胞中黑色素颗粒的运输，依赖于肌球蛋白 V（myosin V），若肌球蛋白 V 突变，黑色素颗粒则不能释放到胞质且不能在细胞周边聚集。

（六）参与细胞内信号转导

该功能是目前人们关注的热点之一，即微丝如何参与细胞内的信号转导。研究发现，微丝主要参与 Rho-GTPase 介导的信号转导。Rho（Ras homology）蛋白属 Ras 超家族，在哺乳动物细胞中，特异的细胞外信号可激活 RhoA（Rho1，Cdc42 和 Rac）蛋白，使微丝形成特殊的结构，改变细胞形态。如 Rho（RhoA）可调控应力纤维和黏着斑的形成。

（七）参与受精

受精过程中，当精子与卵子接触时，精子头端的顶体与细胞核之间的胞质所含有的肌动蛋白球形单体聚合形成纤维多聚体，这是由于受精致使胞质内 pH 值升高，启动了微丝组装系统的缘故。微丝的收缩运动，为精子顶体穿过透明带提供了动力，有利于精子和卵子的融合。所以，微丝的组装和收缩运动是受精的必备条件。

第二节　微　管

微管（microtubule，MT）是由微管蛋白和微管结合蛋白组成的中空圆柱状结构。在不同的细胞中微管具有相似的结构特性，对低温、高压和秋水仙素等药物敏感。

微管主要存在于细胞质中，为适应细胞质的变化，它能很快地组装和去组装，表现为动态结构特征。微管具有重要的生物学功能，如维持细胞形态结构、参与细胞运动、细胞内物质运输、信号传导、细胞分裂等。可参与形成纺锤体、基粒、中心粒、轴突、神经管、纤毛、鞭毛等结构。

一、微管的化学组成

微管主要由微管蛋白（tubulin）组成。微管蛋白呈球形，属于酸性蛋白，等电点范围为 pH 5.2～5.4，分子量约 110000；微管蛋白由 α-微管蛋白和 β-微管蛋白单体两个天然亚基构成（图 7-9），每个亚基的分子量各为 55000，它们的氨基酸组成和序列各不相同，但在进化中又是高度保守的。α-微管蛋白和 β-微管蛋白形成微管蛋白二聚体（图 7-9），该存在形式是微管装配的基本单位；在细胞质中，基本上没有游离的 α 或 β-微管蛋白，因为不形成二聚体它们就很快被降解。

此外，微管蛋白二聚体上，各有一个秋水仙素结合位点和长春花碱结合位点。

二、微管的形态结构

微管为一中空的圆柱状结构，外径约 25nm，内径约 15nm，管壁厚约 6～9nm（图 7-9）。微管长度差异很大，多数细胞中，仅有几十纳米至几微米长，在某些特化的细胞中（如中枢神经系统的运动神经元），可长达几厘米。

微管的壁由 13 条原纤维（protofilament）纵行排列而成。每条原纤维又由 α、β 两种微管蛋白首尾相接交替形成二聚体，并呈螺旋状盘绕构成微管的管壁。微管具有极性，其极性与细胞器定位分布、物质定向运输等微管功能密切相关。13 个二聚体围成微管壁的一周，所以在横切面上可见微管由 13 个原纤维组成（图 7-9）。

微管在细胞中有三种不同的存在形式：单微管、二联微管和三联微管（图 7-10）。

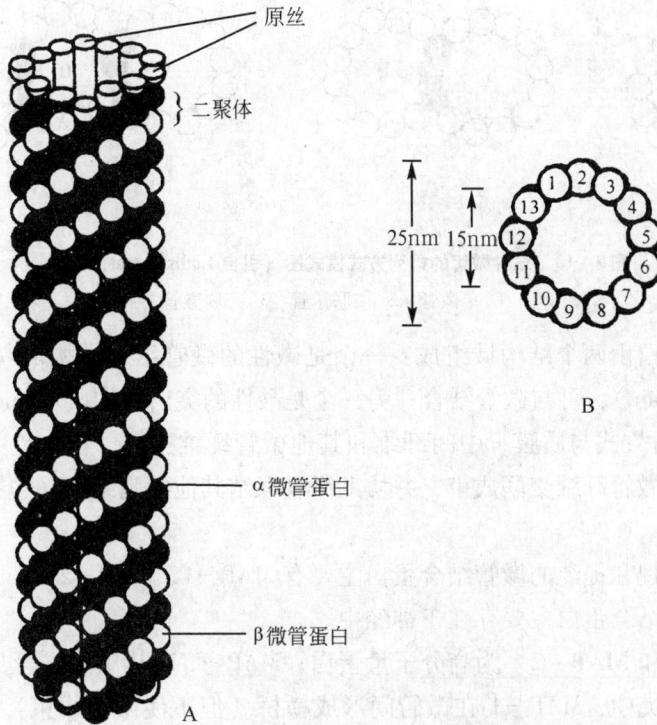

图 7 – 9　微管结构模式图（引自 B. Alberts et al）

A. 微管立体模式图　　B. 微管横断面模式图

1. 单微管（singlet）　　由 13 根原纤维螺旋状包绕而成，常散在于细胞质中或成束分布，胞质中的大部分微管以此形式存在。单微管稳定性较差，易受温度、压力、pH值等影响，出现解聚而消失，或随细胞周期而变化。

2. 二联微管（diplomicrotubule）　　由 A、B 两根单微管组成，A 管有 13 根原纤维，B 管与 A 管共用三根原纤维，故二联微管由 23 根原纤维组成。主要分布于细胞的某些特定部位，如纤毛和鞭毛的周围部分（图 7 –13）。二联微管稳定性较好，一般不易发生结构的改变。

3. 三联微管（triplomicrotubule）　　由 A、B、C 三根单管组成。A、B 管和 B、C 管之间分别共用三根原纤维，故三联微管由 33 根原纤维组成。主要分布于中心粒（图 7 –14）和纤毛、鞭毛的基体中。三联微管稳定性较好。

二联微管和三联微管属于细胞内稳定型微管结构，是细胞内某些永久性功能结构细胞器的主体组分。一般不易受温度、Ca^{2+} 及秋水仙素等因素的影响而发生解聚。

三、微管结合蛋白

微管结合蛋白（microtubule – associated protein，MAP）又称动力蛋白，是一类可与微管结合并与微管蛋白共同组成微管系统的蛋白，其主要功能是调节微管的特异性并将微管连接到特异性的细胞器上。

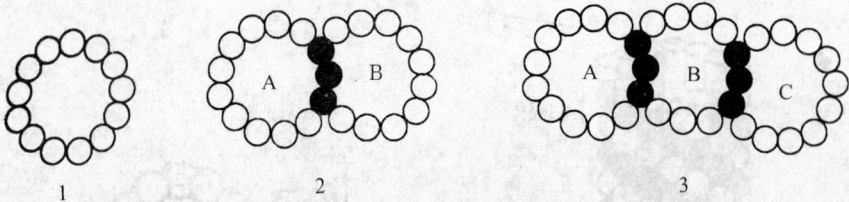

图 7 - 10　三种微管的排列方式模式图（引自 Lodish et al，1999）

1. 单微管　2. 二联微管　3. 三联微管

微管结合蛋白由两个结构域组成：一个是碱性的微管结合结构域（basic - microtuble - binding domain），可与微管结合；另一个是酸性的突出结构域（acidic projection domain），它以横桥方式与质膜、中间纤维和其他微管纤维连接，在电镜下可见它在微管壁外呈一突起将微管纤维交联成束，并协助微管联结其他细胞组分（包括其他有关骨架纤维）。

目前，已发现和提纯的微管结合蛋白主要有 MAP - 1，MAP - 2，tau，MAP - 4 等几种，前三种微管结合蛋白主要存在于神经中。

1. MAP - 1 和 MAP - 2　为高分子量蛋白；MAP - 1 对热敏感，可见于不同生长发育阶段的神经轴突中，MAP - 1 在微管间形成横桥（但不使微管成束），或作为一种胞质动力蛋白，与轴突的逆向运输有关；而 MAP - 2 为一类热稳定蛋白质，与 MAP - 1 不具同源性，仅见于神经元的树突中，MAP - 2 在微管间或微管与中间纤维间形成横桥，能使微管成束。

2. tau 蛋白　为低分子量蛋白，具有热稳定性，常分布于神经元轴突中，可加速微管的组装，使之成为稳定性较强的微管束。

3. MAP - 4　在神经元和非神经元细胞中均存在，在进化上具有保守性。具有高度热稳定性。另外，在非洲蟾蜍卵中还发现了 XMAP125 蛋白，在人类也有其同源蛋白。

用特异性微管结合蛋白荧光抗体可显示神经细胞中微管结合蛋白的分布差异：tau 只存在于轴突中，而 MAP - 2 则分布于胞体和树突中。神经细胞微管结合蛋白的分布差异与神经细胞树突和轴突区域化以及感受、传递信息有关。故微管结合蛋白在细胞中，依其执行功能的不同，各自具有不同的分布区域，此分布特点在神经细胞中尤为明显。

四、微管的组装

微管的组装是指由微管蛋白二聚体组合成微管的特异性和程序性过程。相反，由微管解离成为微管蛋白二聚体的过程称去组装。微管在适当条件下或在进行功能活动时，组装与去组装状态在细胞内可相互转换，已达到微管在数量及分布等方面的动态平衡。

微管的组装可分为延迟期、聚合期和稳定期三个时期。延迟期（lag phase）又称成核期（nucleation phase）在该期 α 和 β 微管蛋白首先聚合成短的寡聚体（oligomer）结构 - 核心形成，紧接着二聚体在其两端和侧面大量增加，使之扩展成片状带，当片状带加宽至 13 根原纤维时，随即卷曲、合拢成一段原始的微管（图 7 - 11）。由于该期是微管聚合的开始，速度较慢，为微管聚合的限速过程，故称为延迟期。聚合期（polymerization phase）又称延长期（elongation phase），该期中细胞内游离微管蛋白的浓度高，使微管的聚合速度大于解聚速度，新的二聚体不断加到原始微管的正端，使微管延长；直至游离的微管蛋白浓度下降，则解聚速度逐渐增加。在稳定期（steady state phase），胞质中游离的微管蛋白达到临界浓度，微管的组装（聚合）与去组装（解聚）速度相等。

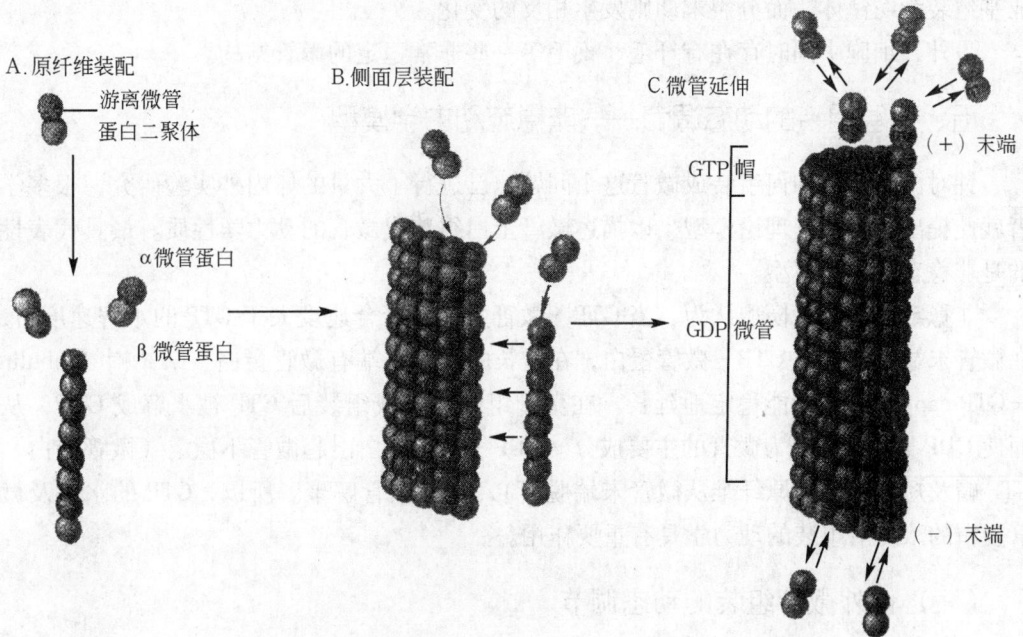

图 7 –11　微管的组装过程（引自 Lodish et al，1999）
A. α 和 β 微管二聚体首先装配成原纤维　B. 形成片层　C. 围成由 13 根原纤维组成的微管

微管聚合的特异性和程序性表现在：从特异性的核心形成位点开始聚合，这些核心形成位点主要是中心体和纤毛的基体，称为微管组织中心（microtubule organizing center，MTOC）。大多数情况下，微管的正端远离微管组织中心，指向细胞边缘、轴突远端、鞭毛和纤毛顶部等，而负端总是指向微管组织中心。MTOC 不仅是微丝组装的特异性的核心，而且还确定了微管的极性及微管中原纤维的数量。

（一）微管的体外组装

Weisenbery 实验室于 1972 年首次从小鼠脑组织中分离出微管蛋白，并在体外装配成微管。微管的体外组装需达到以下条件：①微管蛋白浓度（1mg/ml）。②必需有 Mg^{2+} 和 GTP 存在。③最适 pH 为 6.9。④温度为 37℃，α 和 β 微管蛋白就可在体外组装成微管。若温度低于 4℃或加入过量 Ca^{2+}，则使已形成的微管又解聚为二聚体，此时，细胞内的微管将不复存在。这正是 20 世纪 70 年代前，经四氧化锇固定、低温处理后的电镜标本，未观察到微丝结构的原因所在。

（二）微管的体内组装

微管在体内的组装与去组装在时间和空间上是高度有序的。间期细胞中，胞质内微管和微管蛋白亚基库处于相对平衡状态；有丝分裂期中，胞质内微管的组装与去组装受细胞周期的调控，如在分裂前期，胞质内的微管处于去组装状态，可使游离的微管蛋白亚基组装为纺锤体，而分裂末期则发生相反的变化。

另外，细胞中同时存在有纤毛、鞭毛等一些非常稳定的微管结构。

五、微管组装的动态调节——非稳态动力学模型

针对微管蛋白如何组装成微管这个问题，已进行了大量的体内外实验研究，很多学者就此提出了一系列理论模型，以描述微管蛋白组装成微管的动力学性质。最具代表性的是非稳态动力学模型。

非稳定的动力学模型认为，当 GTP - 微管蛋白的聚合速度大于 GTP 的水解速度时，在微管末端不断增加 GTP - 微管蛋白，在增长的微管末端有微管蛋白 - GTP 帽（tubulin - GTP cap），使微管能稳定地延长。在微管组装期间或组装后 GTP 被水解成 GDP，从而使 GDP - 微管蛋白为微管的主要成分。GDP - 微管蛋白引起微管不稳定（微管蛋白 - GTP 帽及短小的微管原纤维从微管末端脱落），则使微管解聚。所以，GTP 的水解及微管蛋白的浓度对组装的动力学具有重要作用。

（一）体外微管组装的动态调节

GTP 是调节微管体外组装的主要物质。微管非稳态动力学行为的发生需要水解 GTP 提供能量，因而在微管组装过程中，尤以微管蛋白的浓度及 GTP 的存在最为重要。

当微管蛋白的浓度高于临界浓度时，微管延长。随着微管蛋白浓度的逐渐下降，微管的负端停止生长，二聚体解聚速度大于聚合速度，负端逐渐缩短；但正端微管蛋白二聚体的聚合速度仍大于解聚速度，故微管的正端继续延长。当微管两端的聚合和解聚达到平衡时，微管长度处于相对平衡状态，这种状况被称为"踏车行为"（treadmillinp）。当微管蛋白的浓度进一步下降，低于临界浓度时，正端的生长也停止，而负端继续解聚，微管便缩短（图 7 - 11，图 7 - 12）。因此，随着 GTP - 微管蛋白浓度的变化，微管不是延长便是缩短；即使单根微管也是处于延长与缩短的动态变化之中，所以微管是一种动态结构。

（二）体内微管组装的动态调节

微管在体内的组装也具有动力学不稳定性，使微管处于组装与去组装的动态变化中，这种动力学不稳定性有利于微管行使其功能。如在细胞分裂早期，从中心粒发出的不稳定微管正端就可在细胞质中寻找着丝粒上特异的结合位点，并捕获（capture）这些结合位点。

GTP 是调节体内微管动态组装的主要因素。另外，还有一些因素可调节体内微管的

GTP 微管蛋白

GTP cap

GDP 微管蛋白

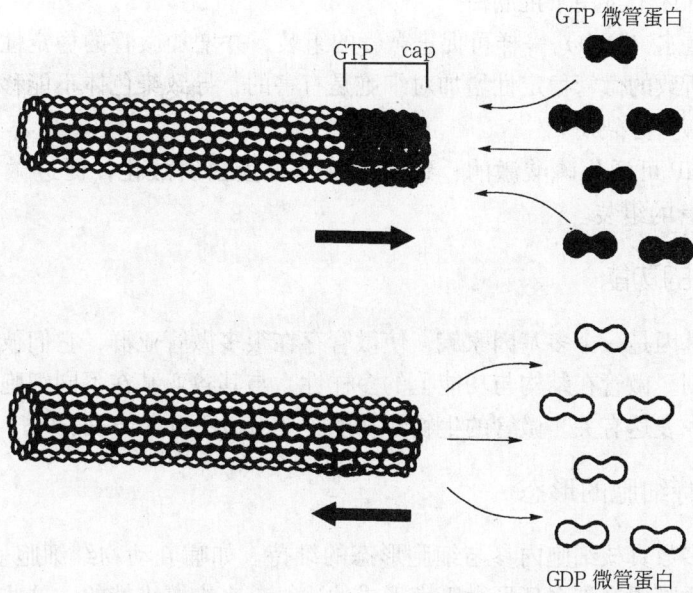

图 7−12　GTP 与微管聚合（引自 B. Alberts et al）

动态组装。

1. 微管稳定因子　微管结合蛋白是调节微管组装的主要蛋白质之一，它们可与微管结合，起稳定和启动微管组装的功能。神经元 MAP（MAP−1，MAP−2）虽然对增加微管蛋白的聚合率影响微弱，但可强烈抑制其解聚，并启动解聚的微管重新组装。

2. 微管不稳定因子　体内存在一些蛋白因子，可诱导微管的动力学不稳定性组装过程，致使微管从聚合状态到解聚状态的变化频率高于体外。该蛋白因子共有三类：Op18 蛋白、驱动蛋白（kinesin）超家族和微管剪切蛋白。

3. 微管成核因子　微管组装的核心形成（微管组织中心，MTOC）是微管组装的限速步骤，在微管动力学中具有重要作用。

六、微管的特异性药物

微管的特异性药物在微管结构和功能的研究中发挥了重要的作用。秋水仙素和长春花属生物碱（长春花碱，长春新碱）等一些能与微管结合的药物，可抑制微管的聚合；而紫杉醇（paclitaxel）可促进微管的聚合，并稳定已形成的微管。

秋水仙素（colchicine）是最重要的微管工具药物，用低浓度的秋水仙碱处理活细胞，可破坏纺锤体的结构。秋水仙素与 Ca^{2+}、低温、高压等因素直接破坏微管的作用机制不同，它可与二聚体结合，而结合有秋水仙素的微管蛋白组装到微管末端，可阻止其他微管蛋白的加入，从而阻断微管蛋白组装成微管。在细胞遗传学中，常用秋水仙素来制备中期染色体。

长春碱与二聚体结合的位点不同于秋水仙素，长春碱与二聚体的结合可稳定微管蛋白分子，从而增加二聚体与秋水仙素的结合。长春碱因具有阻止微管聚合，抑制微管形成的作用，在临床上常用于抗癌治疗。

紫杉醇与重水（D_2O）一样可促进微管的组装，并增加微管的稳定性，抑制微管去组装。但它们所致的微管稳定性增加对细胞是有害的，导致染色体不能移动分离，使细胞周期停止于有丝分裂期。

另外，cAMP可活化磷酸激酶，致使微管结合蛋白磷酸化，促进微管的组装。而RNA可抑制微管的组装。

七、微管的功能

微管蛋白基因是一个多基因家族，使微管存在很多微管亚群，它们彼此在组成和功能上均有所区别。微管在结构与功能上的多样性，与其各亚基在不同细胞以及同一细胞不同部位的专一表达有关。微管的生物学功能主要有以下几个方面：

（一）维持细胞的形态

微管在大多数真核细胞内参与细胞形态的维持。如哺乳动物红细胞呈双凹圆盘状，此形状是依靠质膜周边许多环形微管束形成的边缘带来支撑维持的；这些微管束既维持着红细胞的外形，又使其具有一定的弹性，有利于红细胞功能的完成。体外培养的神经元细胞，其轴突的形成及延伸依赖于突起内微管数量的增加和微管的支撑作用；若用秋水仙素、低温等方法处理培养细胞，可使微管解聚，则培养细胞丧失原有的形态而变圆。

（二）参与细胞运动

细胞为适应内、外环境的需要，可特殊分化为一些细胞运动装置。如纤毛和鞭毛等是微管形成的细胞特化结构（图7-13），它们通过微管的聚合和相互活动，使纤毛和鞭毛收缩、摆动，从而驱动细胞运动。

通常从外形上看，鞭毛（flagella）长而粗，数量少，运动方式呈螺旋式或波浪式；纤毛（cilia）短而细，数量多，运动方式为节律性摆动。电镜结构：纤毛和鞭毛基本相同，以两根单微管为中心，周围环绕9组二联微管即（9×2+2）的结构形式（图7-13B，C）。

中心粒（centriole）存在于动物细胞和低等植物细胞中，是成对出现的细胞器；它与微管装配和细胞分裂直接相关。光镜下，中心体位于细胞核附近（图7-14A）。中心体包括一对彼此相互垂直排列的中心粒和中心球。电镜下，中心粒为一圆柱形小体，壁由9组三联微管组成，各组三联微管相互之间大约呈30°倾斜排列，形似风车（图7-14B）；其周围有质地较致密的细粒状物质。中心粒内没有中央微管，也无特殊的臂。中心粒的功能与微管蛋白的合成与聚合有关，并参与细胞分裂；其次，中心粒上存在ATP酶，因而与细胞能量代谢有关，可为细胞运动和染色体移动提供能量。

（三）参与细胞器的位移

微管可维持细胞内各细胞器的分布位置，参与细胞器位移，如细胞核与线粒体位置

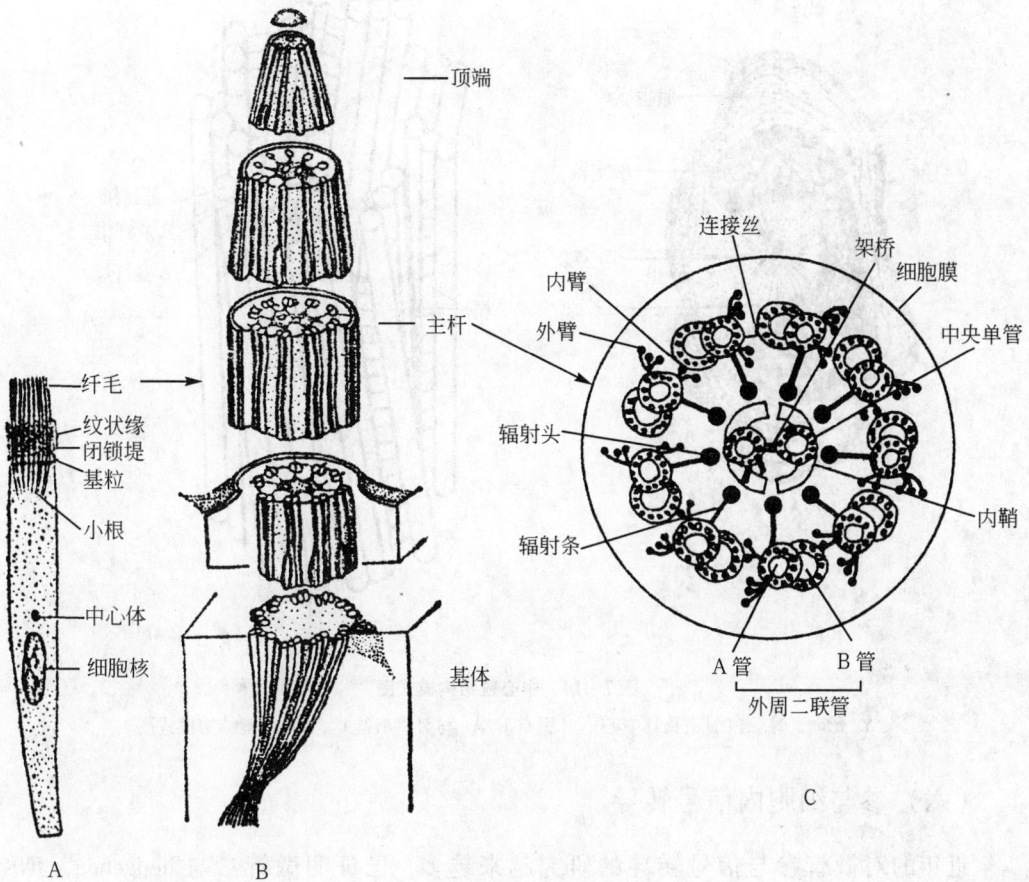

图 7 – 13　纤毛结构模式图

A. 光镜结构　B. 不同横切面的电镜结构　C. 主杆横切面的电镜结构（纤毛和鞭毛）

的固定等都需要微管的帮助。微管参与细胞器位移与微管马达蛋白有关。微管马达蛋白（motor protein）是指介导细胞内物质沿细胞骨架运输的蛋白，它也参与细胞器的位移，如培养细胞中高表达编码 tau 蛋白的基因，可干扰线粒体和内质网的分布。

（四）参与细胞内物质运输

微管与其他细胞骨架协同，对细胞内物质转运起关键性的作用。在细胞内微管可作为高尔基复合体和其他小泡和蛋白质颗粒运输的轨道，并可运送到特定的区域，这种运送的距离常常可达数微米甚至更长。如神经元胞质中的物质转运依赖于微管。微管参与细胞内物质运输的任务主要由微管马达蛋白（motor protein）来完成，驱动蛋白超家族常在微管的正端，动力蛋白超家族在微管负端。

（五）参与染色体的运动及调节细胞分裂

微管是有丝分裂器的主要构成成分，可介导染色体的运动。染色体向两极的运动是依赖于纺锤体微管的作用而实现的。

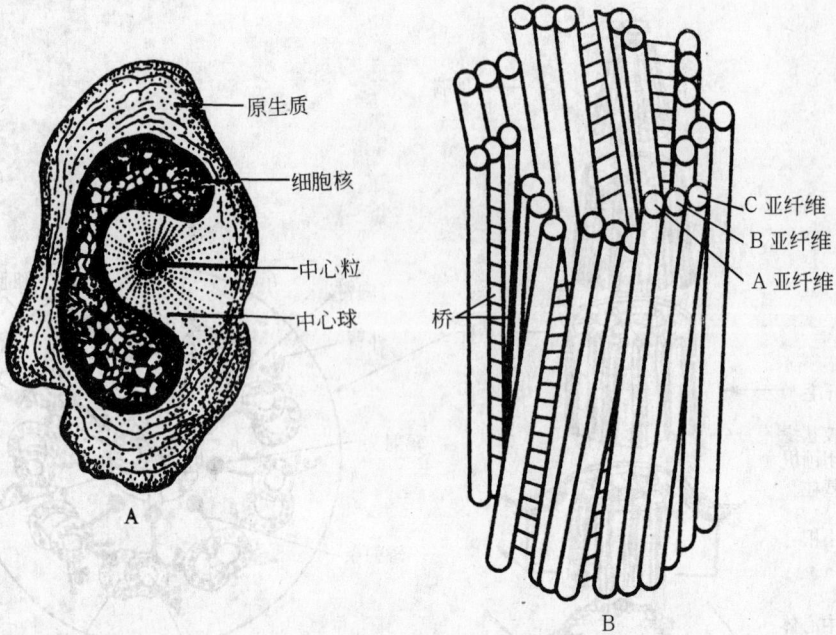

图 7-14 中心粒结构模式图

A. 光镜下蝾螈白细胞及其中心体（引自 H. A. 马努伊洛娃）   B. 电镜结构模式图

（六）参与细胞内信号转导

近年的对微管参与信号转导的研究越来越多，已证明微管参与 hedgehog，JNK，Wnt，ERK 蛋白激酶信号转导通路。信号分子可通过直接与微管作用或通过马达蛋白或通过一些支架蛋白来与微管作用。在胞质中，微管分布广泛，具有很大的蛋白表面积，并可跨越质膜到细胞核，使微管具有足够的空间和条件进行信号转导。微管的信号转导功能具有重要的生物学作用，它与细胞的极化、微管的不稳定动力学行为、微管的稳定性变化、微管的方向性及微管组织中心的位置等均有关联。

第三节 中间纤维

中间纤维（intermediate filament，IF）因其直径介于粗肌丝和细肌丝以及微丝和微管之间，是一种直径约 10nm 的纤维状蛋白，因此命名为中间纤维（图 7-15），又称中间丝或中等纤维。是三种细胞质骨架纤维中最复杂的一种。

中间纤维存在于大多数真核细胞中，在细胞核膜下可形成一坚固的核纤层，在胞质中形成精细发达的纤维网架结构，以此联系核膜、质膜及其他细胞骨架，构成错综复杂的纤维网络，赋予细胞强大的机械强度，维持细胞的形态结构与功能，对细胞的生命活动具有重要性。因而，中间纤维无论在形态结构还是生理功能上均有其特有的复杂性。

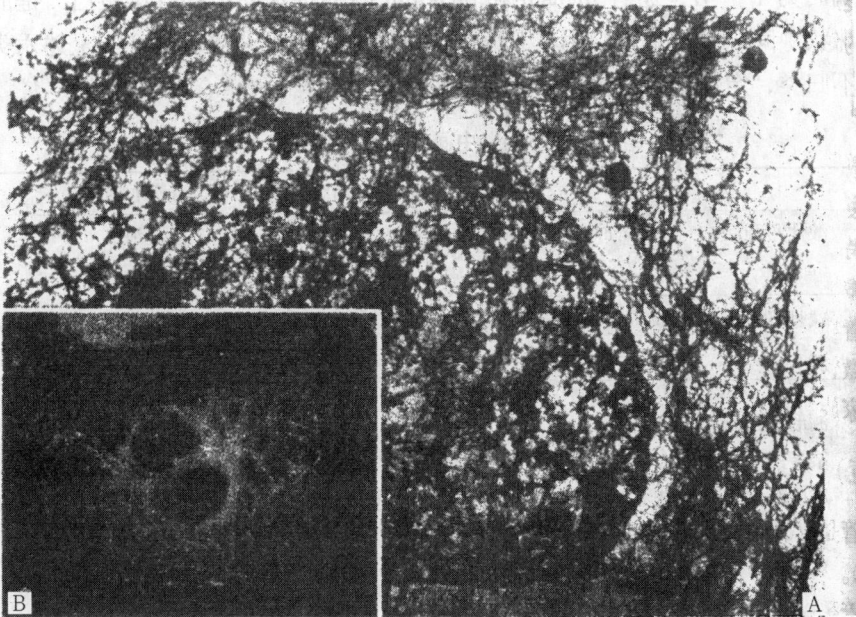

图7-15 Hela细胞中间纤维（引自 翟中和、蔡树涛）

A. 电镜照片 B 荧光纤维镜照片

一、中间纤维的化学组成

中间纤维的化学组分及其类型复杂多样，包含50多种成员，但它们是由同一多基因家族编码的多种异源性纤维状蛋白组成，具有高度同源性。依据中间纤维的组织来源及免疫学特性的不同，可将中间纤维分为五大类（表7-2）。

表7-2 中间纤维分类

纤维类型	蛋白亚基	相对分子量（×10³）	组织来源
角蛋白纤维	角蛋白（keratin） 19~22种多肽	40~68	上皮细胞
波形纤维	波形纤维蛋白 一种多肽	55	间质细胞和中胚层来源的细胞、体外培养的细胞
结蛋白纤维	结蛋白（desmin） 一种多肽	53	肌细胞
神经元纤维	神经元纤维蛋白 三种多肽	68 160 200	神经元
神经胶质纤维	胶质纤维酸性蛋白 一种多肽	51	神经胶质细胞

亦有学者根据中间纤维蛋白基因的结构和序列同源性以及聚合特性，将它们分为六

大类，编码为 I～Ⅵ，还有 filensin 和 phakinin 两种特殊的中间纤维蛋白，是晶状体中形成串珠状中间纤维的蛋白，因其基因结构和序列同源性及聚合特征与上述六类蛋白不同，暂不归类，定为未归类蛋白（表 7 -3）。

表 7 -3　中间纤维蛋白及分布

类型	名　称	分子量（10³）	细胞定位	分布细胞
Ⅰ	酸性角质蛋白（acidic cytokeratin）	40～64	胞质	上皮细胞
Ⅱ	碱性角质蛋白（basic cytokeratin）	52～68	胞质	上皮细胞
Ⅲ	波形蛋白（vimentin）	55	胞质	间充质细胞
	结蛋白（desmin）	53	胞质	肌肉细胞
	胶质纤维酸性蛋白（glial fibrillary acidic protein，GFAP）	50～52	胞质	神经胶质细胞，星形胶质细胞，肝脏星形细胞
	周边蛋白（peripherin）	54	胞质	多种神经细胞
Ⅳ	α - 内连蛋白（α - inter - nexin）	56	胞质	神经元
	神经纤维蛋白（neurofilament protein）		胞质	神经元
	NF - L	68		
	NF - M	110		
	NF - H	130		
Ⅴ	层粘连蛋白（lamin）			
	核纤层蛋白（lamin）		胞核	
	A/C	62～72		大多数分化细胞
	B	65～68		所有细胞
Ⅵ	联合蛋白（fusion protein）	182	胞质	肌肉细胞
	平行蛋白（paranemin）	178	胞质	肌肉细胞
	巢素蛋白（nestin）	240	胞质	神经上皮干细胞，肌肉细胞
未归类	phakinin	46	胞质	晶体细胞
	filensin	83	胞质	晶体细胞

二、中间纤维的形态结构

中间纤维是一类中空的纤维状结构，在胞质中常形成精细发达的纤维网络，外与细胞膜及细胞外基质相连，内与核纤层直接联系（图 7 -15）。虽然中间纤维的蛋白组分及其类型复杂多样，包含 50 多种成员，但它们均来自于同一基因家族，因而具有较高的同源性和相似的形态结构特征与微丝的球形蛋白和微管的管形蛋白不同，中间纤维蛋白为长的线性蛋白。中间纤维的每个蛋白单体均由头部区（N 端）（head domain）、杆状区（rod domain）和尾部区（C 端）（tail domain）三个区域，它们构成中间纤维的分子结构（图 7 -16）。

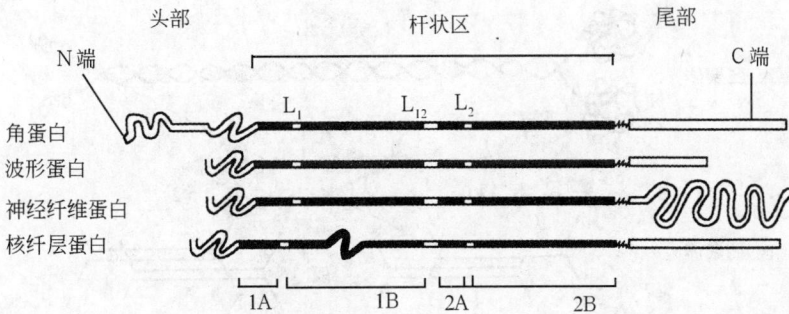

图 7 –16 中间纤维蛋白的结构模型 （引自 B. Alberts et al）

人体中有 50 多种不同的中间纤维蛋白基因，中间纤维蛋白的基因表达具有严格的组织特异性，可用特异的抗中间纤维的荧光抗体标记，以此来显示被标记的中间纤维（图 7 –15）。在人体中，几乎所有的细胞均有中间纤维蛋白，其可占细胞总蛋白的 1% 左右，在神经元和角质细胞中可达 85%。

三、中间纤维的组装

中间纤维的组装过程如图 7 –17 所示。无论由一种单体蛋白组成的中间纤维，还是由两种甚至三种不同的蛋白单体组装而成的中间纤维，其组装成中间纤维的过程基本相似，主要过程如下：

1. 首先由平行且相互对齐的 2 条多肽链缠绕形成双股超螺旋二聚体（coiled – coil dimer）。此过程主要依赖于两个中间纤维蛋白单体疏水部分的结合。

2. 两个二聚体再以反向平行且端端对齐的方式组装成四聚体（tetramer），即一个二聚体的头部与另一个二聚体的尾部相连接。由于四聚体组装过程中出现了反向平行的结构特点（这与微丝和微管的组装方式不同），致使中间纤维的两端对称，从而决定了中间纤维是非极性的。

3. 每个四聚体又以头尾相连的方式延长，进一步组装成原丝（protofilament）。

4. 两根原丝平行且相互缠绕，以半分子长度交错的原则形成原纤维（protofibril），即八聚体。这种半分子长度交错排列可能是由于各种中间纤维蛋白单体头部有多精氨酸序列而中部非螺旋区 L_{12} 具有多精氨酸结合位点所致。

5. 以四根原纤维互相缠绕盘曲，最终形成中间纤维。

因此，最终形成的中间纤维在横切面上由 32 个蛋白单体分子组成（图 7 –18）。组装好的中间纤维具有多态性，最多见的是由 8 个四聚体或 4 个八聚体组装形成的中间纤维（图 7 –19）。中间纤维蛋白的杆部组装为中间纤维的主干部分，形成中间纤维的核心，而非螺旋化的头部和尾部则凸出于核心之外，这是中间纤维蛋白组装为中间纤维所必需的物质基础。

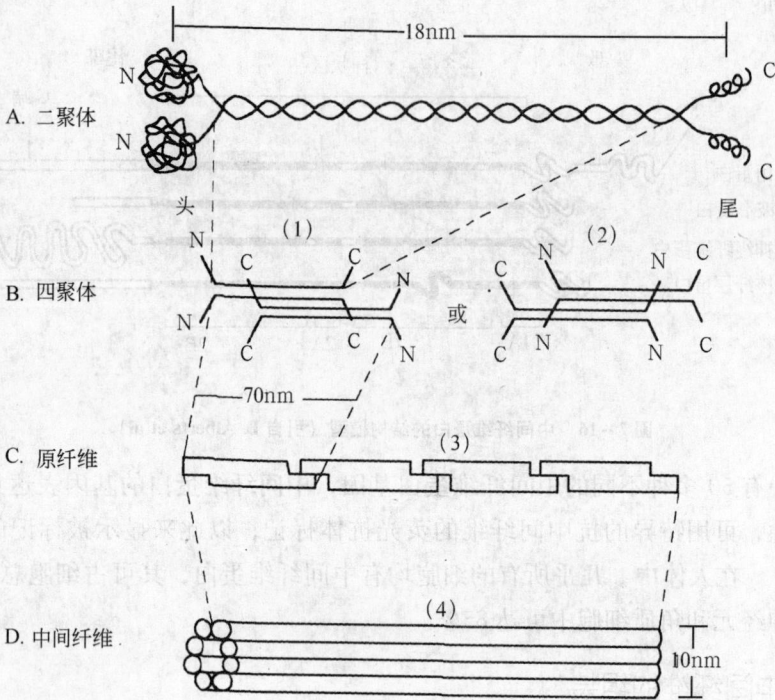

图 7-17   中间纤维的组装模型（引自 Klymkowsky）
A. 两条中间纤维多肽链形成螺旋二聚体；B. 两个二聚体反向平行以半交叠方式构成四聚体；
C. 四聚体首尾相连形成原纤维；D. 8 根原纤维构成圆柱状的 10nm 纤维

四、中间纤维组装的动态调节

与微丝、微管不同，中间纤维蛋白合成后，基本上均装配为中间纤维，游离的单体很少。细胞内的中间纤维蛋白均受到不同程度的化学修饰，包括乙酰化、磷酸化等。

中间纤维在体外装配时不需要核苷酸和结合蛋白，也不依赖于温度和蛋白质的浓度。但在低离子强度和微碱性条件下，多数中间纤维可发生明显的解聚，一旦离子强度和 pH 恢复到接近生理水平时，中间纤维蛋白则迅速自我组装形成中间纤维。

在体内，大多数中间纤维蛋白都处于聚合状态，并装配形成中间纤维，很少有游离的四聚体，不存在相应的可溶性蛋白库，也没有与之平衡的踏车行为。至于中间纤维组装时其动态调节的详细机制仍不清楚。

五、中间纤维结合蛋白及其功能

中间纤维结合蛋白（IF – associated protein，IFAP）是一类在结构和功能上与中间纤维密切联系，其本身又不是中间纤维结构组分的蛋白，具有很重要的功能，且有一定的细胞和组织特异性。IFAP 可作为细胞中中间纤维超分子结构的调节者，中间纤维正常功能的发挥需要中间纤维结合蛋白的参与。

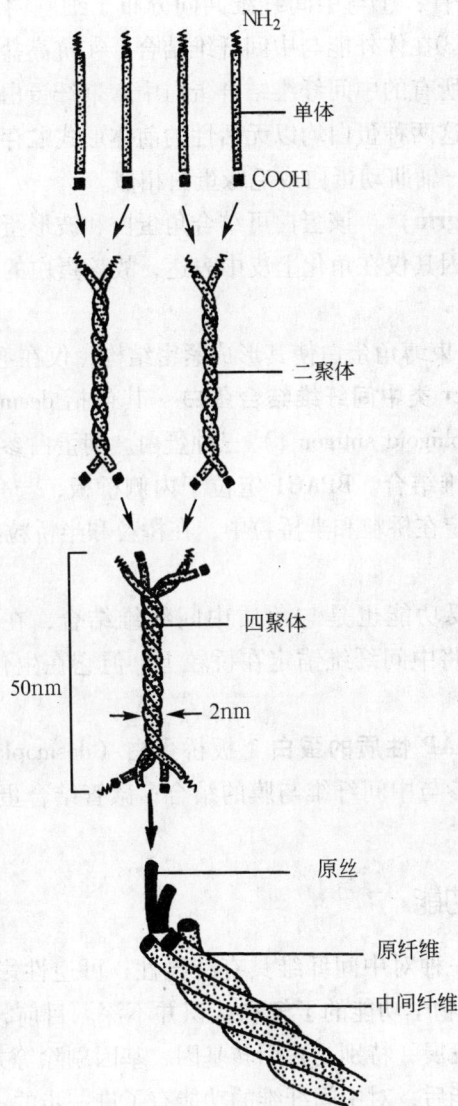

图 7 – 18 中间纤维的组装过程（引自 Fuller）

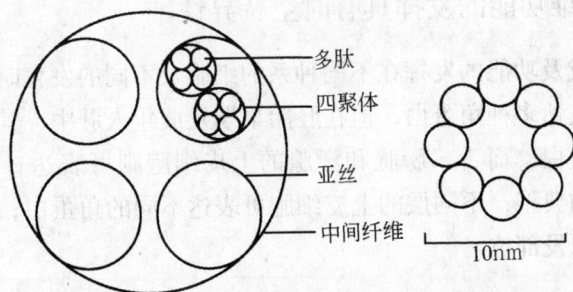

图 7 – 19 中间纤维横切面示意图

IFAP 需具备以下条件：①与中间纤维共同分布于细胞内。②与中间纤维经历相同的解聚与重装配过程。③在体外能与中间纤维结合。④抗高盐与非离子去垢剂抽提，与中间纤维共同分离。在所有的中间纤维结合蛋白中，聚纤蛋白和 triclohyallin 是最特异性的中间纤维结合蛋白，这两种蛋白均以无活性的前体形式贮存在细胞胞质中，其功能与纤维状微丝结合蛋白 α - 辅肌动蛋白或毛缘蛋白相似。

1. 聚纤蛋白（filaggrin） 该蛋白可结合角蛋白和波形蛋白，可使角蛋白纤维聚集形成大的纤维聚集物，因其仅在角化上皮中表达，故该蛋白的表达是角质化的分化特异性标志。

2. Triclohyallin 可束缚角蛋白使其形成紧密结构，仅在毛囊和舌上皮细胞中表达。

3. Plankin/cytolinker 类中间纤维结合蛋白 其包括 desmolykin、网蛋白（plectin）和 BPAG1（bullous pemphigoid antigen 1）三种蛋白。网蛋白参与构成桥粒和半桥粒，它还可在胞质中与中间纤维结合。BPAG1 定位于内侧桥板，与角蛋白型中间纤维及其他中间纤维结合，将其固定在桥粒和半桥粒中，在桥粒和半桥粒中起着黏附和固定中间纤维的作用。

4. IFAP300 其主要功能也是与角质中间纤维结合，在桥粒和半桥粒中起着与BPAG1 相同的作用，即将中间纤维锚定在桥粒上。但它在生化及免疫特性等方面与网蛋白不同。

5. 其他一些具有 IFAP 性质的蛋白 板桥蛋白（desmoplakin）1 和 2 参与桥粒形成；血影蛋白及锚蛋白参与中间纤维与膜的结合；微管结合蛋白（MTP$_2$）参与中间纤维与微管间横桥等。

六、中间纤维的功能

由于迄今尚未找到一种对中间纤维具有特异性、可逆性影响的药物（特异性工具药），所以对中间纤维生物学功能的了解和认识并不深。目前，随着分子生物学及分子遗传学研究方法的迅猛发展，特别是采用转基因、基因剔除等方法研究中间纤维蛋白及中间纤维结合蛋白的功能后，对中间纤维的功能有了进一步的了解。中间纤维的功能主要表现在以下几个方面。

（一）中间纤维功能的发挥具有时空特异性

中间纤维的形成及功能的发挥在不同种系的细胞及不同的发育时期均有所差异。如机体的上皮细胞可表达多种角蛋白，但在胚胎早期及成年人肝中，其上皮细胞仅表达一种Ⅰ型和Ⅱ型角质蛋白，而舌、膀胱和汗腺的上皮细胞则可表达 6 种甚至更多的角蛋白。在皮肤中则更加典型，不同层的上皮细胞可表达不同的角蛋白；利用这一特点，临床上可诊断肿瘤的原发部位。

（二）增强细胞的机械强度

中间纤维在受到较大的变形力时，不易断裂，中间纤维比微管和微丝更能耐受剪切力。体外实验证实上皮细胞、肌肉细胞和胶质细胞在失去完整的中间纤维网状结构后，遇到剪切力时很容易破裂。如遗传性疾病单纯性大泡性表皮松解症患者，由于角蛋白基因突变，表达有缺陷的角质蛋白，致使表皮基底细胞中角质蛋白纤维网络被破坏，对机械性损伤非常敏感，轻微的挤压就可破坏突变的基底细胞，使患者皮肤出现水泡。表明中间纤维在提供细胞机械强度方面具有重要的意义。

（三）维持细胞和组织的完整性

中间纤维在内与核表面和核基质直接联系，在外可与细胞膜和胞外基质直接联系，其与微管、微丝及其他细胞器共同形成细胞的纤维支撑网络，可维持、固定细胞核及各种细胞器在细胞内的特定空间位置，保持细胞形态结构的完整，有利于其功能的完成。实验证实将肝细胞 CK8 基因剔除或转入突变的 CK18 基因，破坏了肝细胞中的中间纤维网状结构，结果细胞变得易破裂，最终可致肝变性、损伤、感染和坏死，表明中间纤维可维持细胞的完整性。细胞分裂后，核纤层蛋白可在内质网等一些细胞质结构的参与下形成核膜，维持细胞核的完整性。中间纤维在维持组织的完整性中也具有重要作用。

（四）与 DNA 复制有关

中间纤维蛋白与单链 DNA 之间具有高度亲和现象，提示中间纤维蛋白与 DNA 的复制和转录有关。核纤层蛋白在其他一些蛋白的协助下，可与染色质结合，其结合点可能是核基质黏附点、DNA 复制位点和端粒。

（五）与细胞分化及细胞生存有关

在不同类型的细胞或细胞分化的不同阶段，可有不同类型的中间纤维进行特异性表达。中间纤维与组织细胞分化关系的重要例证是表皮的分化过程。表皮细胞的分化发生在最深部的生发层（基底层），伴随着细胞的分化，细胞逐渐向表皮的表层方向移动，最后形成角质细胞从表皮脱落。生发层细胞中含有前角质蛋白（prekeratin）构成的大量中间纤维束。随着细胞分化的进展，可以分别检出不同分化阶段表达出的各种角质蛋白，当细胞分化到终末阶段，细胞器及胞质中的其他蛋白均消失，只有角质蛋白中间纤维仍存在，表明它与细胞生存有关。

因为中间纤维的分布具有严格的组织特异性，所以在临床上可通过鉴定细胞中的中间纤维的类型来鉴别肿瘤细胞的组织来源及分化，确定肿瘤的性质。

（六）与细胞的信号传导有关

随着细胞内信号传导研究的深入，人们发现中间纤维在某些细胞内信号传导过程中发挥了一定的作用。

现将细胞质骨架的微丝、微管、中间纤维三者之间的特点比较如下（表7-4）。

表7-4　细胞质骨架主要成分之间的比较

	微　丝	微　管	中间纤维
成　分	肌动蛋白	微管蛋白	5~6类中间纤维蛋白
相对分子质量	43×10^3	55×10^3	$40 \times 10^3 \sim 200 \times 10^3$
纤维直径	7nm	25nm	10nm
纤维结构	双股螺旋	13根原纤维组成的空心管状纤维	多级螺旋
极　性	有	有	无
单体蛋白库	有	有	无
踏车现象	有	有	无
结合蛋白	有	有	有
特异性药物	细胞松弛素B 鬼笔环肽	秋水仙素 长春花碱 紫杉醇	无

第四节　细胞骨架与疾病

细胞骨架是细胞生命活动中不可缺少的细胞结构，其形成的复杂网络体系对细胞形态的改变和维持、细胞的分裂与分化、细胞内物质运输、细胞信息传递、基因表达等均具有重要意义。肿瘤、许多遗传性疾病、某些神经系统疾病等的发生均与细胞骨架的异常有关。临床上，常利用细胞骨架在不同细胞内的特异性分布的特征，来诊断某些疑难疾病，并依据细胞骨架与疾病的关系来设计并指导用药，开展防病治病。

一、细胞骨架与肿瘤

（一）细胞骨架在肿瘤细胞中的变化

机体中各组织细胞的结构和功能是密切相关的，细胞骨架无论在组装还是分布上若发生了变化，必将影响到细胞的功能。在恶性转化的细胞中，常表现为细胞骨架结构的破坏、组装和分布的异常、微管的解聚等。

细胞的生长与增殖失去控制是肿瘤细胞的主要特征之一。我国学者对胃癌、鼻咽癌、食管癌、肺鳞癌、肺小细胞癌、肺腺癌、小鼠肉瘤9株肿瘤细胞进行观察，发现肿瘤细胞质内免疫荧光染色的微管减少甚至缺如。对比观察人正常食管上皮细胞和食管癌细胞的微管在细胞周期内的变化状况，发现癌细胞的微管变化主要发生在间期，而在分裂期，纺锤体微管与正常细胞相同。用荧光抗体技术已证明，在长期传代的癌变细胞内微管显著减少，细胞表面的微突也减少；因此，微管数量的减少是细胞恶性转化的重要标志。肿瘤细胞内原有的微丝束明显减少甚至消失，常出现肌动蛋白凝聚小体；肿瘤细胞内的微丝分布异常，无序紊乱，常不与细胞膜相连。

肿瘤细胞的浸润转移是一个极其复杂的过程，在此过程中，某些细胞骨架成分的改变可增强癌细胞的运动能力。研究表明，微丝束和其末端黏着斑的破坏以及肌动蛋白小体的出现，可能与肿瘤浸润转移的特性有关，肌动蛋白小体形成，可能代表肿瘤细胞高转移的恶性表型。

（二）中间纤维与肿瘤诊断

中间纤维形态相似，但其生化成分差异很大，具有严格的组织特异性，不同类型的中间纤维严格地分布在不同类型的细胞中，故可根据中间纤维的种类区分上皮细胞、肌肉细胞、间质细胞、胶质细胞和神经细胞。在这几种纤维类型的基础上，中间纤维还可进一步分出若干亚型。因绝大多数肿瘤细胞在生长时，继续保持其来源细胞的中间纤维的种类、超微结构和免疫学的特性，如癌是以上皮细胞的角质蛋白为特征的，肌肉瘤是以结蛋白，非肌肉瘤是以波形纤维蛋白，神经胶质瘤是以神经胶质纤维酸性蛋白，从交感神经来的肿瘤是以神经纤维蛋白为特征的。其中，角蛋白纤维是由多种不同的多肽组成的异聚体，我们可通过双向凝胶电泳来观察分析肿瘤细胞中角蛋白的亚型，把癌进一步分类，成为与其来源的上皮组织相关的亚类。所以，人们可根据中间纤维的种类，来鉴别、区分不同组织来源的肿瘤细胞及各肿瘤细胞的亚型，为肿瘤的诊断和治疗提供决定性的依据。

在临床上，中间纤维蛋白的荧光素标记抗体技术在细胞分类尤其是肿瘤细胞的鉴别上，具有广阔的应用前景。如采用角蛋白荧光素标记抗体确认上皮癌，用波形蛋白荧光素标记抗体确认淋巴肉瘤、黑色素瘤、骨肉瘤等，用结蛋白荧光素标记抗体确认肌细胞肉瘤，用神经纤维蛋白荧光素标记抗体确认神经母细胞瘤、神经节母细胞瘤、嗜铬细胞瘤等等（表7-5）。

表7-5 不同中间纤维蛋白在细胞、组织及肿瘤中的表达

中间纤维种类	阳性细胞种类	阳性肿瘤类别
角蛋白纤维	角化和非角化上皮	上皮癌
波形纤维	间叶细胞如成纤维细胞、软骨、内皮细胞等	非肌肉瘤、多数淋巴肉瘤、黑色素瘤
结蛋白纤维	横纹肌、内脏平滑肌、一些血管平滑肌细胞	横纹肌肉瘤、平滑肌肉瘤
神经元纤维	中枢和周围神经的神经元	神经母细胞瘤、神经节母细胞瘤、嗜铬细胞瘤
神经胶质纤维	星形细胞、格曼氏神经胶质	胶质细胞瘤

（三）微管和微丝与抗肿瘤药物

微管和微丝的特异性工具药的发现，对微管、微丝的功能及作用机制的研究具有重要意义，同时对抗肿瘤药物的研究起到了重要的推动作用，具有良好的应用前景。

微管作为肿瘤化疗的动力学靶位已有很久历史。在有丝分裂的中/后期，秋水仙素

和长春花碱等化合物可与纺锤体微管蛋白或微管结合，抑制细胞增殖。在体外和细胞内用显微成像系统观察新的抗肿瘤药物如紫杉醇等对微管动力学行为的作用时，发现在高浓度时它们可使微管解聚，而在低浓度时则可稳定微管，很少或根本不伴有微管的解聚。这表明具有抗有丝分裂能力的药物如紫杉醇和长春新碱等抑制细胞增殖和杀死肿瘤细胞的主要机制是稳定纺锤体微管动力学，而不是使微管解聚或过度多聚化，在有丝分裂的中/后期抑制细胞分裂，诱导细胞凋亡。

微丝可作为抗癌药的靶位，在细胞增殖中发挥重要作用。细胞松弛素是真菌的代谢产物，也是研究最多且应用最广泛的微丝特异性工具药，它作用于肌动蛋白，可与微丝正端结合，抑制其聚合，使微丝解聚，导致细胞表面皮质层松解，引起细胞表面起泡，使微绒毛变成茸状物，细胞整体形态呈现树枝状化，并可抑制各种依赖于微丝的运动，具有抗肿瘤潜能。

二、细胞骨架蛋白与神经系统疾病

阿茨海默病（Alzheimer's disease，AD）即早老性痴呆病，属微管遗传性疾病。对患者脑脊液分析发现，AD 患者脑脊液中 tau 蛋白含量明显高于非 AD 患者和正常人，提示 AD 患者神经元中存在 tau 蛋白的积累。其患者除脑脊液中 tau 蛋白明显增高外，神经元中还可见到大量损伤的神经元纤维，它们由成对的螺旋状纤维（paired helical filament，PHF）和相对较直的纤维（straight filament，SF）组成，主要成分是高磷酸化状态的 tau 蛋白，其性能稳定。对死亡 AD 患者的大脑进行分析发现，神经元中微管蛋白的数量并无异常，但微管聚集缺陷。孤立的微管蛋白与结合的微管蛋白均可以高磷酸化的方式与其他配体结合形成稳定的 tau 蛋白。因为微管是轴浆流必需的细胞骨架，因此 AD 中微管聚体缺陷，可使微管聚集发生障碍，微管扭曲变形，可能引起轴浆流阻塞，导致神经元纤维包涵体的形成，从而使神经信号传递紊乱，影响轴质的物质运输，使神经元的营养和代谢产生障碍，从而出现痴呆现象。

Tau 蛋白及其他一些细胞骨架蛋白的异常还可引起其他神经系统疾病。故许多神经系统疾病均与细胞骨架蛋白的异常表达有关（表 7 - 6）。

表 7 -6　细胞骨架蛋白与神经系统疾病

细胞骨架蛋白	疾　病
遍在蛋白	早老性痴呆，运动神经元疾病，帕金森病
tau 蛋白	早老性痴呆，Down 综合征，肌强直性营养不良，C 型 Niemann - Pick 病，帕金森病，Pick 病
神经纤维蛋白	早老性痴呆，帕金森病，Pick 病
肌营养不良蛋白	DMD
集聚蛋白	DMD
结蛋白	中央轴突病，中心核肌病，杆状体/棒状体病

三、细胞骨架与遗传性疾病

某些遗传性疾病常与细胞骨架的异常或细胞骨架蛋白基因的突变有关。WAS（Wis-koff－Aldrich syndrome）是一种遗传性免疫缺陷疾病，其特征是湿疹、出血和反复感染。研究表明，WAS 患者的 T 淋巴细胞的细胞骨架异常，血小板和淋巴细胞变小，扫描电镜发现 T 淋巴细胞形态变小，微绒毛数量减少，细胞表面相对较光滑，而且 T 细胞对 T 细胞受体 CD3 复合体刺激引起的增强反应缺失。进一步研究表明微丝的异常是引起 WAS 的根源所在。

随着研究方法和手段的不断改进，尤其是利用转基因小鼠或基因敲除小鼠进行研究，发现中间纤维与许多遗传疾病有关。人类遗传性皮肤病单纯性大疱性表皮松解症（epidermolysis bullosasimplex，EBS）是最典型的例证，该病是由角蛋白 14（CK14）基因突变所致。实验表明，转染突变 CK14 基因的角质细胞可形成与 EBS 患者相似的角质细胞。由于中间纤维蛋白基因转变而引起的遗传性疾病，总结如下（表 7 -7）：

表 7 -7　中间纤维与遗传病

疾　病	涉及细胞	种　属	突变基因
EBS	上皮基底层	人类，小鼠	K5，K14
EBS 伴肌营养不良	上皮基底层	人类	Plectin
EBS 伴感觉神经元退行性变	上皮基底层，背根神经节	小鼠	BPAG1
EHK，EPPK	上皮上基底层	人类，小鼠	K1，K10，K2e，K9
先天性甲肥厚	甲，毛发	人类	K6，K16，K17
白色海绵痣	食管、口腔上皮	人类	K4，K13
串珠形发	毛发	人类	角质蛋白 Hb6
慢性肝炎、隐原性肝硬化	肝	人类，小鼠	K18
大肠增生	结肠	小鼠	K8
运动神经元疾病	运动神经元	小鼠	NF－L

注：EHK　表皮松解型角化过度症或大疱性鱼鳞病样红皮病（epidermolytic hyperkeratosis）

　　EPPK　表皮松解型掌趾角化病（epidermolytic palmoplantar keratoderma）

四、细胞骨架与衰老

老年病学研究表明，老年人随着年龄的增加，机体各细胞均出现功能低下的表现。这与细胞骨架的数量、结构及功能的变化有关。动物实验表明，老龄动物的神经元内微管数量减少，腹腔巨噬细胞内的微丝数量减少，可影响神经信号传递，影响轴质的物质运输，影响神经元的营养和代谢，影响免疫机能，进而影响到细胞的功能。所以，老年人的衰老表现为脑功能衰退和机体免疫等多系统多功能的低下。

第八章 线 粒 体

线粒体（miltochondrion）是活细胞生物氧化产生能量的细胞器，它通过氧化磷酸化作用进行能量转换，为驱动细胞进行生命活动提供主要的能量来源。故将它誉为细胞的"动力工厂"。另外，线粒体有自身独特的遗传系统，但线粒体的基因组数量有限，因此它是一种半自主性的细胞器（semiautonomous organelles）（图 8 -1）。线粒体与细菌相仿，需氧细菌被原始真核细胞吞噬以后，在长期互利共生中逐渐演化并丧失了独立性，并将大量遗传信息转移到了宿主细胞中，便形成了线粒体的半自主性。

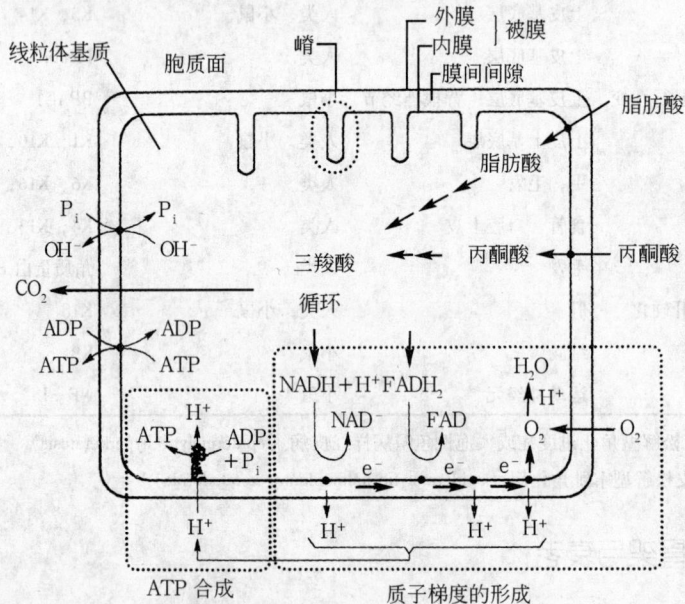

图 8 -1 线粒体结构及功能示意图（引自 Alberts et al, 1998）

除细菌细胞及某些厌氧的原生生物细胞内观察不到典型的线粒体结构外，多细胞生物（包括动物与植物）的细胞内，单细胞生物的细胞包括大多数的原生动物、藻类、真菌等细胞内均可观察到线粒体。但哺乳动物的成熟红细胞却是例外，它们的线粒体是在红细胞发育成熟的过程中逐渐退化消失了。

早在 1850 年，科学家在光学显微镜下就已观察到在不同的动物细胞类型中有小颗粒结构存在。1890 年，德国人 Altman 进行了较系统的研究，并将其命名为 bioblast（生命小体）。1900 年 Michaelis 用詹纳斯绿 B（Janus green B）对线粒体进行活体染色，证明了线粒体可进行氧化还原反应。1948 年，Hogeboom 等人成功地采用的分离介质蔗糖分离到具有生物活性的线粒体；同时报道了肝肾中分离得到线粒体的成果，促进了对线粒体脂肪酸氧化和三羧酸循环、电子传递链和氧化磷酸化方面的研究。1963～1964 年，确定了线粒体中存在 DNA，此后，发现还具有 DNA 聚合酶、RNA 聚合酶、核糖体及氨基酸活化酶等这些进行自我繁殖所需的基本成分，说明线粒体是包含 DNA 转录和翻译系统，具有一定自主性的细胞器。自 20 世纪 70 年代以来，由于一个细胞包含两套相对独立的遗传系统，因此，关于线粒体自主性和生物发生的研究重新活跃起来。从而刺激了关于真核细胞的起源、原核细胞和真核细胞亲缘关系的讨论和研究。近年来，随着电镜技术、冰冻蚀刻方法、生化方法、分子遗传方法、分子生物学，特别是生物膜分子水平研究的提高，使得线粒体结构和功能的研究，在细胞和分子等各个层次水平上不断深入和发展。

第一节　线粒体的一般性状

线粒体的形状、大小、数量及排列分布，在不同细胞变动很大，就是同一细胞在不同生理状态下也不一样，所以线粒体一直被认为是超微结构上病理检查较好的指标之一（图 8-2）。

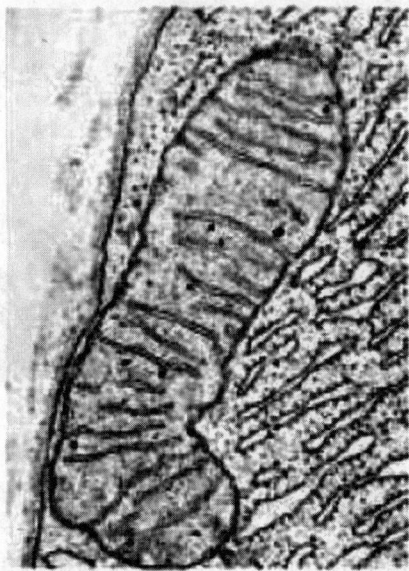

图 8-2　线粒体的超微结构 ［Courtesy of Dr. George Palade］

一、线粒体的形状

线粒体通常呈圆形、卵圆形、杆状或丝状，以卵圆形者居多，线粒体横径一般为

$0.1 \sim 1\mu m$，长度不一，一般长 $1 \sim 2\mu m$，有的可达 $7\mu m$，骨骼肌的可长达 $10\mu m$。同类细胞的线粒体形状常保持一定的稳定性，但也会因生理机能、营养状况及所在部位的不同而有明显变化。如小肠吸收细胞核上区线粒体呈细丝状，基部及周边则多为颗粒状。不同细胞的线粒体则差异更大，如肝细胞和脂肪细胞的线粒体多为球状，肾小管上皮细胞及成纤维细胞的多呈杆状或丝状，生精细胞的则呈环形，偶见异型线粒体。

二、线粒体的分布

细胞的线粒体数量与自身的代谢活动有关。一般是分化低、代谢迟缓、功能静止及衰退细胞的线粒体数较少；分化高、代谢旺盛、功能活跃细胞的线粒体多。

线粒体大多均匀分布在细胞内，具有明显极性的细胞如胰腺细胞、肠上皮吸收细胞、肾小管上皮细胞等，其线粒体长轴大多与细胞的长轴一致，而无极性的圆形细胞如白细胞，其线粒体多辐射排列在中心粒外周。但某些细胞的线粒体分布与细胞的能量需求有一定关系，如骨骼肌及心肌细胞的线粒体沿肌原纤维周围分布，尤其多位于 Z 线处；视细胞的线粒体多位于内节远端；精子的线粒体位于尾部中段；肾曲小管上皮细胞的线粒体常纵列于基底褶间。总之，线粒体常与细胞的功能相关，经常处于动态的变化之中，它可伸展收缩，可扭曲蠕动，可分裂或局部出芽增生，也可融合增大，具有明显的可变性和可塑性。

线粒体在细胞质体积中占有相当比例，如肝细胞中的线粒体占细胞质体积的 20%，肌细胞线粒体则占 50%。

第二节　线粒体的生物学特性

一、线粒体的超微结构

线粒体的结构造型很特殊。在电镜下，可以观察到线粒体具有基本相同的结构。它是由两层单位膜构成的封闭的囊状结构：主要有内膜、外膜、膜间隙和基质（内室）四个功能区隔（图 8 -3）。

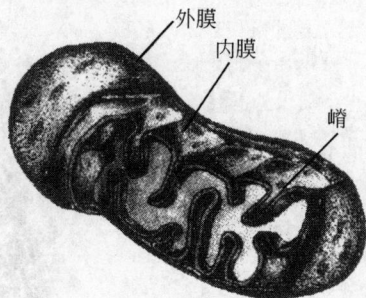

图 8 - 3　线粒体的模式图

（一）外膜（outer membrane）

指线粒体最外层所包绕的一层全封闭的生物膜，厚约 $5 \sim 7nm$，表面平滑而有弹性。化学组成多为结构蛋白和类脂，磷脂的主要种类是卵磷脂，膜中仅有少数酶蛋白，其中含有特殊的单胺氧化酶，可以催化各种胺类氧化物，因此将其作为外膜的标记酶。

（二）内膜（inner membrane）

外膜内一层平行的单位膜，较外膜稍薄，平均厚 $4.5nm$。内膜的通透性很低，一般不允许离子和大多数带电的小分子通过，这样可建立 H^+ 浓度梯度，驱动 ATP 的合成，为其行使正常的功能提供了保证。内膜的蛋白与脂的含量相当高，并且含有大量的心磷脂（cardiolipin），约占磷脂含量的20%，这正是其通透性低的结构基础。内膜的标志性酶是细胞色素氧化酶。

内膜向内室折叠，形成大小及形状不一的线粒体嵴（miltochondria crista），嵴的形成使得线粒体内膜的表面积大大增加，提高内膜代谢效率。嵴多为隔板状，与线粒体长轴垂直，隔板的长短则与细胞的类型有关。嵴膜折叠层中的间隙称嵴内间隙或嵴内腔（intracristal space）。嵴内间隙与膜间隙相通，二者合称外室（outer chamber）。有时嵴内间隙可膨胀，而膜间隙则不改变。

生物的种间差异和细胞性质的差别可由线粒体嵴的排列形式反映出来。线粒体嵴的排列形式主要有两种：一种是板层状嵴，高等动物绝大部分细胞的线粒体嵴为这种排列形式，板层的方向一般与线粒体的长轴垂直，也有的与长轴平行；另一种是小管状嵴，原生动物和一些比较低等动物的线粒体嵴为这种排列形式，在人类这种类型的线粒体嵴可见于分泌固醇类激素的细胞，如肾上腺皮质细胞、黄体细胞等。有些细胞的线粒体嵴两型都有，而以一种为主，如肝细胞以板层为主，偶有小管状。

内膜内表面有钮扣状的重复单位，以细颈附着于内膜的内面，称内膜亚单位（inner membranous subunit），又称内膜基粒、基粒（elementary particle）或 ATP 酶复合体（ATP synthase complex），是偶联磷酸化的关键装置。

（三）外室

外室（outer chamber）包括嵴内间隙（嵴内腔）与膜间隙（intermembrane space）（膜间腔），是内外膜之间的腔隙，延伸至嵴的轴心部，腔隙宽约 $6 \sim 8nm$。由于外膜具有大量亲水孔道与细胞质相通，因此外室的 pH 值与细胞质的相似。标志酶为腺苷酸激酶。

（四）内室（inner chamber）

为内膜和嵴包围的空间，其充满了电子密度较低的可溶性蛋白质和脂肪等成分。除糖酵解在细胞质中进行外，其他的生物氧化过程都在线粒体中进行。催化三羧酸循环、脂肪酸和丙酮酸氧化的酶类均位于基质中，其标志酶为苹果酸脱氢酶。基质具有一套完整的转录和翻译体系。包括线粒体 DNA（mtDNA）、70S 型核糖体、tRNAs、rRNA、DNA 聚合酶、氨基酸活化酶等。

二、线粒体的化学组成

（一）化学组成

线粒体中脂类含量占干重的25%～30%，其中磷脂占90%左右；以卵磷脂、磷脂酰胆碱、磷脂酰乙醇胺为主，胆固醇约5%，还有一些游离脂肪酸及甘油三酯等。

蛋白质含量占线粒体干重的65%～70%，多分布于内膜和基质。线粒体的蛋白质可分为两类：可溶性和不可溶性。可溶性蛋白质大多数是基质中的酶和一定数量的外周膜蛋白，不可溶性蛋白一般是构成膜的必要组成部分，有的是结构蛋白，有的是酶蛋白。

线粒体的内、外膜根本区别在于脂类及蛋白质的比例不同。在外膜中所含胆固醇及磷脂都比内膜高，外膜磷脂与蛋白质比为1:1，内膜则为1:3。

（二）线粒体中酶的定位

线粒体中已分离出120多种酶，组成几十种不同的酶系（如三羧酸循环酶系、脂肪酸氧化酶系和氧化磷酸化酶系等）。每个酶系至少有2000个，有规则地排列在线粒体的不同部位，在线粒体行使细胞氧化功能时起重要的作用（表8-1）。

表8-1 线粒体中酶的定位

外膜	内膜	膜间隙	基质
单胺氧化酶	细胞色素氧化酶	腺苷酸激酶	柠檬酸合成酶、苹果酸脱氢
NADH-细胞色素 c 还原	ATP 合成酶	二磷酸激酶	酶、延胡索酸酶、异柠檬酸脱
酶（对鱼藤酮不敏感）	琥珀酸合成酶	核苷酸激酶	氢酶、顺乌头酸酶、谷氨酸脱
犬尿酸羟化酶	β-羟丁酸脱氢酶		氢酶、脂肪酸氧化酶系、天冬
酰基辅酶 A 合成酶	肉毒碱酰基转移酶		氨酸转氨酶、蛋白质和核酸合
	丙酮酸氧化酶		成酶系、丙酮酸脱氢酶复合物
	NADH 脱氢酶		

第三节 线粒体基因组

线粒体具有独立的遗传体系。虽然线粒体也能合成蛋白质，但是合成能力有限。线粒体含有的1000多种蛋白质中，自身合成的仅十余种。线粒体的核糖体蛋白、氨酰 tRNA 合成酶、许多结构蛋白，都是核基因编码，在细胞质中合成后定向转运到线粒体的，因此称线粒体为半自主细胞器。

线粒体是细胞中除核之外唯一含有 DNA 的细胞器，线粒体也有自己的蛋白质翻译系统，而部分遗传密码与核密码不同，具有原核细胞基因特点。线粒体的基因组只有一条 DNA，称为线粒体 DNA（mtDNA），它主要编码线粒体的 tRNA、rRNA 及一些线粒体蛋白质，如电子传递链酶复合体中的亚基。但由于线粒体中大多数酶或蛋白质仍由核编码，所以它们在细胞质中合成后经特定的方式传递到线粒体中。

一、线粒体基因组的序列

线粒体基因组的全序列测定已经完成，线粒体基因组的序列（又称剑桥序列）共含16569个碱基对（bp），为一条双链环状的 DNA 分子。双链中一条为重链（H），一条为轻链（L），这是根据它们的转录本在 CsCl 中密度的不同而区分的。重链和轻链上的编码物各不相同，利用标记氨基酸培养细胞，用氯霉素和放线菌酮分别抑制线粒体和细胞质蛋白质合成的方法，测得人类线粒体基因组共编码了两种 rRNA 分子（用于构成线粒体的核糖体），22 种 tRNA 分子（用于线粒体 mRNA 的翻译），另外 13 个序列都以 ATG（甲硫氨酸）为起始密码，并有终止密码结构，长度均超过可编码 50 个氨基酸多肽所必需的长度，为编码蛋白质的基因，由这 13 个基因编码的蛋白质均已确定，其中 3 个为构成细胞色素 c 氧化酶（cytochrome C oxidase，COX）复合体催化活性中心的亚单位，这 3 个亚基与细胞色素 c 氧化酶是相似的，其序列是高度保守的；还有 2 个为 ATP 酶复合体 F_0 部分的 2 个亚基；7 个为 NADH - CoQ 还原酶复合体的亚基；还有 1 个编码的蛋白质为 CoH_2 - 细胞色素 c 还原酶复合体中细胞色素 b 的亚基（图 8 - 4）。

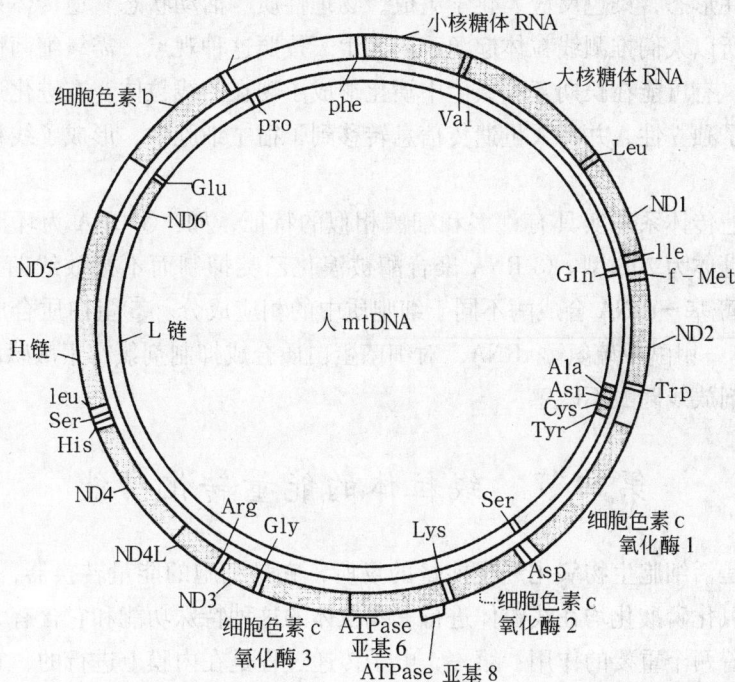

图 8 - 4　人类线粒体基因组编码图（引自 Lodish et al, 1999）

二、人类线粒体基因组的特点

人类线粒体基因组具有下列特点：

1. 人类线粒体的基因排列得非常紧凑，除与 mtDNA 复制及转录有关的一小段区域外，无内含子序列。在 37 个基因之间，基因间隔区总共只有 87bp，只占 DNA 总长度的的 0.5%，有些基因之间没有间隔，有时基因有重叠，即前一个基因的最后一段碱基与下一个基因的第一段碱基相衔接。因此，mtDNA 的任何突变都会累及到基因组中一个重要功能区域。

2. mtDNA 为高效利用 DNA，有 5 个阅读框架，缺少终止密码子。

3. mtDNA 的突变率高于核中 DNA，并且缺乏修复能力。

4. mtDNA 为母系遗传。

5. 部分 mtDNA 的密码子不同于核内 DNA 的密码子。

三、线粒体基因组与核基因组比较

遗传密码是在长期进化中形成并保持不变的，因此细胞核内所列的密码是一种通用密码，但是真核生物线粒体的密码却有若干处不同于通用密码。以人类线粒体为例：① UGA 不是终止密码子，而是色氨酸的密码子。②AGA、AGG 不是精氨酸的密码子而是终止密码子。这样，加上通用密码中的 UAA 和 UAG，线粒体共有 4 个终止密码子。③内部甲硫氨酸密码子有 2 个，即 AUG 和 AUA，起始甲硫氨酸密码子有 4 个，即 AUN。

线粒体在形态，染色反应、化学组成、物理性质、活动状态、遗传体系等方面，都很像细菌，所以人们推测线粒体起源于内共生。按照这种观点，需氧细菌被原始真核细胞吞噬以后，有可能在长期互利共生中演化形成了现在的线粒体。在进化过程中好氧细菌逐步丧失了独立性，并将大量遗传信息转移到了宿主细胞中，形成了线粒体的半自主性。

线粒体遗传体系确实具有许多和细菌相似的特征，如：①DNA 为环形分子，无内含子。②核糖体为 70S 型。③RNA 聚合酶被溴化乙啶抑制而不被放线菌素 D 所抑制。④tRNA、氨酰基 –tRNA 合成酶不同于细胞质中的相应成分。⑤蛋白质合成的起始氨酰基 tRNA 是 N –甲酰甲硫氨酰 tRNA，对细菌蛋白质合成抑制剂氯霉素敏感而对细胞质蛋白合成抑制剂放线菌酮不敏感。

第四节　线粒体的能量转化功能

线粒体是活细胞生物氧化产生能量的场所，它是细胞的能量转换器，三羧酸循环、电子传递及氧化磷酸化均在线粒体进行。线粒体的这种特殊功能和它含有大量的内膜有关，内膜起着两个重要的作用：第一，电子传递过程是在内膜上进行的，它可将氧化反应释放的能量转换成细胞可利用的 ATP。第二，封闭的内室内含有许多酶，可以催化各种细胞化学反应。没有线粒体的动物细胞则依赖无氧糖酵解制造 ATP，1 个葡萄糖分子通过无氧糖酵解只能产生 2 个分子 ATP，而经过线粒体有氧氧化，形成 CO_2 及 H_2O，这样 1 分子葡萄糖可产生 36 分子 ATP，所以线粒体是细胞的高效率产能细胞器。

一、糖的有氧氧化

人体组织均能对糖进行分解代谢，主要的分解途径有四条：①无氧条件下进行糖酵解途径。②有氧条件下进行的有氧氧化。③生成磷酸戊糖的磷酸戊糖通路。④生成葡萄糖醛酸的糖醛酸代谢。葡萄糖在有氧条件下，氧化分解生成二氧化碳和水的过程称为糖的有氧氧化（aerobic oxidation）。有氧氧化是糖分解代谢的主要方式，大多数组织中的葡萄糖均进行有氧氧化分解供给机体能量。

糖的有氧氧化分两个阶段进行。第一阶段是由葡萄糖生成的丙酮酸，又称作糖酵解途径，在细胞液中进行。此过程中伴有少量 ATP 的生成。在缺氧条件下丙酮酸被还原为乳酸（lactate）称为糖酵解。有氧条件下丙酮酸可进一步氧化分解生成乙酰 CoA 进入三羧酸循环，生成 CO_2 和 H_2O。第二阶段是第一阶段过程中产生的 $NADH + H^+$ 和丙酮酸在有氧状态下，进入线粒体中，丙酮酸氧化脱羧生成乙酰 CoA 进入三羧酸循环，进而氧化生成 CO_2 和 H_2O，同时 $NADH + H^+$ 等可经呼吸链传递，伴随氧化磷酸化过程生成 H_2O 和 ATP，下面主要将介绍有氧氧化在线粒体中进行的第二阶段代谢。

（一）葡萄糖的转运

葡萄糖不能直接扩散进入细胞内，葡萄糖的转运（transport of glucose）有两种方式：一种是与 Na^+ 共转运的方式，它是一个耗能逆浓度梯度转运，主要发生在小肠黏膜细胞、肾小管上皮细胞等部位。另一种方式是通过细胞膜上特定转运载体将葡萄糖转运入细胞内，它是一个不耗能顺浓度梯度的转运过程。目前已知转运载体有 5 种，其具有组织特异性如转运载体 -1（GLUT -1）主要存在于红细胞，而转运载体 -4（GLUT -4）主要存在于脂肪组织和肌肉组织。

（二）糖酵解过程

糖酵解主要场所在细胞质内，分为两个阶段共 10 个反应，每个分子葡萄糖经第一阶段共 5 个反应，消耗 2 个分子 ATP 为耗能过程，第二阶段 5 个反应生成 4 个分子 ATP 为释能过程。糖酵解过程可以概括为以下方程式：

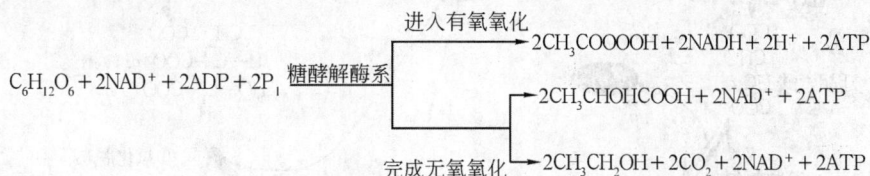

$$
C_6H_{12}O_6 + 2NAD^+ + 2ADP + 2P_i \xrightarrow{\text{糖酵解酶系}}
\begin{cases}
\text{进入有氧氧化} \longrightarrow 2CH_3COOOOH + 2NADH + 2H^+ + 2ATP \\
\longrightarrow 2CH_3CHOHCOOH + 2NAD^+ + 2ATP \\
\text{完成无氧氧化} \longrightarrow 2CH_3CH_2OH + 2CO_2 + 2NAD^+ + 2ATP
\end{cases}
$$

糖的无氧酵解，在细胞液阶段的过程中，一个分子的葡萄糖或糖原中的一个葡萄糖单位，可氧化分解产生 2 个分子的丙酮酸，丙酮酸将进入线粒体继续氧化分解，此过程中产生的 2 对 $NADH + H^+$，由递氢体 α -磷酸甘油（肌肉和神经组织细胞）或苹果酸（心肌或肝脏细胞）传递进入线粒体，再经线粒体内氧化呼吸链的传递，最后氢与氧结合生成水，在氢的传递过程中释放的能量，其中一部分以 ATP 形式贮存。在此过程中，经底物水平磷酸化可产生 4 分子 ATP，如与第一阶段葡萄糖磷酸化和磷酸果糖的磷酸化消耗 2 分子 ATP 相互抵消，每分子葡萄糖降解至丙酮酸净产生 2 分子 ATP，如从糖原开始，因开始阶段仅消耗 1 分子 ATP，所以每个葡萄糖单位可净生成 3 分子 ATP。

（三）糖酵解的生理意义

1. 迅速提供能量。当机体缺氧或剧烈运动肌肉局部血流相对不足时，能量主要通过糖酵解获得。

2. 在有氧条件下，作为某些组织细胞主要的供能途径：成熟的红细胞没有线粒体，完全依赖糖酵解供应能量。神经、白细胞、骨髓等代谢极为活跃，即使不缺氧也常由糖酵解提供部分能量。

二、三羧酸循环

在线粒体的基质中，乙酰 CoA 进入由一连串反应构成的循环体系，被氧化生成 H_2O 和 CO_2。由于这个循环反应开始于乙酰 CoA 与草酰乙酸（oxaloacetate）缩合生成的含有 3 个羧基的柠檬酸（citrate），因此称之为三羧酸循环（tricarboxylic acid cycle）或柠檬酸循环（citric acid cycle）。

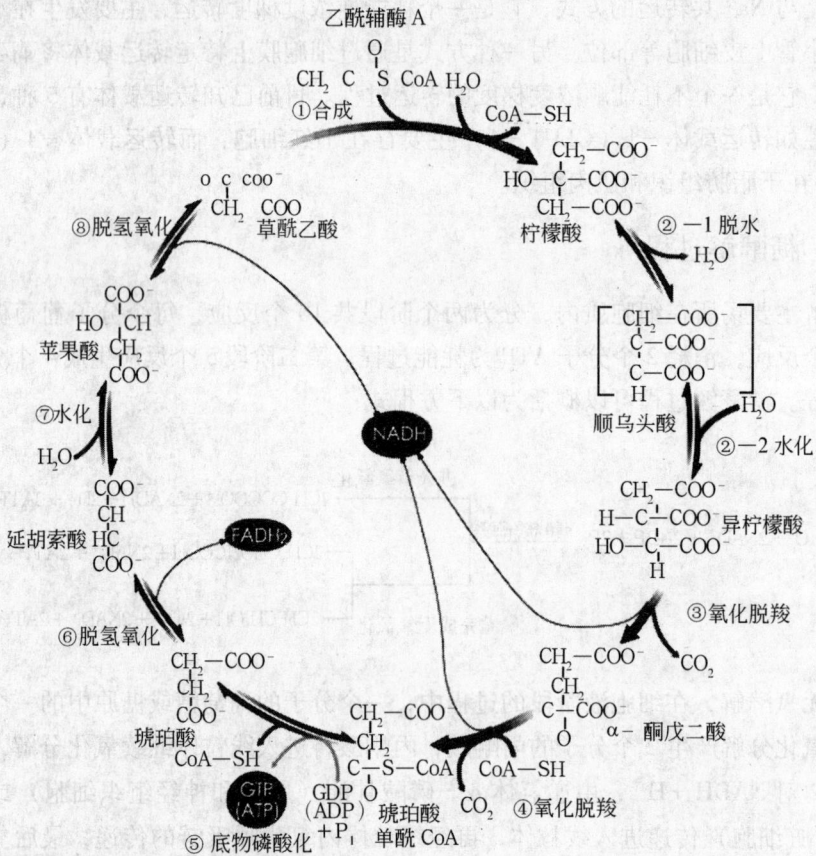

图 8 - 5　三羧酸循环示意图

（一）三羧酸循环过程

三羧酸循环中：①乙酰 CoA 与草酰乙酸结合，生成 6 碳的柠檬酸，放出 CoA。②柠檬酸先失去一个 H_2O 而成顺乌头酸，再结合一个 H_2O 转化为异柠檬酸。③异柠檬酸发生脱氢、脱羧反应，生成 5 碳的 a - 酮戊二酸，放出一个 CO_2，生成一个 $NADH + H^+$。④a - 酮戊二酸发生脱氢、脱羧反应，并和 CoA 结合，生成含高能硫键的 4 碳琥珀酰 CoA，放出一个 CO_2，生成一个 $NADH + H^+$。⑤琥珀酰 CoA 脱去 CoA 和高能硫键，放出的能通过 GTP 转入 ATP 琥珀酰辅酶 A 合成酶。⑥琥珀酸脱氢生成延胡索酸，生成 1 分子 $FADH_2$。⑦延胡索酸和水化合而成苹果酸。⑧苹果酸氧化脱氢，生成草酰乙酸，生成 1 分子 $NADH + H^+$。

一次循环，消耗一个 2 碳的乙酰 CoA，共释放 2 分子 CO_2，8 个 H^+，其中 4 个来自乙酰 CoA，另 4 个来自 H_2O，3 个 $NADH + H^+$ 和 1 个 $FADH_2$。此外，还生成 1 分子 ATP。只有经过三羧酸循环，有机物才能进行完全氧化，提供大量能量，供生命活动的需要。三羧酸循环小结如下：

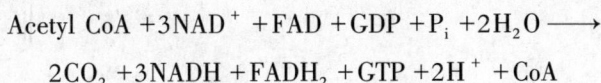

$$Acetyl\ CoA + 3NAD^+ + FAD + GDP + P_i + 2H_2O \longrightarrow$$
$$2CO_2 + 3NADH + FADH_2 + GTP + 2H^+ + CoA$$

（二）糖有氧氧化的生理意义

1. 三羧酸循环是机体获取能量的主要方式　1 个分子葡萄糖经无氧酵解仅净生成 2 个分子 ATP，而有氧氧化可净生成 38（36）个 ATP，其中三羧酸循环生成 24 个 ATP，在一般生理条件下，许多组织细胞皆从糖的有氧氧化获得能量。糖的有氧氧化不但释能效率高，而且逐步释能，并逐步储存于 ATP 分子中，因此能的利用率也很高。

2. 三羧酸循环是糖、脂肪和蛋白质三种主要有机物在体内彻底氧化的共同代谢途径　三羧酸循环的起始物乙酰辅酶 A，不但是糖氧化分解产物，它也可来自脂肪的甘油、脂肪酸和来自蛋白质的某些氨基酸代谢，因此三羧酸循环实际上是三种主要有机物在体内氧化供能的共同通路，估计人体内 2/3 的有机物是通过三羧酸循环而被分解的。

3. 三羧酸循环是体内三种主要有机物互变的联络机构　因糖和甘油在体内代谢可生成 α-酮戊二酸及草酰乙酸等三羧酸循环的中间产物，这些中间产物可以转变成为某些氨基酸。而有些氨基酸又可通过不同途径变成 α-酮戊二酸和草酰乙酸，再经糖异生的途径生成糖或转变成甘油，因此三羧酸循环不仅是三种主要的有机物分解代谢的最终共同途径，而且也是它们互变的联络机构。

三、氧化磷酸化

氧化磷酸化过程是代谢能释放的关键环节。这一过程是 NADH 和 $FADH_2$ 将食物中夺得的 H^+ 转移到氧分子上，结合生成水，释放出大量的能量用于合成 ATP，少部分的能量以热能形式释放。

代谢物脱下的氢通过多种酶和辅酶所催化的连锁反应逐步传递，最终与氧结合生成水，由于此过程与细胞利用 O_2 生成 CO_2 的呼吸有关，所以将此传递链称为呼吸链（respiratory chain）。在呼吸链中，酶和辅酶按一定的顺序排列在线粒体内膜上，其中传递氢的称为递氢体，传递电子的称为递电子体。

呼吸链由线粒体内膜上的 5 种复合体（复合蛋白）组成，它们是复合体 Ⅰ、Ⅱ、Ⅲ、Ⅳ、Ⅴ。辅基传递氢和电子的主要有 NAD、FMN、FAD、CoQ，传递电子的有 Fe-S 和血红素 Fe、Cu，Fe、Cu 通过得失电子来传递电子。

（一）电子载体

呼吸链电子载体主要有：黄素蛋白、铁硫蛋白、泛醌、细胞色素、铜原子等。

1. NAD 即烟酰胺嘌呤二核苷酸（nicotinamide adenine dinucleotide），是体内烟酰胺脱氢酶类的辅酶，连接三羧酸循环和呼吸链，其功能是将代谢过程中脱下来的氢传递给黄素蛋白（图8-6）。

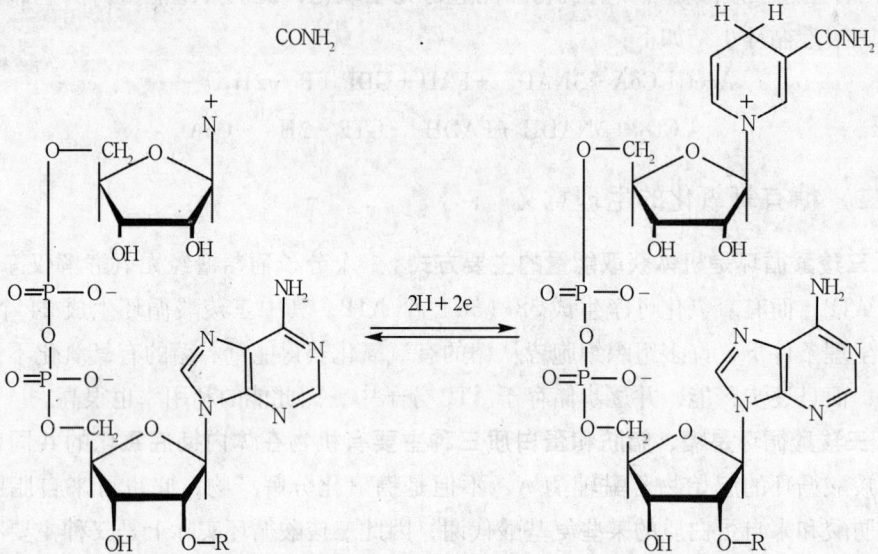

图8-6 NAD 的结构和功能（NAD^+: $R = H$, $NADP^+$: $R = -PO_3H_2$）

2. 黄素蛋白 含 FMN 或 FAD（图8-7）的蛋白质，每个 FMN 或 FAD 可接受 2 个电子 2 个质子。呼吸链上具有以 FMN 为辅基的 NADH 脱氢酶，以 FAD 为辅基的琥珀酸脱氢酶（图8-8）。

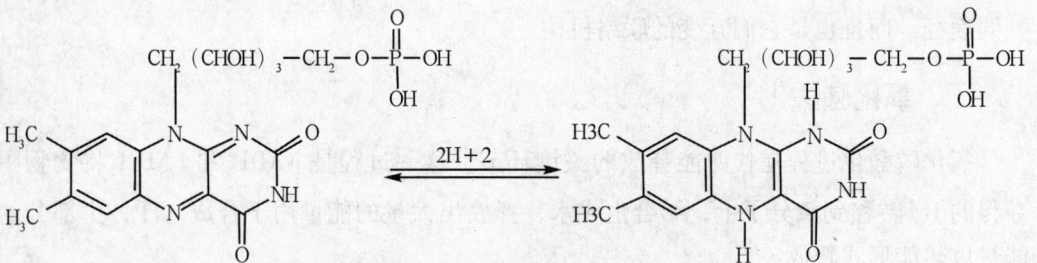

图8-7 FMN（flavin mononucleotide）的分子结构

3. 铁硫蛋白 在其分子结构中每个铁原子和 4 个硫原子结合，通过 Fe^{2+}、Fe^{3+} 互变进行电子传递，有 2Fe-2S 和 4Fe-4S 两种类型（图8-9）。

4. 泛醌 是脂溶性小分子量的醌类化合物，通过氧化和还原传递电子。有 3 种氧化还原形式即氧化型醌 Q，还原型氢醌（QH_2）和介于两者之者的自由基半醌（QH）（图8-10）。

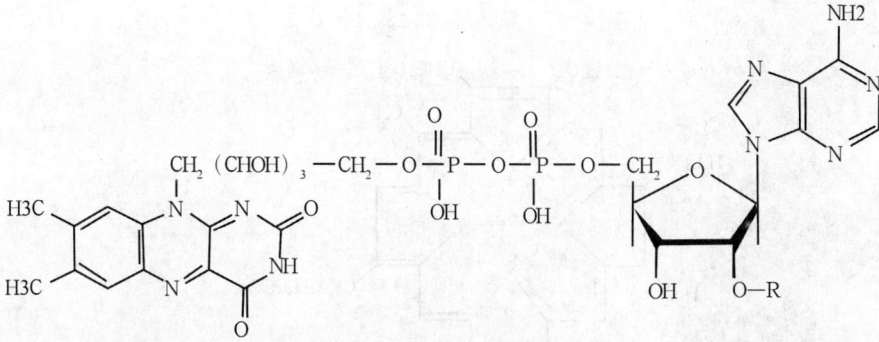

图 8 – 8　FAD（flavin adenine dinucleotide）的分子结构

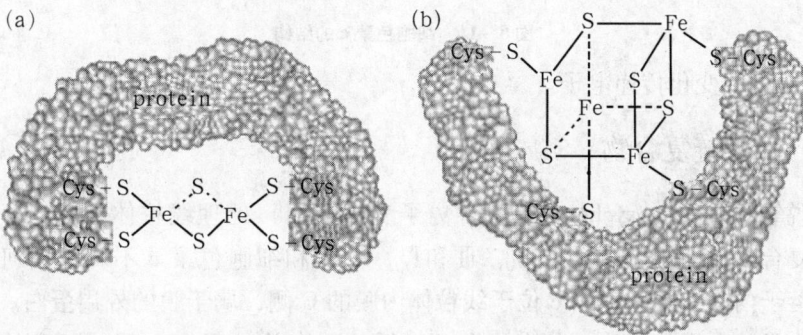

图 8 – 9　铁硫蛋白的结构（引自 Lodish et al，1999）

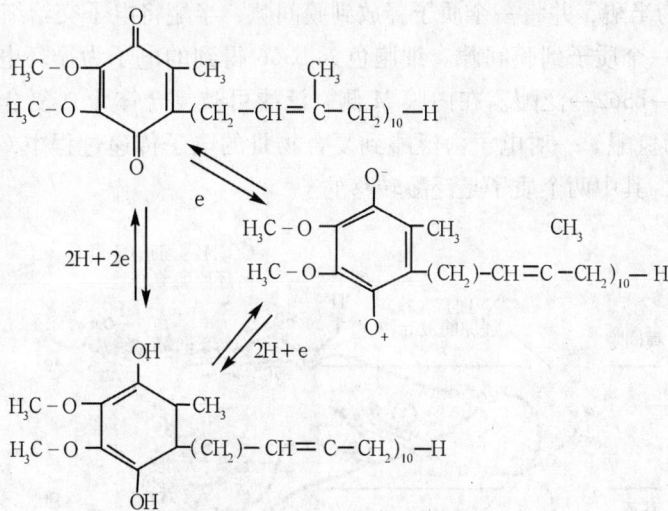

图 8 – 10　泛醌

5. 细胞色素　细胞色素分子中含有血红素辅基，以共价形式与蛋白结合，通过 Fe^{3+}、Fe^{2+} 形式变化传递电子，呼吸链中有 5 类，即：细胞色素 a、a_3、b、c、c_1，其中 a、a_3 含有铜原子（图 8 –11）。

6. 3 个铜原子　位于线粒体内膜的一个蛋白质上，形成类似于铁硫蛋白的结构，通

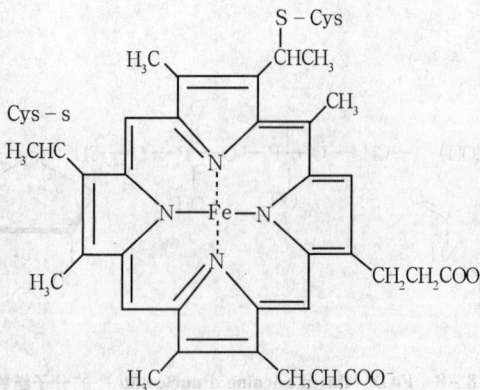

图 8 – 11 细胞色素 c 的结构

过 Cu^{2+}、Cu^{1+} 的变化传递电子。

（二）呼吸链复合物

利用脱氧胆酸（deoxycholate，一种离子型去污剂）处理线粒体内膜、分离出呼吸链的 4 种复合物，即复合物Ⅰ、Ⅱ、Ⅲ和Ⅳ，泛醌和细胞色素 c 不属于任何一种复合物。泛醌溶于内膜、细胞色素 c 位于线粒体内膜的 C 侧，属于膜的外周蛋白。

复合物Ⅲ的电子传递比较复杂，和"Q 循环"有关（图 8 – 12）。泛醌能在膜中自由扩散，在内膜 C 侧，还原型泛醌（氢醌）将一个电子交给 Fe – S→细胞色素 c_1→细胞色素 c，被氧化为半醌，并将一个质子释放到膜间隙，半醌将电子交给细胞色素 b566→b562，释放另外一个质子到膜间隙。细胞色素 b566 得到的电子为循环电子，传递路线为：半醌→b566→b562→泛醌。在内膜 M 侧，泛醌可被复合体Ⅰ（复合体Ⅱ）或细胞色素 b562 还原为氢醌。一对电子由泛醌到复合物Ⅲ的电子传递过程中，共有四个质子被转移到膜间隙，其中两个质子是泛醌转移的。

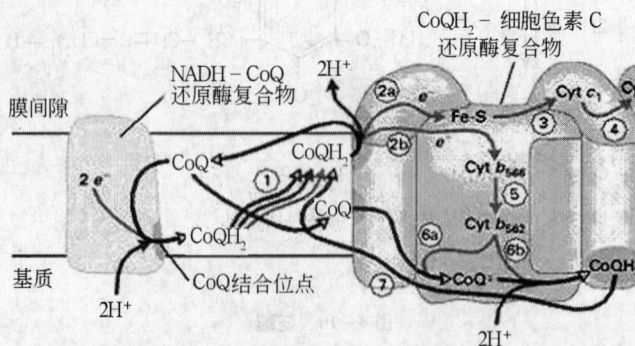

图 8 – 12 Q 循环示意图（Lodish et al）

（三）两条主要的呼吸链

1. NADH 氧化呼吸链的电子（氢）传递 复合物 I、III、IV 组成主要的呼吸链。线粒体内大多数脱氢酶都以 NAD^+ 作为辅酶，在脱氢酶催化下底物 SH_2 脱下的氢交给 NAD^+ 生成 $NADH + H^+$。NADH 在 NADH-Q 还原酶（复合体 I）作用下，$NADH + H^+$ 将氢原子传递给 FMN 生成 $FMNH_2$，后者再将氢传递给 Q 生成 QH_2，此时两个氢原子解离成 2 个质子和 2 个电子，2 个质子游离于介质中，2 个电子经由细胞色素还原酶（复合体 III）传递至细胞色素 c，然后细胞色素氧化酶（复合体 IV）将细胞色素 c 上的 2 个电子传递给氧生成 O^{2-}，O^{2-} 与 $2H^+$ 结合生成水。

2. 琥珀酸氧化呼吸链的电子（氢）传递 由复合物 II、III、IV 组成。琥珀酸-Q 还原酶使琥珀酸脱氢生成 $FADH_2$，然后将 $FADH_2$ 上的氢传给 Q 生成 QH_2，其后的传递过程如 NADH 呼吸链（图 8-13）。

呼吸链各组分有序，使电子按氧化还原电位从高向低传递，能量逐级释放，呼吸链中的复合物 I、III、IV 都是质子泵，可将质子由基质转移到膜间隙，形成质子动力势（proton-motive force），驱动 ATP 的合成，实验证明人为提高线粒体膜间隙的质子浓度，能使线粒体合成 ATP。

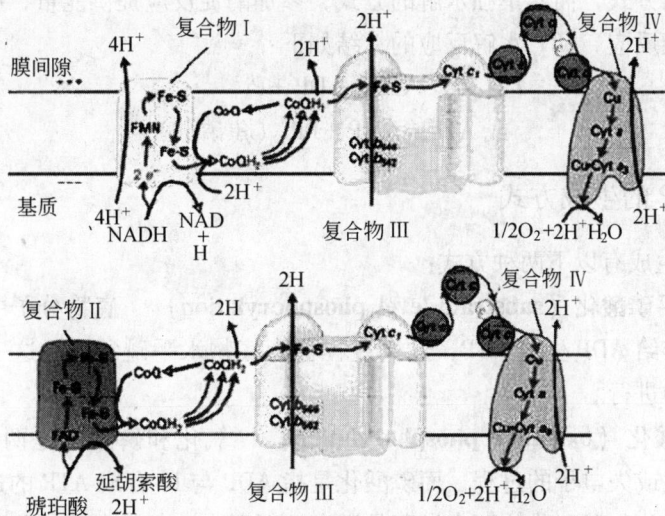

图 8-13 两条主要的呼吸链（Lodish et al）

呼吸链组分及 ATP 酶在线粒体内膜上呈不对称分布，如细胞色素 c 位于线粒体内膜的 C 侧（向细胞质的一侧），而 ATP 酶位于内膜的 M 侧（向线粒体基质的一侧）。

对于呼吸链组分在内膜上的分布主要依靠用亚线粒体颗粒和冰冻蚀刻电镜技术来研究。

将线粒体用超声波破碎，线粒体内膜碎片可形成颗粒朝外的小膜泡，称亚线粒体小泡或亚线粒体颗粒，这种小泡具有正常的电子传递和磷酸化的功能。用细胞色素 c 的抗体能够抑制完整线粒体的氧化磷酸化，但不能抑制亚线粒体颗粒的氧化磷酸化，说明细胞色素 c 位于线粒体内膜的 C 侧。

四、ATP 的生成、储存和利用

ATP 几乎是生物组织细胞能够直接利用的唯一能源，在糖类、脂类及蛋白质等物质氧化分解中释放出的能量中，相当大的一部分能使 ADP 磷酸化成为 ATP，从而把能量保存在 ATP 分子内。

ATP 为一种游离核苷酸，由腺嘌呤、核糖与三分子磷酸构成，磷酸与磷酸间借磷酸酐键相连，当这种高能磷酸化合物水解时（磷酸酐键断裂）自由能变化（G）为 $30.5KJ/mol$，而一般的磷酸酯水解时（磷酸酯键断裂）自由能的变化只有 $8 \sim 12KJ/mol$，因此曾称此磷酸酐键为高能磷酸键，但实际上这样的名称是不够确切的，因为一种化合物水解时释放自由能的多少取决于该化合物整个分子的结构，以及反应的作用物自由能与产物自由能的差异，而不是由哪个特殊化学键的破坏所致，但为了叙述及解释问题方便，高能磷酸键的概念至今仍被生物化学界采用。

ATP 是一高能磷酸化合物，当 ATP 水解时首先将其分子的一部分，如磷酸（Pi）或腺苷酸（AMP）转移给作用物，或与催化反应的酶形成共价结合的中间产物，以提高作用物或酶的自由能，最终被转移的 AMP 或 Pi 将被取代而放出，ATP 多以这种通过磷酸基团等转移的方式，而非单独水解的方式，参加酶促反应提供能量，用以驱动需要加入自由能的吸能反应，ATP 水解反应的总结如下：

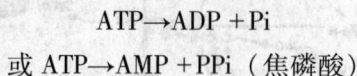

$$ATP \rightarrow ADP + Pi$$
$$或\ ATP \rightarrow AMP + PPi（焦磷酸）$$

（一）ATP 的生成方式

体内 ATP 生成有以下两种方式：

1. 底物水平磷酸化（substrate level phosphorylation）　底物分子中的能量直接以高能键形式转移给 ADP 生成 ATP，这个过程称为底物水平磷酸化，这一磷酸化过程在胞浆和线粒体中进行。

2. 氧化磷酸化（oxidative phosphorylation）　氧化和磷酸化是两个不同的概念。氧化是底物脱氢或失电子的过程，而磷酸化是指 ADP 与 Pi 合成 ATP 的过程。在结构完整的线粒体中氧化与磷酸化这两个过程是紧密地偶联在一起的，即氧化释放的能量用于 ATP 合成，这个过程就是氧化磷酸化，氧化是磷酸化的基础，而磷酸化是氧化的结果。

机体代谢过程中能量的主要来源是线粒体，既有氧化磷酸化，也有底物水平磷酸化，以前者为主要来源。胞液中底物水平磷酸化也能获得部分能量，实际上这是酵解过程的能量来源。

（二）氧化磷酸化偶联部位的测定

确定氧化磷酸化偶联部位通常用以下两种方法：

1. P/O 值测定　P/O 值指在氧化磷酸化过程中消耗一克原子氧所消耗的无机磷的克

原子数，或者说消耗一克原子氧所生成的 ATP 的克分子数。P/O 值实质上指的是呼吸过程中磷酸化的效率。

测定 P/O 值的方法通常是在一密闭的容器中加入氧化的底物、ADP、Pi、氧饱和的缓冲液，再加入线粒体制剂时就会有氧化磷酸化进行。反应终了时测定 O$_2$ 消耗量（可用氧电极法）和 Pi 消耗量（或 ATP 生成量）就可以计算出 P/O 值了。在反应系统中加入不同的底物，可测得各自的 P/O 值，结合我们所了解的呼吸链的传递顺序，就可以分析出大致的偶联部位了（表 8 – 2）。

表 8 – 2　离体线粒体的 P/O 比值

底物	呼吸的组成	P/O 比值	生成 ATP 数
（1）β – 羟丁酸	NAD + →FMN→CoQ→Cytc→O$_2$	2.4 ~ 2.8	3
（2）琥珀酸	FAN→CoQ→Cyt$_c$→O$_2$	1.7	2
（3）抗坏血酸	Cytc→Cytaa$_3$→O$_2$	0.88	1
（4）细胞色素 c	Cytaa$_3$→O$_2$	0.61 ~ 0.68	1

从上表可以看出 P/O 值为小数，由于线粒体的偶联作用在离体条件下不能完全发挥，故可认为实际的 ATP 生成数是他们所接近的整数值。

比较表中的（1）和（2），呼吸链传递的差异是在 CoQ 之间，两者 ATP 的生成数相差 1，所以这个 ATP 的生成部位一定在 NAD→CoQ 之间。

比较表中（2）和（3），呼吸链传递的差异是在 Cyt c 之间，两者 ATP 的生成数相差 1，所以这个 ATP 的生成部位在 CoQ→Cyt c 之间。

比较表中（3）和（4），生成的 ATP 数均为 1，呼吸链传递的区别是在 Cyt c→Cyt aa$_3$，故 Cytc→aa$_3$ 不存在偶联部位，而在 Cyt aa$_3$→O$_2$ 之间存在着一个偶联部位。

2. 根据氧化还原电位计算电子传递释放的能量是否能满足 ATP 合成的需要　氧化还原反应中释放的自由能 △G′O 与反应底物和产物标准氧化还原电位差值（△E′O）之间存在下述关系：△G′O =-nF△E′O，式中 n 为氧化还原反应中电子转移数目，F 为法拉弟常数（23.062 千卡/克分子·伏特，或 96500 库仑/克分子）。

1 克分子 ATP 水解生成 ADP 与 Pi 所释放的能量为 7.3kcal，凡氧化过程中释放的能量大于 7.3kcal，均有可能生成 1 克分子 ATP，就是说可能存在有一个偶联部位，根据上式计算，当 n =2 时，△E′O =0.1583V 时可释放 7.3kcal 能量，所以反应底物与生成物的标准氧化还原电位的变化大于 0.1583V 的部位均可能存在着一个偶联部位。

在 NAD→CoQ、Cyt b→Cyt c 和 Cyt aa$_3$→O$_2$ 处可能存在着偶联部位。必须明确，这种计算的基础是反应处在热力学平衡状态，温度为 25℃，pH 为 7.0，反应底物和产物的浓度均为 1 克分子，这种条件在体内是不存在的。因此这一计算结果只能供参考（图 8 –14）。

综上所述，呼吸链中电子传递和磷酸化的偶联部位可用图 8 –15 表示。

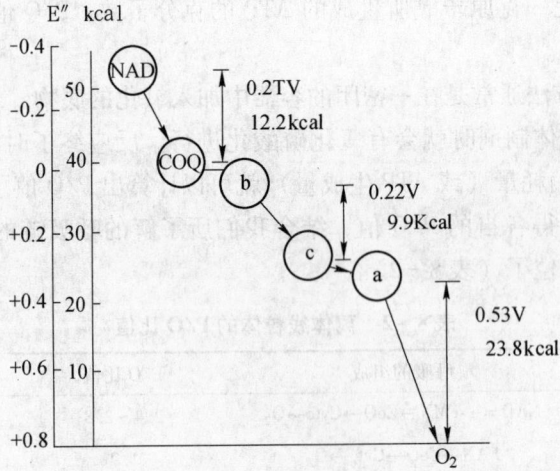

图 8-14 呼吸链中电子对传递时自由能的变化

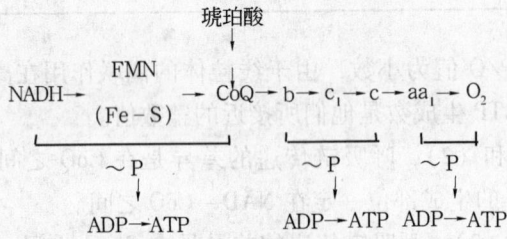

图 8-15 偶联部位示意图

呼吸链磷酸化的全过程可用下述方程式表示：

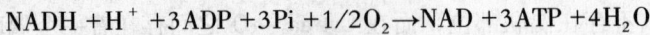

$$NADH + H^+ + 3ADP + 3Pi + 1/2O_2 \rightarrow NAD + 3ATP + 4H_2O$$

$$FADH_2 + 2ADP + 2Pi + 1/2O_2 \rightarrow FAD + 2ATP + 3H_2O$$

（三）氧化磷酸化中 ATP 生成的结构基础

ATP 是由位于线粒体内膜上的 ATP 合成酶催化 ADP 与 Pi 合成的。ATP 合成酶是一个大的膜蛋白质复合体，分子量 500kDa，是由两个因子，一是疏水的 F_0，另一是亲水的 F_1，又称 F_0F_1 复合体。在电子显微镜下观察线粒体时，可见到线粒体内膜基质侧有许多球状颗粒突起，这就是 ATP 合成酶，其中球状的头与茎是 F_1 部分，分子量为 360kDa，由 α_3、β_3、γ、δ、ε 等 9 种多肽亚基组成，β 与 α 亚基上有 ATP 结合部位；γ 亚基被认为具有控制质子通过的闸门作用；δ 亚基是 F_1 与膜相连所必需，其中心部分为质子通路；ε 亚基是酶的调节部分，F_0 是由 3 个大小不一的亚基组成，其中有一个亚基称为寡霉素敏感蛋白质（oligomycin-sensitivity-conferring protein，OSCP），此外尚有一个蛋白质部分为分子量 28kDa 的因子，F_0 主要构成质子通道（图 8-16）。

（四）氧化磷酸化的偶联机制

有关氧化磷酸化的偶联机理已经作了许多研究，目前氧化磷酸化的偶联机理还不完

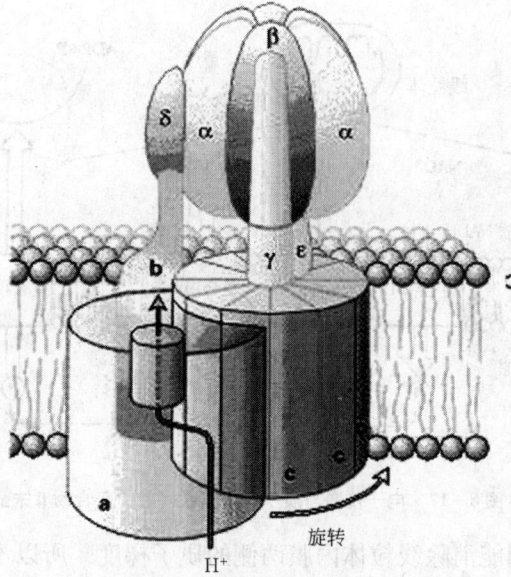

图 8 – 16 线粒体内膜上三联体（三分子体）结构示意图（引自 Lodish et al）

全清楚，20 世纪 50 年代 Slater 及 Lehninger 提出了化学偶联学说，1964 年 Boear 又提出了构象变化偶联学说，这两种学说的实验依据不多，支持这两种观点的人已经不多了。目前多数人支持化学渗透学说（chemiosmotic hypothesis），这是英国生化学家 P. Mitchell 于 1961 年提出的，当时没有引起人们的重视，1966 年他根据逐步积累的实验证据和生物膜研究的进展，逐步地完善了这一学说。

氧化磷酸化的化学渗透学说的基本观点如下。

1. 线粒体的内膜中电子传递与线粒体释放 H⁺ 是偶联的，即呼吸链在传递电子过程中释放出来的能量不断地将线粒体基质内的 H⁺ 逆浓度梯度泵出线粒体内膜，这一过程的分子机理还不十分清楚（图 8 –17）。

2. H⁺ 不能自由透过线粒体内膜，结果使得线粒体内膜外侧 H⁺ 浓度增高，基质内 H⁺ 浓度降低，在线粒体内膜两侧形成一个质子跨膜梯度，线粒体内膜外侧带正电荷，内膜内侧带负电荷，这就是跨膜电位△ψ。由于线粒体内膜两侧 H⁺ 浓度不同，内膜两侧还有一个 pH 梯度△pH，膜外侧 pH 较基质 pH 约低 1.0 单位，底物氧化过程中释放的自由能就储存于△ψ 和△pH 中，若以△P 表示总的质子移动力，那么三者的关系可用下式表示：

$$\triangle P = \triangle \psi - 59 \triangle pH$$

3. 线粒体外的 H⁺ 可以通过线粒体内膜上的 3 分子体顺着 H⁺ 浓度梯度进入线粒体基质中，这相当于一个特异的质子通道，H⁺ 顺浓度梯度方向运动所释放的自由能用于 ATP 的合成，寡霉素能与 OSCP 结合，特异阻断这个 H⁺ 通道，从而抑制 ATP 合成。有关 ATP 合成的分子机制目前还不十分清楚。

4. 解偶联剂的作用是促进 H⁺ 被动扩散通过线粒体内膜，即增强线粒体内膜对 H⁺

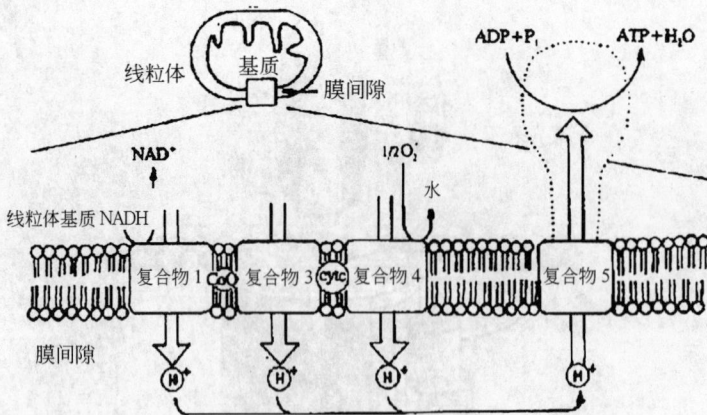

图8-17 电子传递与质子传递偶联（注：复合物Ⅱ未显示）

的通透性，解偶联剂能消除线粒体内膜两侧的质子梯度，所以不能再合成 ATP。

总之，化学渗透学说认为在氧化与磷酸化之间起偶联作用的因素是 H^+ 的跨膜梯度。

每对 H^+ 通过 3 分子体回到线粒体基质中可以生成 1 分子 ATP。以 NADH $+H^+$ 作底物，其电子沿呼吸链传递在线粒体内膜中形成三个回路，所以生成 3 分子 ATP。以 $FADH_2$ 为底物，其电子沿琥珀酸氧化呼吸链传递在线粒体内膜中形成两个回路，所以生成 2 个 ATP 分子。

自从 Mitchell 提出化学通透学说以来，已为大量的实验结果验证，为该学说提供了实验依据。

美国 Cohen 等人于 1978 年使用完整的大鼠肝细胞作实验材料，以核磁共振（nuclear magnetic resonance，NMR）的方法直接观察到完整细胞中胞液与线粒体基质之间存在 H^+ 跨膜梯度，胞液的 pH 值比线粒体基质的 pH 值低 0.3 单位，用解偶联剂处理，或用氮气代替氧气切断氧的供应，那么胞液和线粒体基质之间的 pH 梯度消失。

嗜盐菌（halobacterium haloblum）是一种能在高浓度盐溶液中生长的细菌，该菌中有一种结合蛋白质，称为菌紫质（bacteriochodopsin），菌紫质能将光能转换成化学能。有人使用嗜盐菌作实验，在无 O_2 的情况下用光照射嗜盐菌，尽管无氧化作用，菌体内仍维持一定的 ATP 浓度，若加入解偶联剂或加入磷酸化抑制剂 DCC，则菌体内 ATP 浓度降低；而加入呼吸抑制剂抑制电子传递，即不影响 ATP 合成，ATP 浓度不变，这说明电子传递和 H^+ 运动是可以分开加以研究的，嗜盐菌为研究化学渗透学说的 H^+ 运动提供了一个理想的模型。于是，有人分离嗜盐菌的菌紫质，并将其重组在人工脂质体中，然后用光照射，可测得跨膜电位为 $-120mV$（内负外正），同时膜外侧 H^+ 浓度增高，膜内外 ΔpH 约为 1.8 单位，可以算出总的质子移动力约为 $\Delta P = -120mV - 59 \times 1.8mV = 226mV$，若再将牛心线粒体内膜重组在此脂质体中，光照后可使 ADP $+Pi$ 生成 ATP，这说明质子跨膜梯度可以经过线粒体内膜的 3 分子体将 H^+ 跨膜梯度中储存的能量转变为 ATP 分子中的化学能。

（五）氧化磷酸化抑制剂

氧化磷酸化抑制剂可分为三类，即呼吸抑制剂、磷酸化抑制剂和解偶联剂。

1. 呼吸抑制剂 这类抑制剂抑制呼吸链的电子传递，也就是抑制氧化，氧化是磷酸化的基础，抑制了氧化也就抑制了磷酸化。呼吸链某一特定部位被抑制后，其底物一侧均为还原状态，其氧一侧均为氧化态，这很容易用分光光度法（双波长分光光度计）检定，重要的呼吸抑制剂有以下几种。

鱼藤酮（rotenone）系从植物中分离到的呼吸抑制剂，专一抑制 NADH→CoQ 的电子传递。

抗霉素 A（actinomycin A）由霉菌中分离得到，专一抑制 CoQ→Cytc 的电子传递。

CN、CO、NaN_3 和 H_2S 均抑制细胞色素氧化酶。

2. 磷酸化抑制剂 这类抑制剂抑制 ATP 的合成，抑制了磷酸化也一定会抑制氧化。

寡霉素（oligomycin）可与 F_0 的 OSCP 结合，阻塞氢离子通道，从而抑制 ATP 合成。二环己基碳二亚胺（dicyclohexyl carbodiimide，DCC）可与 F_0 的 DCC 结合蛋白结合，阻断 H^+ 通道，抑制 ATP 合成。栎皮酮（quercetin）直接抑制参与 ATP 合成的 ATP 酶。

3. 解偶联剂（uncoupler） 解偶联剂使氧化和磷酸化脱偶联，氧化仍可以进行，而磷酸化不能进行，解偶联剂作用的本质是增大线粒体内膜对 H^+ 的通透性，消除 H^+ 的跨膜梯度，因而无 ATP 生成，解偶联剂只影响氧化磷酸化而不干扰底物水平磷酸化，解偶联剂的作用使氧化释放出来的能量全部以热的形式散发。动物棕色脂肪组织线粒体中有独特的解偶联蛋白，使氧化磷酸化处于解偶联状态，这对于维持动物的体温十分重要。

常用的解偶联剂有 2，4 - 二硝基酚（dinitrophenol，DNP），羰基 - 氰 - 对 - 三氟甲氧基苯肼（FCCP），双香豆素（dicoumarin）等，过量的阿司匹林也使氧化磷酸化部分解偶联，从而使体温升高。

过量的甲状腺素也有解偶联作用，甲状腺素诱导细胞膜上 $Na^+ - K^+ - ATP$ 酶的合成，此酶催化 ATP 分解，释放的能量将细胞内的 Na^+ 泵到细胞外，而 K^+ 进入细胞，$Na^+ - K^+ - ATP$ 酶的转换率为 100 个分子 ATP/秒，酶分子数增多，单位时间内分解的 ATP 增多，生成的 ADP 又可促进磷酸化过程。甲亢病人表现为多食、无力、喜冷怕热，基础代谢率（BMR）增高，因此也有人将甲状腺素看做是调节氧化磷酸化的重要激素。

（六）氧化磷酸化的调节

机体的氧化磷酸化主要受细胞对能量需求的调节。

1. ATP/ADP 值对氧化磷酸化的直接影响 线粒体内膜中有腺苷酸转位酶，催化线粒体内 ATP 与线粒体外 ADP 的交换，ATP 分子解离后带有 4 个负电荷，而 ADP 分子解离后带有 3 个负电荷，由于线粒体内膜内外有跨膜电位（$\triangle\psi$），内膜外侧带正电，内膜内侧带负电，所以 ATP 出线粒体的速度比进线粒体速度快，而 ADP 进线粒体速度比出线粒体速度快。Pi 进入线粒体也由磷酸转位酶催化，磷酸转位酶催化 OH 与 Pi 交换，磷酸二羧酸转位酶催化 Pi^{2-} 与二羧酸（如苹果酸）交换。

当线粒体中有充足的氧和底物供应时，氧化磷酸化就会不断进行，直至 ADP + Pi 全部合成 ATP，此时呼吸降到最低速度，若加入 ADP，耗氧量会突然增高，这说明 ADP 控制着氧化磷酸化的速度，人们将 ADP 的这种作用称为呼吸受体控制。

机体消耗能量增多时，ATP 分解生成 ADP，ATP 出线粒体增多，ADP 进线粒体增多，线粒体内 ATP/ADP 值降低，使氧化磷酸化速度加快，ADP + Pi 接受能量生成 ATP。机体消耗能量少时，线粒体内 ATP/ADP 值增高，线粒体内 ADP 浓度减低就会使氧化磷酸化速度减慢。

2. ATP/ADP 值的间接影响　ATP/ADP 值增高时，使氧化磷酸化速度减慢，结果 NADH 氧化速度减慢，NADH 浓度增高，从而抑制了丙酮酸脱氢酶系、异柠檬酸脱氢酶、α-酮戊二酸脱氢酶系和柠檬酸合成酶（citrate sythetase）活性，使糖的氧化分解和 TCA 循环的速度减慢。

3. ATP/ADP 值对关键酶的直接影响　ATP/ADP 值增高会抑制体内的许多关键酶，如变构抑制磷酸果糖激酶、丙酮酸激酶和异柠檬酸脱氢酶，还能抑制丙酮酸脱羧酶、α-酮戊二酸脱氢酶系，通过直接反馈作用抑制糖的分解和 TCA 循环。

（七）高能磷酸化合物的储存和利用

无论是底物水平磷酸化还是氧化磷酸化，释放的能量除一部分以热的形式散失于周围环境中之外，其余部分多直接生成 ATP，以高能磷酸键的形式存在。同时，ATP 也是生命活动利用能量的主要直接供给形式。

1. 高能化合物　人体存在多种高能化合物，但这些高能化合物的能量并不相同。

体外实验中，在 pH7.0，25℃条件下，每克分子 ATP 水解生成 ADP + Pi 时释放的能量为 7.1kcal 或 30.4kJ，在体内，pH7.4，37℃，ATP、ADP + Pi、Mg^{2+} 均处于细胞内生理浓度的情况下，每克分子 ATP 水解生成 ADP + Pi 时释放的能量为 33.5 ~ 50kJ 或 8 ~ 12kcal（表 8-3）。

表 8-3　几种常见高能化合物水解时释放的能量

化合物	千焦耳/克分子	千卡/克分子
磷酸烯醇式丙酮酸	-62.1	-14.8
1,3-二磷酸甘油酸	-49.5	-11.8
磷酸肌酸	-43.9	-10.5
乙酰 CoA	-31.4	-8.2
ATP	-30.4	-7.3
S-腺苷蛋氨酸	-29.3	-7.0
F-6-P	-15.6	-3.8
谷氨酰胺	-14.2	-3.4
G-6-P	-13.48	-3.3

卫生学规定，中度体力劳动者每日每 kg 体重需供给能量 34 ~ 40kcal，若一成人重

70kg，从事中度体力劳动，则每日应供应含能量 2450kcal 的食物，其中 40% 的能量转变成化学能储存于 ATP 分子的高能键中，这一部分能量应为 2450 ×0.4 =980.0kcal，按每克分子 ATP 水解生成 ADP +Pi 释放 7.3kcal 能量计算，应当合成：980 ÷7.3 =134.3 克分子 ATP，ATP 的分子量为 507.22，所以 134.3 克分子 ATP 重达 68.12kg，这足以表明 ATP 在体内的代谢十分旺盛。

ATP 在能量代谢中之所以重要，就是因为 ATP 水解时的标准自由能变化位于多种物质水解时标准自由能变化的中间，它能从具有更高能量的化合物接受高能磷酸键，如接受磷酸烯醇式丙酮酸、1，3 - 二磷酸甘油 [1，3 - Bisphosphoglycerate（1，3 - BPG)]、磷酸肌酸分子中的 ~Pi 生成 ATP，ATP 也能将 ~Pi 转移给水解时标准自由能变化较小的化合物，如转移给葡萄糖生成 G -6 -P。

2. ATP 能量的转移 ATP 是细胞内的主要磷酸载体，ATP 作为细胞的主要供能物质参与体内的许多代谢反应，还有一些反应需要 UTP 或 CTP 作供能物质，如 UTP 参与糖原合成和糖醛酸代谢，GTP 参与糖异生和蛋白质合成，CTP 参与磷脂合成过程，核酸合成中需要 ATP、CTP、UTP 和 GTP 做原料合成 RNA，或以 dATP、dCTP、dGTP 和 dTTP 做原料合成 DNA。

作为供能物质所需要的 UTP、CTP 和 GTP 可经下述反应再生：

$$UDP +ATP \rightarrow UTP +ADP$$
$$GDP +ATP \rightarrow GTP +ADP$$
$$CDP +ATP \rightarrow CTP +ADP$$

dNTP 由 dNDP 的生成过程也需要 ATP 供能：

$$dNDP +ATP \rightarrow dNTP +ADP$$

3. 磷酸肌酸 ATP 是细胞内主要的磷酸载体或能量传递体，人体储存能量的方式不是 ATP 而是磷酸肌酸。肌酸主要存在于肌肉组织中，骨骼肌中含量多于平滑肌，脑组织中含量也较多，肝、肾等其他组织中含量很少。

磷酸肌酸的生成反应如下：

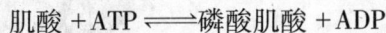

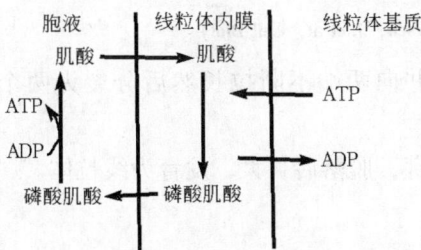

$$肌酸 +ATP \rightleftharpoons 磷酸肌酸 +ADP$$

图 8 -18 磷酸肌酸的生成与利用

肌细胞线粒体内膜和胞液中均有催化该反应的肌酸激酶，它们是同工酶。线粒体内膜的肌酸激酶主要催化正向反应，生成的 ADP 可促进氧化磷酸化，生成的磷酸肌酸逸出线粒体进入胞液，磷酸肌酸所含的能量不能直接利用；胞液中的肌酸激酶主要催化逆向反应，生成的 ATP 可补充肌肉收缩时的能量消耗，而肌酸又回到线粒体用于磷酸肌酸的合成，此过程可用图 8 -18 表示。

肌肉中磷酸肌酸的浓度为 ATP 浓度的 5 倍，可储存肌肉几分钟收缩所急需的化学能，可见肌酸的分布与组织耗能有密切关系。

ATP 的生成、储存和利用可用下图表示（图 8 -19）。

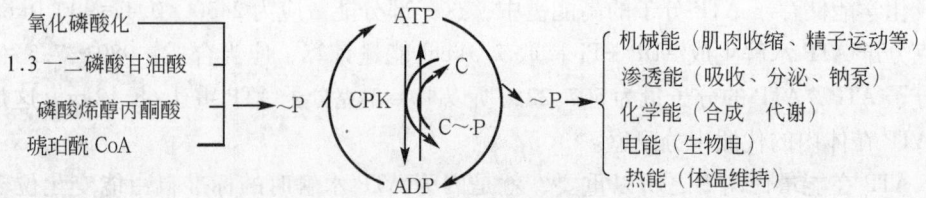

图 8 -19　ATP 的生成、储存和利用总结示意图
CPK：肌酸磷酸激酶

第五节　线粒体的再生和起源

一、线粒体的再生

细胞内的线粒体不断更新，衰老和病变的线粒体可由溶酶体消化分解，新的线粒体不断再生。从形态上可以看到线粒体分裂的几种形式。以酵母和藓类植物为例。

1. 间壁分离　分裂时先由内膜向中心皱褶，将线粒体分为两个（图 8 -20）。

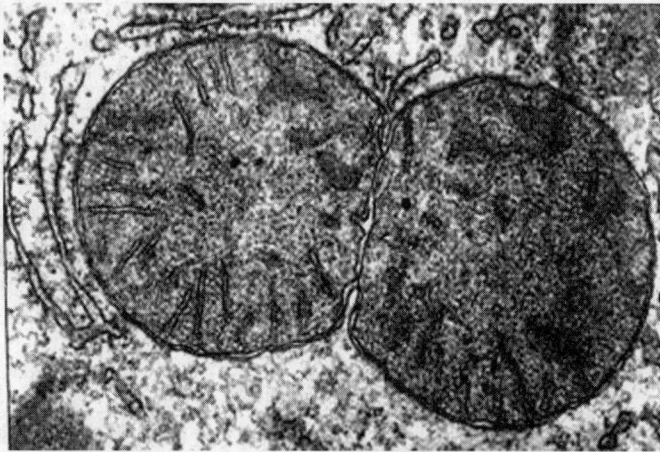

图 8 -20　线粒体的间壁分裂（引自 W. J. Larsen，J. et al, Cell Biol）

2. 收缩后分离　分裂时通过线粒体中部缢缩并向两端不断拉长然后分裂为两个（图 8 -21）。

3. 出芽　见于酵母和藓类植物，线粒体出现小芽，脱落后长大，发育为线粒体。

二、线粒体的起源

关于线粒体的进化起源有以下两种学说，这均需进一步研究证实。

1. 内共生起源学说　早在 19 世纪末，根据光学显微镜观察发现细胞内的一种结构（线粒体）与细菌相似，认为这是一种独立自主的有机体共生于细胞内。到 20 世纪 60

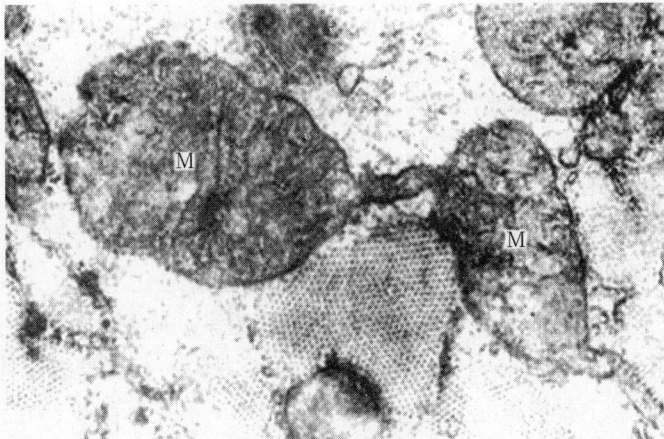

图 8 - 21　线粒体的收缩分裂（引自 W. J. Larsen，J. 等 Cell Biol）

年代初，一些学者先后明确地提出线粒体由共生于细胞内的细菌演变而来。还认为，最初的原始真核细胞吞噬了好氧细菌，细菌没有被消化掉，留在细胞内，以后宿主细胞就利用这种寄生细菌的呼吸作用来获得能量，而这些细菌后来发展成为线粒体，已经证实线粒体和细菌有许多相似之处。

2. 非共生起源学说　认为线粒体是由好氧细菌的呼吸器进化而成的，这种学说认为真核细胞的前身是一种进化程度较高的好氧细菌，比典型的原核细胞大，其呼吸链和磷酸化系统位于细胞膜和细胞膜内凹的结构上，在进化过程中进一步分化，这种结构逐渐演变成线粒体。

第六节　线粒体与疾病

线粒体病是指以线粒体结构和功能缺陷为主要病因的疾病。线粒体的基因突变，呼吸链缺陷，线粒体膜的改变等因素均会影响整个细胞的正常功能，从而导致病变。如线粒体功能异常与帕金森病、阿尔兹海默病、糖尿病、肿瘤等疾病的发生发展过程密切相关。

一、线粒体 DNA 突变的致病机制

1. 线粒体 DNA 丢失　自 1991 年以来，已有 10 例病人被报道有线粒体 DNA 的丢失（depletion）。通过印迹杂交、原位杂交和免疫组化分析，线粒体 DNA 丢失率可达 83%～98%。Larsson 等发现本病患者转录因子 A（transcription factor A，TFA）表达减低。线粒体 DNA 的复制需要 DNA 聚合酶 γ 及一个短的 RNA 引物，这个引物由轻链的转录产物切除而成，可见转录是线粒体 DNA 复制的先决条件。线粒体 TFA 表达减少的机制可能是由于翻译过程受损，进入线粒体障碍和 TFA 的不稳定性。Bodnar 等将线粒体 DNA 拷贝数减少的细胞脱核后，与无线粒体 DNA 的癌细胞进行融合，发现融合细胞的线粒体 DNA 拷贝数恢复，证实线粒体 DNA 丢失与某些核基因有关。

2. 大规模线粒体 DNA 重排   线粒体 DNA 重排包括缺失（deletion）和重复（duplication），主要见于 Kearns－Sayre 综合征、慢性进行性眼外肌瘫痪及 Pearson 综合征。已有 120 余种线粒体 DNA 缺失被报道，这些缺失有如下特征：是自发性散在发生的，无家族史；症状随患者年龄增加而恶化；缺失区域一般不包括线粒体 DNA 的复制起始点。在已发现的各种重排中，"普通缺失"（common deletion）最为常见，缺失区域从线粒体 DNA 第 8482 位到 13460 位。Chen 等发现正常人卵母细胞里可检测到微量的"普通缺失"。如果某些拥有线粒体 DNA 缺失的卵母细胞逃过"退化消除"（degenerative elimination），缺失分子的克隆扩增就可能成为一个致病因素。Molnar 等认为患者体内野生型线粒体 DNA 的减少在发病中起主导作用。Fassati 等则认为突变型线粒体 DNA 的增加在发病中起主导作用，主要依据是：野生型线粒体 DNA 不仅不减少，在许多组织甚至是增加的；突变型线粒体 DNA 与野生型同时增加；细胞色素 c 氧化酶功能减退与突变型线粒体 DNA 的数量相关。缺失型线粒体 DNA 因其较短，复制较快，拷贝数增加。突变型线粒体 DNA 能被转录，但不被翻译，蛋白质产物明显减少，特别是细胞色素 c 氧化酶阴性肌纤维的数量增加，使线粒体及其 DNA 呈代偿性增加。许多缺失型线粒体 DNA 分子的 D 环区可检测到 265 bp 的基因重复，提示有基因重复的分子易于发生缺失，其机制未明。

线粒体 DNA 多发性缺失是一种常染色体显性遗传疾病，其基因缺失多发生在两个复制起始点之间，也有报道缺失区域涉及到轻链的复制起始点和重链启动子。多发性缺失与线粒体 DNA 复制有关。线粒体 DNA 复制是受核基因控制的。Kaukonen 发现常染色体显性遗传的进行性眼外肌瘫痪基因与 loq 23.3～24.3 连锁，另一个意大利家系的基因与 3p 14.1～21.2 连锁。

3. 线粒体 DNA 结构基因的突变   有两种疾病被发现有线粒体 DNA 结构基因的突变，即 Leber 遗传性视神经病（LHON）及 Leigh 病。许多线粒体 DNA 的突变与 LHON 有关，这些突变均位于结构基因上。在已发现的 10 多种突变中，有 3 个点突变被认为与发病最相关，分别位于线粒体 DNA 第 11778、3460 及 14484 位，这些突变改变了保守序列，在非 LHON 家系中未查到类似突变。线粒体 ATP 合成障碍可能是 LHON 的原发性损害。

在 Leigh 病患者的线粒体 DNA 8993 位有胸腺嘧啶到鸟嘌呤的点突变，这是一个位于高度保守区域的突变，在 ATP 酶 6 亚单位的第四个跨膜区造成一处由亮氨酸到精氨酸的突变，突变是异质性的，与疾病的严重程度呈正相关，但只有突变型线粒体 DNA 达到一定阈值时才导致 Leigh 病。体外培养含有 95% 的突变型线粒体 DNA 的淋巴细胞内，ATP 合成能力仅占正常对照的 52%～67%，对 Leigh 病发病中能量减少可能起主要作用。

4. 线粒体转移 RNA 基因突变   肌阵挛性癫痫合并破碎红纤维（myoclonic epilepsy and ragged red fiber，MERRF）一般被认为是由于线粒体 DNA 上 tRNALys 基因上第 8344 处腺嘌呤到鸟嘌呤的点突变（A8344G）引起。这个突变位于 tRNAlys 基因 TψC 环处，突变的发生机制仍有待查明。Hanna 等通过培养患者的成肌细胞的研究发现，线粒体

DNA 的转录过程正常，蛋白质翻译过程受损。Enriquez 等进一步研究认为 A8344G 引起线粒体内 tRNALys 的数量减少 16%～33%，氨基酸酰化能力减少 37%～49%，二者加起来使 tRNALys 转运赖氨酸的能力减少 50%～60%。A8344G 并不导致 tRNA 的成熟过程如 CCA 加尾等受损，可能由于点突变造成 tRNALys 的次级或四级结构改变，使 tRNALys 更易受核酸酶的攻击。在参与蛋白质翻译延长的几个反应中，氨基酰化反应是较为特异的，每个氨基酰 tRNA 合成酶催化特定的氨基酸与 tRNA 结果，这个反应过程最易受 tRNA 变化的影响。特别是在哺乳动物中，tRNA 的结构差异大，序列长度、次级结构、延长因子及核糖体的结构不同，互补作用不强。A8344G 不影响 tRNA 与氨基酰 tRNA 合成酶的结合位点，但有可能影响 tRNALys 的高级结构，妨碍其转运功能，随着蛋白质中赖氨酸残基的增加，蛋白质合成速度也越来越低，在每个赖氨酸密码子或其附近，蛋白质翻译序列终止，不完整的蛋白质释放出来，氨基酰 tRNALys 的减少是这种现象最可能的原因。这些终止位点可能是 Lys－X－Lys 结构域，接近于肽链的 C 末端。

线粒体脑肌病伴乳酸血症和卒中样发作（MELAS），主要由线粒体 DNA 上的 tRNALeu（UUR）基因第 3243 处发生胸腺嘧啶到鸟嘌呤的点突变引起，主要证据是：这个突变在不同种族的病人中均可被检测到，正常人无此突变。细胞融合试验证实，细胞的突变型 DNA 达到 90% 时可导致线粒体蛋白质翻译功能受抑制，细胞色素 c 氧化酶活动减弱。单肌纤维分析表明，不整红边纤维中突变型 DNA 明显比正常肌纤维高，显示突变型 DNA 在发病机制中起着重要作用。MELAS 中有细胞色素 c 氧化酶活动不正常的小动脉，每一个动脉内不同部位的收缩和舒张功能不均一，微环境的氧供应受到损害，代谢功能失调，最终导致脑血管意外发生。Koga 等的细胞融合试验证实，MELAS 患者的线粒体内尚未加工的转录产物 RNA19 增加，这种产物使线粒体核糖体 RNA 功能减退，从而抑制了蛋白质翻译。MELAS 突变还可导致 16 SrRNA 转录终止过程受损，终止蛋白与终止序列的结合数量减少一半，16 SrRNA 的合成过程异常，影响 tRNALeu 基因转录产物的正确加工，剩余的终止蛋白可能与 D 环区域终止序列结合，引起 D 环区域复制的异常终止。

5. 线粒体核糖体 RNA 基因的突变　第一个被发现的线粒体核糖体 RNA 基因突变是 12 SrRNA 基因上第 1555 位 A 到 G 的突变，这个突变导致了母系遗传的氨基苷类诱导的耳聋和家族性耳聋。氨基苷类通过连接到突变的核糖体亚单位上而影响蛋白质的翻译过程。

二、线粒体病的治疗进展

Sherratt 等认为线粒体病的治疗可以从三个方面进行：代谢治疗、成肌细胞移植和基因治疗。

1. 代谢治疗　包括：氧化磷酸化辅助因子的补充；建立代谢旁路；刺激丙酮酸脱氢酶；防止氧自由基对线粒体内膜的损害。已有一些成功的治疗报告。Matthews 通过研究 10 例线粒体肌病的治疗发现，CoQ10 多种维生素治疗线粒体肌病是无效的。

2. 成肌细胞移植　是近年来兴起的一种治疗方法。细胞生物学研究表明成肌细胞相互融合成肌小管而发育成成熟的肌纤维。如将患者肌细胞与正常肌细胞在体外融合，然后输入到患者体内，一般选用多点肌肉注射的方式，患者体内就可能有更多的野生型线粒体 DNA。但目前尚未见成功的成肌细胞移植治疗线粒体病的临床报道。

3. 基因治疗　Chrzanowska 提出了三种线粒体病的基因治疗途径：第一是将克隆有正常线粒体 DNA 的表达载体导入到核染色体内，在细胞质表达蛋白质产物，然后定向进入线粒体。胞质蛋白进入线粒体的一个必须条件是其 N 末端必须连接有前导序列，引导蛋白质进入线粒体，然后被蛋白酶切除。由于线粒体 DNA 与核基因组的遗传密码不同，应通过定点诱变技术改造目的基因的遗传密码，使之能被核基因表达系统所接受。第二种基因治疗途径是转野生型 DNA 或 RNA 进入线粒体，造成顺式或反式调控作用。所谓反式互补是导入的核酸特异地与突变型线粒体 DNA 重组，成为野生型线粒体 DNA。顺式互补是将外源基因通过表达载体系统导入线粒体，使之表达野生型的基因产物，以弥补其不足。外源核酸进入线粒体也需要前导肽的引导。Seibel 等成功地将一段与前导肽结合的寡核苷酸导入了鼠肝线粒体，初步证实了这种途径的可行性。第三种基因治疗途径是除去突变的线粒体 DNA。在线粒体 DNA 复制时单链形成期，将反义的序列特异的寡核苷酸与之结合，可抑制突变型的复制。

第九章 细胞内膜系统

细胞内膜系统是真核细胞的特有结构，是细胞完成各种复杂生命过程所必需的结构。即胞质内在结构和功能以及发生上具有相互联系的膜性结构统称为细胞内膜系统（endomembrane system），包括内质网、高尔基复合体、溶酶体以及膜性小泡等。这些膜性细胞器都是封闭的区室（compartment），区室之间为细胞质溶胶。内膜系统是细胞进化过程中膜性结构高度分化和特化的产物，它的出现使细胞的结构复杂化，为细胞生命活动提供了丰富的膜表面，使细胞的功能活动区域化，生化反应互不干扰，大大提高了细胞的代谢活动效率，同时各细胞器间以及细胞器与胞质间又彼此相互依存、高度协调地进行各种细胞内的代谢过程及生命活动。

第一节 内 质 网

内质网（endoplasmic reticulum，ER）在细胞内膜系统中占有中心地位，约占细胞内膜系统的50%左右，广泛存在于除哺乳动物红细胞以外的所有真核细胞的细胞质内。1945年Porter等应用电子显微镜首次对培养的小鼠成纤维细胞进行观察，发现细胞质内存在由一些小管和小泡样结构连接成网状的结构，故命名为内质网。

一、内质网的形态结构和分类

内质网是由一层单位膜围成的小管（tubule）、小泡（vesicle）和扁囊（lamina）三种基本形态构成，小管、小泡、扁囊可视为内质网的"单位结构"（unit structure），膜厚5~6nm。这些小管、小泡和扁囊互相分支吻合连通成三维网状膜系统（图9-1）。内质网膜与核膜外膜相连续，内质网腔与核膜腔相通。

内质网的形态结构、分布状态和数量多少在不同的细胞中各不相同，这常与细胞类型、生理状态以及分化程度等有关。内质网的形态结构在不同细胞中差异很大，有些细胞中小管、小泡、扁囊三种单位结构全有，而另一些细胞中只有其中一种或二种。如鼠肝细胞中的内质网以扁囊和小管状结构为主，扁囊成组排列，并与细胞质外质区的小管相连；而睾丸间质细胞中的内质网则由大量的小管连接成网状。内质网的分布状态和数量多少与细胞的生理功能相关，如执行分泌功能的细胞内质网比较发达，随生理功能的不同，同一细胞在不同发育时期，其内质网也不相同，例如，胚胎细胞的内质网常比较

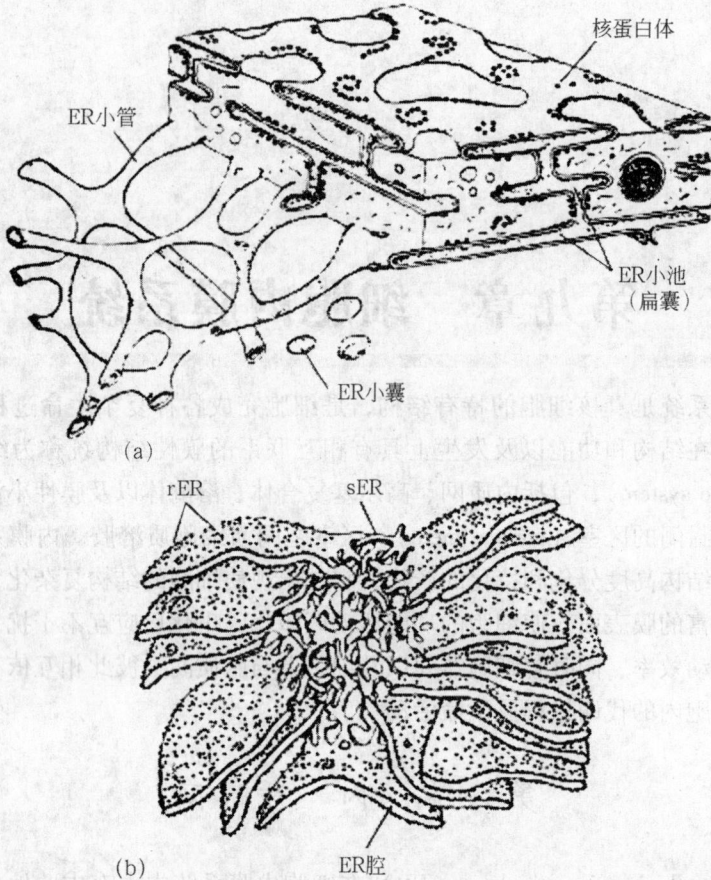

图 9 - 1 内质网立体结构模式图

a（引自 E. D. P, De Roberts 等）；b（引自 R. V. Krstic）

小，相对地不发达，但随着细胞的分化，内质网的结构变得复杂起来。

根据内质网膜外表面有无核糖体颗粒附着将内质网分为两大类，即粗面内质网（rough endoplasmic reticulum，RER）和滑面内质网（smooth endoplasmic reticulum，SER）。

（一）粗面内质网

粗面内质网又称颗粒内质网（granular endoplasmic reticulum，GER），因其膜外表面有大量颗粒状核糖体附着而命名。

粗面内质网多为互相连通的扁囊状，也有少数的小泡和小管。粗面内质网的形态在不同类型的细胞中有所不同。例如，浆细胞和胰腺外分泌细胞都是分泌活动旺盛的细胞，它们的粗面内质网由许多扁囊平行排列，往往形成同心层板状结构，而滑膜细胞和软骨细胞的粗面内质网则为不规则的囊泡。

粗面内质网是一种可变的细胞器，可根据发达程度作为判断细胞功能状态和分化程度的形态指标。如高度分化的胰腺外分泌细胞在分泌旺盛时，粗面内质网增加，静止时减少，未分化或未成熟的细胞，如干细胞和胚胎细胞等，粗面内质网则不发达；肿瘤细胞中也是如此，如在实验性大白鼠肝癌中，凡分化程度高、生长慢的癌细胞粗面内质网很发达，反之在分化程度低、生长快的癌细胞中，则偶见少数粗面内质网。

（二）滑面内质网

滑面内质网又称无颗粒内质网（agranular endoplasmic reticulum，AER），膜表面光滑，无核糖体颗粒附着。滑面内质网的结构常由分支小管和小泡构成，很少有扁囊状。如汗腺细胞、皮脂腺细胞以及分泌甾类激素的细胞中滑面内质网比较丰富。

两种类型的内质网在不同细胞中的分布有所不同。在胰腺外分泌细胞中，全部为粗面内质网；在肌细胞中全为滑面内质网；而在肾上腺皮质细胞中则两种类型并存。

二、内质网的化学组成

对内质网化学组成方面的研究，需要把内质网从细胞质中分离出来。应用蔗糖密度梯度离心方法，可以从组织细胞匀浆中分离出微粒体（microsome）。微粒体不是细胞内的一种固有结构，而是内膜系统中各组分的膜断片自然卷曲而成的封闭小泡。表面附有核糖体的为粗面微粒体；表面光滑没有核糖体附着的为滑面微粒体；通过进一步离心，可以把粗面微粒体和滑面微粒体分离开。因此，可以把微粒体作为研究内质网的材料。

通过对微粒体的生化分析，了解到内质网膜化学成分是由脂类和蛋白质组成。脂类约占 1/3，蛋白质约占 2/3，其中滑面内质网的脂类要比粗面内质网多一些。内质网膜脂类成分中主要为磷脂，此外还有中性脂、缩醛脂和神经节苷脂等。内质网膜含有大量的酶类，其中葡萄糖 -6-磷酸酶作为内质网膜的标志酶，另一类内质网膜的标志酶是电子传递体系（electron transport system），如细胞色素 b5、NADH-细胞色素 b5 还原酶、NADPH-细胞色素 c 还原酶、细胞色素 P450 以及 NADPH-细胞色素 P450 还原酶。在这些酶中，除细胞色素 P450 是跨膜蛋白之外，其他的一些酶则是内质网的嵌入蛋白。此外，内质网也含有参与各种脂类合成的酶系及蛋白质折叠有关的酶。

三、内质网的功能

（一）粗面内质网的功能

粗面内质网主要负责蛋白质的合成、修饰和加工、分选与转运。

1. 粗面内质网与蛋白质合成 粗面内质网膜上附着有核糖体颗粒，核糖体是蛋白质合成的场所，内质网膜为核糖体附着提供了支架。附着于粗面内质网膜上的核糖体合成的蛋白质主要为分泌蛋白、内质网腔可溶性驻留蛋白（retention protein）、溶酶体蛋白和膜蛋白等。合成的蛋白质是如何进入粗面内质网腔或被整合到粗面内质网膜中？在这方面有比较深入的研究，颇受支持的是 1975 年提出的信号假说（signal hypothesis），该假说认为：①来自细胞核的 mRNA 带有合成蛋白质的密码，它进入细胞质以后，同若干核糖体结合，成为多聚核糖体，进行蛋白质合成活动。核糖体首先由 mRNA 上特定的信号密码（signal codon）翻译合成一短肽——信号肽（signal peptide），它由 18~30 个疏水氨基酸组成。②在细胞质基质中存在着信号识别颗粒（signal recognition particle，SRP）（图 9 -2B），它由 6 条肽链和 7S 的 RNA 组成，结构上分为不同功能区域。SRP 既能识别露出核糖体之外的信号肽，还能识别粗面内质网膜上的 SRP 受体，又能与核糖体的 A 位点结合。③当 SRP 与信号肽识别并结合形成 SRP －信号肽－核糖体复合物时，核糖体的蛋白质合成暂时终止。结合的 SRP －信号肽－核糖体复合物由 SRP 介导引向粗面内质网膜上的 SRP 受体，并与之结合，核糖体则以大亚基与内质网膜上称为易位子（translocon）的膜通道蛋白结合。④SRP 受体在内质网膜上是一种停泊蛋白（docking protein），SRP 与 SRP 受体的结合是临时性的，当核糖体附着于内质网膜上之后，SRP 便离去（图 9 -2A）。⑤当能合成信号肽的核糖体与内质网膜结合之后，核糖体的信号肽便经由易位子插入膜腔内，而先前处于暂停状态的蛋白质翻译活动又恢复。进入内质网腔的信号肽，由位于内质网膜内表面的信号肽酶切掉，与之相连的合成中的肽链继续进入内质网腔，直至肽链合成终止，最后核糖体脱离内质网，重新加入"核糖体循环"。

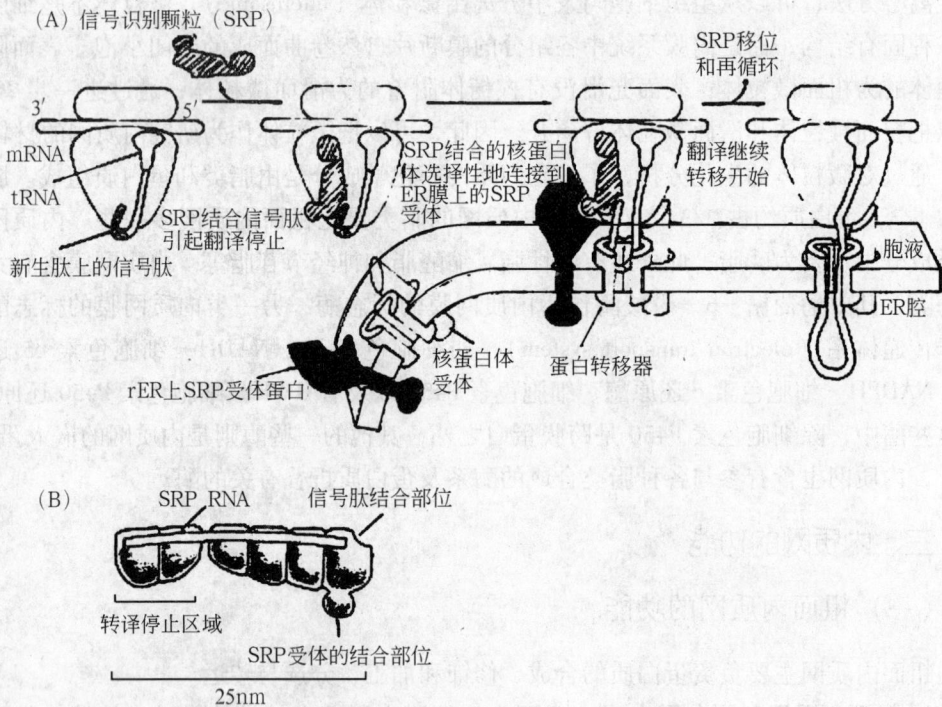

图 9 –2　SRP 与核糖体结合与分离模式图（引自 B. Alberts 等）

如果内质网上核糖体合成的是可溶性蛋白，多肽链则全部穿过内质网膜，进入内质网腔中进行折叠。蛋白质折叠需要内质网腔内的可溶性驻留蛋白如蛋白二硫键异构酶（protein disulfide isomerase，PDI）和结合蛋白（binding protein，Bip）等分子伴侣（molecular chaperone）的参与。分子伴侣能特异地识别新生肽链或部分折叠的多肽并与之结合，帮助这些多肽进行折叠、装配和转运，但其本身并不参与最终产物的形成，只起陪伴作用，故而得名。分子伴侣能检查多肽的折叠状态，可以与不正确折叠的多肽结合，并把它们滞留在内质网腔内。内质网分子伴侣具有热休克蛋白（heat shock protein, HSP）的特性，在各种应急状态下如错误折叠蛋白质和非糖基化蛋白的积聚，其表达明显升高。内质网分子伴侣之所以能滞留于内质网腔内，是由于其 C 末端存在一个驻留信号肽（retention signal peptide），其氨基酸序列为 Lys – asp – glu – leu，又称 kDaEL 序列，该序列能与内质网膜上的 kDaEL 受体结合。

在内质网上合成的蛋白质有两种类型，一类是在合成过程中全部穿过内质网膜，进入内质网腔成为可溶性蛋白，这类蛋白包括分泌蛋白、溶酶体蛋白及内质网腔驻留蛋白；另一类是插入内质网膜中的膜蛋白。内质网膜上的膜蛋白的嵌插取决于合成蛋白质上的穿膜信号（起始和终止信号）。嵌插于内质网膜内的膜蛋白可随运输小泡转移而移行至细胞表面，成为细胞膜或其他膜性细胞器的膜。

关于跨膜蛋白插入内质网膜的过程比较复杂，一种比较简单的机制就是单次跨膜蛋白的嵌插，它的信号肽位于新生肽链的氨基末端，信号肽是疏水的起始转移序列，用以启动转运，转运过程被多肽链中的另一个疏水的终止转移序列所终止，并固定在膜上形成单次 α - 螺旋的跨膜节段。同时，氨基端的信号肽被信号肽酶切除，结果，这个被转运的蛋白质最后成为插入内质网膜中的单次跨膜蛋白，它有一个确定的取向，即氨基端在膜的腔内侧，羧基端在胞液侧（图 9 - 3）。在多次跨膜蛋白的多肽链来回穿行于脂双层，是因为在这样的多肽链中疏水的信号序列是成对起作用的。另一种机制是合成蛋白的信号肽并不在氨基末端，而是一个多肽链内部的起始转移序列——内信号肽（internal signal peptide）用来启动转移，而且是不被切除的。一个内部的信号序列（起始转移序列）用来启动多肽链的转移，一直继续到遇到一个终止转移序列为止，这样两个 α - 螺旋疏水的序列都镶嵌在了脂双层中，起始序列和终止序列都不被切除，整个多肽链作为穿膜两次的跨膜蛋白定位在膜中（图 9 - 4）。在一些复杂的在膜中来回穿行多次的蛋白质中，许多肽段穿行在脂双层中，这就需要更多的终止和起始序列对起作用。这些疏水序列依次完成穿膜运动，这样，跨膜多次的蛋白质就一针针缝在脂双层上。因此，起始和终止信号决定跨膜蛋白在脂双层中的排列。

2. 粗面内质网与蛋白质糖基化　在糖基转移酶催化下，寡聚糖链与蛋白质的氨基酸残基共价连接的过程称为蛋白质糖基化。大多数分泌蛋白和膜嵌入蛋白等都是糖蛋白，蛋白质的糖基化主要在高尔基复合体中进行，粗面内质网腔内也进行部分糖基化。粗面内质网腔中进行的糖基化主要是 N - 连接糖基化，即寡聚糖链与蛋白质的天冬酰胺残基侧链上的 - NH$_2$ 连接。寡聚糖先与粗面内质网膜上一种特殊脂类——磷酸多萜醇（dolichol phosphate）分子连接，形成活化型寡聚糖，一旦新合成的肽链出现天冬酰胺（Asn）残基，粗面内质网膜上的糖基转移酶即催化低聚糖链转位于该残基上，形成 N - 连接的糖蛋白（图 9 - 5）。

3. 粗面内质网与分泌蛋白质运输　在粗面内质网核糖体上合成的分泌蛋白大多数经由高尔基复合体排出细胞。由核糖体合成的分泌蛋白进入内质网腔之后，经过折叠和糖基化作用，又被包裹于由内质网分离下来的小泡之内，再经由高尔基复合体变为浓缩

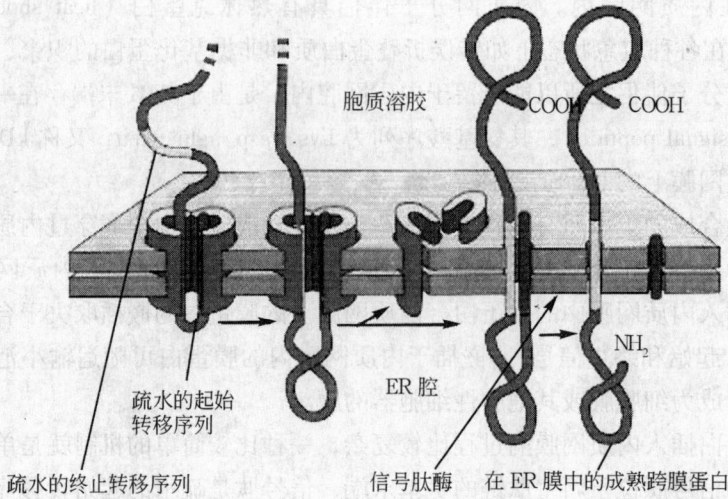

图 9-3   跨膜蛋白形成（引自 B. Alberts 等）

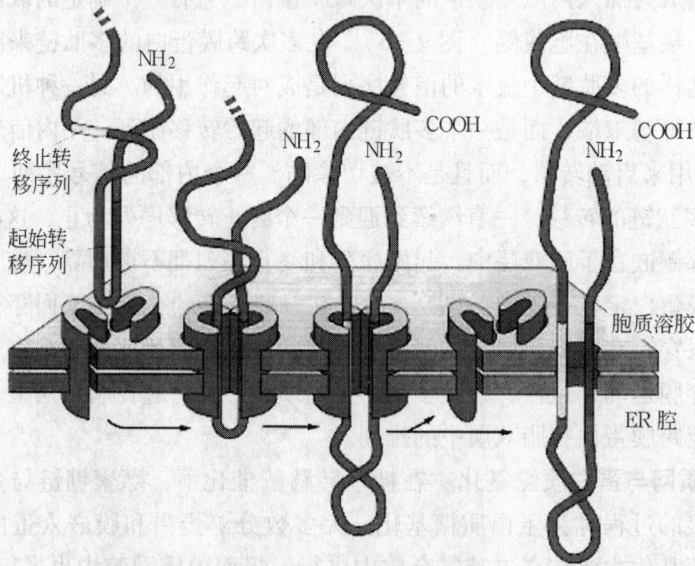

图 9-4   多次跨膜蛋白（引自 B. Alberts 等）

泡，之后再由浓缩泡发育成酶原颗粒而被排出细胞外，这是分泌蛋白质常见的排出途径。另一种途径是含有分泌蛋白质的小泡由内质网脱离后直接形成浓缩泡，再由浓缩泡发育成酶原颗粒而被排出。

4. 粗面内质网与脂类的合成   内质网是脂类合成的一个重要场所，包括粗面内质网与滑面内质网都能合成脂类，但合成的种类和数量均有差异。构成细胞膜和细胞内膜系统的膜脂如磷脂和胆固醇等，大部分是在粗面内质网合成的。在内质网合成的主要磷脂是卵磷脂，即磷脂酰胆碱。以下从卵磷脂的生物合成过程来描述脂类的组装原理。磷

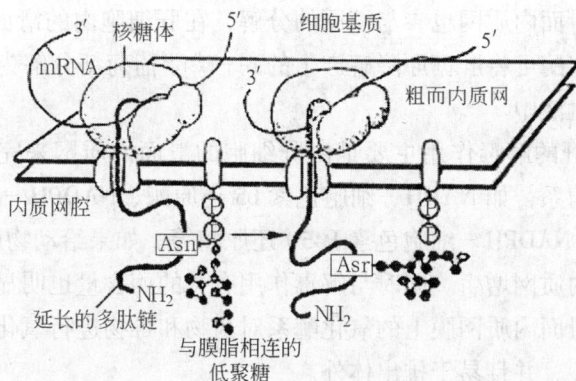

图 9 - 5　N - 连接糖基化（引自 B. Alberts 等）

脂合成的每一步所需要的酶均存在于内质网膜上，在内质网膜的胞液面有其活性位点，合成磷脂所需要的底物存在于胞液中。因此，磷脂的合成只发生在内质网脂双层胞液面的一半。卵磷脂由脂肪酸、磷酸甘油和胆碱在三种酶的催化下，经过三个步骤合成。首先由酰基转移酶将细胞质中的脂肪酸和磷酸甘油缩合成磷脂酸，磷脂酸为非水溶性化合物，合成后则直接插入脂质双层的细胞质胞液面；其次在磷脂酸酶的催化下，以磷脂酸和磷酸甘油为原料合成二酯酰甘油酯；最后在胆碱磷酸转移酶的催化下，由二酯酰甘油酯和 CDP - 胆碱合成卵磷脂。新合成的磷脂分子最初只位于内质网膜细胞质胞液面，后来在结合于内质网膜上的脂类转移蛋白，即翻转酶（flipase）的作用下，选择性地将磷脂分子从细胞质胞液面翻转到内质网腔面，从而使脂质双层能平行伸展。新合成的脂类中，有一部分如同上述那样，嵌入到内质网脂类双层中，构成内质网膜，另一部分则输送到其他细胞器。

（二）滑面内质网的功能

虽然在大多数细胞中，滑面内质网的形态相似，但其化学组成、酶的种类和含量等均有差异，因此，不同类型细胞中滑面内质网的功能各有不同。

1. 脂质和固醇的合成与运输　合成脂类和固醇激素是滑面内质网最明显的功能，在滑面内质网膜上也有脂类合成有关的酶类，可合成甘油三酯、磷脂和胆固醇等。在内质网膜脂双层靠近细胞质一侧，可在酶的催化下利用细胞质中的底物合成脂类。

在肾上腺皮质细胞、睾丸间质细胞、卵巢黄体细胞等分泌类固醇激素的细胞中，滑面内质网非常发达。实验证明，滑面内质网含有合成胆固醇所需的全套酶系和使胆固醇转化为类固醇激素（如肾上腺皮质激素、雄性激素、雌性激素）的酶类。

滑面内质网还具有脂类运输的作用，如小肠上皮细胞的滑面内质网可将甘油一酯和脂肪酸合成脂肪，并与蛋白质结合生成脂蛋白，通过高尔基复合体加工转运出胞。

2. 糖原的合成与分解　肝细胞中滑面内质网常与糖原相伴而存在，当糖原丰富时，滑面内质网被遮盖不易分辨，而当动物饥饿几天后，糖原颗粒减少，滑面内质网清晰可见，这说明糖原的合成与滑面内质网有关。

已有实验证明滑面内质网也参与糖原的分解，在肝细胞内的滑面内质网膜上含有 6 －磷酸葡萄糖酶，该酶可将肝糖原降解产生的 6 －磷酸葡萄糖分解为磷酸和葡萄糖，然后将葡萄糖释放到血液中。

3. 解毒作用　肝的解毒作用主要是由肝细胞的滑面内质网来完成，滑面内质网含有参与解毒的各种酶系，如 NADH －细胞色素 b5 还原酶、NADPH －细胞色素 c 还原酶、细胞色素 P450 以及 NADPH －细胞色素 P450 还原酶等。如果给动物服用大量苯巴比妥，可见肝细胞内滑面内质网增生。同时与解毒作用有关的酶含量也明显增多。肝细胞的解毒作用，主要通过滑面内质网膜上的氧化酶系对药物和毒物进行氧化和羟化反应，使药物转化或消除其毒性，并且易于排出体外。

4. 肌肉的收缩　滑面内质网在肌细胞中形成一种特殊结构称为肌质网（sarcoplasmic reticulum），肌质网的作用是调节肌细胞中 Ca^{2+} 的浓度，肌质网释放 Ca^{2+} 于肌纤维丝之间，通过肌钙蛋白等一系列相关蛋白的构象改变和位置变化引起肌肉收缩。当肌肉松弛时，肌质网上的 Ca^{2+} 泵将 Ca^{2+} 泵回肌质网。故肌细胞中的滑面内质网通过释放和摄取 Ca^{2+} 参与肌肉的运动。

四、内质网的病理变化

内质网是比较敏感的细胞器，在各种因素如缺氧、射线、化学毒物和病毒等作用下，会发生病理变化。如内质网肿胀、肥大和某些物质的累积。

内质网肿胀是一种水样变性，主要是由于水分和钠的流入，使内质网形成囊泡，这些囊泡还可互相融合而扩张成更大的囊泡。如果水分进一步聚集，便可使内质网肿胀破裂。肿胀是粗面内质网发生的最普遍的病理变化，内质网腔扩大并形成空泡，继而核糖体从内质网膜上脱落下来，这是粗面内质网蛋白质合成受阻的形态学标志。

当某些感染因子刺激某些特定细胞时，会引起这些细胞的内质网变得肥大，这反映了内质网具有抗感染作用。例如，当 B 淋巴细胞受到抗原物质（如病菌）刺激时，可转变成浆细胞，此时，浆细胞内的内质网肥大，免疫球蛋白的分泌增加。巨噬细胞的内质网肥大，表现为溶解酶的合成增强。当细胞在药物的作用下，常会出现内质网的代偿性肥大，对药物进行解毒或降解。

由基因突变造成的某些遗传病中，可观察到蛋白质、糖原和脂类在内质网中的累积。例如，在 α－1－抗胰蛋白酶缺乏症患者的血清中，缺乏 α－1－抗胰蛋白酶，而在肝细胞的粗面内质网和滑面内质网中却贮留着 α－1－抗胰蛋白酶。α－1－抗胰蛋白酶在内质网中的累积，是由于 α－1－抗胰蛋白酶的分子结构发生了异常改变所致。

第二节　高尔基复合体

1898 年 Camillo. Golgi 应用银染等方法首次在神经细胞中观察到一种网状结构，命名为内网器（internal reticular apparatus）。后来在很多动植物细胞中都发现了这种结构，并称之为高尔基体（Golgi body）或高尔基器（Golgi apparatus）。20 世纪 50 年代，电镜技术证实高尔基体是一组复合结构，故改称为高尔基复合体（Golgi complex）。

高尔基复合体普遍存在于真核细胞中，是细胞内一种固有的细胞器，它在细胞的蛋白质加工和分泌过程中有着重要的作用。

一、高尔基复合体的形态结构

在光镜下，可见脊椎动物大多数细胞的高尔基复合体呈复杂的网状结构。

在电镜下，高尔基复合体是由重叠的扁平囊（cisternae）、小囊泡（vesicle）和大囊泡（vacuole）三种基本形态所组成的膜性结构，其显著特征是重叠的扁平囊堆积在一起，构成了高尔基体的主体结构（图9-6）。扁平囊呈弓形，也有的呈半球形或球形，扁平膜囊周围有大量的大小不等的囊泡结构。高尔基复合体具有极性，扁平囊凸面朝向细胞核或内质网为顺面高尔基网络（cis-Golgi Golgi network，CGN），也称形成面（forming face），扁平囊凹面朝向细胞膜为反面高尔基网络（trans Golgi network，TGN），也称成熟面（mature face）。

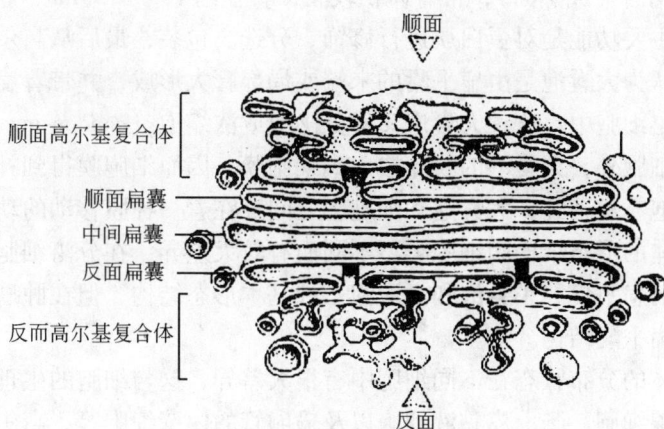

图9-6　高尔基复合体立体结构模式图（引自 B. Alberts et al）

（一）顺面高尔基网络

在扁平囊的顺面，常可见到许多直径约40~80nm，膜厚6nm的小囊泡。一般认为小囊泡是由附近粗面内质网"芽生"而来，载有粗面内质网合成的蛋白质和脂类，通过膜融合将内含物转运到扁平囊中，并不断补充扁平囊的膜结构，此种小囊泡也称为运输小泡（transfer vesicle），接受来自内质网新合成的物质分选后，将大部分物质转入高尔基复合体中央扁平囊，小部分蛋白质和脂类再返回内质网。运输小泡与高尔基复合体扁平囊泡融合，使高尔基复合体膜成分得到不断补充。

（二）中央扁平囊

中央扁平囊为高尔基复合体中最富特征性的一种结构。扁平囊一般有3~8个平行排列在一起，扁平囊呈盘状，中央部分较窄，边缘部分稍宽大，弯曲似弓形。扁平囊腔宽 $10 \sim 15nm$，囊间距 $20 \sim 30nm$，扁平囊的中央部分较平，称中央板状区，其上有孔，可与相邻扁平囊通连。高尔基复合体是具有极性的细胞器，高尔基复合体的顺面和反面，在形态、化学组成及功能上均有所不同，顺面膜较薄约 $6nm$，与内质网膜相似，反面膜较厚约 $8nm$，与细胞膜厚度相仿。因此，从发生和分化的角度看，无论在形态方面还是功能方面，高尔基扁平囊均可视为内质网与细胞膜的中间分化阶段。

目前认为，高尔基扁平囊片层至少可分为三个区室，各由一个或多个扁平囊组成，每个区室含有不同的酶，行使不同的功能。例如，顺面扁平囊含有磷酸转移酶，催化磷酸基团加到溶酶体蛋白上，高尔基复合体的顺面主要功能是筛选由内质网新合成的蛋白质和脂类，并将其大部分转入高尔基复合体的中间扁囊区，一小部分再返回内质网。中间扁平囊含有 N-乙酰葡萄糖胺转移酶，主要进行蛋白质的糖基化修饰、糖脂形成及多糖合成。而反面扁平囊则含有半乳糖基转移酶，执行蛋白质的分选功能。

（三）反面高尔基网络

在扁平囊的反面（成熟面），常有体积较大，直径约 $100 \sim 150nm$，膜厚 $8nm$，数量不等的大囊泡，主要功能是对蛋白质进行修饰、分选、包装，最后从高尔基复合体中输出的功能。一般认为大囊泡是由扁平囊的末端或局部膨大形成，并带着扁平囊所形成的物质离去，在分泌细胞中，这种大囊泡又称分泌泡或浓缩泡（condensing vesicle），随着分泌物而被排到细胞外，大囊泡的膜却掺入到细胞膜，因而细胞膜得到补充和更新。可见内质网、小囊泡、扁平囊、大囊泡和细胞膜之间存在着一种膜移动的动态平衡。

高尔基复合体的形态结构因细胞类型不同而有较大差异，在分泌细胞、浆细胞和神经细胞等有典型的扁平囊、小囊泡和大囊泡三种基本形态结构，但在肿瘤细胞和培养细胞则仅有少量的扁平囊结构。

高尔基复合体的分布状态在不同细胞中有很大差异，这与细胞的生理功能有关。在胰腺细胞、甲状腺细胞、肠上皮黏液细胞以及输卵管的内壁细胞等，高尔基复合体常分布在细胞核的附近并趋于细胞的一极；而肝细胞的高尔基复合体则是沿着胆小管分布在细胞的边缘；神经细胞的高尔基复合体是围绕着细胞核分布；少数细胞如卵细胞、精细胞以及大多数无脊椎动物细胞和植物细胞的高尔基复合体呈分散状。

根据细胞分化程度和功能状况不同，高尔基复合体的数量不同。在分化程度高、分泌功能旺盛的细胞中，高尔基复合体数量多，如杯状细胞、胰腺外分泌细胞、浆细胞等；而在一些未分化的胚胎细胞、干细胞或分泌功能不旺盛的淋巴细胞、肌细胞中，高尔基复合体数量少。但也有例外，在成熟的红细胞和粒细胞中，高尔基复合体消失或显著萎缩。

综上所述，高尔基复合体是一个结构复杂和高度组织化的细胞器。每一个部分都有其独特的结构和酶系统，它们在高尔基复合体的功能活动中起着不同的作用。

二、高尔基复合体的化学组成

从大鼠肝细胞分离的高尔基复合体约含 60% 的蛋白质和 40% 的脂类。应用蛋白质凝胶电泳分析结果显示，高尔基复合体与内质网含有某些共同的蛋白质，但高尔基复合体的蛋白质含量比内质网膜少。

高尔基复合体脂类含量介于内质网膜和细胞膜之间，说明高尔基复合体是一种过渡型的细胞器。

高尔基复合体含有多种酶，如催化糖蛋白质生物合成的糖基转移酶、催化糖脂合成的磺基－糖基转移酶以及酪蛋白磷酸激酶、甘露糖苷酶、催化磷脂合成的转移酶、磷脂酶等。其中糖基转移酶被认为是高尔基复合体的特征性酶。

三、高尔基复合体的功能

高尔基复合体的主要功能是参与细胞的分泌活动，对来源于内质网合成的蛋白质进行糖基化等加工修饰，并将各种蛋白产物进行分选和发送。此外，高尔基复合体在细胞内膜系统的运输过程中起着重要交通枢纽作用。

（一）分泌蛋白的加工与修饰

1. 糖蛋白的合成及修饰　细胞的糖蛋白主要存在于分泌泡、溶酶体和细胞膜中。糖蛋白是由粗面内质网合成的蛋白质经糖基化修饰后形成的。蛋白质糖基化有两种连接，即 N－连接糖基化和 O－连接糖基化。蛋白质的糖基化是通过糖基转移酶的催化作用而完成的。N－连接糖基化是由 2 分子 N－乙酰葡萄糖胺、9 分子甘露糖和 3 分子葡萄糖构成的寡糖，共价地结合到蛋白质的天冬酰胺残基侧链的氨基基团的 N 原子上，而形成 N－连接的寡糖糖蛋白。O－连接糖基化是寡糖与蛋白质的酪氨酸、丝氨酸和苏氨酸残基侧链的羟基基团共价结合，而形成 O－连接的寡糖糖蛋白。O－连接糖基化是在不同的糖基转移酶催化下，每次加上一个单糖。N－连接的糖基化发生在粗面内质网中，O－连接的糖基化主要或全部发生在高尔基复合体内。而在内质网腔内合成的 N－连接的寡糖蛋白还必须在高尔基复合体内进行进一步的加工修饰，一些寡糖残基如大部分的甘露糖被切除，然后又补加上其他一些糖残基如半乳糖、唾液酸、N－乙酰葡萄糖胺等。由此形成的糖蛋白的寡糖链在结构上呈现多样化差异。因此，高尔基复合体在蛋白质糖基化中起着重要的修饰加工作用。

糖基化可以为各种蛋白质打上不同的标志，以利于高尔基复合体的分类和包装，同时保证糖蛋白从粗面内质网向高尔基复合体膜囊单方向进行转移；糖基化还会帮助蛋白质在成熟过程中折叠成正确的构象；此外，蛋白质经过糖基化后使其稳定性增加。

2. 蛋白质的加工　由粗面内质网上合成的蛋白质有些是无生物活性的前体物，称为蛋白原（proprotein），这类蛋白原需经过加工水解为成熟的蛋白，才具有生物活性。如胰岛素最初以无活性的胰岛素原存在，由 86 个氨基酸组成，含 A、B、C 三个肽链，在高尔基复合体内其中的 C 肽链被切除，余下的 A、B 链以二硫键连接成有生物活性的胰岛素。

（二）高尔基复合体与蛋白质的分选和运输

Rothman 等通过密度梯度离心，得到了三个不同密度的高尔基复合体碎片，化学分析表明，每个中密度的碎片均含有一组加工酶类，如密度最大的碎片含有磷酸转移酶它能催化磷酸基团加到溶酶体蛋白上；中等密度的碎片含有甘露糖苷酶和 N－乙酰葡萄糖胺转移酶；密度最低的碎片含有半乳糖基转移酶及唾液酸基转移酶。

高尔基复合体的层状扁平囊结构具有不同的生化区隔，每个区隔含有完成蛋白质修饰的特有酶类，对蛋白质的寡糖链按顺序修饰，这种顺序修饰有利于糖蛋白的分选，使粗面内质网合成的蛋白质成为分泌蛋白、跨膜蛋白、溶酶体蛋白。

蛋白质的合成是从胞液中的核糖体上开始，穿过内质网膜，将新合成的蛋白质运输到内质网腔，经过折叠和糖基化，内质网以出芽方式形成小泡，将分泌蛋白从内质网运输到高尔基复合体中，经高尔基复合体的糖基化进行分选，把蛋白质由高尔基复合体输送到靶部位是由运输小泡完成的，运输小泡首先从高尔基复合体的反面形成，并由衣被包裹，衣被小泡中包含有经分选的特异蛋白，分选蛋白一般与运输小泡膜上的特异受体结合。衣被小泡在运输过程中，其中的衣被逐渐消失，并返回到高尔基复合体反面。当运输小泡到达靶部位的细胞膜或溶酶体膜时，以膜融合的方式将内容物排出。细胞输送小泡向靶部位的运输可能也是由受体介导的靶向运输。此外，分选过程有时也会发生错误，这时特异的挽救受体（specific salvage receptor）能识别由于错误分选而丢失的蛋白，并将它们运回高尔基复合体。

在所有真核细胞中，有一个稳定的小泡流，这些运输小泡从高尔基复合体外侧网络芽生出来并与质膜融合（图9－7）。这种胞吐方式称为结构性胞吐途径（组成性分泌）。结构性胞吐途径是连续不断地工作，运输小泡不在细胞质中停留，向质膜提供新合成的脂质和蛋白质，这也是分裂前细胞增大时质膜生长的一个途径。它也可将对外释放的蛋白质运载到细胞表面，释放出的蛋白质有些黏附在细胞表面，成为质膜的周边蛋白；有些掺入细胞外基质；还有一些扩散到细胞外液内，去营养其他细胞或给其他细胞以信号。

除了在所有真核细胞中连续工作的结构性胞吐途径外，还有一个调节性胞吐途径（调节性分泌），只有在细胞特化，专门进行分泌时才运作（图9－7）。特化的分泌细胞产生大量特定产物，如激素、黏液或消化酶，它们贮藏在分泌小泡中。这些小泡自高尔基复合体外侧网络上芽生出来并在近质膜处积累。它们仅在细胞受到细胞外刺激时才向外释放其内含物。例如，血糖增加就给了胰岛细胞一个分泌胰岛素的信号。

（三）高尔基复合体与溶酶体的形成

一般认为，溶酶体是从高尔基复合体反面以出芽方式形成的。溶酶体中含有酸性磷酸酶和各种水解酶，溶酶体的酶都是糖蛋白，这些酶在粗面内质网核糖体上合成并形成N－连接的糖蛋白，而后移入内质网腔内，通过运输小泡转运到高尔基复合体内进行加工修饰。在高尔基复合体顺面膜囊内寡糖链上的甘露糖残基磷酸化形成6－磷酸－甘露糖（M－6－P），M－6－P是溶酶体水解酶分选的重要识别信号。在高尔基复合体的反面膜囊内有识别M－6－P的受体，能特异地与溶酶体酶糖链末端的M－6－P结合，引导溶酶体酶聚集形成有被小泡，在有被小泡出芽与高尔基复合体分开时，小泡就脱掉了

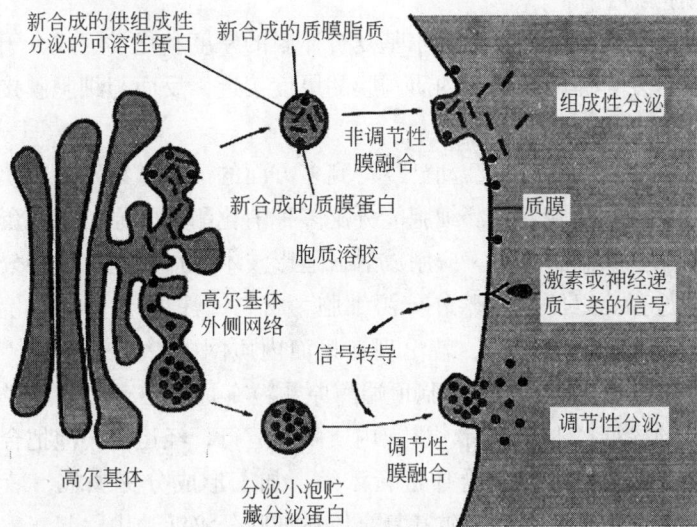

图 9-7 高尔基复合体与分泌活动（引自 B. Alberts 等）

网格蛋白包被（clathrin coat）成为特异的运输囊泡，然后与晚胞内体（late endosome）融合。晚胞内体内的 pH 值为 6.0，在酸性环境中水解酶从 M-6-P 受体上分离下来，然后去磷酸化成为溶酶体的酶，最后形成初级溶酶体。通常将这种状态下的溶酶体又称为内体性溶酶体（endolysosome），M-6-P 受体释放其结合的溶酶体酶后又被回收，在晚胞内体内经出芽、运输囊泡返回到高尔基复合体反面膜囊再利用（图 9-8）。

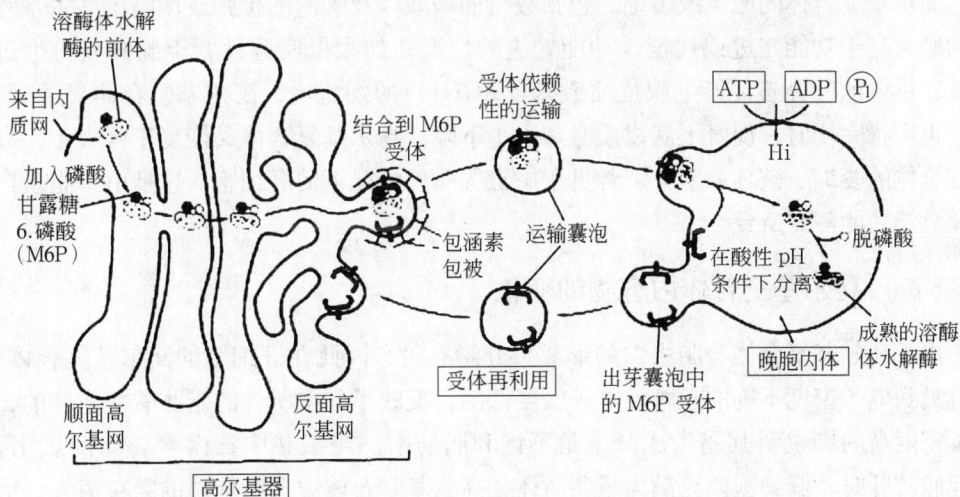

图 9-8 溶酶体的形成（引自 B. Alberts et al）

（四）高尔基复合体与细胞内膜的交通

高尔基复合体不仅是蛋白质加工修饰的场所，也是细胞内合成物质的转运站，在转运物质的过程中，高尔基复合体的膜也发生了变化和转移，所以高尔基复合体是一个不断变化的动态结构。

从膜的厚度和化学成分显示，高尔基复合体膜的厚度和化学组成介于内质网膜和细胞膜之间。高尔基复合体的顺面与内质网膜的厚度接近，反面与细胞膜接近，这说明细胞内存在膜转变的过程。

高尔基复合体参与细胞分泌活动已经得到多方面的证实，特别是对胰腺外分泌细胞的研究更具典型意义。胰腺外分泌细胞能分泌多种消化酶和酶原，如胰蛋白酶原、糜蛋白酶原、胰淀粉酶、胰脂肪酶等。应用放射自显影技术，可以追踪这些分泌性蛋白质从合成到释放的全过程。以豚鼠胰腺外分泌细胞为材料，注射^{3}H 标记的亮氨酸，3 分钟后，放射性同位素标记的氨基酸，就出现在粗面内质网中；17 分钟后，已从粗面内质网到高尔基复合体；117 分钟后，细胞顶端酶原颗粒有标记出现。实验说明，分泌蛋白质在粗面内质网的核糖体上合成后，进入内质网腔运行，经运输小泡把合成的蛋白质运送到高尔基复合体，在高尔基复合体进行浓缩、加工形成分泌颗粒，最后与细胞膜融合，把分泌物排到细胞外，可见高尔基复合体在细胞分泌活动中，起着重要的加工修饰和转运作用。同时，在细胞内膜泡蛋白运输中起着重要的交通枢纽作用。

四、高尔基复合体的病理变化

高尔基复合体在各种病理条件下会发生不同程度的形态和数量变化。

（一）高尔基复合体的肥大或萎缩

高尔基复合体的肥大或萎缩，包括数量的增减以及囊泡的扩张或塌陷。高尔基复合体的肥大见于功能亢进或代偿性功能亢进的情况，如大鼠实验性肾上腺皮质再生过程中，在垂体前叶分泌促肾上腺皮质激素（ACTH）的细胞内，高尔基复合体显著肥大，而当再生将完毕时，促肾上腺皮质激素水平下降，高尔基复合体又恢复正常大小。高尔基复合体的萎缩、破坏和消失，常见于中毒等病理情况下的肝细胞，这是由于脂蛋白合成及分泌功能障碍所致。

（二）高尔基复合体内容物的变化

由于高尔基复合体与脂蛋白的形成、分泌有关，因此在肝细胞的高尔基复合体中，常可见到电子密度不等的颗粒，电子密度低的，反映了其中所含的脂肪酸是饱和的，而电子密度高的则说明其脂类成分中是不饱和脂肪酸。当某些中毒因素（如四氯化碳）引起脂肪肝时，肝细胞内充满大量脂质体，高尔基复合体中含脂蛋白的颗粒消失，形成大量扩张或断裂的大囊泡。又如骨关节炎患者的滑膜细胞内，高尔基复合体明显地小而少，而附近细胞中的高尔基复合体大而多。

（三）癌细胞内的高尔基复合体的变化

在生长迅速、分化程度低的癌细胞中，高尔基复合体常不发达，如人胃低分化腺癌细胞；而分化程度较高的癌细胞中，高尔基复合体则比较发达。有时在癌细胞内还可以看到高尔基复合体的肥大和变形，如人的肝癌细胞。

第三节　溶　酶　体

溶酶体（lysosome）是细胞内一种膜性结构的细胞器，内含多种酸性水解酶，能分解各种内源性或外源性物质，被称为细胞内的消化器官。溶酶体几乎存在于所有的动物细胞中，只有极少数的细胞例外，如哺乳动物成熟红细胞。植物细胞内也有与溶酶体功能类似的细胞器—圆球体及液泡。典型的动物细胞中约含有数百个溶酶体，但在不同的细胞中溶酶体的数量和形态有很大差异，即使在同一种细胞内，溶酶体的大小、形态也有很大区别，这主要是由于每个溶酶体处于其不同生理功能阶段的缘故。

溶酶体对细胞生理、病理以及细胞分化与衰老过程都起着重要作用，因此越来越受到人们的重视。

一、溶酶体的结构和化学组成

（一）溶酶体的结构特点

溶酶体是由一层单位膜围界而成的球形或卵圆形囊状结构，大小不一，常见直径在 $0.2 \sim 0.8 \mu m$ 之间，最小的为 $0.05 \mu m$，最大可达数微米。溶酶体由一层厚约 6nm 的单位膜包围，内含物的电子密度较高，故着色深，因此易与其他泡状细胞器区别。溶酶体含有丰富的酸性水解酶。特别是所有的溶酶体中均含酸性磷酸酶，因而将酸性磷酸酶作为溶酶体的标志酶。溶酶体的形态和体积不仅在不同细胞中不同，即使在同一细胞中也不一样。

（二）溶酶体的酶

溶酶体中含有 40 余种酸性水解酶，主要有酸性磷酸酶、酸性 RNA 酶、酸性 DNA 酶、蛋白磷酸酶、组蛋白酶、氨基肽酶、胶原酶、α - 葡萄糖苷酶、磷脂酸磷酸酶、脂酶、磷脂酶、芳香基硫酸酯酶等。这些酶能将蛋白质、多糖、脂类和核酸等水解为小分子物质。

不同类型细胞内溶酶体酶的种类和比例不同。即使在同一细胞内不同的溶酶体中，酶的种类和数量也不相同。

（三）溶酶体的膜

溶酶体膜比质膜薄，厚约 6nm，脂质双层中以鞘磷脂居多。溶酶体膜上有多种载体蛋白（carrier protein），可将经水解消化后的产物向外转运，这些分解产物进入胞质内可被细胞再利用，或者被排出于细胞外。

溶酶体酶在 pH 值 $3.0 \sim 6.0$ 的酸性环境中具有水解活性，最适 pH 值为 5.0，pH 值大于 7.0 时溶酶体酶失去活性。溶酶体膜上含有一种特殊的转运蛋白——质子泵（proton pump），质子泵可利用 ATP 水解时释放出的能量将 H^+ 泵入溶酶体内，从而维持腔内的酸性 pH 值，使水解酶发挥最有效的作用。

构成溶酶体膜的蛋白质是高度糖基化的，其糖基朝向溶酶体内，这可保护溶酶体膜免受溶酶体内蛋白酶的消化。

溶酶体膜的破裂将导致细胞致命损害。在正常情况下，溶酶体膜有屏障作用，可防止水解酶与胞质接触，以免细胞结构被破坏而造成细胞死亡。一旦溶酶体膜破裂，所含水解酶进入胞质，细胞将被分解。如水解酶到达细胞间质时，还可破坏间质成分，导致机体组织自溶。

二、溶酶体的类型

根据溶酶体的形成过程和功能状态可将溶酶体分为初级溶酶体（primary lysosome）、次级溶酶体（secondary lysosome）和残余小体（residual body）。

（一）初级溶酶体

初级溶酶体是由高尔基复合体扁平囊边缘膨大而分离出来的囊泡状结构，不含作用底物，仅含水解酶，一般体积较小，直径约 $0.25 \sim 0.50 \mu m$。

（二）次级溶酶体

次级溶酶体是由初级溶酶体和将被水解的各种吞噬底物融合形成的，其中含有消化酶、作用底物和消化产物。细胞中所见的溶酶体大多数属于次级溶酶体。根据底物的来源和性质不同，次级溶酶体又可分为异噬性溶酶体（heterophagolysosome）和自噬性溶酶体（autophago lysosome）。

异噬性溶酶体的作用底物来源于细胞外，包括细菌、异物及坏死组织碎片等。细胞首先以内吞方式将外源物质摄入细胞内，形成吞噬体或吞饮泡，然后与初级溶酶体融合形成异噬性溶酶体。

自噬性溶酶体是指作用底物来源于细胞内，如细胞内的衰老和崩解的细胞器以及细胞质中过量贮存的糖原颗粒等。这些物质可被细胞本身的膜如内质网膜包围，形成自噬体（autophagosome），自噬体与初级溶酶体融合而形成自噬性溶酶体。

（三）残余小体

在吞噬性溶酶体到达末期阶段时，还残留一些未被消化和分解的物质，并保留在溶酶体内，形成残余小体，也称终末溶酶体（telolysosome）。在电镜下残余小体呈现为电子密度较高、色调较深的物质。常见的残余小体有脂褐质、多泡体、髓样结构和含铁小体等（图 9-9）。这些残余小体有的能将其残余物通过胞吐作用排出细胞外，有的则长期存留在细胞内不被排出，如脂褐质。

1. 脂褐质（lipofusion）　为形状不规则，由单位膜包围的小体，其内容物电子密度较高，常含有浅亮的脂滴，一般见于神经细胞和心肌细胞中。神经细胞内的脂褐质随

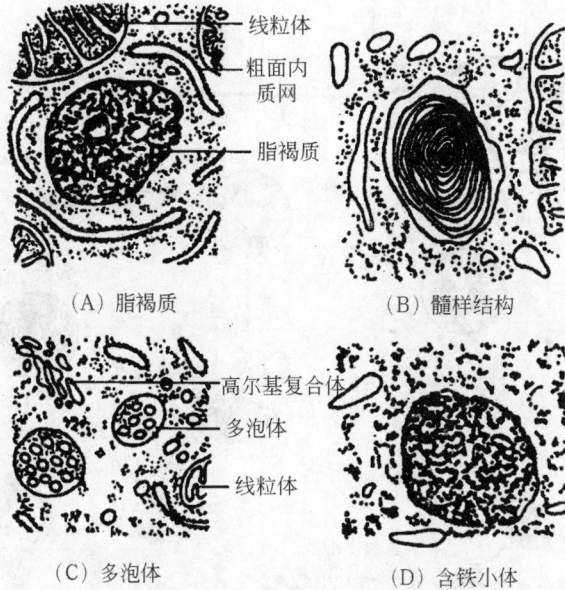

图9-9 次级溶酶体形成的各种残余小体

着年龄的增长，其数量也逐渐增多。

2. 多泡体（multivesicular body） 由单位膜包围，内含许多小泡，直径约 $0.2 \sim 0.3 \mu m$。由于多泡体的基质电子密度不同，而呈现出浅淡或致密的多泡体，通常可见于神经细胞和卵母细胞中。

3. 髓样结构（myelin figure） 是由膜性成分排列呈同心层状、板状和指纹状的结构。常见于巨噬细胞系统、肿瘤细胞和病毒感染细胞中。

4. 含铁小体（siderosome） 是由单位膜包裹的内部充满电子密度高的含铁颗粒，直径 $50 \sim 60 nm$，光镜下表现为含铁血黄素颗粒，常见于单核吞噬细胞系统中。当机体摄入大量铁质时，肝和肾等器官的吞噬细胞中可出现许多含铁小体。

三、溶酶体的功能

溶酶体是细胞内消化的主要场所，可消化多种内源性和外源性物质，此外还参与机体的某些生理活动和发育过程。

（一）对细胞内物质的消化

1. 自噬作用 溶酶体消化细胞自身衰亡或损伤的各种细胞器的过程称自噬作用（autophagy）。细胞内衰老或损伤的细胞器，首先被来自滑面内质网或高尔基复合体的膜所包围，形成自噬体，并与初级溶酶体的膜融合，形成吞噬性溶酶体并完成消化作用（图9-10）。

溶酶体对细胞内衰老破损的细胞器进行消化分解，可供细胞再利用，对细胞结构的更新具有十分积极的意义。

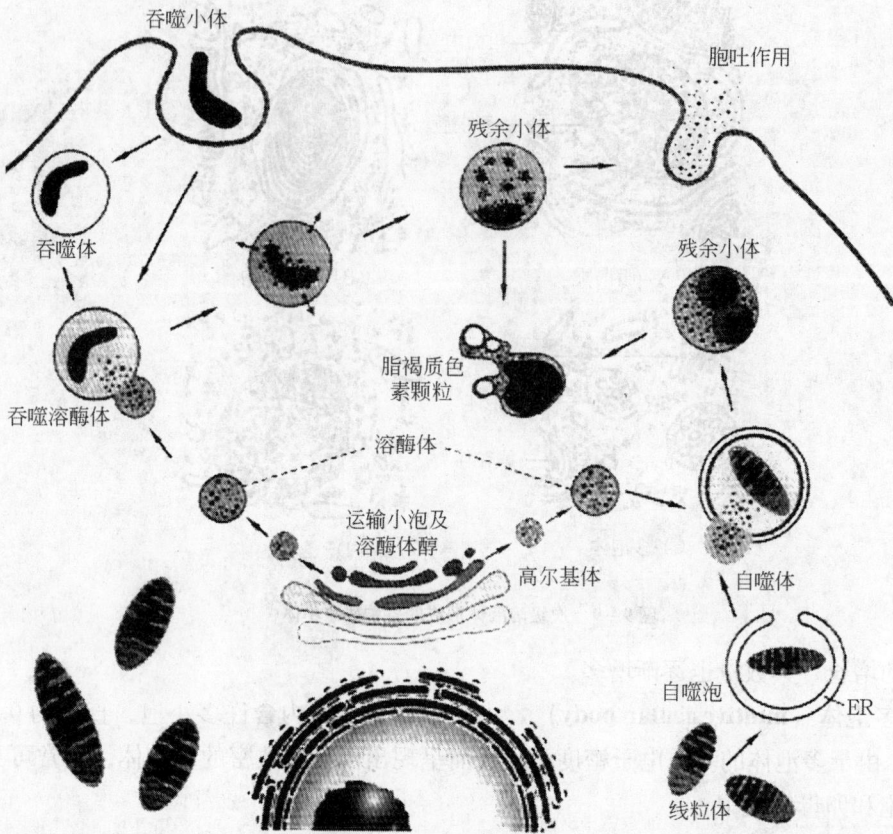

图 9 – 10　溶酶体的消化功能（引自 B. Alberts et al）

2. 异噬作用　溶酶体对细胞外源性异物的消化过程称为异噬作用（heterophagy）。这些异物包括作为营养成分的大分子颗粒，以及细菌、病毒等。异物经吞噬作用进入细胞，形成吞噬体（phagosome）；或经胞饮作用形成吞饮泡（pinosome）。吞噬体或吞饮泡进入细胞后，其膜与初级溶酶体膜相融合，成为次级溶酶体，异物在次级溶酶体中被水解酶消化分解成小分子，透过溶酶体膜扩散到细胞基质中供细胞利用，不能被消化的成分仍然留在吞噬性溶酶体内形成残余小体，多数的残余小体经出胞作用排出细胞外，但是某些细胞如神经细胞、肝细胞、心肌细胞等的残余小体不被释放，仍蓄积在细胞质中形成脂褐质（图 9 – 10）。

（二）对细胞外物质的消化

某些情况下溶酶体可通过胞吐方式，将溶酶体酶释放到细胞之外，消化细胞外物质，这种现象体现在受精过程和骨质更新方面。例如，溶酶体能协助精子与卵细胞受精，精子头部的顶体（acrosome）实际上是一种特化的溶酶体，顶体内含有透明质酸酶、酸性磷酸酶及蛋白水解酶等多种水解酶类。当精子与卵细胞的外被接触后，顶体膜与精子的质膜融合并形成孔道，此时顶体内的水解酶可通过孔道释放出来，消化分解掉卵细胞的外被滤泡细胞，并协助精子穿过卵细胞各层膜的屏障而顺畅进入卵内实现受精。在骨骼发育过程中，破坏骨质的破骨细胞与造骨的成骨细胞共同担负骨组织的连续改建过程，其中破骨细胞的溶酶体释放出来的酶参与陈旧骨基质的吸收、消除，是骨质更新的一个重要步骤。

（三）溶酶体的自溶作用与器官发育

在一定条件下，溶酶体膜破裂，水解酶溢出致使细胞本身被消化分解，这一过程称为细胞的自溶作用（autocytolysis）。如两栖类蛙的变态发育过程中，蝌蚪尾部逐渐退化消失，这是尾部细胞自溶作用的结果，在尾部开始退化时，尾部细胞内溶酶体显著增加，溶酶体中的组织蛋白酶能消化尾部退化的细胞，直到尾部消失。

在非正常生理条件下，例如在死亡细胞内溶酶体膜破裂得十分迅速。高等动物死亡后消化道黏膜很快就腐败，也正是由于溶酶体膜破裂的结果。在多细胞动物机体正常生命过程中，一些细胞死亡后，其内的溶酶体膜破裂，对于死亡细胞的清除是有意义的。当细胞突然缺氧或受某种毒素作用时，溶酶体膜可以在细胞内破裂，其中大量的水解酶释放到细胞质中，消化了细胞自身，同时向细胞外扩散，造成组织损伤或坏死。

（四）溶酶体与激素分泌的调节

在分泌激素的腺细胞中，当细胞内激素过多时，溶酶体与细胞内部分分泌颗粒融合，将其消化降解以消除细胞内过多激素，参与分泌过程的调节，把溶酶体分解胞内剩余的分泌颗粒的作用称粒溶作用（granulolysis）或分泌自噬。如母鼠在哺乳期，乳腺细胞机能旺盛，细胞中分泌颗粒丰富，一旦停止授乳，这种细胞内多余的分泌颗粒，即与初级溶酶体融合而被分解，重新利用。此外，某些激素如甲状腺激素也是在溶酶体的参与下完成的，在甲状腺滤泡上皮细胞内合成的甲状腺球蛋白，分泌到滤泡腔内被碘化后，又重新吸收到滤泡上皮细胞内（通过上皮细胞胞吞作用）形成大胶滴，大胶滴与溶酶体融合，由蛋白水解酶将甲状腺球蛋白分解，形成大量的甲状腺激素四碘甲状腺原氨酸（T_4）和少量三碘甲状腺原氨酸（T_3），甲状腺素由细胞转入血液中。

四、溶酶体与疾病的关系

溶酶体异常与许多疾病的发生有着密切的关系。

（一）先天性溶酶体病

溶酶体中酸性水解酶的合成，和其他蛋白质生物合成一样，是由基因决定的，若基因缺陷可引起酶蛋白合成障碍，缺乏某种溶酶体酶，导致相应的作用底物不能被分解而积累于溶酶体内，造成溶酶体过载，从而引起各种病理变化。这种先天性代谢病称为溶酶体积累病，现已发现有 40 多种先天性溶酶体病是由于溶酶体缺乏某些酶而引起的。例如，Ⅱ型糖原累积病（glycogen storage disease type Ⅱ）是人类最早发现的先天性代谢病，这种病是由于患者的常染色体隐性基因缺陷，不能合成 α-葡萄糖苷酶，致使糖原无法被分解而大量积累于溶酶体内，造成代谢障碍，此种情况可出现于患者肝、肾、心肌及骨骼肌中，严重损伤这些器官的功能。此病多见于婴儿，症状为肌无力，进行性心力衰竭等。病孩一般在 2 周岁内死亡。台－萨氏病（Tay－Sachs disease）又称黑蒙性先天愚病，是由于患者神经细胞溶酶体内缺少 β－氨基己糖苷酶 A（β－N－hexosaminidase A），致使神经节苷脂 GM2 无法降解而积累在溶酶体中，患者表现为渐进性失明、痴呆和瘫痪。

（二）溶酶体与矽肺

矽肺是工业上的一种职业病，其形成原因主要是由于溶酶体膜的破裂。当人体的肺吸入空气中的矽尘颗粒（二氧化硅、SiO_2）后，硅尘颗粒便被肺部的巨噬细胞吞噬形成吞噬小体，吞噬小体与初级溶酶体融合形成次级溶酶体，二氧化硅在次级溶酶体内形成硅酸分子，与溶酸体膜结合而破坏溶酶体膜的稳定性，造成大量水解酶和硅酸流入细胞质内，引起巨噬细胞死亡。由死亡细胞释放的二氧化硅再被正常巨噬细胞吞噬，如此反复，巨噬细胞的不断死亡诱导成纤维细胞的增生并分泌大量胶原物质，而使吞入二氧化硅的部位出现了胶原纤维结节，导致肺的弹性降低，肺功能受到损害。

硅肺病人常出现吐血，这是由于血小板内的溶酶体在二氧化硅的作用下，膜发生了破裂，释放出来的酸性水解酶溶解了气管的微血管壁，而造成了血液的外流。克硅平类药物能治疗硅肺，治病机制是该药中的聚 α－乙烯吡啶氧化物能与硅酸分子结合，代替了硅分子与溶酶体膜的结合，从而保护了溶酶体膜不发生破裂。

（三）溶酶体与类风湿性关节炎

对于类风湿性关节炎的发病原因目前虽然尚不清楚，但由该病所引起的关节软骨细胞的侵蚀，却被认为是由于细胞内的溶酶体膜脆性增加，溶酶体酶局部释放，被释放出来的酶中有胶原酶，它能侵蚀软骨细胞。消炎痛（indomethacin）和肾上腺皮质激素（cortisone）具有稳定溶酶体膜的作用，所以被用来治疗类风湿性关节炎。

（四）溶酶体与肿瘤

研究表明溶酶体与恶性肿瘤的发生有关。有人应用电镜放射自显影技术，观察到致癌物质进入细胞之后，先贮存于溶酶体内，然后再与染色体整合。也有人提出，作用于溶酶体膜的物质有时也能诱发细胞异常分裂。还有人证实，致癌物质引起的染色体异常和细胞分裂的机制障碍等，可能与细胞受到损伤后溶酶体释放出来的水解酶有关。溶酶体作为细胞自噬和凋亡的关键参与者，与肿瘤发生发展也存在一定的相关性。

第四节　过氧化物酶体

过氧化物酶体（peroxisome）又称微体（microbody），是于 1954 年用电镜观察小鼠肾的近曲小管上皮细胞时首次被观察到的结构，直径约 $0.5\mu m$，由一层膜包被。以后经过10余年的研究，认为该结构普遍存在于高等动物和人体细胞内，常见于哺乳动物的肝细胞和肾细胞中，内含氧化酶和过氧化氢酶，是真核细胞中的一种细胞器。

一、过氧化物酶体的形态结构和化学组成

过氧化物酶体是由一层单位膜包裹的球形或卵圆形小体，直径约 $0.5\mu m$，小体中央常含有电子密度较高，呈规则的结晶状结构，称类核体（nucleoid）。类核体为尿酸氧化酶的结晶。人类和鸟类的过氧化物酶体不含尿酸氧化酶，故没有类核体。在哺乳动物中，只有在肝细胞和肾细胞中可观察到典型的过氧化物酶体。如大鼠每个肝细胞中约有70~100个过氧化物酶体。

过氧化物酶体中含有40多种酶，如尿酸氧化酶、D－氨基酸氧化酶等，以及过氧化氢酶。每个过氧化物酶体所含氧化酶的种类和比例不同，但是过氧化氢酶则存在于所有细胞的过氧化物酶体中，所以过氧化氢酶可视为过氧化物酶体的标志酶。

二、过氧化物酶体的功能

过氧化物酶体是一种异质性的细胞器，各种过氧化物酶体的功能有所不同，但氧化多种作用底物，催化过氧化氢生成并使其分解的功能却是共同的。在氧化底物的过程中，氧化酶能使氧还原成为过氧化氢，而过氧化氢酶能把过氧化氢还原成水。过氧化物酶体可使相应作用底物以氧为受氢体，通过两步反应将底物氧化，过氧化氢为中间产物，其最终被过氧化氢酶分解：

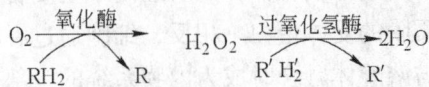

$$O_2 \xrightarrow{\text{氧化酶}} \quad H_2O_2 \xrightarrow{\text{过氧化氢酶}} 2H_2O$$
$$RH_2 \quad\quad R \quad\quad R'H_2 \quad\quad R'$$

第一步反应中氧化酶的作用底物（RH_2）如尿酸、L－氨基酸、D－氨基酸等作为供氢体而被氧化、产生中间产物 H_2O_2。H_2O_2 对细胞有毒害作用，故第二步由过氧化氢酶分解 H_2O_2 而解毒，反应过程中供氢体（$R'H'_2$）为甲醇、乙醇、亚硝酸盐或甲酸盐等小分子。因此，过量饮酒造成的酒精中毒，约有一半是经过过氧化物酶体的氧化分解来解毒的。所以过氧化物酶体在肝、肾细胞内主要的功能是防止产生过量的过氧化氢，以免引起细胞中毒，对细胞起着保护作用。另外，过氧化物酶体对细胞氧张力具有调节作用，还参与脂肪、核酸和糖的代谢作用。

三、过氧化物酶体的生物发生

关于过氧化物酶体的生物发生，目前尚不十分清楚。过去一般认为过氧化物酶体的发生与溶酶体类似，内质网也参与过氧化物酶体的发生。过氧化物酶体的蛋白质是在粗面内质网的核糖体上合成的，然后移至内质网腔，通过内质网的特定区域以出芽方式形成过氧化物酶体。应用电镜可以观察到过氧化物酶体常在接近于内质网的切面上分布，或者与内质网连接在一起。

现在有实验证明，组成过氧化物酶体的蛋白均由细胞核基因编码，主要在细胞质基

质（胞液）中合成，然后转运到过氧化物酶体中。过氧化物酶体中的各种酶是在胞液中游离的核糖体上合成的，在许多过氧化物酶体酶蛋白近羧基端有一特异的 3 个氨基酸序列（丝氨酸－赖氨酸－亮氨酸）是输入信号，如果实验性地将这一序列连到胞液中的蛋白质上，这种蛋白质便被输入到过氧化物酶体中。推测过氧化物酶体膜的胞液面具有识别该输入信号的受体蛋白，通过受体蛋白识别酶蛋白的输入信号，从而引导胞液中合成的酶蛋白输入到过氧化物酶体中。

现在也有证据提出，过氧化物酶体的发生过程与线粒体或叶绿体类似，新的过氧化物酶体是由已存在的过氧化物酶体通过生长与分裂形成的。子代的过氧化物酶体还需要进一步组装形成成熟的细胞器，但在过氧化物酶体中不含 DNA。在细胞中若过量表达 Pexll 蛋白，过氧化物酶体的数量就增加，这表明 Pexll 蛋白可能参与其增殖调控。

第五节 膜 流

细胞内膜性结构的细胞器彼此有一定的联系，并可相互转变。如内质网的膜与核膜相连，高尔基复合体的膜与内质网膜又有密切联系。现在知道活细胞的膜系统是处于一种积极的动态平衡状态，也就是说，细胞的膜性成分可以更新，可以相互转移。这种细胞膜性结构中膜性成分的相互移位和转移的现象称为膜流（memebrane flow）。细胞通过膜流，进行物质分配和运输（图 9-11）。例如，某种膜嵌入蛋白（如膜受体）最初以特定的方式插入内质网膜上，通过膜流也就是内质网以"芽生"方式产生小囊泡，使嵌有该膜受体的膜片转移至高尔基复合体，然后经高尔基复合体形成分泌泡，在完成分泌时将其并入质膜，成为质膜的受体蛋白。相反，细胞通过吞噬、吞饮作用也可将质膜的一部分带进细胞内，当与溶酶体融合时成为内膜系统的一部分。不同部位的膜，各自有其特异结构，可以设想细胞必然有某些机制来保障膜的转化。现在认为引导膜流和保持膜转化的机制与膜受体和膜内笼形蛋白有关。膜流现象不仅说明细胞膜系统经常处于运动和变化状态，使膜性细胞器的膜成分不断得到补充和更新，并与外界相适应，以维持细胞的生存和代谢，而且在物质运输上起着重要的作用。

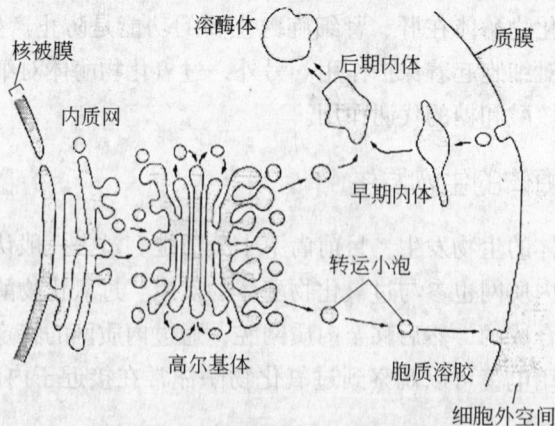

图 9-11 膜流

第十章 核 糖 体

核糖体（ribosome）是核糖核蛋白体的简称，也叫核蛋白体，是由核糖体 RNA（rRNA）和核糖体蛋白组成的一种非膜性的细胞器，其主要功能是根据 mRNA 的指令将氨基酸合成多肽链，所以，核糖体是细胞内蛋白质合成的场所。Robinsin 和 Brown 于 1953 年在电子显微镜下发现了这种位于植物细胞内的颗粒状结构，1955 年，Palad 通过电镜在动物细胞内也发现类似的颗粒状结构，其核酸含量丰富，于是根据 Roberts 的建议，1958 年将这种颗粒状结构命名为核糖核蛋白体，简称核糖体。后来通过放射性同位素标记实验，确定了核糖体具有蛋白质合成的生物学功能。

除了病毒和哺乳动物的成熟红细胞等极个别的高度分化的细胞外，无论是原核细胞，还是真核细胞，都普遍存在核糖体，它是细胞极其重要的结构之一。除分布在细胞质基质、内质网和核膜表面外，线粒体和叶绿体中也有核糖体存在。

核糖体的发现迄今已近 60 年，作为细胞内蛋白质生物合成的场所，核糖体在细胞生命活动中具有极其重要的地位。其复杂的空间结构，为人们通过了解生物大分子空间结构而进一步研究生理功能提供了一个典范，这对全面了解细胞的生命活动有着重要意义。

第一节 核糖体的一般性状

核糖体是一种不规则的颗粒状的非膜性细胞器，存在于细胞质。真核细胞中部分核糖体附着在内质网表面，构成粗面型内质网（rough endoplasmic reticulum，RER），原核细胞部分核糖体则附着在质膜内侧，这些核糖体称为附着核糖体（attached ribosome）；另外一些核糖体呈游离状态，分布于细胞质基质，称为游离核糖体（free ribosome）。同一细胞内的附着核糖体和游离核糖体的化学组成和结构完全相同，只是所合成蛋白质的种类有所不同。游离核糖体主要合成结构蛋白质（内源性蛋白质），多分布在细胞质基质中或供细胞本身生长代谢所需要；附着核糖体主要合成输出蛋白质（分泌蛋白质）和膜蛋白，分泌蛋白质可从细胞中分泌出去，如抗体、酶原和蛋白质类激素。

一、核糖体的形态结构

在电镜下，核糖体是直径为 25~30nm 不规则的致密颗粒状（dense granule）结构，广泛存在于细胞质，没有生物膜包裹，属于非膜性细胞器。

核糖体具有一定的三维形态，且每一核糖体均由大、小两个亚基（subunit）构成（图 10 −1）。肝细胞核糖体负染色显示，大亚基略呈半圆形，直径约为 23nm，在一侧伸出三个突起，中央为一凹陷；小亚基呈长条形，大小为 23 ×12nm，在约 1/3 长度处有一细的缢痕，将小亚基分为大小两个区域。当大小亚基结合在一起形成核糖体时，其凹陷部位彼此对应，从而形成一个隧道，为蛋白质翻译时 mRNA 的穿行通路；此外，在大亚基中还有一垂直于该隧道的通道，在蛋白质合成时，新合成的肽链由此通道穿出，可保护新生肽链免受蛋白水解酶的降解。

核糖体分布在蛋白质合成旺盛的细胞中，或分布在细胞内蛋白质合成旺盛的区域，其数量与蛋白质合成程度有关。原核细胞中平均每个细胞有 2000 个核糖体，而真核细胞内的核糖体数量要大得多，可达 $10^6 \sim 10^7$ 个。虽然核糖体由大、小两个亚基组成，但不进行蛋白质合成时，二者是分开的，游离存在于细胞质；在进行蛋白质合成时，小亚基与 mRNA 结合后，大亚基才与小亚基聚合在一起。肽链合成终止后，大、小亚基解离，处于游离状态。

核糖体的大、小亚基之间的结合与分离是依环境条件和生理状态而定，其中 Mg^{2+} 浓度有着重要的作用。当 Mg^{2+} 浓度大于 0.001mol/L 时，大、小两个亚基即聚合起来，成为一个核糖体；若 Mg^{2+} 浓度再增加 10 倍，两个单核糖体可以进一步聚合成二聚体；而当 Mg^{2+} 浓度降低时，二聚体可变为单核糖体，核糖体也可以分解成大、小两个亚基。

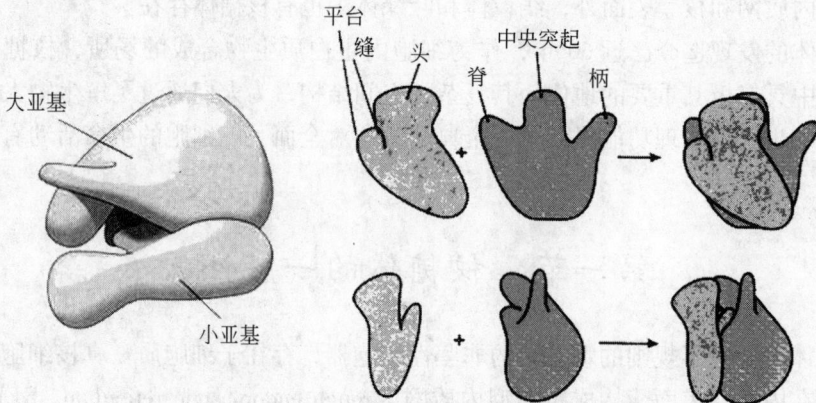

图 10 −1　不同侧面观的核糖体立体结构模式图

二、基本类型和化学组成

生物体内含有两种基本类型的核糖体：一种是原核细胞核糖体，另一种是真核细胞核糖体。原核细胞核糖体为 70S（S 为 Svedberg 沉降系数单位），相对分子质量为 2.5×10^6；真核细胞核糖体为 80S，相对分子质量为 4.8×10^6；此外，真核细胞叶绿体中的核糖体为 70S，与原核细胞相同；但线粒体的核糖体变化较大，有 55 ~60S（哺乳动物）、75S（酵母）和 78S（高等植物）。

在真核细胞和原核细胞中，核糖体的主要化学成分都是核糖体 RNA（rRNA）和核糖体蛋白（ribosomal protein，RP），但是各自 rRNA 分子的长度、蛋白质数量以及所形成的大小亚基是不相同的（表 10 -1）。其中 rRNA 约占 2/3，核糖体蛋白质约占 1/3，蛋白质主要分布在核糖体表面，而 rRNA 主要位于内部，二者之间通过非共价键结合。核糖体中的 rRNA 主要构成核糖体的骨架，将蛋白质串联起来，并决定核糖体蛋白质的定位。

在真核细胞 80S 核糖体中，大亚基为 60S，由 28S、5.8S 和 5S rRNA 分子与 49 种核糖体蛋白质组成，小亚基为 40S，由 18S rRNA 与 33 种核糖体蛋白质结合组成。

在原核细胞 70S 核糖体中，大亚基为 50S，由 23S、5S rRNA 分子与 34 种核糖体蛋白质组成，小亚基为 30S，由 16S 的 rRNA 与 21 种核糖体蛋白质结合组成。

表 10 -1　原核细胞与真核细胞核糖体成分的比较

核糖体类型	大小	亚基	rRNA	核糖体蛋白质
真核细胞	80S	大亚基 60S	28S +5.8S +5S	49 种
		小亚基 40S	18S	33 种
原核细胞	70S	大亚基 50S	23S +5S	34 种
		小亚基 30S	16S	21 种

组成核糖体的蛋白质种类繁多，研究它们的生物学特性及其在核糖体中的存在方式和作用十分困难。现在通过电泳和层析技术，已经成功地将大肠杆菌的核糖体蛋白质进行了分离鉴定，大多数蛋白质呈纤维状，只有少数呈球状。

核糖体蛋白质的命名方式，对于真核细胞大亚基共 49 种蛋白质，分别命名为 L1 ～ L49；小亚基 33 种蛋白质，分别命名为 S1 ～ S33。原核细胞大亚基有 34 种蛋白质，分别命名为 L1 ～ L34；小亚基命有 21 种蛋白质，分别命名为 S1 ～ S21。

核糖体内所有的 rRNA 在形成核糖体的结构和功能上都起到重要作用。rRNA 中有很多双螺旋区。研究大肠杆菌 E. coli 发现，16S rRNA 序列组成在进化上非常保守，具有四个结构域，每个结构域内有 40% 的碱基配对，形成螺旋的柄状结构（图 10 -2）。16S rRNA 在识别 mRNA 上的起始密码子具有重要作用，并且 16S rRNA 的电镜下的形态与 30S 的小亚基相似，有人认为小亚基的形态由 16S rRNA 决定。

三、核糖体 rRNA 基因及其转录

核糖体的主要化学成分是 rRNA 和蛋白质，其编码基因可以分为两类：一类是编码 rRNA 基因，另一类是编码蛋白质的基因。

蛋白质合成活跃的细胞中，需要大量的核糖体，为了满足细胞获得大量的 rRNA，通过以下两种机制提供大量的 rRNA：

1. 增加基因组中编码 rRNA 基因的拷贝数量。如在大肠杆菌基因组中有 7 套 rRNA 基因；真核细胞中含有 18S、5.8S 和 28S rRNA 基因拷贝数量从几百到几千个，5S rRNA 基因拷贝数量达到 5×10^4 个。人类基因组中，18S、5.8S 和 28S rRNA 基因串联在一起，

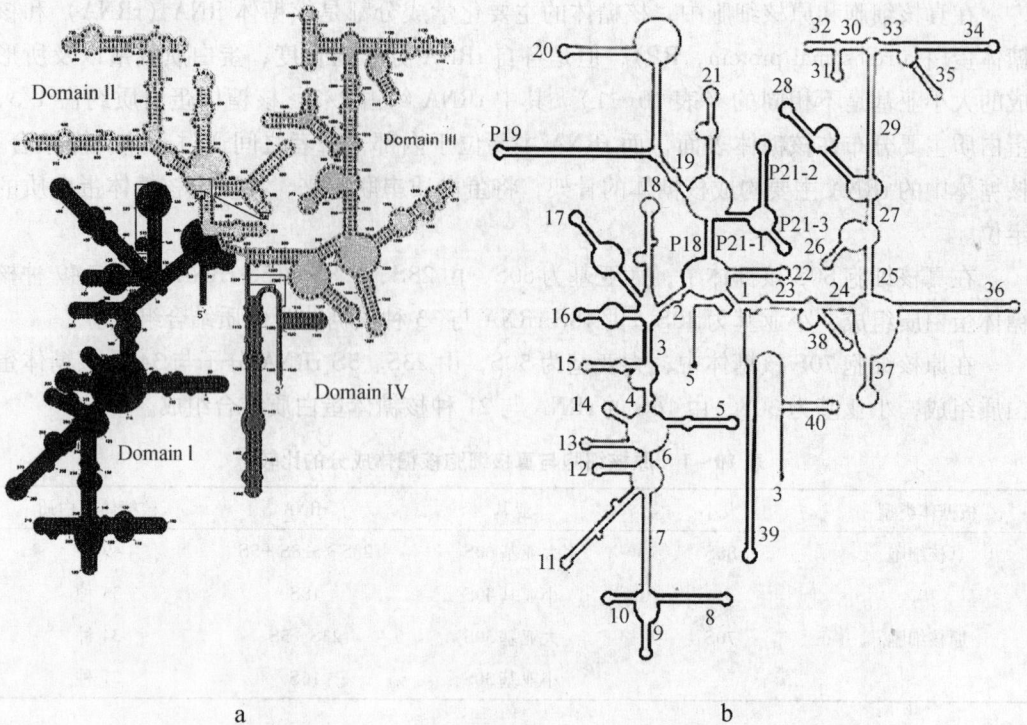

图 10－2　原核细胞 16S rRNA 的二级结构
a. 为 16S rRNA 四个结构域；b. 为 16S rRNA 高度保守区

分布在 13、14、15、21、22 号染色体上，在间期的细胞核中，此 5 条染色体 rRNA 基因区域在转录时聚集，形成一个核仁；真核细胞 5S rRNA 基因独立存在于一条或者几条染色体上，拷贝数量达数千个。人类细胞中 5S rRNA 基因位于 1 号染色体长臂端粒区，拷贝数量高达 2.4×10^4 个。

2. 在特定细胞中通过基因扩增使 rRNA 基因拷贝数量剧增。研究发现，两栖类卵母细胞在发育早期 rRNA 基因的数量扩增到 10^3 倍，扩增的结果各种类型 rRNA 基因数量达到 5×10^5 个，而在同种生物其他类型的细胞中，rRNA 基因数量只有几百个。

真核细胞 rRNA 基因首先转录成一个 45S 的 rRNA 前体，在核仁中经过剪切形成 18S、5.8S 和 28S 三个 rRNA 产物，5S rRNA 是在 1 号染色体核仁外区域转录的，然后运到核仁内参与核糖体组装。原核细胞的 rRNA 基因也先要被转录成一个 rRNA 前体，然后再经过加工成为成熟 rRNA。5S、16S、23S 三种 rRNA 的基因串联在一起，30S 小亚基转录物（rRNA 前体）中含有此三种 rRNA，30S rRNA 前体经过剪切形成 16S、23S 的 rRNA 前体。这些 rRNA 前体的进一步加工是在与核糖体蛋白质结合之后才进行的。1985 年，Cech 及其同事在研究四膜虫时发现 rRNA 前体具有催化 RNA 剪切的活性，于是将具有催化活性的 rRNA 前体命名为核酶（ribozyme），1992 年证明核酶具有催化蛋白质合成的活性。

核糖体的生物发生（biogenesis）均可分为蛋白质和 rRNA 的合成及大、小亚基的组装等过程。

核糖体是一种自行组装（self – assembly）的细胞器，1968 年，Nomura 把分开的大肠杆菌核糖体 30S 小亚基的 21 种蛋白质与 16S rRNA 在体外混合后，重新组装成小亚基，再与大亚基和其他辅助因子混合，发现重新组装的核糖体具有生物活性，能在体外进行多肽链的合成。这表明，即使没有样板或亲体结构作为参照，核糖体小亚基能进行自行组装。但组装过程中，结合到 rRNA 上的蛋白质有着严格的先后顺序。

核糖体的合成和组装过程较为复杂，原核细胞与真核细胞核糖体的合成与组装过程不相同，当蛋白质和 rRNA 合成加工成熟后，便要开始组装核糖体的大、小亚基。真核细胞的蛋白质基因转录后在细胞核中加工成熟，通过核孔运至细胞质合成蛋白质，再将合成的蛋白质经核孔运回到核仁参与亚基组装，18S、5.8S 和 28S rRNA 基因则是边转录边参与组装，5S rRNA 则是在细胞核转录后运至核仁参与组装。组装完成后，大、小亚基分别被转运至细胞质，待合成肽链时聚合到一起。而原核细胞则在细胞质中进行蛋白质的转录、翻译和各种 rRNA 转录加工，然后在细胞质分别进行大、小亚基的组装。

第二节　核糖体的基本功能

核糖体的功能是进行蛋白质的生物合成。遗传信息传递的过程中，DNA 将遗传信息转录给 mRNA，此为基因表达的第一步；mRNA 指导蛋白质合成是基因表达的第二步，即翻译。遗传信息的翻译在核糖体上进行，是细胞中最精确、最复杂的生命活动之一。

在核糖体上合成的只是蛋白质的一级结构，即氨基酸残基组成的多肽链。对于 mRNA，合成时阅读密码子的方向是 $5' \rightarrow 3'$ 端，tRNA 是活化和转运氨基酸的工具，通过 tRNA 专一识别并结合氨基酸，通过其上反密码子识别 mRNA 密码子，按照密码子排列顺序转运氨基酸并合成多肽链，合成是从多肽链 N 端开始，至 C 端结束。

蛋白质的生物合成机理十分复杂，涉及众多物质和核糖体上活性功能位点的参与，下面就以原核细胞 70S 核糖体的翻译为例，介绍参与蛋白质生物合成的一些重要物质和蛋白质生物合成的过程。

一、参与蛋白质生物合成的物质和核糖体的功能位点

1. 参与蛋白质生物合成的物质　①mRNA 是指导蛋白质合成的模板，遗传信息从 DNA 转录至 mRNA，mRNA 根据密码子及其排列顺序合成蛋白质，遗传信息通过蛋白质来体现其性状。②氨酰 – tRNA 合成酶，氨基酸在合成多肽之前必须活化，并与其特意的 tRNA 结合，此过程需要氨酰 – tRNA 合成酶来催化，所以该酶又称为氨基酸活化酶。③tRNA，转运氨基酸的工具，通过 tRNA 专一识别并结合氨基酸。④肽基转移酶，又称为转肽酶（transpeptidase），能催化 tRNA 运来的氨基酸与长在合成的肽链氨基酸残基之间形成肽键。⑤蛋白质因子：起始因子（initiation factor，IF）、延长因子（elongation factor，EF）和释放因子（release factor，RF）等在肽链合成起始、延长和终止起到重要作用。⑥高能化合物：ATP、GTP 等，在肽链合成过程中供给能量。

2. 核糖体的功能位点（图 10－3）　①mRNA 结合位点，位于小亚基上 16S rRNA 的 3′端，此处有一富含嘧啶序列，能与 mRNA 上 S－D 序列互补识别。蛋白质的合成起始首先需要 mRNA 与小亚基结合，所以 S－D 序列又称为 mRNA 上的核糖体结合位点。②P 位，又称供位或肽酰－tRNA 位，大部分位于大亚基上，小部分位于小亚基上，是起始氨酰－tRNA 结合的位置。③A 位，又称受位或氨酰－tRNA 位，大部分位于大亚基上，小部分位于小亚基上，是接受一个新进入的氨酰－tRNA 的部位。④E 部位，位于大亚基上，是 tRNA 脱离核糖体的部位。⑤T 因子位，即肽基转移酶位，位于大亚基上 P 位和 A 位的连接处，其作用是催化肽键形成。⑥G 因子位，是 GTP 酶位，位于大亚基上，分解 GTP 分子并将肽酰－tRNA 由 A 位移到 P 位。另外，还有与蛋白质合成有关的起始因子、延伸因子和释放因子的结合位点。

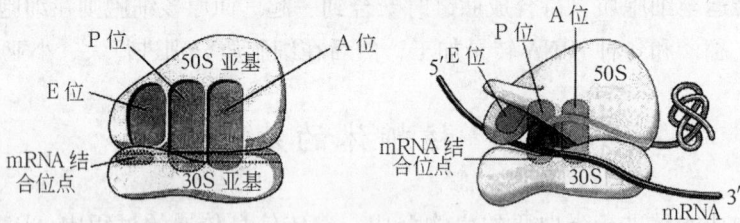

图 10－3　核糖体的几个功能位点

二、蛋白质的生物合成

核糖体上蛋白质的生物合成过程分为四个阶段：氨基酸的活化（即氨酰－tRNA 的合成），肽链合成的起始，肽链的延长，肽链的终止与释放。第一阶段在细胞质中完成，后三个阶段在核糖体上进行。

1. 氨酰－tRNA 的合成　由于 mRNA 上的密码子不能直接识别氨基酸，而氨基酸参与合成肽链之前需要活化获得能量，在氨酰－tRNA 合成酶作用下，氨基酸羧基与 tRNA 的 3′端的 CCA－OH 缩合形成氨酰－tRNA，然后氨酰－tRNA 运输到核糖体，才能通过 tRNA 反密码子环上的反密码子与 mRNA 上的相应密码子配对。氨酰－tRNA 合成酶分布于细胞质，具有高度特异性，既能识别特异的氨基酸，又能识别携带该种氨基酸的特异 tRNA，这是保证遗传信息能准确翻译的关键步骤之一。该过程需要消耗能量，依靠分解 ATP 来提供。其总反应式可以用如下方式表示：

$$氨基酸 + tRNA + ATP \longrightarrow 氨酰 - tRNA + AMP + PPi$$

2. 肽链合成的起始　肽链合成的起始是指大亚基、小亚基、mRNA 以及具有启动作用的氨酰－tRNA 聚合为起始复合物的过程，具有启动作用的氨酰－tRNA，原核细胞为甲酰甲硫氨酰－tRNA（fMet－RNA）。甲酰甲硫氨酰－tRNA 有两种类型：一种 5′端具有起始因子（IF）识别序列，与起始因子结合后，由起始因子牵引其结合到 mRNA 起始密码子 AUG 上，这种具有合成启动作用的甲酰甲硫氨酰－tRNA，被称为起始甲酰甲硫氨酰－tRNA。另外一种 5′端不具备起始因子识别序列，只能与起始密码子之后的

AUG 密码子结合。

翻译起始复合物的形成过程大致如下：

核糖体 30S 小亚基在起始因子 3（IF3）的帮助下识别并结合到 mRNA 的 S-D 序列上形成 IF3-30S 小亚基——mRNA 三元复合物。在 IF2 的作用下，起始甲酰甲硫氨酰-tRNA 通过反密码子与 mRNA 中的起始密码子 AUG 配对，同时 IF3 脱落，形成 30S 起始复合物，即 IF2-30S 小亚基-mRNA-fMet-tRNA^{fMet}复合物，此过程需要 GTP 和 Mg^{2+}参与。接下来 50S 大亚基与上述 30S 起始复合物结合，同时 IF2 解离，形成 70S 起始复合物，即 30S 小亚基-mRNA-50S 大亚基-fMet-tRNA^{fMet}复合物。此时，甲酰甲硫氨酰-tRNA（fMet-tRNA）占据 50S 大亚基 P 位，而 A 位则处于空置状态，等待第二个密码相对应的氨酰-tRNA 进入（图 10-4），合成进入延长阶段。

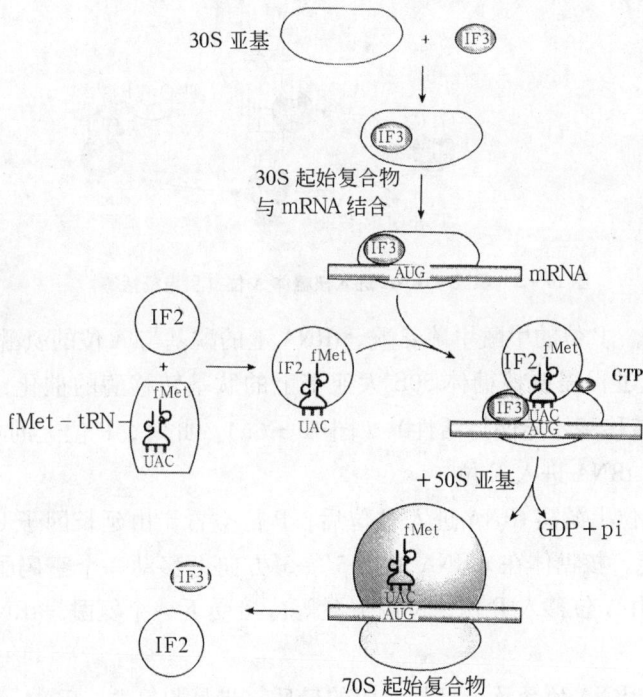

图 10-4 蛋白质合成时起始复合物的形成过程（引自杨恬等）

3. 肽链的延伸 起始复合物形成之后，按照 mRNA 密码子指令，各种氨酰-tRNA 运输到核糖体并与之结合，合成肽链逐渐延长。由于肽链的延长在核糖体上循环进行，此过程又称之为核糖体循环（ribosome circulation），每经过一个循环肽链就增加一个氨基酸。每增加一个氨基酸或一个核糖体循环包括氨酰-tRNA 进入 A 位、肽键形成、转位和脱氨酰-tRNA 的释放四个步骤。

（1）氨酰-tRNA 进入 A 位 起始复合物中的甲酰甲硫氨酰-tRNA 占据 P 位，根据 mRNA 上密码子的排列顺序，第二个氨酰-tRNA 进入 A 位，此时，P 位和 A 位均被相应的氨酰-tRNA 所占据。此步骤需要 GTP、Mg^{2+}和延长因子 EF-Tu 和 EF-Ts 协助

（图 10 −5）。

EF −Tu 与 GTP、氨酰 −tRNA 反应生成三元复合物氨酰 −tRNA −EF −Tu −GTP。该复合物 tRNA 上的反密码子识别 mRNA 上的密码子并与之结合，GTP 分解释放 Pi，EF −Tu −GDP 脱离并与 EFTs 反应生成 GDP 和 EF −Tu −EF −Ts，EF −Tu −EF −Ts 再与 GTP 反应，释放 EF −Ts 生成 EF −Tu −GTP 并进入下一个氨基酸的延长反应。

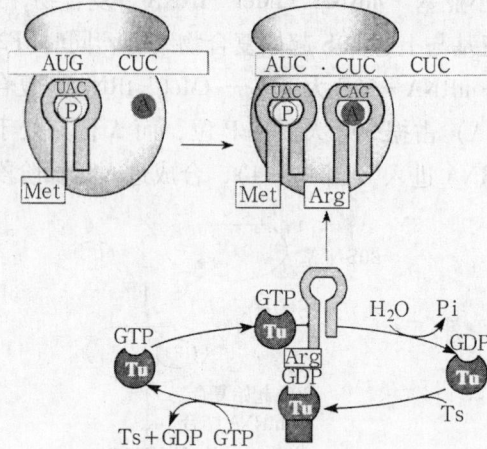

图 10 −5　氨酰 −tRNA 进入核糖体 A 位（引自杨恬等）

（2）肽键形成　P 位的甲酰甲硫氨酰 −tRNA 上的酰基与 A 位的氨酰 −tRNA 的氨基缩合形成肽键。此过程需要核糖体 50S 大亚基上的肽基转移酶的催化，还需要 Mg^{2+}、K^+ 的存在（肽基转移酶才能保持活性）（图 10 −6a）。此时，P 位上的 tRNA 与肽链的共价键断裂，游离 tRNA 进入 E 位。

（3）转位　P 位上游离 tRNA 进入 E 位后，P 位空置。由延长因子 G（EF −G）作用和 GTP 分解供能，核糖体在 mRNA 上沿 $5' \rightarrow 3'$ 方向上移动一个密码子的距离，结构造成肽酰 −tRNA 由 A 位移入 P 位，A 位空置等待接受下一个氨酰 −tRNA 进入（图 10 −6b）。

（4）脱氨酰 −tRNA 的释放　延长反应的最后一步是脱氨酰 −tRNA（有利的 tRNA）离开核糖体 E 位。

上述四个步骤不断循环，肽链得以不断延长。

4. 肽链合成的终止及释放　随着核糖体沿 mRNA 上 $5' \rightarrow 3'$ 移动，肽链逐渐延长。当 mRNA 上终止密码 UAA、UAG、UGA 中的任意一个进入 A 位点，无 tRNA 与之识别，只有释放因子（RF）识别终止密码并与之结合。释放因子（RF）分为三种：RF −1，识别 UAA、UAG；RF −2，识别 UAA、UGA；RF −3 结合 GTP 并促进 RF −1、RF −2 与核糖体结合。当 A 位点出现终止密码子，RF −1 或 RF −2 识别并与之结合，占据 A 位点。RF 的结合使核糖体上肽基转移酶构象改变，从而具有水解酶活性，是 P 位点上肽链与 tRNA 之间酯键被水解，肽链脱落，tRNA、mRNA、RF 也从核糖体上离开。随即核糖体大、小亚基解离，多肽链的合成终止（图 10 −7）。

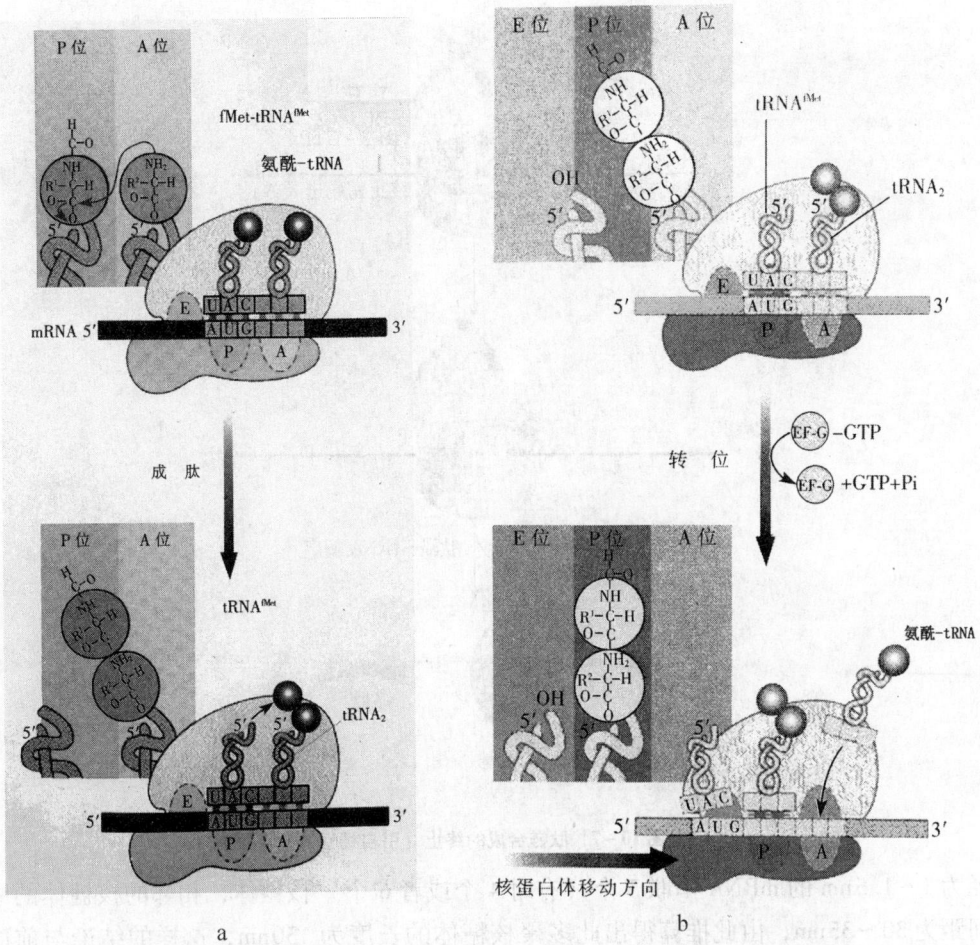

图 10-6 肽链延长过程中肽键形成（a）和转位（b）（仿杨恬等）

核糖体是一种动态结构，只有在蛋白质合成过程中，大、小亚基才结合在一起，当蛋白质合成结束时，大、小亚基分开而游离于胞质中。

三、多聚核糖体的形成

核糖体是蛋白质合成的机器。但核糖体在细胞内并非单个独立执行此功能，而是由多个甚至几十个核糖体串联在一条 mRNA 分子上高效地进行肽链合成。这种具有特殊功能与形态结构的核糖体与 mRNA 的聚合体称之为多聚核糖体（polysome 或者 polyribosome）（图 10-8）。每种多聚核糖体包含的核糖体数量由 mRNA 分子的长度决定，mRNA 分子越长，合成的多肽链相对分子量越大，核糖体的数目也越多。无论是附着核糖体还是游离核糖体，在蛋白质合成过程中，都能形成这样的功能单位。Waner 和 Rich 等发现网织红细胞内合成血红蛋白分子的多聚核糖体一般含有 5 个核糖体，根据血红蛋白一条多肽链（约含 150 个氨基酸）可推算出该 mRNA 分子的长度约为 150nm。二人通过密度梯度离心和电镜负染色技术相结合来观察网织红细胞内的多聚核糖体，是一条直

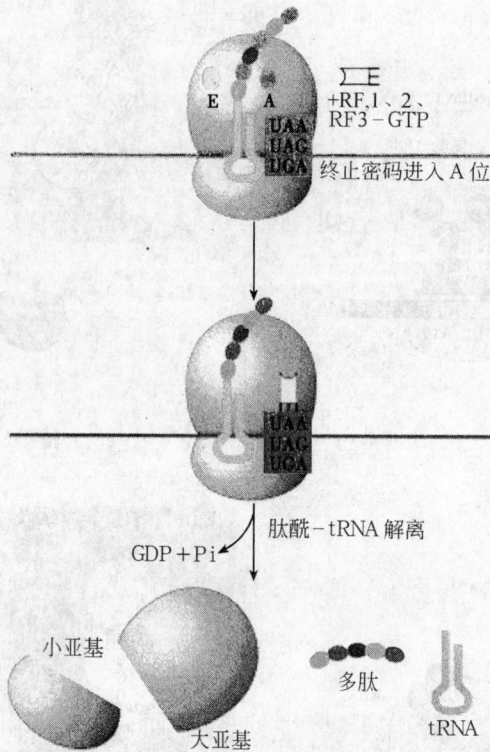

图 10 - 7　肽链合成的终止（引自杨恬等）

径为 $1 \sim 1.5\text{nm}$ 的 mRNA 串联 5 个（有时 4 个或者 6 个）核糖体，相邻的核糖体的中心间距为 $30 \sim 35\text{nm}$，由此推算得出此多聚核糖体的长度为 150nm，这样的结论与前面的结果相符。

真核细胞每个核糖体每秒将两个氨基酸残基加到多肽链上，而细菌可将 20 种氨基酸残基加到多肽链上，因此完成一条肽链的合成仅需要 20 秒至几分钟。即使在这样短的时间里，当第一个核糖体结合到 mRNA 起始蛋白质的合成后，不久便有第二个核糖体结合到 mRNA 上，二者相距 80 个核苷酸的距离。由于存在多聚核糖体合成蛋白质，细胞内各种蛋白质的合成，无论相对多肽分子质量的大小还是 mRNA 的长度，单位时间内合成的多肽分子的数目大致相等。在相同数量 mRNA 的前提下，多聚核糖体可大大提高合成多肽的速度，特别是相对分子质量较大的多肽，多肽合成速度提高的倍数与结合在 mRNA 上核糖体的数目成正比。在细胞周期的不同阶段，细胞中各种 mRNA 存在的数量、时间长短、稳定性不断处于变化之中，以多聚核糖体的形式合成多肽，对 mRNA 的利用及对其数量的调控更为经济和高效。

原核细胞中，转录 mRNA 的同时，核糖体就结合到 mRNA 上，即所谓的转录和翻译存在偶联现象，因此分离得到核糖体常常与 DNA 结合在一起。

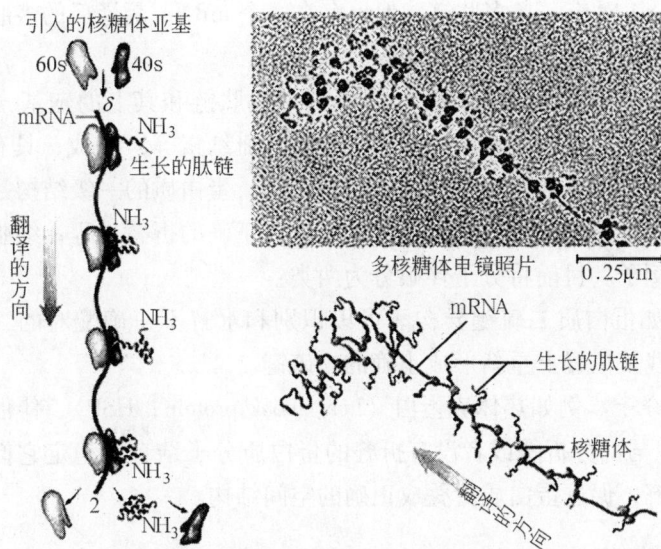

图 10-8 多聚核糖体上蛋白质的合成过程示意图（引自 B. Alberts 等）

四、蛋白质的加工修饰

细胞内核糖体所合成的新生多肽链尚不具备生物活性，必须经过化学修饰和加工处理，使其在一级结构的基础上进一步盘曲、折叠，亚基之间聚合，才能形成具有天然构象和生物学活性的功能蛋白。蛋白质的加工和修饰包括以下几种类型：

1. 肽链氨基端修饰 由于起始密码子为甲硫氨酸，故新生肽链 N 末端的甲硫氨酸残基（原核生物为甲酰甲硫氨酸），天然蛋白质一般无此残基。在真核细胞中，合成的肽链延伸至 15~30 个氨基酸残基，N 端甲硫氨酸残基或者相连若干氨基酸残基被氨基肽酶水解，原核细胞则先由脱甲酰基酶水解甲酰基，再切去甲硫氨酸，信号肽同时也被去除。

2. 共价修饰 蛋白质可以进行不同类型化学基团的共价修饰，修饰之后才具有生物学活性。

（1）磷酸化 磷酸化多在肽链的丝氨酸、苏氨酸的羟基上，酪氨酸残基亦可磷酸化。

（2）糖基化 细胞膜蛋白质和许多分泌性蛋白质都具有糖链，糖基化过程一般在内质网和高尔基体进行。

（3）羟基化 胶原蛋白前 α 链上的脯氨酸和赖氨酸残基在内质网被羟化酶催化生成羟脯氨酸和羟赖氨酸，若此过程障碍，胶原纤维不能交联，大大降低了其张力强度。

（4）二硫键的形成 大多数蛋白质具有二硫键，由两个半胱氨酸残基的巯基脱氢形成，二硫键是维持天然蛋白质的特定空间构象至关重要的共价键。

3. 多肽链的水解修饰 具有生物活性的蛋白质通常是由无活性的前体蛋白质水解而来，例如大多数蛋白酶原经水解后成为蛋白酶。真核细胞中一般一个基因对应一个

mRNA，一个 mRNA 对应一条多肽链，但也存在一个 mRNA 翻译后的多肽链经过水解后产生几种不同的蛋白质或多肽链的情况。

4. 辅助因子的链接和亚基聚合　结合蛋白是由肽链和其上的辅基（蛋白质或多肽链上的非氨基酸成分，可以是脂类、糖类、核酸、血红素等）构成，具有四级结构的蛋白质需要进行亚基的聚合才有生物活性。通常认为，蛋白质的一级结构是空间结构形成的基础，同时需要其他酶、蛋白质的辅助才能完成正确的折叠过程，细胞内的分子伴娘就是一个极好的例子。目前将分子伴娘分为两类：

（1）**酶**　例如蛋白质二硫键异构酶可以识别和水解不正确配对的二硫键，使之在正确的半胱氨酸残基位置上重新形成正确的二硫键。

（2）**蛋白质分子**　例如热休克蛋白（heat shock protein，HSP）、伴侣蛋白（chaperonins），它们可以与部分折叠或者没有折叠的蛋白质分子结合，稳定它们的构象，使其免受其他酶的水解，促进蛋白质折叠成正确的空间结构。

五、蛋白质的定位控制

细胞内的绝大部分蛋白质的合成都在细胞质核糖体上进行的，少数线粒体和叶绿体的蛋白质例外。就线粒体和叶绿体来说，二者大多数蛋白质还是在细胞质核糖体合成，然后再运输到线粒体和叶绿体。对于膜性细胞器来说，在其从细胞质或其他细胞器输入蛋白质时，采用不同的运输方式来实现，运输过程都需要消耗能量。

蛋白质从细胞质到细胞核的运输是通过核孔运输的，核孔起选择性通道的作用，它能主动转运特定的大分子，但也允许小分子自由扩散通过（图 10 -9①）；蛋白质从细胞质到内质网、线粒体、叶绿体或过氧化物酶体的运输，通过位于各种细胞器膜上的载体蛋白的协助进行跨膜运输。与核孔的运输方式不同，蛋白质分子通常必须伸展以穿过细胞器膜（图 10 -9②）。细菌细胞膜内也有类似的载体蛋白；蛋白质从内质网或其他膜性细胞器到另一个膜性细胞器的运输方式与上述两种运输机制不同，通过运输小泡来实现，称为膜泡运输。运输小泡从一个膜性细胞器内包裹蛋白质，然后从膜上形成小泡，脱离膜之后形成运输小泡。这些运输小泡通过膜融合的方式将所包裹的蛋白质运输到另一个膜性细胞器内（图 10 -9③）。在此过程中，膜成分中的膜脂和膜蛋白也从第一个膜性细胞器转移到第二个膜性细胞器，构成膜流的一部分。

膜性细胞器运输蛋白质的这三种主要方式都是在特定信号序列的指导下，将蛋白质运输到正确位置进行定位。

第三节　核糖体与疾病

核糖体由 rRNA 和核糖体蛋白组成。长期以来，对核糖体功能的认识仅仅停留在蛋白质合成上，随着技术的进步，研究的不断深入，核糖体蛋白的生理功能以及在人类疾病发生和发展中的作用得以揭示，其研究逐渐成为热点。

核糖体蛋白是核糖体的重要组成部分，除了参与蛋白质的合成之外，核糖体蛋白还

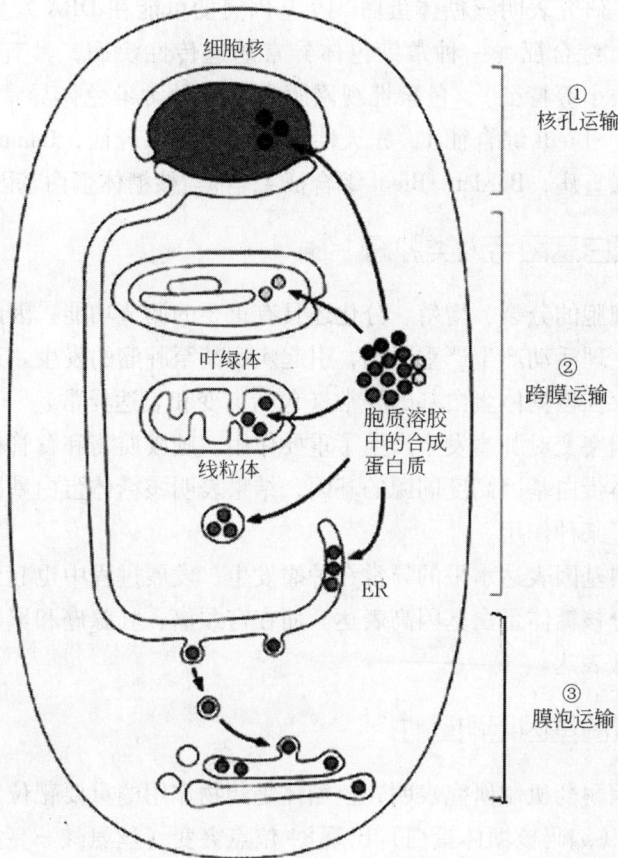

图 10 – 9 细胞内蛋白质运输的三种主要机制（引自 B. Alberts et al）

在运输机制①、③中，蛋白质在运输过程中保持折叠状态，但通常
在机制②中则为伸展状态。所有运输过程均需要能量。

具有其他功能，但由于数量众多，功能复杂，以及研究手段的限制，其参与生命调控的
作用机制一直不太清楚。近年来研究表明核糖体蛋白质基因进化上高度保守，不同物种
间核糖体蛋白质氨基酸相同程度很高。核糖体蛋白质基因突变或缺失可以在不影响蛋白
质翻译的情况下，对细胞的生理功能产生广泛的影响。由于基因高度保守，人类核糖体
蛋白质基因发生相同的突变或缺失时，同样可以产生存活且异常的表型。核糖体蛋白质
基因突变或核糖体蛋白的缺失或不恰当的化学修饰，一方面将影响核糖体的功能，降低
多肽合成的活性，另一方面会影响核糖体蛋白质的生理功能，由此引发各种疾病。

核糖体蛋白基因突变或表达异常与人类某些遗传性疾病和肿瘤的发生密切相关，也
会导致细菌耐药性的产生。

一、核糖体蛋白基因与人类遗传性疾病

1990 年，Fisher 等发现位于 X 染色体和 Y 染色体上的核糖体蛋白 S4 基因缺失是造
成 Turner 综合征（核型为 45，X）的重要原因。Diamond – Blackfan（DBA）贫血是一

种罕见的慢性疾病，研究表明核糖体蛋白 S19 基因突变可能在 DBA 发生过程中发挥了作用。另外，Noonan 综合征（一种常染色体异常的遗传性疾病，具有先天性心脏病、特征性容貌和身材矮小等特征），色素性视网膜炎（一种常染色体异常遗传病），先天性上睑下垂，Bardet－Biedl 综合征 1，先天性致死性挛缩综合征，Camurati－Engelmann 病，营养不良性肌强直病，Bardet—Biedl 综合征 4，都与核糖体蛋白基因异常相关。

二、核糖体蛋白基因与人类肿瘤

核糖体蛋白对细胞的分裂、增殖、分化还具有重要的调节功能。因此核糖体蛋白异常，必然对细胞的生理活动产生严重影响，引起疾病甚至肿瘤的发生。近年来的研究表明在许多肿瘤中都存在核糖体蛋白基因异常（包括突变和表达异常）。

核糖体蛋白基因突变对肿瘤发生产生了重要作用。脑胶质瘤和食管癌相关基因研究中均克隆出与核糖体蛋白基因高度同源的基因，结果表明核糖体蛋白基因突变在细胞恶性转化过程中起到了某种作用。

部分核糖体蛋白基因表达水平的异常在肿瘤发生、发展过程中也起到了作用。结肠癌和肺癌细胞中部分核糖体蛋白基因高表达。而在宫颈癌、乳腺癌和卵巢癌细胞中，部分核糖体蛋白基因低表达。

三、核糖体蛋白基因与耐药性

近年来，对细菌耐药机制研究表明，核糖体是药物作用的重要靶位。如耐药金黄色葡萄球菌 gyrA 基因（编码核糖体蛋白）出现 84 位点突变（丝氨酸－亮氨酸）改变了核糖体的结构，导致其合成的细菌 DNA 解旋酶的亚基发生改变，造成对喹诺酮类抗生素的耐药。氨基糖苷类药物主要通过与细菌核糖体结合，抑制细菌蛋白质的合成，从而发挥抗菌作用。核糖体蛋白基因突变导致核糖体蛋白的改变，造成核糖体与此类药物的亲和力降低，从而产生对这类药物耐药。

在肿瘤耐药机制中核糖体蛋白基因也发挥着重要作用。胃癌耐药细胞系核糖体蛋白基因高表达，并将其克隆构建真核表达载体转染非耐药胃癌细胞系，转染后的使其耐药性明显增强。

核糖体蛋白基因突变和表达水平的改变，在遗传性疾病、肿瘤的发生和发展过程中发挥了重要作用，对细菌、肿瘤耐药性的形成也有重要影响。目前对核糖体蛋白基因调控多种生理活动的作用机制以及核糖体蛋白基因异常导致疾病发生的机制还不清楚，亟待进一步研究。

第十一章　细胞的信号转导

细胞可识别各种化学信号，并通过受体与之结合，将这些信号传入细胞内，产生各种信号分子，导致有规律的级联反应，以改变胞内某些代谢过程，这种通过化学信号分子而实现的对细胞生命活动调节的现象称为细胞的信号转导（signal transduction）。细胞能进行代谢、增殖、生长、分化、凋亡等复杂的生命活动，这些生命活动的调控离不开细胞的信号转导，一旦信号转导过程发生异常，细胞功能受到影响，个体便会产生疾病。

第一节　细胞信号转导的分子基础

细胞信号转导系统（cell signaling system）包括受体、相应的信号转导通路及其作用终端。

生物体在进行生命活动过程中会释放信号分子，并通过这些信号分子作用于细胞膜表面的受体进一步激发细胞内信号转导通路，触发离子通道开放、蛋白质磷酸化及基因表达等，产生一系列的生物效应。

一、信号分子

（一）胞外信号分子

生物通过信号分子调节生命活动，胞外信号分子通常由特定的细胞释放，经扩散或血液循环到达靶细胞，与靶细胞膜上受体结合后产生效应，这些细胞间信号分子被称为第一信使（primary messenger）。

细胞间信号分子包括氨基酸及衍生物（甲状腺素、肾上腺素等）、蛋白质及肽类（细胞因子、生长因子等）、脂酸衍生物（前列腺素等）、类固醇激素（性激素等）、气体分子（一氧化氮、一氧化碳）等。这些信号分子对细胞生物效应起着重要的作用，如细胞生长因子、细胞因子等可调节细胞增殖；甾体激素等可诱导细胞分化；神经递质在神经细胞间传递神经冲动。根据特点和作用方式，细胞外的信号分子分为如下几种类型。

1. 激素　由内分泌细胞分泌后可作用于靶细胞，大多数激素对靶细胞的作用时间较长。激素可分为含氮激素和甾体激素两大类。常见的激素有：甲状腺素、肾上腺素、胰岛素和性激素等，它们通过血液循环到达靶细胞。

2. 神经递质　由神经突触前膜释放，作用时间较短，常见的神经递质有乙酰胆碱、去甲肾上腺素等，与突触后膜上的受体结合而发挥作用。

3. 局部化学介质　某些细胞分泌的化学介质不进入血液循环而是通过扩散作用到达邻近靶细胞，生长因子、一氧化氮等属于此类分子。除生长因子外其他分子作用时间短。

（二）第二信使

细胞内也存在信号分子，如无机离子（Ca^{2+}）、核苷酸、糖类和脂类衍生物，这些在细胞内传递信息的小分子或离子称为第二信使，第二信使的作用是对胞外信号起转换和放大的作用，三磷酸肌醇（IP_3）、甘油二酯（DAG）、cAMP、cGMP 等均为第二信使，其中 cAMP 是最早被发现的第二信使，1959 年 Suthertand 阐明了 cAMP 是肾上腺素的第二信使，进一步实验证明许多激素能使细胞内产生 cAMP，Suthertand 等在 1965 年提出了第二信使学说，1971 年荣获诺贝尔医学生理学奖。cAMP 由 ATP 水解产生，在腺苷酸环化酶（adenyl cyclase，AC）催化下，ATP 发生水解，脱去 β-焦磷酸，形成 3'5'-环腺苷酸即 cAMP，cAMP 对细胞增殖与分化等有调节作用。

细胞内信号分子通常通过酶促级联反应传递信息，最终改变细胞内有关酶的活性，影响细胞内离子通道及核内相关基因表达，以达到调节细胞内代谢，控制细胞生长、繁殖、分化的作用。在完成信息传递过程后，所有信号分子通过酶促作用而发生降解。

二、受体

受体（receptor）是细胞膜上或细胞内一类特殊的蛋白质（多为糖蛋白，个别为糖脂），能够特异识别并结合生物活性分子，进而引起种种生物学效应。能与受体进行特异性结合的生物活性分子称为配体（ligand）。细胞间信号分子就是一类最常见的配体。此外，某些药物、维生素和毒物也可作为配体而发挥作用。受体与配体结合具有高度专一性、高度亲和力、饱和性和可逆性等特点。

受体在细胞信息传递过程中起着极为重要的作用。位于细胞浆和细胞核中的受体被称为胞内受体，为 DNA 结合蛋白，多为反式作用因子，当与相应配体结合后，能与 DNA 的顺式作用元件结合，调节基因转录，能与此类受体结合的信号分子有类固醇激素、甲状腺素和维甲酸等。存在于细胞质膜上的受体称为细胞膜受体，绝大部分为镶嵌糖蛋白，细胞因子受体、G 蛋白偶联受体等属于细胞膜受体，这些受体虽然结构不同，但本质是相同的。它们一方面通过胞浆内信号分子将胞外信号传递到细胞核内，以调节基因表达，引起细胞代谢和功能改变；另一方面经胞浆内信号分子传递将信号反馈到细胞膜，以引起细胞某些特性的改变。

受体的基本类型如下：

（一）酪氨酸蛋白激酶受体

酪氨酸蛋白激酶受体（receptortyrosinekinase，RTK），包括近 20 种不同的受体家族，如胰岛素受体、多种生长因子受体以及与其有同源性的癌基因产物。RTK 的结构包括胞外段、跨膜区段和胞内段三部分，其胞外区是结合配体结构域，其胞内段具有酪氨酸蛋白激酶（proteintyrosinekinase，PTK）活性。当 RTK 与配体结合后，受体自身构象改变，发生聚合，形成同源或异源二聚体，进一步磷酸化，可激活受体本身的酪氨酸蛋白激酶活性。与这类受体结合的配体是可溶性或膜结合的多肽或蛋白类激素，主要有细胞因子（如白介素）、生长因子和胰岛素等。

酪氨酸蛋白激酶受体在细胞生长、分化、代谢及机体的胚胎发育过程中起着重要作用。

（二）配体闸门离子通道

配体闸门离子通道（ligand - gated ion channel）（图 11 - 1）是一类自身为离子通道的受体，这类受体既是受体又是离子通道。这种离子通道由多个亚基共同围成离子通道，每个亚基是由单一多肽链反复 4 次穿过细胞膜形成（P2x 例外），其开启和关闭取决于该通道型受体与配体的结合状态，当受体与配体结合可直接导致通道开放，Na^+、K^+、Ca^+ 等跨膜流动转导信息。这类受体主要存在于肌肉、神经等细胞，在神经冲动的快速传递中起作用。

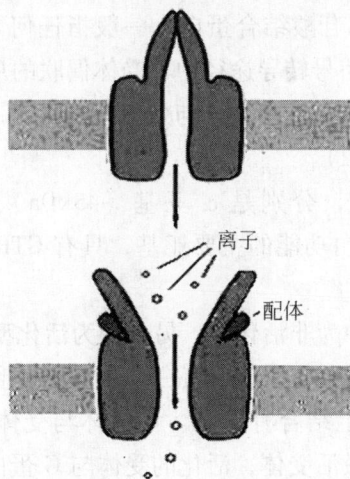

图 11 - 1 离子通道

（三）G 蛋白偶联受体

G 蛋白偶联受体（G protein - coupled receptor，GPCR）又称为七次跨膜受体，是由 400 ~ 600 个氨基酸残基组成的单链糖蛋白，都由 1 条单一肽链形成 7 个 α 螺旋区横跨细胞膜 7 次。此类受体被配体激活后，均需与鸟苷酸结合蛋白（guanine nucleotide - binding protein）（简称 G 蛋白）相偶联，影响相应的效应酶活性，使胞内产生信使分子，实现跨膜信息传递。

G 蛋白偶联受体为数量庞大的超家族，包括多种肽类激素、神经递质等的受体。

（四）细胞内受体

糖皮质激素受体、盐皮质激素受体、雄激素受体、雌激素受体等类固醇激素受体以及甲状腺素受体存在于胞浆或胞核内，为胞内受体。

胞内受体的特点是：有相似的高级结构，在受体 C 端有激素结合域，可与激素结合；中央 C 区是 DNA 结合域；N 端是调节区，是受体的转录激活区之一。这三个基本结构区域中，DNA 结合域富含半胱氨酸、碱性氨基酸，并重复出现半胱 $-X_2-$ 半胱 $-X_{13-15}-$ 半胱 $-X_2-$ 赖 $-$ 序列，各种受体中这段序列高度同源。而 N 端调节区的氨基酸组成和长度变化大，这种 N 端序列的差异对于选择不同的靶基因有着一定的意义。

胞内受体有活性和非活性两种状态，被激活的受体结合于相应靶基因的 DNA 序列上，起调节作用。

三、信号转导中几种主要的蛋白质

信号转导中的蛋白质主要涉及 G 蛋白、蛋白激酶、蛋白磷酸化酶以及其他相关蛋白，这些蛋白在调控细胞信号转导通路时都涉及磷酸基团的添加和除去。

（一）G 蛋白

G 蛋白（G protein）即鸟苷酸结合蛋白，一般指任何与鸟苷酸结合的蛋白的总称，但通常所说的 G 蛋白仅仅是信号转导途径中与受体偶联的鸟苷酸结合蛋白，同时也是位于细胞膜胞浆面的外周蛋白，介于膜受体与效应蛋白之间，能偶联膜受体并传导信息，其活性受 GTP 调节（图 11 - 2）。

G 蛋白由三个亚基组成，分别是 α 亚基（45kDa）、β 亚基（35kDa）、γ 亚基（7kDa）。α 亚基是决定 G 蛋白功能的主要亚基，具有 GTP 酶的活性，β 和 γ 亚单位一般以 βγ 聚合体形式存在。

G 蛋白有两种构象，一种为非活化型，另一种为活化型，这两种构象在一定的条件下是可以互相转化的。在基础状态时，G 蛋白以非活化型形式存在，α、β、γ 三亚基形成异源三聚体，此时 α 亚基上结合有 GDP。当配体与受体结合后，G 蛋白转化为活化型，其过程为：配体结合并激活受体，活化的受体与 G 蛋白作用，使 α 亚基与 βγ 亚基解离，α 亚基释放出 GDP 而结合 GTP，形成有活性的 Gα -GTP，进一步对其下游的效应蛋白产生作用，传递信号。当配体与受体解离后，α 亚基上的 GTP 在其内源性 GTP 酶的作用下水解成 GDP，形成无活性的 Gα -GDP，Gα -GDP 与效应蛋白分开，重新与 βγ 亚基形成异源三聚体。G 蛋白的激活与失活构成了 G 蛋白循环。

G 蛋白的效应蛋白主要有腺苷酸环化酶、磷脂酶 C、鸟苷酸环化酶、磷酸二酯酶等。有研究发现，G 蛋白除了 α 亚基有活性外，βγ 亚单位同样作为一个功能单位参与信号传递过程，βγ 亚单位不仅能够介导独立的信号传递通路，而且可能是 G 蛋白与其

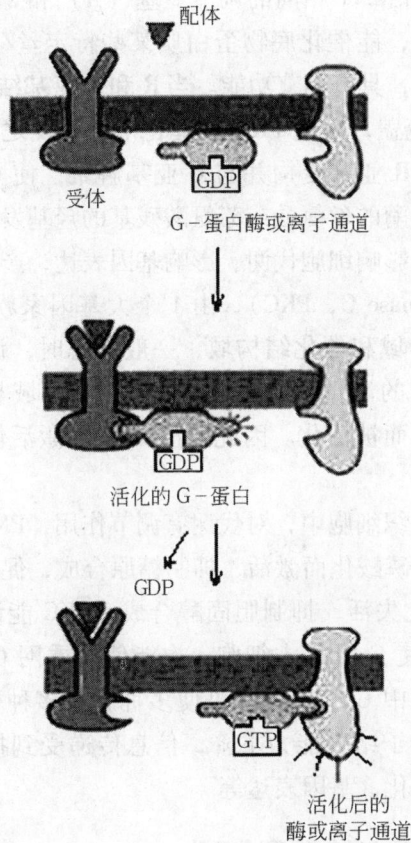

图 11 - 2　G 蛋白

他信号通路交互转导的调控点。

机体内有多种 G 蛋白，根据 α 亚基的功能 G 蛋白分为激动型 G 蛋白（stimulatory G protein，Gs），可激活环化酶；抑制型 G 蛋白（inhibitory G protein，Gi），可抑制环化酶；磷脂酶 C 型 G 蛋白（PI - PLC G protein，Gp），可激活磷脂酶 C。不同的 G 蛋白能使受体与其相适应的效应酶特异地偶联起来。

（二）蛋白激酶

蛋白激酶是一类磷酸转移酶。蛋白激酶能将 ATP 的磷酸基团转移至底物特定的氨基酸残基上，使蛋白质发生磷酸化，以调节蛋白质的活性，蛋白激酶的底物也可能是另一种蛋白激酶，因此可通过蛋白质的依次磷酸化，而使信号逐级放大，引起细胞效应。

根据蛋白激酶作用底物的不同可分为丝氨酸/苏氨酸蛋白激酶、酪氨酸蛋白激酶、组/赖/精氨酸蛋白激酶、半胱氨酸蛋白激酶、天冬氨酸/谷氨酸蛋白激酶五种类型，由于许多蛋白激酶是被第二信使激活的，根据第二信使的不同，蛋白激酶可分为蛋白激酶 A（依赖于 cAMP）、蛋白激酶 G（依赖于 cGMP）和蛋白激酶 C（依赖于 Ca^{2+}）。

蛋白激酶 A（protein kinase A，PKA），是一种由四聚体（R_2C_2）组成的别构酶，

分子量约 $150 \sim 170kDa$，包括 2 个相同的调节亚基（R）和 2 个相同的催化亚基（C）。C 亚基具有激酶的催化活性，能催化底物蛋白质某些特定丝/苏氨酸残基磷酸化，R 亚基具有和 cAMP 结合的部位，具有调节功能。当 R 和 C 亚基结合时，由于 C 亚基上的底物蛋白结合部位被 R 亚基掩盖，因此 PKA 无催化活性；反之当 R 亚基上的 2 个 cAMP 结合位点被 cAMP 结合后，R 亚基变构并与 C 亚基解聚，使 C 亚基游离，具有催化活性，可催化细胞内许多蛋白酶的丝氨酸或苏氨酸残基的羟基发生磷酸化修饰，调节细胞代谢过程，影响蛋白功能，影响细胞代谢、影响基因表达，产生各种生物学效应。

蛋白激酶 C（protein kinase C，PKC），由 1 个大基因家族编码。PKC 存在同工酶，均为单链多肽，含调节结构域和催化结构域，一般状态时，调节域对催化域有抑制作用。调节结构域和催化结构的活性中心部分嵌合，当调节域与 DAG、磷脂酰丝氨酸和 Ca^{2+} 结合，可使催化域暴露而被活化。因此典型 PKC 的激活依赖于 DAG、磷脂酰丝氨酸和 Ca^{2+} 的协同作用。

PKC 广泛存在于机体组织细胞中，对代谢有调节作用，PKC 通过使糖原合成酶磷酸化失活，使磷酸化酶 b 激酶磷酸化而激活，抑制糖原合成，促进糖原分解；PKC 可通过使 HMG-CoA 还原酶磷酸化失活，抑制胆固醇合成。PKC 能调节多种生理过程，能催化质膜 Ca^{2+} 通道磷酸化，使 Ca^{2+} 进入细胞，也能使肌质网 Ca^{2+}-ATP 酶磷酸化，使 Ca^{2+} 进入肌质网，减少胞浆中 Ca^{2+}；PKC 可使多种胞内多种受体侧肽链上的 Ser、Thr 残基磷酸化，与相应信号分子结合能力下降，信息传递受到抑制，参与调节细胞的生长。PKC 可影响机体细胞分化、基因表达等。

（三）腺苷酸环化酶与鸟苷酸环化酶

1. 腺苷酸环化酶　腺苷酸环化酶（adenyl cyclase，AC）为跨膜 12 次的糖蛋白，相对分子量为 150kDa。在有 Mg^{2+} 或 Mn^{2+} 存在的情况下，腺苷酸环化酶能催化 ATP 生成 cAMP。

腺苷酸环化酶的活性受 G 蛋白调节，当激素等配体与细胞膜受体结合后，通过激动型 G 蛋白（Gs）激活腺苷酸环化酶，导致 cAMP 的产生，而抑制型 G 蛋白（Gi）则抑制腺苷酸环化酶，使 cAMP 减少。

2. 鸟苷酸环化酶　鸟苷酸环化酶（guanyl cyclase，GC）有两种存在形式：一种存在于细胞膜上，为膜结合型，另一种存在于胞浆中为可溶性酶。前者分子量为 120kDa，有 4 种亚型，存在三个结构域，N 端位于细胞外侧，是激素的结合区，C 端位于细胞内侧，为催化区；后者由 α、β 两个亚基组成，分子量为 150kDa，活性中心含 Fe^{2+}，其活性受 NO 激活，是 NO 作用的靶酶。

GC 的作用是使 GTP 水解、环化生成 cGMP。cGMP 为第二信使，能与依赖 cGMP 的蛋白激酶 G（PKG）结合并使之激活，活化的 PKG 能使靶蛋白上的丝氨酸/苏氨酸残基磷酸化，以产生效应。cGMP 在视觉、嗅觉系统和肾脏中的作用主要是通过调节离子通道而实现，cGMP 在许多组织细胞中的作用可通过调节磷酸二酯酶（phosphodiesterase，PDE）活性而实现。

第二节 信号转导的基本途径

一、细胞信号转导途径的基本类型

细胞信号通过受体或类似于受体的物质与信号分子结合，激活胞内信号转导通路，最终引起一系列生物效应。

常见的细胞信号转导途径有配体门控离子通道受体介导的信号转导途径、G 蛋白偶联受体介导的信号转导途径、单次跨膜受体介导的信号转导途径、蛋白裂解途径、细胞内受体介导的信号转导途径。其中配体门控离子通道受体介导的信号途径中的受体又分为配体门控离子通道受体、电压门控离子通道受体、机械门控离子通道受体；G 蛋白偶联受体介导的信号转导途径包括 cAMP－蛋白激酶途径、IP_3/DAG－PKC 途径、cGMP 途径等；属于单次跨膜受体介导的信号转导途径如酪氨酸激酶受体介导的 MAPK 途径、酪氨酸激酶受体介导的 PI3K－PKB 途径、γ 干扰素受体介导的 JAK－STAT 途径、转化生长因子 β 受体介导的 TGF－β 途径；NF－κB 途径和 Wnt 途径等属于蛋白裂解途径；细胞内受体介导的信号转导途径，又分为核内受体介导的信号转导途径和胞浆内受体介导的信号转导途径。

二、细胞信号转导途径

每种信号转导途径都涉及配体、受体及其他信号转导分子，不同分子间有序地依次相互作用，上游分子引起下游分子的活性、数量、分布发生变化，借此信号从上游向下游传递。以下以两条常见的信号转导通路为例，介绍信号转导的基本机制。

（一）环腺苷酸信号途径

此类信号转导途径中的细胞外信号分子包括肾上腺素、促肾上腺皮质激素、胰高血糖素等。激素能使其靶细胞中产生 cAMP，cAMP 在细胞内进一步激活 PKA，PKA 可使胞内其他酶磷酸化而被激活，引起各种生物效应，该途径为 cAMP－PKA 通路，在该通路中 cAMP 的生物活性通过 PKA 来实现（图 11－3）。

当机体受到刺激作用时，激素分泌增加，与其相应受体结合，进而激活 G 蛋白（即 G 蛋白释出 GDP 而结合 GTP），活化的 G 蛋白通过激活腺苷酸环化酶 AC 使 ATP 形成 cAMP 以激活 PKA。PKA 通过磷酸化作用激活或抑制各种效应蛋白，调节不同的代谢途径，产生效应。如：PKA 可使磷酸化酶激酶 b 转变为有活性的磷酸化酶激酶 a，后者催化磷酸化酶 b 转化为有活性的磷酸化酶 a，磷酸化酶 a 可促使肝糖原降解成 1－磷酸葡萄糖而提供血糖。PKA 又可使糖原合成酶磷酸化而失活，以抑制 1－磷酸葡萄糖形成糖原。此外 PKA 还可以激活脂肪细胞内的激素敏感性脂肪酶，促进脂肪分解成脂肪酸以提供能量。

CREB（cAMP response element binding protein）是 cAMP 应答元件结合蛋白，约由

341 个氨基酸残基构成，分子量为 43～45kDa，能与基因转录调控区的 cAMP 应答元件（cAMP response element，CRE）作用，参与多种基因的表达。PKA 通过使 CREB 发生磷酸化，以调节基因表达，当 PKA 催化亚基进入细胞核后，催化 CREB 中丝氨酸（或）苏氨酸残基发生磷酸化修饰，形成同源二聚体，与 CRE 结合，以激活基因转录。磷酸化的 CREB 也可受到蛋白磷酸酶（PP－1）的催化，去磷酸基而失活，使基因关闭。

PKA 可使细胞核内的部分蛋白（如组蛋白、微管蛋白等）磷酸化，使这些蛋白质的功能受到影响。此外 PKA 还可通过磷酸化作用激活离子通道，调节细胞膜电位。

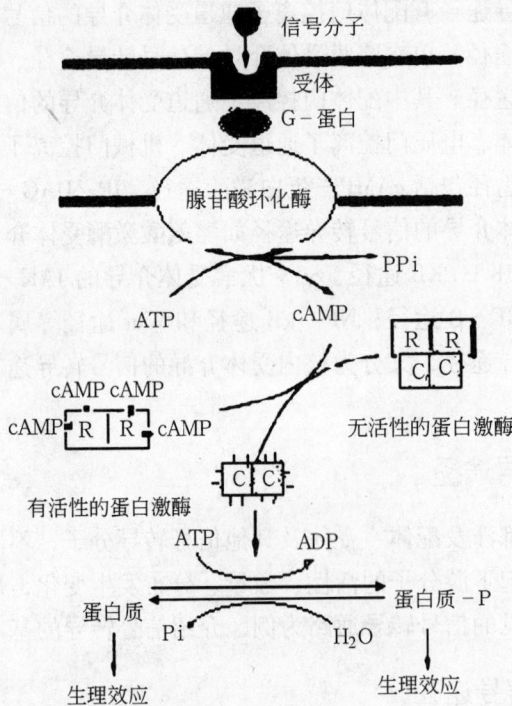

图 11－3　cAMP－PKA 途径

（二）IP$_3$/DAG－PKC 途径

此类信号转导途径中的细胞外信号分子包括促甲状腺素释放激素、去甲肾上腺素、抗利尿素等。激素作用于靶细胞相应受体时，由 G 蛋白介导，活化膜中磷脂酶 C（phospholipase C，PLC），该酶可使膜中磷脂酰肌醇二磷酸（PIP$_2$）分解为两个细胞内信使甘油二酯（DAG）和三磷酸肌醇（IP$_3$），DAG 能激活蛋白激酶 C（protein kinase C，PKC），活化的 PKC 可调节细胞许多生理活动，如活化细胞膜上 Na$^+$/H$^+$ 交换通道，使细胞 pH 值发生改变（图 11－4）。PKC 对基因表达有一定的调节作用，活化的 PKC 进入细胞核，使磷酸酶激活，活化的磷酸酶又使核内激活蛋白－1（activator protein－1，AP－1）脱磷酸而变构，变构活化的 AP－1 可与 DNA 特定序列相结合，调节相应基因表达。

IP$_3$ 是水溶性小分子，它在细胞质中能识别内质网膜上相应的受体（Ca^{2+} 通道）并与之结合，使膜上 Ca^{2+} 通道开放，Ca^{2+} 从内质网中释放出来，因此 IP_3 与胞内 Ca^{2+} 动员有关，Ca^{2+} 进入细胞质后，进一步传递信息，引起细胞内多种生物效应，如：肌肉收缩、酶的激活等。

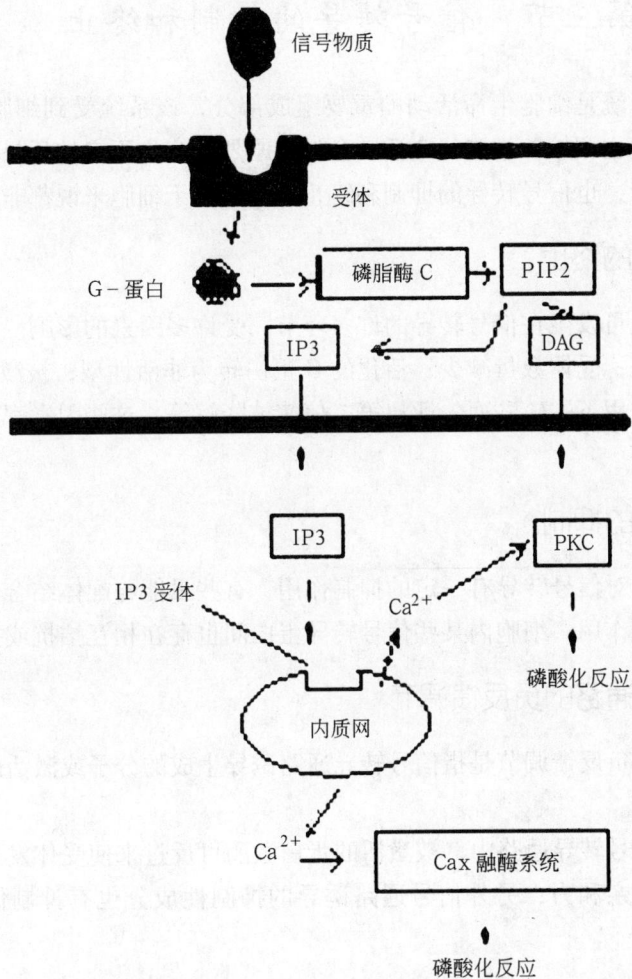

图 11-4 DAG-蛋白激酶 C 途径

三、细胞信息传递体系的复杂性

细胞内存在多种信号传递系统，各种信号传递系统间存在着多种交互的联系，彼此间互相调节，互相制约，构成了细胞内复杂的通讯网络，共同完成着将细胞外信息传入胞内，逐级放大，产生生物效应的作用。如 cAMP 系统和肌醇磷脂系统在某些情况下二者相互影响，其中 cAMP 可抑制 PIP_2 的水解，PIP_2 的水解伴随着 cAMP 含量的降低。Ca^{2+} 与 cAMP 系统及肌醇磷脂系统间也有作用，如 PLC 对 Ca^2 有依赖性，Ca^2 又可反馈调节 IP_3；Ca^2 可对 cAMP 的浓度有影响。PKC 对蛋白酪氨酸激酶系统也有影响，可对 Ras/MAPK 途径产生调节作用。

　　此外，细胞中还存在一种受体激活多条信号转导途径，一种信号分子参与多条信号转导途径等情况。因此细胞信息传递体系具有复杂性和多样性。

第三节　信号转导的抑制和终止

　　细胞信号转导系统是细胞生命活动的重要组成部分，该系统受到细胞严格的控制，如果细胞信号转导失去调控，细胞代谢活动会过于剧烈，产生不良的后果。因此细胞中既有信号转导的进行，也信号转导的抑制和终止，二者对于细胞来说都非常重要。

一、信号转导的终止

　　信号转导的终止可发生在信号转导的许多环节，受许多因素的影响。如配体浓度降低，受体与配体解离；受体数量减少；活化的 G 蛋白转为非活性型；被激活的信号转导蛋白在蛋白磷酸酶作用下去磷酸而失活；第二信使被降解等，这些因素都会使信号转导发生终止。

二、信号转导的抑制

　　细胞中某些受体对信号转导有一定的抑制作用，有些虽能与配体结合，但不能诱导效应，具有拮抗剂样作用。细胞内某些信号转导蛋白间也存在相互拮抗或抑制作用。

三、信号转导通路的负反馈调节

　　信号转导通路的负反馈调节是指信号转导通路诱导生成的分子或激活的成分对信号转导有反馈抑制作用。

　　在受体介导的信号转导通路中，被激活的蛋白激酶可反过来使受体发生磷酸化，以降低受体与配体间的亲和力，另外信号通路诱导的抑制性成分也有抑制信号转导的效应。

第四节　信号转导与医学的关系

　　信号转导异常可导致或促进疾病的发生。信号转导异常通常出现在配体水平、受体水平或受体后信号转导通路中的各个环节。现代研究表明，肿瘤、心血管病、糖尿病等许多疾病的发病与信号转导异常有关。

　　受体是由基因编码的，编码受体的基因发生突变，不能形成相应的受体，细胞的代谢过程会发生障碍；同样受体数量减少、受体与配体的结合能力降低或丧失，受体后信号转导过程发生变化等有可能使个体表现出疾病的症状。常见的受体异常疾病有：家族性高胆固醇血症、先天性肾性尿崩症、睾丸女性化综合征、生长激素抵抗性侏儒症（Laron 型侏儒症）、雄激素抵抗症、胰岛素抵抗性糖尿病等。

　　G 蛋白是细胞膜受体信号转导的重要偶联体，G 蛋白功能异常可造成信号转导异常，霍乱、百日咳的发生与 G 蛋白异常有关，心衰患者的 G 蛋白也有改变，Gi 蛋白增多，伴有心肌肥厚的慢性心衰患者 Gs 水平降低。

蛋白激酶是信号转导中的关键酶，蛋白激酶功能异常，底物无法磷酸化，相应的效应便无法产生，个体产生疾病。

信号转导异常可导致或促进疾病的发生发展。现已证实多种常见病及危害人类健康的重大疾病与信号转导异常有关。肿瘤属于非常典型的信号转导性疾病。目前对于肿瘤了解最多的是因信号转导异常导致的肿瘤增殖过度和凋亡减弱。心血管细胞中存在着离子通道和受体，信号转导通路异常与心衰、动脉粥样硬化、高血压等的发生和发展密切相关。

第十二章　细胞增殖和细胞周期

　　细胞增殖是细胞生命活动的基本特性之一，是一个亲代细胞通过生长和分裂形成两个子代细胞的过程。细胞生长可以表现为细胞大小、细胞干重、蛋白质及核酸含量的增加。就多细胞生物而言，细胞间质的增加也是细胞大小增加的一种形式。细胞生长受到细胞表面积与体积的比例、细胞核质比等因素的限制，当生长到达一定阶段，细胞便处于不稳状态。于是，细胞发生分裂，恢复平衡，之后细胞再进行生长。如此分裂和生长反复进行，细胞数量增加，即增殖，以保证生命的延续。

第一节　细胞分裂

　　无论是原核生物还是真核生物都必须通过细胞分裂一代代繁衍下去。但是，两者的细胞分裂有极明显的区别。原核细胞的分裂方式简单，直接一分为二，细胞周期较短。而真核细胞的分裂远较原核细胞复杂。真核细胞的分裂方式分为：无丝分裂（amitosis）、有丝分裂（mitosis）和减数分裂（meiosis）。

一、无丝分裂

　　无丝分裂是指由亲代细胞直接分裂成两个子代细胞的过程。这一过程中，细胞核变化简单，既没有染色体组装，也没有纺锤体形成，仅是细胞核和细胞质直接分裂，所以又称直接分裂（direct division）。无丝分裂的特点是分裂迅速、能量消耗少，分裂中细胞仍可继续执行其功能。无丝分裂是低等生物增殖的主要方式，在高等生物中很少见。而人体的一些组织细胞，在受到创伤或发生病变、衰老时，也能进行无丝分裂。

二、有丝分裂

　　有丝分裂又称为间接分裂（indirect division），是高等真核生物细胞分裂的主要方式。细胞在进行此种分裂时，必须经过两个明显的连续过程：首先，经复制后的染色体必须移向细胞相对的两极；其次，细胞质必须按一定方式分裂。这样既保证每个子细胞不仅接受一套染色体，而且还接受包含必需的细胞质成分和细胞器。根据分裂细胞形态和结构的变化，可将连续的有丝分裂过程分为前、中、后、末四个时期。

（一）前期

前期（prophase）细胞变化的主要特征是：染色质凝集、核仁解体、核膜破裂、纺锤体形成及染色体向赤道板运动。

前期开始的第一个标志特征是染色质不断浓缩，实质上是染色质纤维螺旋化、折叠，形成棒状或杆状的染色体。每条染色体由两条染色单体构成，单体间靠着丝粒相连，着丝粒两边附着着由多种蛋白质组成的一种复合结构，称为动粒（kinetochore），动粒是染色体与纺锤体中动粒微管相连的部位。

在染色质凝集过程中，由于染色质上的核仁组织中心组装到各自相应的染色体上，导致核仁开始逐渐分解，最终消失。同时，位于核膜下的核纤层蛋白磷酸化，磷酸化的核纤层蛋白 A 和 C 被释放出来，而磷酸化的核纤层蛋白 B 由于异丙基的作用仍然与核膜相连，致使核纤层去聚合，导致核被膜破裂形成小囊泡，散布于胞质中，或被内质网吸收，或重新参与子代细胞膜的重建。

在前期末时细胞中出现一种纺锤样的结构，是由星体微管（astral microtubule）、极间微管（polar microtubule）、动粒微管（kinetochore microtubule）纵向排列组成，称为纺锤体，它的形成与中心体相关。中心体（centrosome）是由中心粒以及周围无定形基质组成。有丝分裂早期已完成复制的两组中心体彼此分开，向细胞两极移动过程中，在其周围出现放射状的星体微管，这种结构被称为星体（aster）（彩图 -1）；与此同时中心体之间也有微管形成，大多数是不连续的，在纺锤体赤道面处微管彼此重叠、侧面相连，这种微管被称为极间微管；此外，中心体发出一些微管进入细胞核，附着到染色体的动粒上，形成动粒微管。随着动粒微管正极端不断聚合与解聚，使染色体振荡摇摆，逐渐向细胞中央的赤道面运动（彩图 -2）。

（二）中期

中期（metaphase）的主要特征是：染色体达到最大程度的凝集，并排列在细胞中央的赤道板上（彩图 -3）。

此时期因为动粒微管作用于染色体上的相反方向力量达到平衡，所以使染色体排列在赤道板上。利用药物（如秋水仙素）抑制微管聚合，破坏纺锤体的形成，细胞就会被阻断在有丝分裂的中期。

（三）后期

后期（anaphase）的主要特征是：随着着丝粒的分开染色单体（chromatid）开始向两极移动（彩图 -4）。

在这一时期，每条染色体上成对的着丝粒开始分离，染色单体受两种力的作用分别被拉向细胞的两极，一种来自后期 A（anaphase A）阶段，动粒微管正极端不断解聚，动粒微管不断缩短而产生的拉力，另一种来自后期 B（anaphase B）阶段，极间微管正极端加速聚合，极间微管不断延长而产生的推力。

（四）末期

末期（telophase）的主要特点是：子代细胞核的出现及胞质分裂（彩图 -5）。

在有丝分裂的后期末，染色体移动到两极后开始解聚，恢复成纤维状的染色质，核仁重新形成。同时，分散在胞质中的核膜小泡与染色质表面相连，并相互融合，在每一组染色单体周围重新形成核膜；而在有丝分裂前期被磷酸化的核纤层蛋白脱磷酸，又结合形成核纤层，并连接于核膜上，核孔复合体重新组装，核膜重建。

有丝分裂的末期同时还发生细胞质分裂，在细胞中部质膜的下方，即原先赤道板的位置，出现一个环形结构，称为收缩环（contractile ring）。收缩环可因肌动蛋白、肌球蛋白间相互滑动而发生不断缢缩，使与其相连的细胞膜逐渐内陷，形成分裂沟。分裂沟可不断加深直至中体，最终细胞可在此断裂，完成胞质分裂。

总之，有丝分裂通过核分裂及胞质分裂两个过程，将染色质与细胞质平均分配到子细胞中。其中染色质凝集、纺锤体及收缩环出现是有丝分裂活动中的三个重要特征。

三、减数分裂

减数分裂发生于有性生殖个体或生物的生殖细胞中，其主要特征是：DNA 复制一次，细胞连续分裂两次，最后产生 4 个子代细胞，每个子代细胞所含染色体数目减半，即由 2n 变为 n。在减数分裂中，非同源染色体重新组合的同时，同源染色体间会发生部分交换，是产生生物变异及物种多样化的基础。

减数分裂包括两次分裂过程（图 12 -1），分别称为第一次减数分裂（meiosis I）及第二次减数分裂（meiosis II），每次分裂同样包括前期、中期、后期、末期。两次分裂之间有一个短暂的间期，此间期不进行 DNA 合成。第一次减数分裂相对重要，此过程中发生染色体数目减半及遗传物质的交换。

（一）第一次减数分裂

第一次减数分裂有两个主要特点：①一对同源染色体分开，分别进入两个子细胞，在同源染色体分开之前发生交换和重组；②在染色体组中，同源染色体的分离是随机的，染色体组要发生重组合。

1. 前期 I　在此期细胞变化复杂，根据其染色体的变化细分为五个亚期：细线期、偶线期、粗线期、双线期及终变期。

前期 I 中重要的事件包括：①偶线期，来自父方的一条染色体和来自母方的一条形态大小相同的同源染色体开始两两配对，形成联会复合体（synaptonemal complex，SC），因其共有四条染色单体，又被称为四分体（tetrad）。②从联会开始，同源染色体的片段即发生交换，但因同源染色体间紧密结合在一起，所以无法观察到。进入到双线期，紧密配对的同源染色体相互分离，非姐妹染色单体的某些片段仍保持交叉，即发生了染色体的交叉互换，其结果使等位基因在同源染色体间重新组合。③进入终变期，染色体高度凝集，核膜解体，核仁消失。

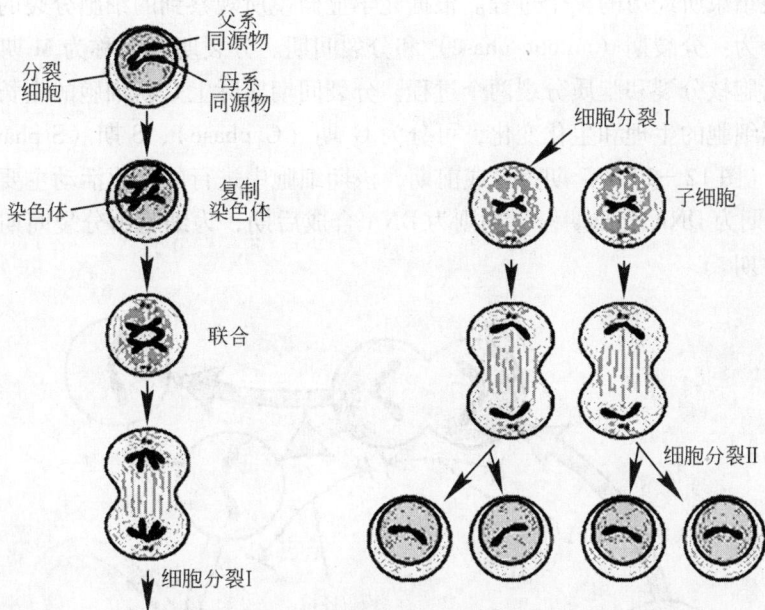

图 12-1 减数分裂模式图

2. 中期 I 纺锤体形成,牵引染色体随机排列在赤道板上。在大多数真核生物中,中期 I 仍然能够见到排列在赤道板上同源染色体的交叉。

3. 后期 I 同源染色体彼此分离,随机移向细胞两极。由于每条染色体含有两条染色单体,因此细胞的每一极其 DNA 含量仍为 2n。

4. 末期 I 从染色体到达两极后开始,染色体逐渐解螺旋化,恢复成细丝状。核膜和核仁重新出现,同时进行胞质分裂,形成两个子细胞。

(二)减数分裂间期

两次减数分裂之间的时期称为分裂间期(inter phase),是一个极短的时期。没有新的 DNA 合成,因而也不进行染色体复制,细胞中染色体数目已经减半。

(三)第二次减数分裂

与有丝分裂类似,可分为前期 II、中期 II、后期 II 和末期 II。第一次减数分裂后的两个子细胞染色体数目已减半,但每条染色体含有两条染色单体,其 DNA 含量仍为 2n;经过第二次减数分裂后,每条染色体的两条染色单体分开,最后形成 4 个子细胞,其 DNA 含量减为 1n,成为单倍体的生殖细胞。

第二节 细胞周期及其调控

细胞经过分裂产生的子代细胞可以继续生长增大,随后又分裂产生下一代子细胞,这种生长与分裂的周期称为细胞周期(cell cycle),具体是指细胞从上一次分裂结束到下一次分裂结束所经历的整个过程。根据光学显微镜所观察到的细胞分裂的变化，可将细胞周期分为：分裂期（mitotic phase）和分裂间期。分裂期（简称为 M 期）持续时间较短，包括胞核分裂和胞质分裂两个过程。分裂间期实际上是新细胞的生长期，持续时间长，根据细胞的生理和生化变化，可分为 G_1 期（G_1 phase）、S 期（S phase）和 G_2 期（G_2 phase）（图 12 - 2）。G_1 期为合成前期，该期细胞中进行的生化活动主要为进入 S 期做准备；S 期为 DNA 合成期；G_2 期则为 DNA 合成后期，为细胞由分裂间期向分裂期转变的准备时期。

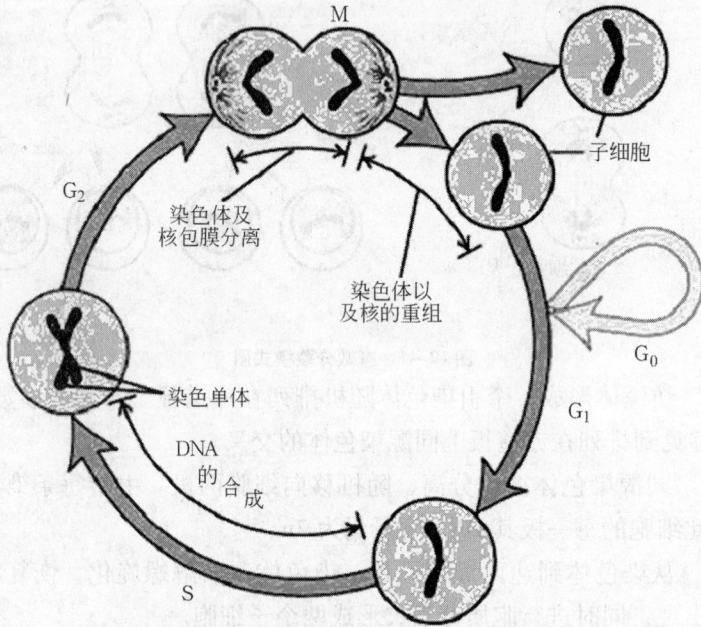

图 12 - 2　细胞周期示意图

细胞周期普遍存在于高等生物中，在典型的细胞周期中，存在着一种控制系统，该控制系统是通过细胞周期的关卡来进行调节的。控制系统至少有 3 个关卡，即 G_1 关卡（靠近 G_1 末期）、G_2 关卡（G_2 期结束点）、有丝分裂中期关卡（中期末）（图 12 - 3）。

1. G_1 关卡　G_1 主要特征是细胞内 RNA、蛋白质、脂类及糖类大量合成，使细胞体积、表面积、细胞核质比增大，因此 G_1 关卡的主要作用是监测细胞的大小、生长因子信号和受损的 DNA。如果细胞生长到足够大、细胞内部环境合适，就会激发 DNA 复制，使细胞进入 S 期。

如果细胞被阻止在 G_1 期，可能会产生两种结果：一种是暂时停止生长，使 G_1 期延长，直到条件合适时再通过；另一种是使细胞进入 G_0 期，处于暂时静息状态，当某些分裂原（来自外部的或内部合成的）出现时，静息的 G_0 期细胞受到刺激，细胞便可进入 G_1 期。

2. G_2 关卡　G_2 期是从 DNA 合成结束到 M 期开始前的阶段，这一时期主要进行 DNA 损伤和突变的修复，合成大量 RNA、蛋白质以及细胞分裂所需的 ATP。G_2 关卡的主要作用是检测细胞内 DNA 复制是否完毕及其复制的正确性。如果 DNA 正确复制，且复制完全，细胞生长足够大，细胞就会进入 M 期，即有丝分裂期。

3. 有丝分裂中期关卡　主要作用是监测所有的染色体是否都与纺锤体相连，并排列赤道板上，否则细胞将不能进入有丝分裂后期和胞质分裂。

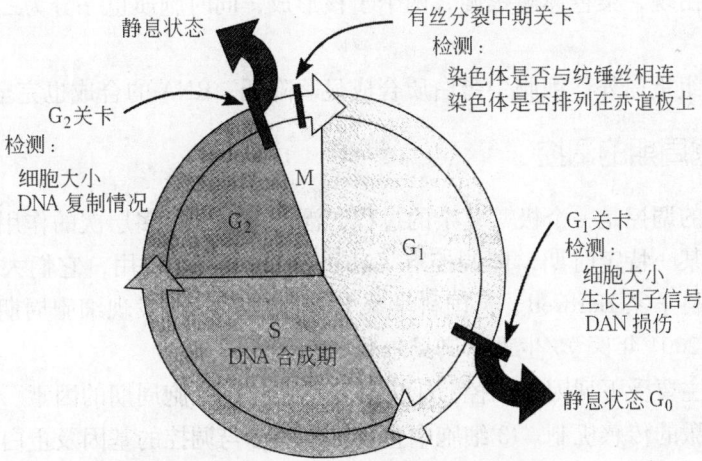

图 12-3　细胞周期的三个关卡

一、细胞周期各时相的动态变化

（一）G_1 期

细胞质量和体积逐渐增大，mRNA、rRNA、tRNA 及蛋白质大量合成，为 S 期 DNA 复制做准备。这些蛋白质包括与 S 期 DNA 复制相关的酶及与 G_1 期向 S 期转变相关的蛋白质如钙调蛋白、细胞周期蛋白等。

蛋白质的磷酸化作用在 G_1 期也比较突出，如组蛋白的磷酸化在 G_1 期开始增加、非组蛋白及一些蛋白激酶在 G_1 期也可发生磷酸化。

（二）S 期

S 期是细胞周期中最重要的一个时期，细胞中进行着大量的 DNA 复制，并且组蛋白及非组蛋白也大量合成。

（三）G_2 期

这一时期主要大量合成 ATP、RNA 和与 M 期结构、功能相关的蛋白质，包括：① 为 M 期纺锤体微管形成提供丰富的微管蛋白，其合成在此期达到高峰。② 与核膜破裂、染色体凝集密切相关的促成熟因子（maturation promoting factor，MPF）等，为细胞分裂做准备。并且在此期已复制的中心粒逐渐长大，开始向细胞两极分离。

（四）M 期

M 期即细胞有丝分裂期。细胞中，染色质凝集，核仁解体、核膜破裂，纺锤体形成，染色体向赤道板运动，随后染色体在赤道板上开始分离，染色单体向两极移动，核膜、核仁重新出现，染色体解螺旋，两个子核形成，同时胞质也一分为二，由此完成细胞分裂。

M 期除非组蛋白外，细胞中蛋白质合成显著降低，RNA 的合成也完全被抑制。

二、细胞周期的调控

细胞周期的调控是一个极其复杂的过程，涉及多因子、多层次的作用，这些因子通常在细胞周期某一特定时期，即调控点（checkpoint）处起作用，它们大多数为蛋白质或多肽。美国科学家 Hartwell、英国科学家 Hunt 和 Nurse 因发现细胞周期关键分子的调节作用获得了 2001 年医学/生理学诺贝尔奖。

细胞周期主要受下列因素调控：①内外环境中控制细胞周期的因素。②细胞接受内外环境因素刺激的传感机制。③细胞中直接或间接参与调控的基因及蛋白因子。

（一）细胞周期蛋白

细胞周期蛋白（cyclin）是一类随细胞周期变化而出现与消失的蛋白质。真核生物的细胞周期蛋白由一个相关基因家族编码，具有同源相似性，包括 Cyclin A～H 等几大类（表 12－1）。它们在细胞周期的不同阶段相继表达，与细胞中其他一些蛋白结合后，参与细胞周期相关活动的调节。

表 12－1　脊椎动物与酵母细胞中的 Cdk 和细胞周期蛋白

激酶复合体	脊椎动物		芽殖酵母	
	Cyclin	Cdk	Cyclin	Cdk
G_1－Cdk	Cyclin D *	Cdk4、6	Cln 3	Cdk1（CDC28）
G_1/S－Cdk	Cyclin E	Cdk2	Cln 1、2	Cdk1（CDC28）
S－Cdk	Cyclin A	Cdk2	Clb 5、6	Cdk1（CDC28）
M－Cdk	Cyclin B	Cdk1（CDC2）	Clb 1～4	Cdk1（CDC28）

（引自宋金丹等）

Cyclin C、D、E 只表达于 G_1 期，进入 S 期即开始降解，因此三者只在 G_1 向 S 期转化过程中起调节作用。Cyclin A 的合成发生于 G_1 期向 S 期转变的过程中，并延续至整个 S 期，在 S 期 DNA 合成的启始过程中发挥作用。Cyclin B 的合成在 G_2 期达到高峰，随着 M 期的结束而发生降解，主要与 M 期的完成相关。

（二）细胞周期蛋白依赖性激酶

在细胞周期调节中，Cyclin 家族蛋白往往与细胞周期蛋白依赖性激酶（Cyclin dependent kinase，Cdk）结合才具有调节活性。已发现的 Cdk 类蛋白激酶包括 Cdk1～8，不同的 Cdk 通过结合特定的 Cyclin，使其发生磷酸化，引发细胞周期调控事件。

细胞周期中影响 Cdk 活性的因素：

1. Cdk 与 Cyclin 结合是活化的首要条件 Cyclin 蛋白的活化需要结合 Cdk，而 Cdk 也必须与 Cyclin 结合才能暴露出其激酶的活性位点。而 Cdk 的失活亦依赖于 Cyclin，在细胞周期进程中 Cyclin 可不断地被合成与降解，Cdk 对蛋白质磷酸化的作用也由此呈现出周期性的变化（图 12－4）。

2. Cdk 的磷酸化状态是其活化的保障 Cdk 分子的完全活化还需经历一系列磷酸化和去磷酸化的过程，当施加于 Cdk 上的激酶和磷酸酶的力量平衡时，Cdk 才最终被激活。

3. Cdk 抑制因子的负性调节 Cdk 的活性也受到 Cdk 激酶抑制剂（Cdk inhibitor，CKI）的负性调控。CKI 能与 Cyclin－Cdk 复合物结合，一方面使 Cdk 活性位点发生构象改变，另一方面阻碍 ATP 对 Cdk 的附着，抑制 Cdk 的活性。

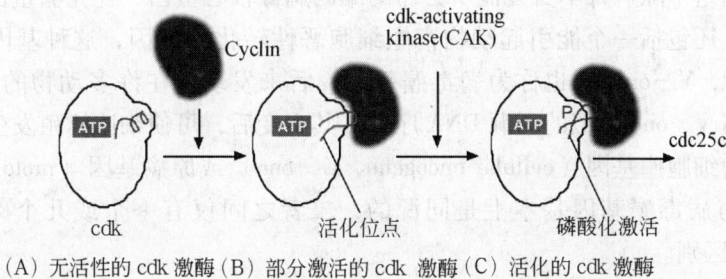

（A）无活性的 cdk 激酶（B）部分激活的 cdk 激酶（C）活化的 cdk 激酶

图 12－4 Cdk 的活化

（三）Cyclin－Cdk 的调控作用

Cyclin－Cdk 复合物是细胞周期调控的核心，随着该复合体的形成与降解，促发细胞通过 G_1 关卡、G_2 关卡和有丝分裂中期关卡。

1. 细胞从 G_1 期进入 S 期 细胞进入 G_1 期，首先合成大量 CyclinD，并与 Cdk4、6 结合，活化一些转录因子。在 G_1 期晚期，CyclinE 逐渐合成，与 Cdk2 结合，并在 G_1/S 期达到高峰，与 S 期的启动相关。

2. 细胞进入 S 期 CyclinA 的表达发生于 G_1 期向 S 期转变的过程中，其形成后与 Cdk 结合形成复合物，启动 DNA 的复制，CyclinA 的作用将延续至 G_2 及 M 期。而 Cy-clinD/E 复合物在进入 S 期时就开始发生降解，使得已进入 S 期的细胞无法向 G_1 期逆转。

3. 细胞进入 G_2/M 期 CyclinB 的合成在 G_2 期时达到高峰，CyclinB－Cdk 复合物又被称为成熟促因子（maturation promoting factor，MPF），在促进细胞从 G_2 期向 M 期转换中起着关键作用。MPF 能使某些蛋白质发生磷酸化，如使组蛋白 H_1 在细胞分裂的早、中期发生磷酸化；核纤层蛋白在有丝分裂期发生磷酸化，引起核纤层结构解体、核膜破裂；某些 DNA 结合蛋白磷酸化，促进 M 期染色体凝集。

（四）参与细胞周期调控的其他因素

1. 生长因子 生长因子（growth factor）是由细胞自分泌或旁分泌产生的一类可以与细胞膜上特异受体结合，起调节细胞周期作用的多肽类物质。当生长因子与其受体结合后，经过信号的转换及传递，激活细胞内多种蛋白激酶，引起与细胞周期进程相关的蛋白质发挥作用，细胞周期由此受到调节。生长因子种类较多，如血小板衍生生长因子、表皮生长因子、白细胞介素、转化生长因子等。体外培养的正常细胞，必须有足够的血清才能进行增殖，就是因为血清中含有多种生长因子，能促进细胞生长与增殖。

2. 抑素 抑素（chalone）是一种由细胞自身分泌的，对细胞周期进程有负性调控作用的糖蛋白，抑素作用于 G_1 期末，能阻止细胞进入 S 期；作用于 G_2 期，能抑制 S 期细胞向 M 期的转变。

3. 癌基因、抑癌基因 癌基因最早是在逆转录病毒的基因组中被发现的。在逆转录病毒的基因组中除病毒本身复制所必需的编码病毒核心蛋白、外壳糖蛋白及逆转录酶等的基因外，还包括一个能引起动物宿主细胞恶性转化的基因，这种基因就是癌基因（V‑oncogene，V‑onc），也称为病毒癌基因。后来发现，在许多动物的正常细胞中，也都存在着与 V‑onc 相似的同源 DNA 序列，其突变后，可使细胞增殖发生异常，故癌基因又被称为细胞癌基因（cellular oncogene，C‑onc）或原癌基因（proto‑oncogene）。细胞癌基因与病毒癌基因基本上是同源的，二者之间仅有一个或几个碱基对（base pair，bp）的区别。

在正常细胞中，癌基因及原癌基因可以有低水平表达，其产物可通过不同的途径来参与细胞周期调节。癌基因的表达产物大致可分为生长因子、生长因子受体、信号传导器及转录因子。如 sis 基因产物为生长因子类蛋白，与生长因子受体结合后，通过自分泌方式促进细胞分裂、生长；fms 基因产物为神经生长因子受体，通过与生长因子结合，参与生长因子对细胞周期的调节；ras 基因产物类似于 G 蛋白，与鸟嘌呤核苷酸结合，具 GTP 酶活性，参与细胞周期信号转导。

抑癌基因是存在于正常细胞中的一类能抑制细胞恶性增殖的基因。抑癌基因通过编码一些具有转录因子作用的蛋白质，从多个调控点参与对细胞周期的调节。第一个被发现的抑癌基因是遗传性儿童视网膜母细胞瘤（retinoblastoma，Rb）基因，即 Rb 基因，通常与转录因子 E_2F 结合在一起，抑制细胞周期的进程；当细胞受到生长因子刺激后，Rb 基因产物发生磷酸化，释放出 E_2F，促进细胞 G_1/S 的转换。

三、细胞周期与医学的关系

组织、器官中细胞数目的恒定对机体维系正常生命活动至关重要，衰老细胞死亡后，需要新生细胞的补充；另一方面，如新生细胞无限制地增长，将形成肿瘤。因此，细胞的增殖过程与人类健康息息相关。

（一）细胞周期与组织再生

机体不断产生新细胞，以补充体内衰老、死亡的细胞的过程，就是组织再生。组织再生分为生理性再生和补偿性再生。人体的一些组织细胞，如皮肤的表皮细胞、胃肠的上皮细胞等不断再生，以补充衰老和死亡的细胞的过程为生理性再生，这种现象与干细胞的分裂增生有关。一些高度分化的组织，如肝、肾等，一般情况不增殖，当组织受到外界损伤后可恢复再生能力，称为补偿性再生。在这一过程中是由于 G_0 期细胞，重新进入细胞周期，并且细胞周期进程加快，短时期内产生大量的新生细胞，以修复损伤的组织。

（二）细胞周期与肿瘤

机体局部器官组织的细胞异常增殖所形成的赘生物称为肿瘤，因此，肿瘤是细胞增殖活动失去控制的产物，即细胞周期控制关卡异常、自分泌大量生长因子，造成细胞的生长、分裂失去控制。

1. Cyclin 过表达 Cyclin 的过表达与细胞癌变有密切关系。G_1 期，肿瘤细胞可见 CyclinC、D 和 E 高水平表达，使 Cdk 蛋白激酶持续活化，大量激活转录因子，使细胞快速进入 S 期。G_2/M 期中，CyclinA、B 异常增多，MPF 活性增强，加速蛋白质的磷酸化进程，推动细胞周期进展，促进细胞增殖。

2. CKI 失活 在细胞周期中，Cdk 激酶及 Cyclin－Cdk 复合物还受 CKI 的负性调控。肿瘤细胞中，由于 CKI 基因的突变或缺失，造成蛋白激酶活性增高，使细胞周期缩短。如 p16 是 CKI 家族中的一员，可抑制 Cyclin－Cdk4 或 Cyclin－Cdk6 蛋白激酶活性，抑制细胞周期从 G_1 向 S 期的转换。目前，已在肿瘤细胞中发现多种 CKI 基因的突变，如 p27、p21、p53、Rb 等基因，造成细胞周期活跃，最终引起细胞恶变。

第十三章　细　胞　分　化

　　生物有机体是由各种不同类型的细胞构成的，如脊椎动物和人类的细胞多达200多种不同类型细胞，如神经细胞、上皮细胞、肌细胞、骨细胞等。虽然这些细胞形态和功能各异，但它们都是由同一细胞——受精卵分裂发育而成。细胞分化（cell differentiation）不仅发生在个体发育中，在人体中由多能造血干细胞分化为不同血细胞的细胞分化过程，在每个人的一生中都在进行着。细胞分化是发育生物学的核心问题，细胞分化的关键在于特异性蛋白质合成，而特异性蛋白质合成的实质在于特异性基因的差异性表达（图13-1）。

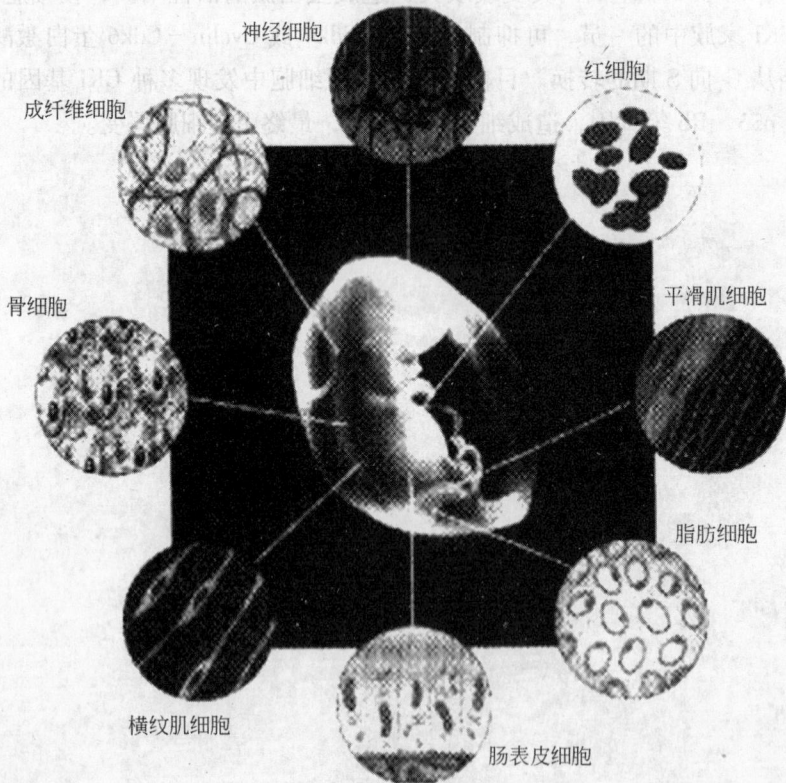

图13-1　人体不同组织分化的细胞形态（引自 Karp, 1996）

第一节　细胞分化的基本概念

细胞分化是指同一来源（如受精卵）的细胞分裂后逐渐产生形态结构、功能和生化特征形成稳定性差异的另一类细胞的过程。所有高等生物体都是由同一来源的受精卵发育而成。在发育过程中，通过细胞增殖使细胞数目增加；为适应其特定的功能而合成特异性蛋白质，通过细胞分化形成不同类型的细胞。

一、细胞分化是基因选择性表达的结果

细胞分化是基因选择性表达的结果。从分子水平上看，细胞分化意味着机体内不同细胞中有不完全一致的基因活性，而表现为某些特异性蛋白质的合成，因而形成形态、结构和功能各异的细胞。这是由于在特定的细胞中某些基因在一定时间内选择性激活，因此基因表达的调控是研究细胞分化的核心问题。

二、组织特异性基因与管家基因

1. 管家基因（house - keeping gene）　又称持家基因，是指所有细胞中均要表达的一类基因，其产物是对维持细胞基本生命活动所必需的，如微管蛋白基因、糖酵解酶系基因与核糖体蛋白基因等。

2. 组织特异性基因（tissue specific gene）　又称奢侈基因（luxury gene），是指不同的细胞类型进行特异性表达的基因，其产物赋予各种类型细胞特异的形态结构特征与特异的功能，与各类细胞的特殊性有直接的关系。如表皮的角蛋白基因、肌肉细胞的肌动蛋白基因和肌球蛋白基因、红细胞的血红蛋白基因等。

3. 调节基因产物　用于调节组织特异性基因的表达，起激活或者起阻遏作用。

三、组合调控引发组织特异性基因的表达

1. 组合调控（combinational control）　是指有限的少量调控蛋白启动为数众多的特异细胞类型的分化的调控机制。即每种类型的细胞分化是由多种调控蛋白共同调节完成的。

2. 生物学作用　指一旦某种关键性基因调控蛋白与其他调控蛋白形成适当的调控蛋白组合，不仅可以将一种类型的细胞转化成另一种类型的细胞，而且遵循类似的机制，甚至可以诱发整个器官的形成。

3. 分化启动机制　靠一种关键性调节蛋白通过对其他调节蛋白的级联启动。

四、单细胞有机体的细胞分化与多细胞有机体细胞分化的差异

前者多为适应不同的生活环境，而后者则通过细胞分化构建执行不同功能的组织与器官。多细胞有机体在其分化程序与调节机制方面显得更为复杂。

第二节　胚胎细胞分化

细胞分化可以出现在生物体个体的整个生命过程中，但分化最重要的时期是胚胎期，此时，细胞分化的表现最典型、最迅速，并且受许多因素的影响。

一、细胞分化潜能与决定

在生物体个体发育的早期阶段，所有细胞都有发育成不同组织或细胞类型的潜能，这种潜能称为全能性（totipotency）。细胞做出的发育选择称为细胞决定（cell determination），是细胞潜能逐渐受限的过程，也是有关分化的基因选择性表达前的过渡阶段，具有高度的遗传稳定性。但并非胚胎早期细胞能随意分化成某一细胞类型或组织。细胞只能按照已做出的发育选择，向决定的方向分化。在胚胎三胚层形成后，随着细胞空间关系和微环境的差异，各胚层细胞的发育去向已决定下来。这些细胞的分化潜能被局限化，只能发育成为本胚层的组织、器官。在发育过程中，各器官的预定区逐渐出现，细胞分化的潜能进一步局限化。此时的细胞具有演变成多种表型的能力，称为多能细胞（pluripotent cell）。再进一步就是向专能稳定型的分化。因此细胞决定是发育潜能逐渐局限化的过程，即选择基因表达的过渡阶段，此时细胞虽然还没有可分辨的分化特征，但已具备向某一特定方向分化的能力。

果蝇幼虫期的成虫盘（imaginal disc）是一个典型的例子。成虫盘是幼虫体内未分化的细胞团，不同成虫盘分别发育成腿、翅、触角和躯体其他结构。成虫盘虽然是未分化的细胞团，但其向某种特定类型分化的方向已经决定。如将成虫盘移植到成体果蝇腹腔中，可一直保持未分化状态而不断进行增殖。任何时候将此成虫盘取出植入幼虫体内，幼虫变态后，移植来的成虫盘细胞便发育成相应的成体结构（图 13 −2）。这种决定的特性可在果蝇遗传实验中稳定遗传多达 1800 代。

具有全能的受精卵何时获得有限的发育潜能与细胞决定是否可逆，是我们研究细胞决定时需要引起注意的问题。动物胚胎发育的决定时间可用胚胎移植方法来确定，以两栖类为例，如将原肠胚早期预定将发育成表皮的细胞，移植到另一宿主胚胎预定发育为脑组织的区域，被移植的细胞在宿主胚胎中仍然发育为脑组织。而到原肠胚晚期阶段移植则发育为表皮，说明两栖类早期胚胎发育的细胞决定开始于在早原肠胚和晚原肠胚之间的某个时期。

二、细胞质的作用

受精卵每次卵裂，细胞核内的物质包括基因组（genome）都会均匀地分配到子细胞内，所以子细胞中的遗传物质是相同的。但受精卵细胞质各区的组分并不相同，卵裂使不同的胞质组分分割进入各卵裂细胞。从卵母细胞开始，细胞质或表面区域就是不均质的。这种不均质性，对胚胎的早期发育有很大影响，在一定程度上决定细胞的早期分化。这些特殊物质被称为决定子（determinant），决定子支配着细胞分化途径。决定子

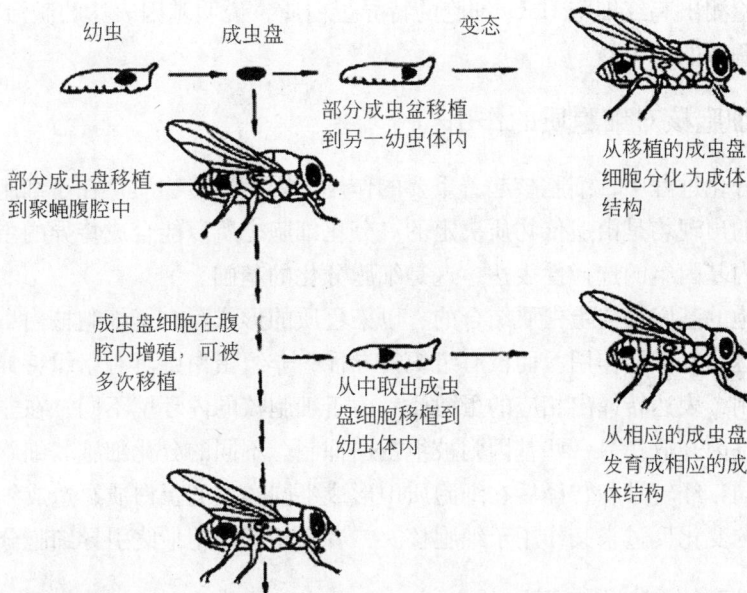

图 13 – 2　果蝇成虫盘细胞决定状态的移植实验

在卵母细胞中已经形成，受精卵在数次卵裂过程中，决定子一次次地重新改组、分配。卵裂后决定子的位置固定下来，并分配到不同的细胞中，从而使子细胞产生差别。

海鞘类是研究细胞质决定子最方便的生物。有些海鞘的卵含有不同色素的区域，在受精后这些区域分别分布到某些细胞中，这些细胞将来便发育成特定的组织。如海鞘的富含线粒体的黄色细胞质区域，将来分化成中胚层和肌肉；透明区分化成外胚层；灰色胞质区分化成为内胚层。如果受精卵被挤压致使黄色胞质分配到更多的细胞中，获得这部分黄色胞质的细胞就发育成为肌肉。这一结果提示这种黄色胞质含有肌肉组织的决定子。

三、核质的相互作用

细胞核和细胞质彼此互相依赖、互为存在的条件。细胞质通过氧化磷酸化和无氧酵解为细胞提供了大部分能量，其中核糖体还含有几乎全部蛋白质合成所需的组装。细胞核基因提供 mRNA 和其他 RNA （tRNA 和 rRNA）的转录模板。因此，核和质的作用是相互依存不可分割的，一方面细胞核中的基因对胞质的代谢起调节作用；另一方面细胞质对核内基因的活性有控制作用。

（一）细胞质对细胞核的作用

细胞分化过程中，细胞核的遗传潜力，即核基因的活性，受核所在的胞质环境的控制。利用细胞融合技术可以诱导不同种类细胞的融合。1965 年 Harris 发现鸡的红细胞与未分化的人类宫颈癌细胞－HeLa 细胞融合、杂交形成的异核体，红细胞核的体积扩大 20 倍、染色质分散、DNA 和 RNA 合成能力增高，并出现核仁、基因表达也被激活，免疫荧光法可检测出鸡红细胞 HeLa 细胞的特异蛋白质，说明基因表达的激活是由于 HeLa 细胞质物质调节的结果。

（二）细胞核对细胞质的作用

在细胞分化过程中，细胞核起着重要的作用，因为遗传物质存在于细胞核中，生物的任何性状的出现均是由遗传物质决定的。分化细胞之所以能合成特异的蛋白质，就是由于细胞核内基因组的选择性表达，这是细胞分化的基础。

真核细胞的基因是与蛋白质结合的，以染色质的形式存在于细胞核内，其中组蛋白对基因的表达具有抑制作用，而没有组织特异性；非组蛋白则具有组织特异性，可以使基因解除抑制，表达转译出相应的蛋白质。由于细胞核的内环境不同，在非组蛋白的作用下，一些基因开放，另一些基因则被组蛋白抑制。不同的分化细胞其细胞核中基因开放的类型不同，经转录和转译后在细胞质中形成不同类型的蛋白质，造成细胞质的异质性。细胞质的变化反过来又作用于细胞核。二者的相互作用最终引导细胞分化。

四、细胞分化的遗传基础

1910 年 Boveri 用马蛔虫卵为材料做过一个典型的实验，证明生殖细胞和体细胞的决定受染色体物质多少的控制，而染色体物质的正常与否又受细胞质的控制。马蛔虫的合子核中含有两个大的复合染色体，当第一次卵裂后，正常卵会分为两个部分，第二次分裂时，上半部分含动物极的染色体断裂，一部分断裂的染色体被放出核外。相反，下半部分含有植物极，可以正常地进行核分裂成为两个细胞，但其中的一个细胞在下次进行分裂时，会放出一部分染色体，而另一个细胞却能正常地分裂。如此反复分裂，最后保持正常染色体的细胞将来成为生殖细胞，而染色体部分丢失的细胞将来分化成体细胞。但是，如果将马蛔虫的受精卵 3800rpm 离心数小时，使卵成为扁平形，第一次卵裂是垂直进行，那么植物极的物质会分配到两个细胞中，下次再分裂时，就不会出现染色体部分丢失的现象。这说明生物体的性状，包括细胞内的物质代谢变化，都是由遗传物质决定的。细胞分化是细胞内的遗传物质没有改变而是细胞内的基因选择性表达。

第三节 影响细胞分化的因素

细胞分化不仅决定于细胞本身核、质的关系，还与细胞间的相互作用密切相关，如细胞间的分化诱导作用、位置信息以及激素等，对细胞的分化与形态发生均起着重要的作用。

一、胚胎诱导对细胞分化的作用

在动物胚胎发育过程中，一个细胞与邻近细胞的相互作用，在细胞分化中起着重要作用。各胚层之间能相互促进细胞分化和组织器官发生的正向作用称为胚胎诱导（embryonic induction）。对其他细胞起诱导作用的细胞称为诱导者（inductor）或组织者。胚胎诱导一般发生在内胚层和中胚层或外胚层和中胚层之间。中胚层独立分化的能力最强，其诱导分化的作用也就最强。中胚层可作用于相应部位的外胚层或内胚层细胞，而导致不同胚层细胞合成组织特异性蛋白质，出现组织分化。从诱导的层次上看，胚胎诱导可分成三级，即初级诱导、次级诱导和三级诱导。例如脊索中胚层诱导其表面覆盖的外胚层发育成神经板，是初级诱导；神经板卷成神经管后，前端膨大成原脑，其两侧突出的视杯再诱导视杯上方的外胚层形成眼晶状体，为次级诱导；晶状体再诱导其表面的外胚层形成角膜，为三级诱导（图 13 −3）。

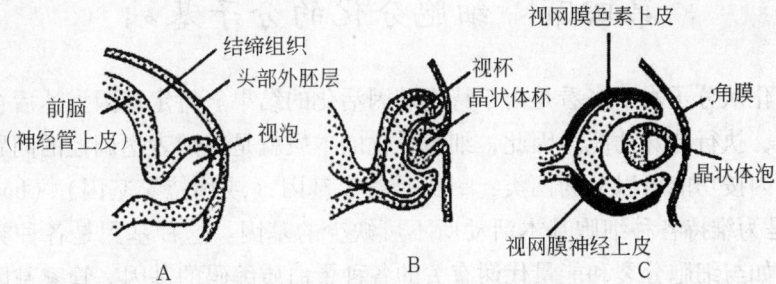

图 13 −3　眼球发育过程的多次诱导作用

胚胎诱导的机制至今尚不清楚，但一些实验已证明诱导作用是通过某些化学诱导物实现的。诱导物质的性质，在不同发育体系中是不同的，它们可能是大分子的蛋白质或核酸类，也可能是一些小分子，其确切性质还有待进一步研究。诱导物从诱导组织进入反应组织引发诱导，而不需要诱导者与反应组织间的细胞接触。

二、位置信息在细胞分化中的意义

在组织、器官的发育中，细胞受到某种指令的控制，从而使动物躯体的组织、器官的大小、形态受到控制。如肢体的形成不仅需要肌肉、神经、骨骼和皮肤在数量上的增加，而且还需要它们在空间上的分布。在特化区域中，细胞生长在空间上的局限性对形态发生具有重要作用，可使特化的组织器官保持一定大小的形态和空间位置。因此，位置信息就是使细胞能正确地按发育指令进行形态构建。

例如，从鸡胚肢体形态的研究可说明位置信息的存在及其重要性。鸡卵受精 3 ~ 4 天后，在胚胎长轴两侧形成凸起叫肢芽，肢芽进一步发育成腿或翅。所有肢芽中的细胞类型都是一致的。即外层为外胚层细胞，包围着里面的间充质细胞，间充质细胞以后分化为腿和翅的肌肉、软骨及骨骼等不同组织。

三、激素对细胞分化的调节作用

在胚胎细胞发育早期，邻近细胞间的相互作用可诱导细胞分化。而发育晚期，细胞分化主要受激素调节。激素由血液循环输送到不同部位引发靶细胞进行分化。例如两栖类的幼体——蝌蚪发育为成体的蛙，要经过变态发育阶段。甲状腺素能够启动其靶细胞分化，合成包括多种酶在内的新蛋白质，细胞的结构和功能发生变化，导致变态的发生。若蝌蚪体内加入外源性的三碘甲状腺原氨酸 T_3、甲状腺素 T_4，可观察大蝌蚪迅速出现早熟及变态，发育成小蛙。而退化时，首先尾部横纹肌细胞中的蛋白质合成减少，溶酶体量增加，溶酶体酶合成并大量释放导致细胞凋亡，然后被巨噬细胞清除，激素作用于基因使其开放，合成特异性蛋白质而调节细胞分化。

四、胚胎干细胞及其他干细胞（见第十五章　干细胞）

第四节　细胞分化的分子基础

细胞分化从分子水平来看是由于特定基因活化的结果。特定基因表达后合成某些特异性蛋白质，执行特殊功能。因此，细胞分化的本质就是基因表达调控的问题。细胞分化有关的基因按功能可以分为两类：一类是管家基因（或称持家基因）（house keeping gene），它是为维持各种细胞基本活动所不可缺少的基因。这种基因是各种类型细胞中所共有的，如与细胞分裂和能量代谢有关的各种蛋白质编码的基因。管家基因还有一些产物不是蛋白质，而是参与蛋白质合成的 tRNA 和 rRNA 等。这类基因的表达称为基本的表达（constitutive）。

另一类为组织特异性基因（tissue specific gene）或称奢侈基因（luxury gene），这类基因为细胞特异性蛋白质编码，对细胞分化起重要作用。这些选择性基因表达的产物在不同的细胞中有质和量上的差别。如红细胞表达血红蛋白基因，淋巴细胞表达免疫球蛋白基因，结缔组织细胞表达胶原蛋白基因等。这些基因的选择性表达导致细胞的分化。

一、专一蛋白质合成

细胞分化一般是指细胞表型的特化，常以细胞水平明显可查的指标判断细胞是否分化和分化程度，如表皮细胞的角蛋白、红细胞的血红蛋白、腺细胞的分泌蛋白等特异蛋白的出现、含量以及成熟程度等。这类蛋白对细胞自身生存并无直接影响，却是细胞向特殊类型分化的物质基础，故称为奢侈蛋白（luxury protein），将那些维持细胞生命活动所必需的，各类细胞普遍共有的蛋白质管家蛋白（house keeping protein）。如膜蛋白、核糖体蛋白、线粒体蛋白、糖酵解酶和核酸聚合酶等等。

二、细胞分化基因表达的调控

细胞分化的调控可以发生在不同的水平：转录水平或翻译水平，其中转录水平的调控是最重要的。

（一）转录水平调控

转录调控（transcriptional control）是细胞分化基因表达的重要调控方式，通过转录调控，控制着基因在不同组织中进行差异表达。转录水平上进行的基因表达，在不同类型的细胞中 mRNA 的种类和性质应是不同的。真核细胞既受基因调控的顺式作用元件影响，同时又受反式作用因子的影响，二者的相互作用实现真核转录调控。顺式作用元件（cis-acting element），指与特定蛋白质编码区连锁在一起的对转录起调控作用的 DNA 序列结构，包括启动子（promotor）、增强子（enhancer）和近来发现的抑制子（沉寂子 silencer）。而反式作用因子（trans-acting factor），指能直接或间接地识别或结合各顺式调控元件核心序列（8-12bp）上，参与调控靶基因转录效率的一组蛋白质。目前已分离纯化或鉴定的有几百种之多，主要包括各种基因调控蛋白。其功能都是通过与特异 DNA 序列相互作用而实现的，因此反式作用因子必须具备两种能力：一是它们必须识别定位在影响特殊靶基因的增强子、启动子和其他调控元件中的特异性靶序列；二是对于一个转录因子或正调控蛋白还要求它们能够通过与 RNA 聚合酶或其他转录因子结合而行使功能。

（二）翻译水平调控

翻译调控（translational control）是指基因转录的 mRNA 有选择性地翻译成蛋白质。在不同细胞中含有同样的 mRNA，但各种 mRNA 不能都翻译成蛋白质，而只有不同的 mRNA 得到翻译，产生不同的蛋白质。如果调控是在翻译水平上完成的，细胞中就应存在一种机制来区别不同的 mRNA，从中选择特定的对象进行翻译。

如海胆未受精卵中存在着较稳定的 mRNA，这种 mRNA 只有在受精后才能翻译，称为母体 mRNA。这种 mRNA 可能在未受精卵中被蛋白质遮盖，或被局限在细胞内某一特定区域而不能被翻译，而在受精后释放出来，开始翻译成蛋白质。总之，在真核细胞对基因表达调节的一条重要途径是产生稳定性的 mRNA，处于隐蔽状态，在一定条件下进行翻译。

蛋白质合成后通常还需加工、修饰和正确折叠才能成为有功能活性的蛋白质。因此，在此水平上也存在表达的调控问题。可见，细胞分化的基因表达调控主要是在转录水平上。

第五节 细胞分化与癌变

生物体内由正常细胞转变成不受控制的恶性增殖细胞的过程称为癌变。正常细胞一旦发生癌变，其生物学属性便发生了本质变化。细胞的癌变不属于正常的细胞分化过程，但可以看做是分化过程中的异常变化。正常细胞中癌基因实际上是一些参与细胞生长、分裂和分化的基因。生物体内每个细胞内有许多基因，一般为 300~400 个，控制正常的细胞功能，这些基因在正常细胞中以非激活的形式存在，故称原癌基因。当原癌基因受到多种因素的作用使其结构发生改变时，激活成为癌基因。现已知道，大约有 60 种癌基因与癌的发生有关。由于癌基因是作为引起恶性肿瘤的逆转录病毒的部分而被发现和命名的。不久，又发现了存在于细胞内的另一类基因即抑癌基因。抑癌基因在癌的发生上与癌基因同等重要，如果说癌基因是细胞生长加速器，那么抑癌基因就是抑制细胞生长的制动器。原癌基因的激活与抑癌基因的失活是导致正常细胞的发生癌变关键。

一、原癌基因

原癌基因的激活与抑癌基因的失活可以引起正常细胞的癌变。胚胎发生过程中的显著特征是细胞始终处于细胞周期循环之中，直至决定最后命运的时空性开关（temporal switch）打开后，才进入分化阶段，此时会发现原癌基因相关基因（oncogene related gene）的大量表达。这表明原癌基因对于细胞周期与细胞分化有着极为重要的关系。

原癌基因主要包括：①生长因子，如 sis。②生长因子受体，如 fms、erbB。③蛋白激酶及其他信号转导组分，如 src、ras、raf。④细胞周期蛋白，如 bcl -1。⑤细胞凋亡调控因子，如 bcl -2。⑥转录因子，如 c -myc、c -fos、jun。这里主要介绍 c -myc 和 c -fos。

1. c -myc 与分化调节　c -myc 高水平的表达可以阻遏细胞分化。例如有数种白血病细胞系均有 c -myc 的过分表达，若以能诱导分化的试剂处理这些细胞系，则 c -myc 基因的表达迅速下降。有研究发现以表达反意（antisense）myc 之 mRNA 的质粒转染，可诱导 F_9 畸胎癌细胞分化。总之，只要 c -myc 过分表达，细胞便不能进入终末分化。此外，如果细胞中没有 myc 表达，则有其他原癌基因（如 c -myb）的表达，其功能与 myc 相似，即防止细胞趋向老化。c -myc 基因表达的下行调节分化过程的控制，是在一级基因转录水平上延伸进行的。如当以那些可以诱导 HL60 细胞系发生粒细胞分化的因子处理细胞时，则在非翻译的外显子获得拷贝之后可以阻断 c -myc 的转录。这一现象称之为衰减（attenuation）。这就提出一种可能性，即弱化作用、信使稳定性，以及其他的转录后机制，对于分化过程是极端重要的。

2. c -fos 与分化调节　c -fos 的表达可以使细胞被刺激而进入细胞周期。因此，当迅速增殖的细胞进行单核细胞分化时，c -fos 的激活也就表明它的功能与进入和走出可逆性的静止态相联系的。1986 年 Gee 等证明，单核细胞的分化还伴有 c -src 蛋白水平的升高以及 c -sis、c -hck 和 c -fms 基因的上行调节。在单核细胞分化过程中，c -fos 的上行调节发生于 c -fms 表达开启之前。由于 c -fms 产物提供了单核细胞/巨噬细胞的生长因子受体 CSF -1，因此可能是一个调节者——功能性产物序列。加速单核细胞分化的条件也使得与 c -fms mRNA 更加稳定，因此，c -fms 的表达是细胞趋向于静止态或 G_0 期的一种标志。

二、抑癌基因

抑癌基因（tumor suppressor gene）又称肿瘤抑制基因，是正常细胞增殖过程中的负调控因子，能够阻止细胞周期的进程，进而限制细胞的增殖，其基因的失活有利于癌变的发生，故被称为"抑癌基因"。由于基因突变在大多数情况下是使基因的功能减弱或消失，而不是基因功能的增强，有认为抑癌基因异常在癌变中的作用较之癌基因活化更为重要。这些基因在细胞增殖、分化调控中的作用受到越来越大的重视，是 20 世纪 90 年代癌肿分子生物学研究的热点。迄今克隆到的抑癌基因的数目较少，这并不意味着客观存在的抑癌基因就一定比癌基因少，只是由于技术上的原因，要想分离、鉴定、确认一个抑癌基因比较困难。人类大约有 50 个遗传性癌综合征，理论上讲至少有 50 个有关的抑癌基因。

抑癌基因主要包括：①转录调节因子，如 Rb、p53。②负调控转录因子，如 WT。③周期蛋白依赖性激酶抑制因子（CKI），如 p15、p16、p21。④信号通路的抑制因子，如 ras GTP 酶活化蛋白（NF－1），磷脂酶（PTEN）。⑤DNA 修复因子，如 BRCA1、BRCA2 等。这里主要介绍 Rb 和 p53。

1. Rb 基因 是第一个被人类克隆和完成全序列测定的肿瘤抑制基因，是在儿童视网膜母细胞肿瘤（retinoblastoma, Rb）中发现的基因。Rb 家族的儿童对 Rb 基因高度敏感，因为所有体细胞中只有一个 Rb 基因，在发育过程中，只需极少数视网膜细胞再发生一次细胞突变，就可使正常的 Rb 基因消失，从而触发 Rb。散发性 Rb 发生较晚，一般只危及一眼，遗传性 Rb 往往危及双眼，3 岁左右发病形成多个肿瘤。在 G_1 期 Rb 与 E2F 结合，抑制 E2F 的活性，在 G_1/S 期 Rb 被 CDK2 磷酸化失活而释放出转录因子 E2F，促进蛋白质的合成。Rb 基因于 1987 年被克隆，长 190Kb，在正常视网膜母细胞表达，有人研究了 18 个 Rb 细胞系，Rb 基因无一表达。对基因缺陷的分子水平研究证实，约不到 1/3 的病例有大的重组或缺失，而更常见的是微小改变，如点突变。对 Rb 患者的细胞进行遗传分析，发现少数 Rb 细胞有显微镜下可见的 13 号染色体有一小段异常。另外，Rb 基因失活也可见于其他肿瘤，如骨肉瘤和软组织肉瘤。但即使在无 Rb 病史的肉瘤患者，Rb 基因亦有灭活，故该基因灭活可能与大部分肉瘤的发生有关系。Rb（人类视网膜细胞瘤）基因是第一个被克隆的抑癌基因。

此外，在小细胞性肺癌、膀胱癌、少数乳腺癌亦发现 Rb 基因失活。有人将正常 Rb 基因引入 Rb 和骨肉瘤细胞，结果发现肿瘤细胞的恶性表型受到抑制，而 Rb 基因的导入又可使某些肿瘤得以逆转，这均证明 Rb 基因失活确实在肿瘤发生中具有关键作用。

3. p53 基因 p53 基因编码一个分子量为 53kDa 的核蛋白，是迄今发现与人类肿瘤相关性最高的基因。该基因编码定位于人类 17 号染色体短臂，是一种分子量为 53kDa 的磷酸化蛋白，命名 p53。为最初发现 p53 是野生型的，后来研究发现它是突变型的。实验证实，野生型 p53 具有抑制活化的 RAS 基因的灭活，p53 可以互相结合形成寡聚体，因此突变 p53 可以通过与野生型 p53 阻遏后者的活性而呈现显性抑制作用。

p53 磷蛋白的正常功能是调控细胞增殖，在白血病、骨肉瘤、肺癌和结直肠癌中有 p53 蛋白的突变和缺失。现已证明，p53 蛋白是人体内最有效的对抗肿瘤的自然防御物。关于 p53 的研究已经付诸实用了，我国已经批准了用于人类癌症的首个基因治疗。新近研究发现，一些小分子药物可以通过阻止 p53 负调节子 Mdm2 与 p53 的结合来激活 p53。这一研究为新的肿瘤治疗方法，通过蛋白质相互作用找到新的、有效的药物靶点提供了光明的前景。

第十四章 细胞的衰老与死亡

细胞衰老（cellular aging）和死亡（death）是细胞生命活动的必然规律，构成机体的绝大部分细胞都须经由分裂、分化、衰老、死亡的历程，因此，细胞衰老和死亡如同细胞的生长、增殖、分化一样是细胞重要的生命现象之一。生物个体的衰老主要是机体内部结构的衰变，其实质是构成机体的基本单位细胞的生理功能衰退或丧失。细胞发育到一定阶段就会发生死亡，其原因不外内因和外因两类，内因主要是由发育过程或衰老所致的自然死亡，而外因则指受到外界物理、化学、生物等各种因素的作用，使细胞超过了所能承受的限度或阈值引起的细胞死亡。根据细胞死亡的不同模式，可分为坏死（necrosis）和凋亡（apoptosis）两种类型。

第一节 细胞的衰老

一、细胞衰老的概念与特征

（一）细胞衰老的概念

细胞衰老是指细胞内部结构发生衰变，从而导致细胞生理功能衰退或丧失的过程。细胞衰老和细胞的寿命密切相关。多细胞生物体内的所有细胞都来自受精卵，这些不同组织器官的细胞以不同速率、不同时间、不同方式发生衰老和死亡。同时又有新的细胞不断产生，二者处于一种动态平衡。机体内绝大多数细胞的寿命与机体的寿命不相等，而且机体不同组织、器官的各种细胞寿命差异很大。一般而言，能保持继续分裂能力的细胞不容易衰老，而分化程度高又不分裂的细胞寿命相对有限。衰老现象容易在短寿细胞中见到，而长寿细胞在个体发育的晚期方可见到衰老现象。

研究发现，离体培养的细胞与体细胞一样，也有一定的寿命。1961 年 Hayflick 和 Moorhead 报道，体外培养的人二倍体细胞随着传代表现出明显的衰老、退化和死亡现象，并因此提出了 Hayflick 界限：即离体培养的细胞有寿命，其增殖能力也具有限度。体外培养实验证明，胚胎成纤维细胞在体外培养的代数与该动物寿命有关。传代次数越多，说明该动物寿命越长，衰老速度亦慢。培养细胞寿命长短不取决于培养的天数，而是取决于培养细胞的平均代数即群体倍增次数，即细胞寿命＝群体细胞传代次数。

（二）细胞衰老的特征

细胞衰老过程是细胞生理、生化发生复杂变化的过程，如细胞呼吸率减慢、酶活性降低，最终反映出形态结构的改变，表现出对环境变化的适应能力降低和维持细胞内环境能力的减弱，以致出现细胞功能紊乱等多种变化。

1. 细胞形态结构的改变　衰老细胞内水分减少，细胞核发生固缩、核结构不清、核染色加深，细胞核与细胞质的比率减小。

2. 细胞内有色素或蜡样物质沉积　如神经细胞、心肌细胞与肝细胞内脂褐素的沉积。皮肤细胞中这些物质的沉积便形成"老年斑"。有人对脂褐素在脑细胞中的沉积进行过详细分析，发现初生小鼠脑细胞中无脂褐素存在；24 月龄者 20% 的神经细胞中有脂褐素。脂褐素多存在于细胞的溶酶体内，一般认为由于溶酶体消化功能的降低，不能将摄入细胞内的大分子物质分解成可溶性分子而及时排出，因此蓄积在胞质内成为残余体（residual body）。

3. 化学组成与生化反应的改变　除了结构与形态改变之外，随着细胞的衰老还发生一系列化学组成与生化反应的改变。首先是氨基酸与蛋白质合成速率下降。如有人证明衰老细胞蛋白质摄取 ^{35}S - 蛋氨酸的能力下降，而摄取半胱氨酸的能力增加。此外，由于原生质是一种以蛋白质为主要成分的复杂亲水胶体系统，当细胞水分逐渐减少时胶体的理化性质发生改变，更由于其中不溶性蛋白质的增多使得细胞的硬度增加。

衰老细胞内酶的活性与含量也改变。实验证实，去卵巢大鼠 NAD - ICDH 的活性下降，但可以用雌二醇诱导，而随着年龄的增加诱导作用减弱，至 85 周龄时不再能诱导出 NADP - ICDH 酶的活性。同样，老年神经细胞硫胺素焦磷酸酶（thiamine pyrophos-phatase）的活性减弱，使高尔基复合体的分泌功能与囊泡的运输功能下降。有人认为头发变白可能与头发基部黑色素细胞中酪氨酸酶活性的下降有关。

4. 细胞器的改变　衰老细胞内线粒体的数量也发生改变。线粒体的数量随年龄的增长而减少，有人认为线粒体是衰老的生物钟。在果蝇中发现线粒体 DNA 转录产物在衰老过程中逐渐减少，特别是 16SRNA 减少，影响线粒体蛋白质和酶的合成，使细胞代谢功能受影响。

5. 细胞增殖相关参数的改变　最明显的是细胞集落形成率在衰老过程中逐渐下降。每单位时间进入细胞有丝分裂 S 期的细胞数目减少。如在人成纤维细胞培养基里加入 ^{3}H -TdR，24 小时后标记指数从第 25 代（生长期）的 83% 下降到第 50 代（衰老期）的 37%。如从上述两代的培养里选出分裂期的细胞进行传代，则生长期细胞与衰老期细胞的周期时间（到达下一次分裂的平均时间）相似。这一结果提示，衰老细胞增殖速度的下降是由于十分缓慢地通过 G_1 期的细胞，或是完全停止细胞周期循环的细胞增多之故，而其余的细胞则仍以正常的速度周转。据统计，细胞衰老有 150 余种功能与结构的改变。

二、细胞衰老学说

由于机体的寿命有限，衰老也在所难免。为什么每一个个体都逃脱不了有序的衰老与死亡？引起细胞与机体衰老的机理是什么？这一直是人们在探索的重大课题。近几十年，医学、遗传学、生理学、细胞生物学和分子生物学等领域的学者从不同角度尝试对这一重要问题进行研究。已从大量实验结果中提出若干学说。现将有关内容简要介绍如下。

（一）自由基理论

自由基是指在外层轨道上不成对电子的分子或原子的总称。体内常见的自由基如超氧离子自由基、氢自由基、羟自由基、脂质自由基、过氧化脂质自由基等等。它们可来自分子氧与多种不饱和脂类（如膜磷脂中的不饱和脂肪酸）的直接作用，也可来自分子氧与游离电子（包括体内形成与体外电离辐射产生）的相互作用。自由基性质活泼，易与其他物质反应生成新的自由基，后者又可进一步与基质发生反应，从而引起基质大量消耗和多种产物形成。因此，一般认为，自由基在体内除有解毒功能外，它对细胞更多的是有害作用，其主要表现为：它使生物膜的不饱和脂肪酸发生过氧化，形成过氧化脂质，从而使生物膜流动性降低，脆性增加，以致脂质双层断裂，各种膜性细胞器受损；过氧化脂质又可与蛋白质结合成脂褐素，沉积在神经细胞和心肌细胞等处，影响细胞正常功能；自由基还会使细胞 DNA 发生氧化破坏或交联，导致核酸变性，扰乱 DNA 的正常复制与转录；自由基也使蛋白质发生交联变性，形成沉淀物，降低各种酶的活性，并导致因某些异性蛋白出现而影响机体自身免疫现象等等。自由基理论的依据是人体血清中自由基含量随年龄而增加，细胞内脂褐素也随年龄而增加，加速了细胞衰老。

（二）神经免疫网络论

该理论认为衰老与神经系统及免疫系统的衰退有关。下丘脑的衰老是导致神经内分泌器官衰老的核心环节。由于下丘脑－垂体的内分泌腺轴系的功能衰退，使机体内分泌功能下降，从而导致免疫功能的减退，而机体免疫功能的减退是衰老的重要原因之一。又如发现机体免疫组织中 B 淋巴细胞制造抗体的能力，以及胸腺激素的分泌能力都随年龄而下降，以致机体对异物、病原体、癌细胞等的识别能力下降，免疫监视系统功能紊乱，不能有效抵抗有害物质对机体的侵害；同时，免疫系统功能的紊乱还表现在自身免疫现象增多，误把自身组织细胞当做异己攻击，最后导致机体衰老。尤其是胸腺随着年龄增长而体积缩小，重量减轻。例如新生儿的胸腺重约 15～20g，13 岁时 30～40g，青春期后胸腺开始萎缩，25 岁后明显缩小，到 40 岁胸腺实体组织逐渐由脂肪所代替。至老年时，实体组织完全被脂肪组织所取代，基本上无功能。因此，老年人免疫功能降低，易患多种疾病，其中包括肿瘤。

（三）遗传程序论

该理论认为，机体从生命一开始，其生长、发育、衰老与死亡都按遗传密码中规定的程序进行着，在生命过程中随着时间的推延，有关基因启动与关闭的命令按时发生，细胞"自我摧毁"的计划按期执行。支持这种理论的实验如：有人在细胞体外培养中发现，人成纤维细胞在体外分裂的次数与细胞供体的年龄有关。胎儿成纤维细胞体外分裂的次数是 50 次左右，成人的成纤维细胞体外分裂的次数是 20 次左右，而一种叫 Hutchinson-Gilford 综合征的早老病患者（10 岁时具有正常老人特征，早亡）的细胞，在体外仅分裂 2~10 次。有人用不同细胞进行核质融合实验发现，年轻培养细胞的细胞质与同种老年培养细胞的细胞核融合，融合后的细胞有丝分裂只维持几次，似老年细胞那样；而当年轻培养的细胞核与同种老年细胞的细胞质融合时，融合后的细胞具有年轻细胞那样的有丝分裂能力，说明融合细胞的分裂能力是由细胞核中的遗传物质决定的。

在遗传程序论中，由于对遗传结构在衰老过程中作用的看法不同，又可分为几种假说。

1. 重复基因利用枯竭学说　此学说由 Culter 等人在 1972 年提出。他们认为，在细胞的一生中只有少数基因在表达，大部分基因处于关闭状态，而在表达的基因中有一些是重复序列。如果某基因由于受损而不能表达，重复基因的作用可以弥补，但当重复基因也因损伤而不能表达时，一些生命大分子合成受阻，衰老随之出现。有人曾观察到 rRNA 基因的含量随着年龄的增长而减少。

2. DNA 修复能力下降学说　此学说认为，细胞中的 DNA 在自然界会因各种致突变因素而发生损伤，同时细胞都有一定的 DNA 损伤修复能力。如果修复能力下降，基因受损而表达异常，细胞功能失常，衰老逐渐形成。细胞的这种修复能力是生物体长期进化的结果，是由遗传因素决定的。DNA 修复能力可因机体所属的物种平均寿命、个体的年龄不同而异。Hart 等人 1974 年观察 7 种不同物种成纤维细胞的 DNA 非程序合成水平，结果表明 $10J/m^2$ 剂量紫外线（UV）照射不同培养时间的细胞后，细胞核中所出现的银染颗粒数显著不同。提示不同物种的 DNA 修复能力与物种各自的平均寿命呈正相关。Sedcm 等人（1979）用 UV 诱发的人外周血淋巴细胞的 DNA 修复，发现年轻人供体细胞的 DNA 修复能力高于中、老年人供体细胞。说明在同一物种内，高龄个体的 DNA 修复能力小于低龄个体。

3. 衰老基因学说　Smith 等认为，细胞中存在着衰老基因，其表达产物是一种可抑制 DNA 和蛋白质正常合成的蛋白。同时，细胞还存在一种阻遏基因，其产物可阻碍衰老基因的表达。阻遏基因有许多拷贝，但拷贝数会随着细胞分裂次数的增多而逐渐丢失。因此，年轻细胞中有足够阻遏基因的拷贝，可形成足够浓度的阻遏物质，抑制衰老基因的表达；随着细胞增殖次数增加，细胞中阻遏基因拷贝数减少，阻遏物浓度逐渐下降，以致不足以阻遏衰老基因的表达，于是细胞的 DNA 和蛋白质合成受阻，从而导致细胞衰老。

4. 密码子限制学说　Strehler 提出的密码子限制学说（theory on codon restriction）认为，细胞合成蛋白质的过程是由遗传密码所决定的，而遗传密码按时间顺序，相继被激活、抑制、合成发育的某一阶段所需的蛋白质成分，细胞发育分化至某一阶段，合成维持细胞生命所必需的蛋白质的遗传密码，因使用限制或数量限制而导致衰老。对各种组织中 tRNA、tRNA 合成酶类型的研究表明，这些分子的某些成分在不同生理过程是不相同的，如 9 个月和 3 个月大鼠胚胎组织的蛋白质分子不完全相同，不同年龄、细胞内酶的类型变化似乎与密码限制学说相吻合，但缺乏直接的实验证据。

5. 端粒缩短假说　Olovmikov 认为，细胞老化是由于细胞中的染色体端粒的长度随着年龄增加而逐渐缩短所致。分裂旺盛的细胞，其染色体端粒较长；分化后分裂能力较差的细胞，其染色体端粒缩短。Harley 等（1990，1991 年）发现，培养的成纤维细胞老化时，其染色体长度由 4kb 缩短到 2kb。EST－1 酵母突变株，其染色体端粒缩短，显示出早老特征。

6. 终末分化学说　该学说认为在受精卵的基因组中，某些特定基因在细胞经历了若干次分裂后被激活，它们可能编码某种抑制细胞进入 S 期的特殊蛋白质，使细胞不能进入 S 期，失去增殖能力，从而导致细胞衰老。

7. 基因程控学说　这一学说最初由 Hayflick（1966 年）提出，得到不少学者的支持。大量实验结果也表明细胞衰老是主动过程（active process），是基因自身调控的结果。染色体上的基因按既定时空程序进行活动，一个基因（或基因群）活动后便处于沉默，另一个基因（群）又被激活，当整个基因组活性降低时，就导致细胞衰老。

（四）其他学说

1. 差错灾难学说　该学说认为机体在生命过程中会产生有缺陷的分子，并随年龄增长而积累。当有缺陷的分子影响到细胞中核酸与蛋白质的合成系统时，将造成更多生物大分子的差错，严重影响细胞功能，最终导致细胞衰老与死亡。如蛋白质合成中，氨基酸顺序时有差错发生，当连接的差错氨基酸正好是蛋白质的生物活性关键区（如酶的活化中心）时，则该酶的活性改变或完全消失，继而导致生化代谢异常，最终可能引起一场灾难性结果。有人在体外成纤维细胞培养中发现，从年轻细胞中提取的 6－磷酸葡萄糖脱氢酶（G－6－PD）在 59℃条件下最初几分钟酶活性不变；而从老年细胞中提取的这种酶，在同样条件下酶活性急剧下降，说明老年细胞中的这种酶已经含有异常蛋白。

2. 大分子交联学说　该学说认为，细胞内外一些大分子在多种因素作用下发生交联反应，此反应可发生在核酸之间，也可发生在蛋白质原纤维之间，甚至在多核苷酸与蛋白质原纤维之间。这些大分子物质通过共价键连接成难以分解的聚合物，从而引起核酸与蛋白质功能严重下降导致细胞衰老。由于大分子的交联现象随增龄而上升，因此细胞衰老也随增龄而加剧。

3. 体细胞突变学说　由于物理、化学等因素使体细胞发生突变，细胞内功能基因异常，使功能蛋白减少和变异，一些正常生理活动受到破坏，进而威胁寿命。

4. 代谢学说　限制饮食热量可以延长动物寿命，延缓老化；营养过剩可缩短寿命；钙吸收过多可使动物早老；居住在寒带的人平均寿命长；热带人寿命短……这些现象均与代谢有关。这些例子说明，代谢的盛衰，同寿命的长短有密切的关系。

5. 线粒体 DNA 突变的衰老假说　由于内部或外部的原因，线粒体 DNA 发生突变和线粒体能量代谢障碍导致衰老。

还有其他一些关于细胞衰老机理的假说，如生物膜学说、内分泌学说等等。值得提出的是，目前对细胞衰老的假说远未成定论。但可以预见，随着科学技术的发展，必将会有一个比较全面，更接近于衰老机制本质的衰老理论出现。

第二节 细胞的死亡

一、细胞死亡的标志

衰老的细胞最后终将死亡，死亡即为细胞生命现象发生不可逆转的停止。死亡细胞的鉴定，通常采用活体染色的方法来进行。即用中性红、台盼蓝、次甲基蓝等活性染料对细胞进行染色，在活细胞中这些染料只积聚于细胞质的一定区域，如溶酶体等细胞器染成红色，而细胞内其他部分都不着色；但在死亡细胞中，细胞质与细胞核都被染色，且着色均匀。用中性红对体外培养细胞进行染色，可观察到死亡的细胞伪足收缩、细胞变圆、细胞核凝集皱缩、线粒体解体，细胞质与细胞核呈扩散性染色。

细胞死亡后，如不被吞噬细胞吞噬、消化，不被排出体外，则可发生由于细胞内某些酶的活动而造成自我解体性的死亡现象。这些现象包括：细胞渗透压增加，细胞体积膨胀；细胞质内出现颗粒状蛋白质，细胞呈现混浊的尘状外貌，即雾状膨胀；细胞酸度偏高；细胞核在细胞死亡后一段时间内继续维持其结构的染色性，甚至在有的细胞中出现染色增强现象，但随着核内蛋白质减少，DNA 的不断消失，最后核溶解，失去染色质。

由于细胞的死后现象完全改变了活细胞的面貌，因此，研究活细胞结构，必须采取合适的固定剂，把细胞很快杀死，使细胞各部结构维持在生前状态，而不发生死后变化。

二、细胞死亡的机制

（一）细胞凋亡与细胞坏死的概念

细胞凋亡与细胞坏死是细胞死亡的两种不同形式。细胞凋亡是一种主动性的，按细胞固有的，基因控制程序的生理性死亡现象，它受一系列生理性和病理性的因素所激活或抑制。胚胎形成、衰老和损伤细胞的清除以及肿瘤的发生发展和转归等病理生理过程，都与细胞凋亡有密切的关系。尽管许多文献中将细胞凋亡和编程性细胞死亡（programmed cell death，PCD）作为相同的概念，但严格来说二者强调的侧重点并不是完全相同的：PCD 强调的是死亡发生的时间（何时发生死亡），指在胚胎发育过程中，到一定阶段，某一群细胞必然死亡（通过 PCD 实现胚胎形态改造）；凋亡强调的是死亡的方式（死亡是怎样进行的）；二者的形态特征也有所不同：尽管大多数 PCD 表现为典型细胞凋亡形态特征，但也有些 PCD 缺乏典型的凋亡形态特征，两者均涉及程序性，但程序性的内涵不同。凋亡的程序性是指凋亡细胞完成死亡的途径具有程序性，一旦凋亡途径被激活，一般不能逆转；PCD 的程序性是指在胚胎发育过程中，发生死亡的细胞在时间和空间上受到严格控制。

细胞坏死 (necrosis) 则是指病理及损伤刺激引起的退行性变化所导致的细胞死亡。从抽象概念来讲细胞凋亡属于生理性过程，是自然死亡；坏死是意外死亡。凋亡和坏死是细胞死亡的两个不同途径，细胞凋亡在一定情况下可转化为坏死。但是，坏死是不可逆的被动过程。细胞凋亡从形态学、生化和分子事件与细胞坏死有明显的区别。

（二）细胞凋亡与细胞坏死的比较（表 14 -1、图 14 -1）

表 14 -1 细胞凋亡与坏死的主要特征比较

	细胞凋亡	细胞坏死
概念	按细胞固有的、基因所控制的程序进行的一种主动性的，生理性死亡现象	病理及损伤刺激引起的退行性变化所导致的非自主性细胞死亡过程
刺激	生理或病理刺激	病理及损伤刺激，例如毒素作用、严重缺氧、缺血和缺乏 ATP
细胞形态	细胞发生皱缩，与邻近细胞连接丧失	细胞出现肿胀，形态不规则
细胞膜	完整，鼓泡，形成凋亡小体	丧失完整性、溶解或通透性增加
细胞器	完整	受损，细胞质内容物外泄
细胞核	固缩，片段化，核内染色质浓缩，核质边缘化	分解，染色质不规则转移
线粒体	肿胀，通透性增加，细胞色素 c 释放	肿胀，破裂，ATP 耗竭
溶酶体	完整	破裂
生化特征	核小体 DNA 断裂成 $180 \sim 200bp \times n$ 片段	随机断裂成大小不等片段
能量需求	依赖于 ATP	不依赖于 ATP
组织分布	单个或成群细胞	成片细胞
组织反应	非炎症反应	炎症反应
结局	吞噬细胞吞噬部分膜性结构	细胞内容物溶解释放

（三）凋亡细胞的特征

目前已证明，既往所提及的细胞坏死中也可观察到有大量细胞的凋亡现象。因此可以说凋亡现象广泛存在于生物机体中，是对机体的发育生长极为有利的生物现象。凋亡细胞的特征从形态学特征表现为核固缩、胞质浓缩、细胞器出现不同程度的改变、细胞体急剧变小、细胞骨架解体等（彩图 -6、7）。

1. 核的变化

（1）**染色质凝聚** 核 DNA 在核小体连接处断裂成核小体片段，并在核膜下或中央部异染色质区聚集形成浓缩的染色质块，在电镜下呈高电子密度。凋亡细胞中染色质块聚集于核膜下，称边聚；或聚集于核中央部，称中聚。边聚的染色质块使胞核呈新月状、"八"字形、花瓣状或环状等，而染色质块中聚则使胞核呈眼球状。异染色质丰富、常染色质少的细胞核，在凋亡早期染色质呈现为高度浓缩的致密核（黑洞样核）。染色质聚集部以外的低电子密度区为透明区，这是由于核孔变大从而导致其通透性增大，细胞质中水分不断渗入而造成。

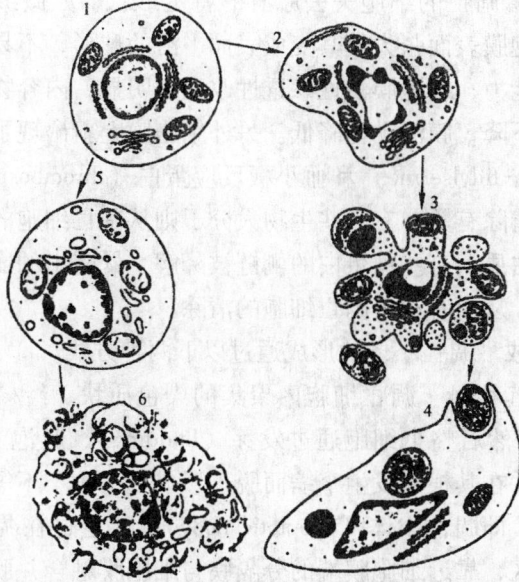

图 14 – 1 细胞凋亡与细胞坏死的超微形态比较（参照 Cotran 等，1999）

1. 正常细胞。2. ~4. 显示细胞凋亡过程：2. 细胞皱缩，核染色质凝聚、边集、解离，胞浆致密。

3. 胞浆分叶状突起并分离成为多个凋亡小体。4. 凋亡小体迅速被其周围巨噬细胞等吞噬、消化。

5. ~6. 显示细胞坏死过程：5. 细胞肿胀，核染色质凝聚、边集、裂解成许多小团块，细胞器肿胀，
线粒体基质絮状凝集。6. 细胞膜、细胞器膜、核膜崩解，进而自溶。

（2）**核碎片（核残块）** 由于核内透明区不断扩大，染色质进一步聚集，核纤维层的断裂消失，核膜在核膜孔处断裂，两断端向内包裹将聚集的染色质块分割，形成若干个核碎片，其中含有少量的透明区。而个别的黑洞样核变得更致密，仍保持原状，不被分隔。

2. 胞质的变化

（1）**胞质浓缩** 由于脱水，细胞质明显浓缩（约为原细胞大小的70%）是凋亡细胞形态学变化。

（2）**细胞器** 在凋亡过程中，细胞器也出现不同程度的改变。

线粒体：较为敏感，凋亡早期个别细胞内线粒体变大，嵴增多，表现为线粒体增殖，接着，增殖线粒体空泡化。生物化学研究证明线粒体内细胞色素 c 向胞质逸出是细胞凋亡早期常发生的一种现象，并认为线粒体内细胞色素 c 的逸出与细胞凋亡有密切关系。共聚焦显微镜观察证实，凋亡细胞线粒体膜电位下降。

内质网：多数情况下凋亡细胞内的内质网腔扩大。增殖的内质网形成自噬体过程中提供包裹膜，与细胞的自噬性凋亡有密切关系。

细胞骨架：凋亡细胞的细胞骨架也发生显著的改变，并与膜形态的改变有关，原来疏松、有序的结构变得致密和紊乱，其主要组成成分肌球蛋白和肌凝蛋白的表达受到显著的抑制，含量明显减少。

3. 细胞膜的变化　凋亡的细胞失去原有的特定形状，如微绒毛、细胞突起及细胞表面皱褶的消失，细胞膜表面张力使其变成表面平滑的球形，不易被损伤，而且对表面活性剂有很强的抵抗能力，细胞膜活性渗透性改变不明显，内容物难以逸出。共聚焦显微镜证明细胞膜膜电位下降，膜流动性降低。另外细胞膜上新出现了一些生物大分子如磷脂酰丝胺酸（phospha-tidylserine）和血小板反应蛋白（thrombospondin）等，这些分子的出现与凋亡细胞的清除有关。有一些生物大分子则从凋亡细胞的膜上消失，如某些与细胞间连接有关的蛋白质，有些糖蛋白的侧链被降解，暴露出的成分可能介导了吞噬细胞和凋亡细胞的结合，从而有利于凋亡细胞的清除。

4. 凋亡小体的形成　凋亡小体的形成通过以下两种方式。

（1）**通过发芽脱落机制**　凋亡细胞内聚集的染色质块，经核碎裂形成大小不等的染色质块（核碎片），然后整个细胞通过发芽（budding）、起泡（byzeiosis）等方式形成一个球形的突起，并在其根部发生窄缩而脱落形成一些大小不等，内含胞质、细胞器及核碎片的膜包小体，即凋亡小体（apoptotic body）。或通过在凋亡细胞内由内质网分隔成大小不等的分隔区，靠近细胞膜端的分隔膜与细胞膜融合并脱落形成凋亡小体。

（2）**通过自噬体形成机制**　凋亡细胞内线粒体、内质网等细胞器和其他胞质成分一起被内质网膜包裹形成自噬体，并与凋亡细胞膜融合后，自噬体排出细胞外成为凋亡小体。

5. 生物化学改变　细胞凋亡时在生物化学方面也发生着复杂、多样的变化，至今尚不能确定哪一种变化是细胞凋亡过程所特有的。

（1）**梯状条带**　1980年，Wyllie报道，胸腺细胞发生凋亡时，其DNA琼脂糖凝胶电泳呈特征性"梯状条带"（ladder）。研究表明，梯状条带是凋亡细胞DNA片断化（fragmentation）的结果，内源性核酸内切酶（endonuclease）将核小体间的连接DNA降解，形成长度为180~200bp整数倍的寡聚核苷酸片段，组蛋白和其他核内蛋白质不降解，核基质也不改变。由于大部分细胞凋亡出现DNA梯状条带，而细胞坏死时DNA随意断裂为长度不一的片段，琼脂糖凝胶电泳呈"弥散状"（smear），因此，尽管后来发现并不是所有的凋亡细胞都出现DNA梯状条带，但仍把这一现象看做是细胞凋亡的典型生化特征。典型的凋亡细胞DNA琼脂糖凝胶电泳图（图14-2）。

（2）**核酸内切酶**　如前所述，"阶梯形"模式的DNA降解是由于核酸内切酶的活化所致。因此，对于内切酶的鉴定是细胞凋亡研究的一个重要的方面。近来的研究指出，在凋亡时出现在绝大多数细胞的一种与DNA降解有关的内切酶是与DNA酶Ⅰ不可区别的一种酶。为Ca^{2+}和Mg^{2+}所依赖，而受Zn^{2+}抑制。在最易见到凋亡的胸腺细胞中这种内切酶是作为细胞固有成分存在的，只要胞浆内的Ca^{2+}升高，就可激活内切酶。

（3）**组织谷氨酰胺转移酶**　进入凋亡的细胞胞浆的致密化和细胞皱缩的原因之一是生物化学改变，包括mRNA和蛋白质的合成减少。在T细胞的凋亡中，磷酸肌醇的形成和细胞内游离的Ca^{2+}浓度的升高起着重要作用。在此过程中，编码组织谷氨酰胺酶的基因被诱导表达，其编码的酶是Ca^{2+}依赖酶家族中的一员。它催化形成高稳定的广泛的胞浆蛋白交联，形成与角化鳞状上皮细胞相似的胞膜下的壳状结构，使凋亡小体稳定，防止有生物活性的物质释放到细胞外环境中而引起炎症反应。

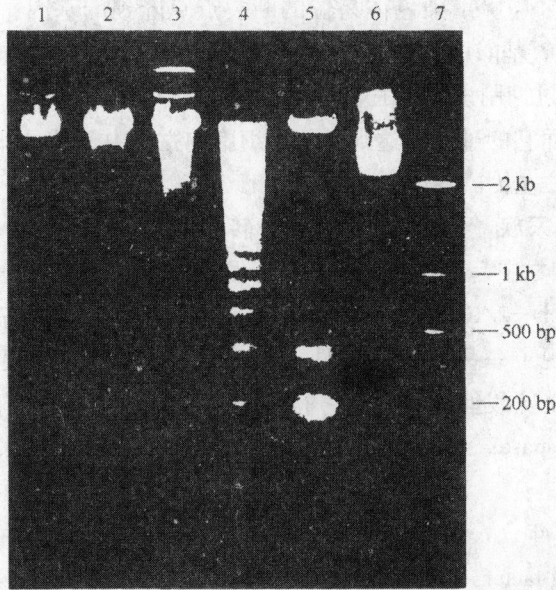

图 14 - 2　细胞色素 c 诱导的凋亡细胞 DNA 电泳图（引自 翟中和，2003）
细胞色素 c 诱导：1. 0h；2. 1h；3. 2h；4. 3h；5. 4h；6. 阴性对照；7. Marker

三、细胞凋亡的分子机制

（一）诱导细胞凋亡的因素

诱导细胞凋亡的主要因素有物理因素，如射线（紫外线，λ 射线等）、温度等，化学因素，如各种自由基、钙离子载体、VK3、视黄酸、DNA 和蛋白质合成抑制剂（如环己亚胺）及一些药物，生物因素，如细胞毒素、激素、细胞生长因子、肿瘤坏死因子（TNFα）、抗 Fas/Apo -1/CD95 抗体等。

（二）与细胞凋亡相关的基因

细胞凋亡是在凋亡因子的诱导之下，通过信号转导途径激活了细胞内与凋亡有关的基因，从而使细胞凋亡。细胞内与凋亡有关的基因有以下几种。

1. ced 基因（线虫 C. elegans 凋亡基因）　在线虫中已发现 14 个与细胞凋亡有关的基因，被分别命名为 ced1～ced14。其中有 3 个在凋亡中起关键作用：ced3、ced4 和 ced9。研究结果表明，在所有的凋亡细胞中都有 ced3 和 ced4 两个基因的表达。即 ced3、ced4 可促进细胞凋亡，属于凋亡基因。而 ced9 基因为细胞控制基因，其作用与 ced3 和 ced4 相反，可抑制线虫体细胞凋亡的发生。故 ced9 被称为"抗凋亡基因"（anti -apoptosis gene）。正常情况下，ced4 与 ced3 和 ced9 结合形成复合物，保持 ced3 无活性状态，当细胞接受凋亡信号，导致 ced9 脱离复合物，使 ced3 活化而致细胞凋亡。

2. Bcl -2 基因　bcl -2 是 B 细胞淋巴瘤/白血病 -2（B -cell lymphoma/leukemia -

2，bcl－2）的缩写，是研究最早的与细胞凋亡有关的基因。人 bcl－2 基因是从与滤泡性淋巴瘤相关的 t（14∶18）染色体易位的断裂点克隆到的基因，其编码的氨基酸序列与 ced9 基因编码的氨基酸序列有 23% 同源性。bcl－2 发现之初被认为是一种癌基因，一般认为 bcl－2 通过抑制诱导凋亡的信号而在肿瘤中发挥作用，后来发现它并无促进细胞增殖的能力，而它的过度表达则可防止细胞凋亡。由于其可抑制多种原因诱导的细胞凋亡，故属抗凋亡基因。

3. caspase 基因家族　白细胞介素－1β 转化酶（interleukin－1βconverting enzyme，ICE）基因在细胞凋亡中起重要作用，迄今已发现 5 个成员：Ich－2/ICErel·Ⅱ、CPP32、Nedd－2/Ich－1、Ich－2/ICErel Ⅱ 和 Ich－2/ICErel Ⅲ，它们的高表达皆可导致细胞凋亡。后来又陆续发现了一些与 ICE 同源的基因，1996 年，人们根据这些基因的产物均为底物特异性的半胱氨酸蛋白酶，将它们统一命名为 caspase。目前已确定至少存在 14 种 caspase，其中 caspase2，8，9 和 10 参与细胞凋亡起始，caspase3，6 和 7 则参与执行细胞凋亡。

4. Apafs　1997 年，人们从细胞提取物中分离出 3 种凋亡蛋白酶活化因子（apoptosis protease activating factor，Apafs）。在 ATP 存在时它们可使 caspase3 活化，参与执行细胞凋亡。

5. c－myc 基因　c－myc 是与细胞生长调节有关的原癌基因，其主要编码转录蛋白来调节 mRNA 的转录。在缺乏生长因子的条件下，c－myc 的转录水平低，其靶细胞处于 G_1 停滞阶段。在加入生长因子后，c－myc 的转录迅速增加，诱导细胞进入 S 期。c－myc 蛋白在有其他延长存活的因子如 Bcl－2 存在时，促进细胞生长，而在无其他生长因子时，可刺激细胞凋亡。

6. p53 基因　人 p53 基因位于 17 号染色体短臂（17p13.17）上，其编码的 p53 蛋白是一种位于细胞核内的 53kDa 磷酸化蛋白。现已确认 p53 基因是多种中突变频率最高的抑癌基因。在某些情况下 p53 依赖性细胞周期检查点的激活，无论有无生长阻滞，均可使细胞发生凋亡。p53 为 Bax 的转录活化因子，如果 DNA 损伤不能被修复，则 p53 持续增高，特异性抑制 bcl－2 基因的表达，进而促进 Bax 的表达，引起细胞凋亡。

（三）细胞凋亡的分子机制

多年来的分子生物学研究已鉴定了数百种与细胞凋亡有关的调控因子，这些因子组成了多条凋亡信号转导通路。其中某些通路相对具有一定的特异性，而有些通路为非特异性通路。表明在细胞凋亡信号的转导机制中，不同通路的作用形式不同，而且通路间存在错综复杂的关系。以下简要介绍细胞内外信号诱导的凋亡机制及 caspase 活性的调节在细胞凋亡中的作用，从而使我们对细胞凋亡分子机制有一个简要的了解。

1. 细胞内信号诱导的细胞凋亡　细胞色素 c（cytochrome C，Cyt C）是一种可溶性蛋白，正常时位于线粒体膜内并松散地附着于线粒体膜的内表面。在将要凋亡的细胞中观察到 Cyt C 是从线粒体中释放到细胞质。一旦在胞质中出现 Cyt C，其可与细胞浆中的其他成分相互作用，激活 caspases，诱导细胞凋亡的发生如染色质浓缩和核碎裂。释放的 Cyt C 和 Apaf 1 及 caspase9 酶原结合形成一个复合物称为 apoptosome。因 Apaf 1 分子中存在 ced4 同源区，而在其两侧，即 N 端存在 caspase 募集结构域（caspase fecruitment domain，CARD），可直接与 caspase9 酶原结合，而 C 端有与 Cyt C 相互作用的结构域。形成的复合物使 caspase9 从酶原而激活成为具有活性的酶，激活的 caspase9 又导致 caspase 家族其他成员被激活。以使胞质中的结构蛋白和细胞核中的染色质降解，引发核纤层解体，从而导致细胞凋亡。

2. 细胞外信号诱导的细胞凋亡　Fas 是肿瘤坏死因子（TNF）受体和神经生长因子受体家族的细胞表面分子，Fas 配体（fas ligand，简称 FasL）是 TNF 家族的细胞表面分子。FasL 与其受体 Fas 结合导致携带 Fas 的细胞凋亡（apoptosis）。FasL 或 TNF 作为细胞外凋亡激活因子如分别与其相应受体 Fas 或 TNF 结合而启动，进而形成 Fas 或 TNF 受体－连接器蛋白 FADD 和 caspase2，8 和 10 酶原组成的死亡诱导信号复合物（death - inducing signaling complex，DISC）。当 caspase2，8 和 10 酶原聚集在细胞膜内表面达到一定浓度时，它们就进行同性活化，在其亚基间连接区的天冬氨酸位点进行切割，从而使 caspase 从酶原而激活成为具有活性的酶。caspase2，8 和 10 被激活后，通过异性活化（heteroactivation）使 caspase 3，6 和 7 激活而引发核纤层解体，从而导致细胞凋亡。

3. caspase 活性的调节　体内 caspase 能被激活而成为有活性的酶，同时也能在其他因素的作用下被抑制从而达到对细胞凋亡的调节作用。哺乳类细胞中 caspase 抑制剂是凋亡抑制因子（inhibitor of apoptosis，IAP）家族，如人细胞中的 XIAP，cIAP1 和 cIAP2，它们能特异性地抑制 caspase3 和 7 的激活，IAP 能抑制 caspase 9 的活化。定位于线粒体外膜上的 Bcl -2 则具有双重功能，一方面阻止细胞色素 c 从线粒体释放，抑制 caspases 的激活，另一方面与 Apaf 1 结合，调节细胞凋亡。有些病毒蛋白如痘病毒蛋白 CrmA 和杆病毒蛋白 p35 也能抑制 caspase。通过 caspase 的活化和抑制，调节细胞凋亡。

四、细胞凋亡与医学的关系

细胞凋亡是个体发育过程中维持机体自稳的一种机制。是生长、发育，维持机体细胞数量恒定的必要方式。细胞凋亡与细胞周期、细胞癌变、细胞病理改变之间存在着密切的关系。细胞凋亡的研究，对理解胚胎发育、免疫耐受、细胞群体稳定等重要生命现象具有重要的意义。通过促进有害细胞的凋亡，可开发出治疗艾滋病、癌症等严重威胁人类生存的疾病以及其他疾病的新方案。同时采用人为干预凋亡，把维持身体正常功能的细胞从细胞凋亡中拯救过来，如通过抑制神经系统某些细胞的程序性死亡，治疗神经系统的变性或退行性疾病，如阿尔茨海默病等。

（一）细胞凋亡与机体发育

从低等动物到高等动物的发育，都存在着细胞主动凋亡的现象。现已认识到，在哺乳动物的胚胎发生、发育和成熟过程中，构成组织的细胞发生生死交替及细胞凋亡是保证个体发育成熟所需的。例如，某些昆虫从虫卵到成虫，中间要经过几个蜕变期，每个时期组织结构以及外形都要发生改变，在这些过程中，均有赖于新旧细胞的生死交替。细胞的死亡是在完成了它的使命后而被淘汰消失的，井然有序。蝌蚪发育为蛙时，尾部自然消失，这是细胞有序凋亡的过程。人的胚胎肢牙（limb bud）的发育过程中，指（趾）间的部位则在胚胎发育过程中，以细胞凋亡的机制逐渐消退，从而成指（趾）间的裂隙。从生物学意义来讲，在胚胎发育过程中，通过细胞凋亡可清除对机体没有用的细胞，亦可清除多余的、发育不正常的结构细胞。在成年机体中，通过细胞凋亡清除衰老的细胞并代之新生的细胞，从而维持器官中细胞数量的稳定。细胞凋亡可参与和影响几乎所有胚胎新生儿的发育。一旦细胞凋亡规律失常，个体即不能正常发育，或发生畸形，或不能存活。人类免疫系统的发育是细胞凋亡最有代表性的例子，在淋巴细胞发育分化成熟过程中，始终伴随着细胞凋亡。T淋巴细胞和B淋巴细胞在分化成熟中，由于免疫系统的选择作用，95%的前T淋巴细胞和前B淋巴细胞均要发生凋亡，否则就会发生自身免疫性疾病。而成熟的白细胞的寿命也只有一天，死一批，再生一批，相互交替，且严格有序。如果淋巴细胞不能发生凋亡，则白细胞数量增加，将导致白血病的发生。

（二）细胞凋亡与疾病

细胞凋亡是维持人体正常功能所必需的。细胞凋亡的研究对医学最大的推动，是扩大了思维空间，明白了细胞的生与死都是其生理特征，都对机体正常的生理功能和内环境的稳定性有着相同的重要性。对细胞凋亡的研究，有助于理解胚胎发育、免疫耐受、细胞群体稳定等重要生命现象。近年来的研究显示病毒感染，自身免疫性疾病，神经变性性疾病及肿瘤的发生等都与细胞凋亡有关。医学研究工作者已经开始在着力于细胞凋亡机制探讨的同时，设计几种能够促进或抑制细胞凋亡的方案，并已取得一些突破性进展。相信在不久的将来可应用人为干预细胞凋亡的技术，把维持身体正常功能的细胞从凋亡中拯救过来，以达到治病救人、延年益寿的目的。也可通过促进有害细胞的凋亡，可开发出治疗艾滋病、癌症等严重威胁人类生存的疾病以及其他疾病的新方案。

1. 细胞凋亡与自身免疫性疾病　TNF家族成员Fas是1989年发现的，为细胞毒性抗体识别的膜蛋白。人Fas是325个氨基酸组成的糖蛋白，主要存在于活化的T细胞膜上，其配体（Fas ligand，FasL）存在于将发生凋亡的细胞膜上，Fas与FasL结合引起细胞凋亡。在编码的Pas蛋白的1pr基因发生突变的大鼠，可发生淋巴增生和类似于人类系统性红斑狼疮的自身免疫性疾病。编码Fas配体的gld基因缺失的大鼠也可发生淋巴增殖和狼疮。对此的解释是在免疫系统的发育过程中，机体为了识别和破坏在生命过程中可能遇到的外源性抗原，T细胞和B细胞产生抗原受体基因（如T细胞受体和Ig基因）重排，随机地产生出数目在百万以上的携带不同抗原受体分子的克隆。其中一部分是针对机体的自身组织细胞的，正常情况下，这些携带针对自身抗原的受体分子的克隆在其发育的早期通过凋亡被清除。而在Fas及其配体基因发生突变或缺失时，自身反应性的T细胞未能通过凋亡除去，造成自身免疫性疾病。

2. 细胞凋亡与AIDS　AIDS的主要免疫学改变是患者血液中的CD_4阳性T细胞减

少。对 HIV 和 AIDS 的研究的新证据表明，HIV 感染所致的淋巴细胞减少和免疫缺陷与 CD₄ 阳性辅助 T 细胞对凋亡的敏感性增高有关。无症状的 HIV 阳性病人的成熟 T 细胞在用 Con A 或抗 T 细胞受体抗体激活后，诱导一部分 CD₄ 和 CD₉ 阳性 T 细胞的凋亡。CD₄ 阳性细胞容易凋亡的机制尚不完全清楚，已发现 HIV 病毒的包膜糖蛋白 gp120 与此有关。gp120 可与 CD₄ 受体结合，加上抗 gp120 抗体的作用使 CD₄ 分子相互连接，为 T 细胞受体分子受到刺激后引起的凋亡做准备。在 HIV 感染细胞表面的 gp120 蛋白分子可通过 CD₄ 分子与未受到感染的 CD₄ 阳性细胞交连，一旦受到抗原刺激，将引起 CD₄ 阳性细胞的凋亡。除了 gp120 外，在 CD₄ 阳性细胞凋亡的诱导中起作用的还有细胞生长因子，如 TNFα。因此对凋亡抑制的研究，可能是 AIDS 治疗的突破口之一。

3. 细胞凋亡与神经变性性疾病　神经细胞的死亡方式主要是凋亡。Alzheimer 病的缺血性细胞死亡和神经细胞死亡已证实是凋亡所致。在体外培养的神经细胞受到多种刺激即将发生死亡时，Bcl -2 基因的表达可保护其免于凋亡。已有报告指出，帕金森病和肌营养不良性侧索硬化等神经变性性疾病的发病均与凋亡有关。

第十五章　干　细　胞

在个体发育过程中，细胞分化（cell differentiation）是组织器官形成的基础，而组成机体的各种类型的细胞都有同一来源——干细胞（stem cell）。此外，在许多组织中，干细胞还是一种内源性修复系统，即它可以通过分裂、分化不断地补充受损的组织细胞。当干细胞分裂时，新生的每个子细胞都具有两种潜能，或者成为干细胞，或者成为另一种功能特化的细胞，如肌肉细胞、红细胞、神经细胞等。

干细胞有两个区别于其他细胞的重要特征。首先，干细胞是非特化细胞，具有通过分裂进行自我更新的能力，但有时也可以长期潜伏；其次，在特定的生理或实验条件下，干细胞可以被诱导分化为具特定功能的组织或器官细胞。在有些器官中，如消化管和骨髓，干细胞时刻在分裂以补充或更新损伤的组织；而在其他一些器官中，如胰腺和心脏，干细胞只在特定的条件下进行分裂。

目前，科学家研究的人类或动物的干细胞主要有两类：①发育 3～5 天的胚胎，即囊胚期（blastocyst），其内细胞团（inner cell mass, ICM）中的细胞具有分化为机体任何一种组织器官的潜能，称为胚胎干细胞（embryonic stem cell, ESC）。②存在于成熟个体各种组织器官中的干细胞，通常只能分化为构成相应（或相邻）组织器官的特化细胞，称为成体干细胞（"somatic" or "adult" stem cell）。1981 年，Evens 等首次从小鼠早期胚胎中获取到胚胎干细胞，而 1998 年，Thomson 等报道获得人类胚胎干细胞直至 2007 年，中国留美学者俞君英和日本科学家山中伸弥分别发表了通过特定基因导入的方法使纤维原细胞返回到胚胎干细胞样状态的研究论文，这种新型的干细胞称为诱导性多能干细胞（induced pluripotent stem cells, IPSCS）。

干细胞对生物体至关重要，机体的所有功能特化的细胞和各种组织器官，如心、肺、皮肤、精子、卵子等都来源于胚胎干细胞。在一些成体组织，如骨髓、肌肉以及脑中散在少量的成体干细胞。当这些组织细胞发生生理性或是病理性耗损，成体干细胞就分裂产生新生细胞予以补充，从而维持该组织正常的细胞量。基于干细胞这种独特的更新能力，目前干细胞生物学几乎涉及所有生命科学和生物医药领域，在细胞治疗、组织器官移植、基因治疗以及发育生物学等方面均产生深远影响，尤其对医学的发展将产生革命性的推动作用。许多当今医学上的难题或许将来都可以应用干细胞技术迎刃而解（图 15 −1）。

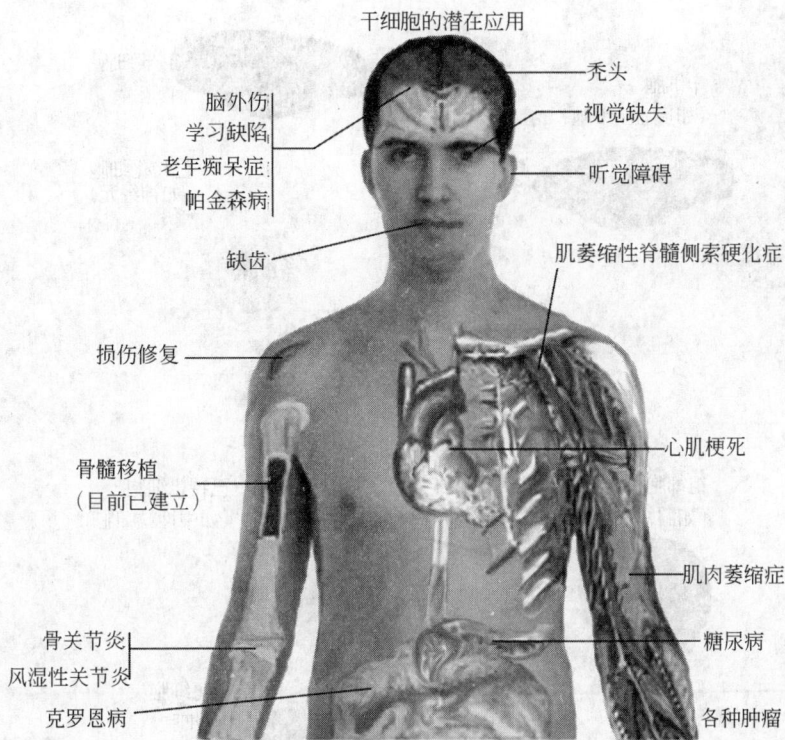

干细胞的潜在应用

脑外伤
学习缺陷
老年痴呆症
帕金森病

缺齿

损伤修复

骨髓移植
（目前已建立）

骨关节炎
风湿性关节炎
克罗恩病

秃头
视觉缺失
听觉障碍

肌萎缩性脊髓侧索硬化症

心肌梗死

肌肉萎缩症

糖尿病

各种肿瘤

图 15-1　干细胞技术在医疗上的潜在应用

第一节　干细胞生物学

个体发育从受精卵开始。受精卵通过不同的增殖和分化途径，形成由不同特化细胞构成的功能各异的组织和器官。即使在动物个体成熟之后，机体的组织仍然保持自体稳定性（homeostasis），即特定组织中细胞的死亡和增生保持动态平衡。此外，大多数组织也保持着不同程度的损伤后再生能力，如一些两栖类动物的肢体在损伤后可完整地再生；哺乳动物的造血系统、小肠、毛发和皮肤也保持了一定的再生能力；肝在损伤不太严重时也可部分再生，而生物个体发育和组织再生的基础有赖于干细胞的存在。干细胞群的功能就是控制和维持细胞的再生。一般来说，在干细胞和其终末分化的子代细胞之间存在着被称为"定向祖细胞"的中间细胞群，它们具有有限的扩增能力和限制性分化潜能，与干细胞的根本区别在于没有自我更新能力。干细胞则具有在一定条件下无限制自我更新与增殖分化的潜能，既能生成表现型与基因型与自身完全相同的子细胞，也能构成机体组织和器官的功能特化细胞，或者分化为祖细胞。干细胞与祖细胞的区别见图 15-2。

一、干细胞的分类

干细胞是一类能自我更新（self-renewing）的多潜能细胞，在一定条件下，它可以

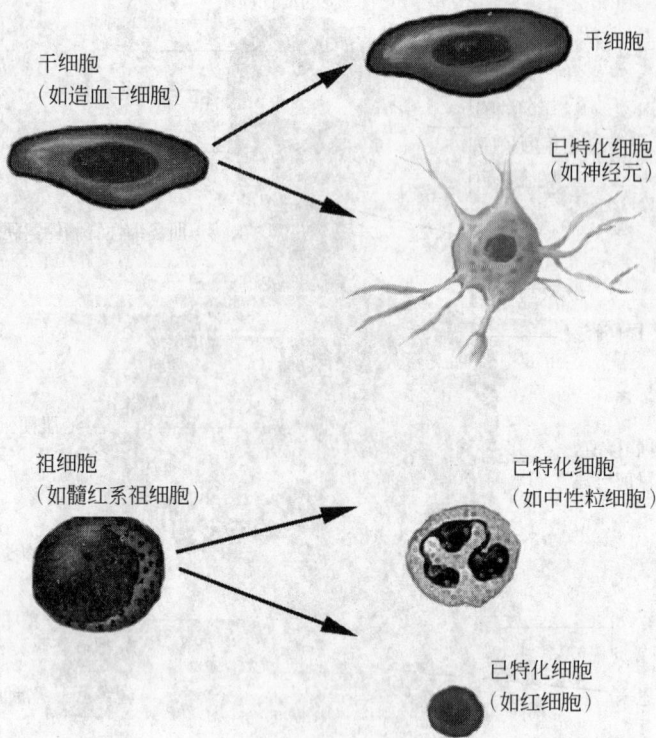

图 15-2 干细胞与祖细胞的区别（引自 Terese Winslow, Lydia Kibink）
上图显示一个造血干细胞产生第二代干细胞和一个神经元。下图为一个髓样祖细胞分裂产生
两个特化细胞（一个中性粒细胞和一个红细胞）

分化成为多种功能性细胞。干细胞可根据其发生学来源或发育潜能进行分类。

（一）根据发生学来源分类

根据发生学来源，干细胞可以分为胚胎性干细胞和成体干细胞。

1. 胚胎性干细胞 它包括由胚胎内细胞团分离出的胚胎干细胞（embryonic stem cell, ESC）、由胚胎原始生殖嵴分离出的原始生殖细胞（primordial germ cell, PGC）、从畸胎癌中分离到的胚胎癌细胞（embryonal carcinoma cell, ECC），以及来源于早期胚胎经体外培养而筛选出来的胚胎生殖细胞（embryonic germ cell, EGC）。

2. 成体干细胞 成体干细胞是指存在于成年动物的组织和器官中的具有再生修复能力的细胞。在正常情况下，成年个体组织中的成体干细胞大多处于休眠状态，而在病理状态或在外因诱导下，可以表现出不同程度的再生和更新能力。一般而言，成体干细胞分化为与其组织来源一致的细胞，然而，在某些状态下，成体干细胞可以表现出很强的跨系或跨胚层分化的潜能，即具有可塑性或横向分化（trans-differentiation）的能力。

（二）根据分化潜能分类

按分化潜能的大小，干细胞可分为三种类型。

1. 全能干细胞（totipotent stem cell）　它具有形成完整个体的分化潜能。如受精卵就是一个最初始的全能干细胞，随着卵裂（cleavage）的进行，受精卵可以分化出许多全能干细胞。胚胎干细胞具有与早期胚胎细胞相似的形态特征和很强的分化能力，可以无限增殖并分化成为全身 200 多种类型的细胞，并进一步构成机体的所有组织、器官。如果提取胚胎干细胞中的任意一个放入具备孕育条件的妇女子宫中，都可能发育成一个完整的胎儿。

2. 多能干细胞（pluripotent stem cell）　这种干细胞具有分化为多种组织器官的细胞的潜能，但却失去了发育成完整个体的能力，即发育潜能受到一定的限制。骨髓多能造血干细胞就是典型的例子，它可以分化出至少 12 种血细胞，但不能分化出造血系统以外的其他细胞。

3. 单能干细胞（unipotent stem cell）　也称专能、偏能干细胞。这类干细胞只能向一种类型或密切相关的两种类型的细胞分化。大多数的成体干细胞属于单能干细胞，如上皮组织基底层的干细胞、肌肉中的成肌细胞（也称卫星细胞）。

二、干细胞的形态和生化特征

作为有分裂增殖能力的细胞，干细胞在形态上有一些共性。细胞通常呈圆形或椭圆形，体积较小，核较大，核质比较高。不同种类的干细胞其生化特性各有差异，但都具有较高的端粒酶活性，这与其无限增殖能力是密切相关的。如造血干细胞（hermatopoieses stem cell，HSC）有类似癌细胞的端粒酶活性，而由其分化而来的多能祖细胞（multipotent progenitor，MPP）的端粒酶活性则显著下降。

某些干细胞可以根据其形态学特征和存在部位来辨识。如在果蝇的性腺和外周神经系统，干细胞与其外周的分化细胞有固定的组织方式，形成增殖结构单元，但是，对许多组织而言，干细胞的存在部位目前仍未明确，也没有表现与分化细胞截然不同的形态学特征。因此，不同的干细胞所具有的特征性生化标志对于确定干细胞的位置以及寻找和分离干细胞就尤为重要。如角蛋白 15 是确定毛囊中表皮干细胞的标志分子，巢素蛋白（nestin）为神经干细胞（neural stem cell，NSC）的标志分子等等。然而，由于干细胞生存的微环境可以影响其形态和生化特征，且这种影响有时足以产生欺骗性。因此，往往不能仅凭细胞的形态和生化特征来判定干细胞。具有增殖和自我更新能力以及在适当条件下表现出一定的分化潜能是干细胞的本质特点。

三、干细胞的增殖特征

（一）干细胞增殖的缓慢性

当干细胞进入分化程序前，首先要经过一个短暂的增殖期，产生过渡放大细胞（transit amplifying cell）。过渡放大细胞是介于干细胞和分化细胞之间的过渡细胞，经若干次分裂后产生分化细胞。过渡放大细胞的作用是可以通过较少的干细胞产生较多的分化细胞。细胞动力学研究表明，干细胞通常分裂较慢，组织中快速分裂的是过渡放大细胞。如小肠干细胞较其过渡放大细胞的分裂速度大约慢一倍。目前认为，干细胞缓慢增殖有利于细胞对特定的外界信号作出反应，以决定进行增殖还是进入特定的分化程序。另一方面，缓慢增殖还可以减少基因发生突变的危险，使干细胞有更多的时间发现和校正复制错误。因此，有学者认为，干细胞的作用可能不仅仅在于补充组织细胞，还兼具防止体细胞自发突变的功能。

（二）干细胞增殖系统的自稳定性

自稳定性（self - maintenance）是指干细胞可以在生物个体生命区间中自我更新（self - renewing）并维持其自身数目恒定，这是干细胞的基本特征之一。当干细胞分裂时，如两个子代细胞都是干细胞或都是分化细胞的，称为对称分裂（symmetry division）；产生一个子代干细胞和一个子代分化细胞的，则称为不对称分裂（asymmetry division）。对无脊椎动物而言，不对称分裂是干细胞维持自身数目恒定的方式，但在大多数哺乳动物可自我更新的组织中，单个干细胞分裂产生的两个子代细胞既可能是两个干细胞，也可能是两个特定分化细胞，即属于对称分裂，然而从整个组织细胞群体来看，则是不对称分裂。也就是说，哺乳动物干细胞的分裂方式是属于种群不对称分裂（populational asymmetry division），这使得机体对干细胞的调控更具灵活性，也更契合机体生理变化的需要。事实上，为了保持干细胞数目的恒定，机体需要对干细胞的分裂进行十分精确的调控。据研究，每个正常肠腺大约由250个细胞组成，如果额外多产生一个干细胞，则该干细胞会进而多产生64～128个子代细胞。目前，对哺乳动物干细胞种群不对称分裂的调控机制和细节知之甚少。虽然已经克隆了哺乳动物中与果蝇干细胞不对称分裂调控基因同源的基因，但是，它们是否具有类似的功能目前仍不清楚。干细胞的自稳定性是其区别于肿瘤细胞的本质特征。对干细胞自稳定性的研究有望从不同的侧面认识肿瘤的发生机制。

四、干细胞的分化特征

（一）干细胞的分化潜能

干细胞具有多向分化潜能，能分化为各种不同类型的组织细胞。干细胞分化受其所处微环境的影响，在特定的外界条件诱导下，能"横向"分化成在发育上无关的细胞类型。

（二）干细胞的转分化和去分化

一直以来，成体干细胞被认为只能向一种类型或与之密切相关的细胞分化，如神经干细胞只能向神经系统细胞（神经元细胞，神经胶质细胞）分化而不能分化成其他类型细胞。然而，最近越来越多的证据表明，自体分离的干细胞仍然具有相当的"可塑性"（plasticity），表现出多向分化潜能（图15-3）。

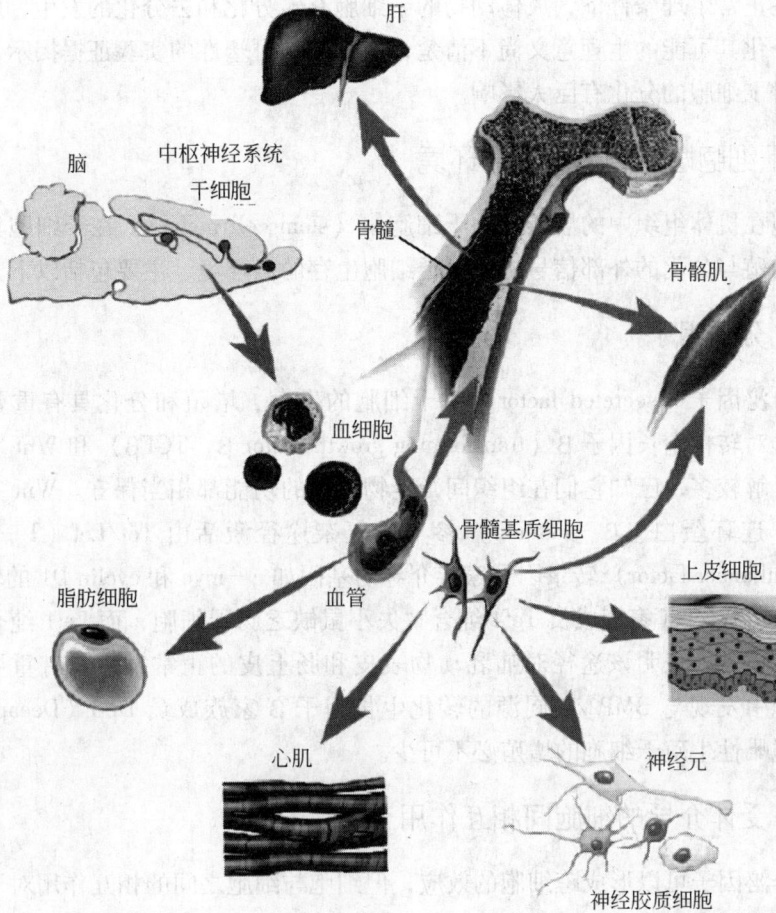

图 15 – 3　目前动物成体干细胞"可塑性"研究的主要证据（引自 Terese Winslow，Lydia Kibink）。

一种组织类型的干细胞在适当条件下可以分化为另一种组织类型的细胞，称为干细胞的转分化（trans differentiation）。例如，造血干细胞可分化成为脑的星形胶质细胞、少突胶质细胞和小胶质细胞；肌肉干细胞会分化为各种血细胞系；神经干细胞（neural stem cell，NSC）在生长因子、激素和微环境因素的作用下，除了可以分化为神经元、星形胶质细胞和少突胶质细胞外，还可以分化为骨骼肌和造血细胞。"可塑性"使得成体干细胞分化潜能较弱的传统观点受到挑战，更重要的是，表明其在修复、取代受损的细胞、组织甚至是器官方面发挥重要作用。

一种干细胞向其前体细胞的逆向转化被称为干细胞的去分化（dedifferentiation）。去分化是植物细胞组织培养的理论基础，但长期以来，对动物细胞是否可以逆向分化一直存在争议，关于干细胞去分化的证据也较少。有实验表明，当把来自成年小鼠的造血干细胞植入小鼠卵泡的内细胞团后，造血干细胞的分化状态发生逆转，开始表达胎鼠的珠蛋白，并参与胚胎造血系统的发育。

关于干细胞可塑性的机制目前了解不多。实验观察到的转分化现象大多是来自成体分离的干细胞移植到受亚致死剂量同位素照射的受体后表现出来的。当前仍然缺乏证据证明机体在正常生理条件下，成体动物的干细胞有转分化和去分化的发生，因此，对转分化和去分化其可能的生理意义尚不清楚，但干细胞可塑性的实验证据揭示了干细胞的生存环境对干细胞的分化有巨大影响。

五、干细胞增殖与分化的微环境

干细胞在机体组织中的居所称为干细胞巢（stem cell niche）。在干细胞巢中所有控制干细胞增殖与分化的外部信号构成了干细胞生存的微环境，主要包括以下三个层面。

（一）分泌因子

众多分泌因子（secreted factor）对干细胞的生存、增殖和分化具有重要的调控作用。目前，对转化生长因子 β（transforming growth factor β，TGFβ）和 Wnt 家族的分泌信号分子了解较多，已知它们在组织间乃至物种间的功能都相当保守。Wnt 家族信号分子通过 β-连环蛋白（β-catenin）参与的复杂途径激活由 Tcf/Lef（T-cell factor/Lymphoid enhancer factor）转录因子家族介导的基因如 c-myc 和 cyclin D1 的转录，促进细胞的增殖。Tcf/Lef 家族成员 Tcf4 纯合缺失小鼠缺乏肠干细胞，而 Lef1 纯合突变小鼠毛发发育不正常，表明该途径对哺乳动物表皮和肠上皮的正常发育具有重要作用。此外，在果蝇中发现与 BMP2/4 同源的转化生长因子 β 家族成员 Dpp（Decapentaplegic）对维持果蝇雌性生殖干细胞的增殖必不可少。

（二）受体介导的细胞间相互作用

虽然分泌因子可以形成跨细胞的效应，但细胞与细胞之间的相互作用对干细胞命运的调控具有重要意义。尽管许多细胞间黏附结构的组成分子已被发现，但细胞间黏附对干细胞发育调节作用的分子机制目前认识不多。现已知由 Notch 受体及其配体 Delta 介导的细胞黏附与 Numb 蛋白协同作用调控着果蝇感受器官干细胞的正确分化。

（三）整联蛋白和细胞间基质

细胞对细胞外基质（extracellular matrix，ECM）的附着由多种受体所介导，目前认识最多的是整联蛋白。例如，高表达 β-整联蛋白对维持表皮干细胞（epidermal stem cell）的增殖分化至关重要。β-整联蛋白还通过有丝分裂激活蛋白激酶途径调节角质细胞等细胞的分化。此外，整联蛋白能协助干细胞在组织中正确定位，否则，干细胞会脱离生存环境而分化或凋亡。细胞间基质能调节干细胞微环境中局部分泌因子的浓度，而整联蛋白的激活和表达也受细胞间基质蛋白的调节。

在高等脊椎动物中，干细胞生存的微环境对维护干细胞自我更新和决定干细胞分化命运至关重要。如将小鼠的内胚层细胞置于另一只小鼠胰芽的分散细胞中，内胚层细胞可转变为胰腺细胞的前体细胞，但干细胞微环境对干细胞命运的设定并非不可逆。当干细胞被置于新的生存环境后，干细胞的特性会发生改变而带有新环境的烙印，从而体现出干细胞的可塑性。

　　干细胞生物学所面对的一个主要挑战是确定干细胞生存的微环境中调控干细胞增殖与分化的关键作用因子。在某些组织，干细胞巢中的干细胞不止一种。例如，在骨髓干细胞巢中不仅有造血干细胞，还有间充质干细胞。这就意味着不同的干细胞可以对同一个干细胞巢中的作用因子作出不同的反应，从而使干细胞微环境中作用因子的研究十分复杂。

第二节　胚胎干细胞

　　胚胎干细胞是极早期的胚胎细胞，也就是受精卵分裂至少达 16～32 个细胞时期的胚胎（又名桑葚胚）细胞或分裂球（即卵裂所产生的各代子细胞），胚胎干细胞可以在体外无限扩增并保持未分化状态，具有分化为成体动物各种细胞类型且发育为完整胎儿的潜能，所以称为全能干细胞。胚胎干细胞可以像普通的细胞那样，进行体外培养传代、遗传操作和冻存而不失其多能性。在适当条件下，胚胎干细胞可被诱导分化为多种细胞，如心肌细胞、神经元、色素细胞、巨噬细胞、上皮细胞和脂肪细胞等，也可以与受体胚胎形成嵌合体（可嵌合进入包括生殖腺在内的各种组织）。因此，胚胎干细胞是进行哺乳动物早期胚胎发生、细胞分化、基因功能及基因表达调控等发育生物学基础研究的理想模型和有效工具，如小鼠的胚胎干细胞在作转基因动物模型方面发挥重要作用。在应用研究领域，胚胎干细胞尤其是人胚胎干细胞的获得，打开了细胞治疗和组织工程的大门，必将对医学研究带来深远的影响。自 1981 年 Evens 等首次分离获得小鼠的胚胎干细胞以来，迄今已分离获得猪、牛、绵羊、仓鼠、鸡、斑马鱼、恒河猴和人等脊椎动物的胚胎干细胞。本节主要以人的胚胎干细胞为例，对干细胞的分离获得以及增殖和分化的特征等加以介绍。

一、人胚胎干细胞的获得与胚胎干细胞系的建立

　　胚胎干细胞通常是从囊胚期胚胎的内细胞团获得的。在胚胎发育早期，囊胚的内细胞团中含有约 140 个细胞，最外层由扁平细胞构成的滋养层可发育成胚胎的支持组织等，而中央的腔称囊胚腔，腔内一侧的细胞群即"内细胞团"。内细胞团中的胚胎干细胞可进一步分裂、分化并发育成个体。内细胞团在形成内、中、外 3 个胚层时开始分化。每个胚层将分别分化形成人体的各种组织和器官。由于内细胞团中的胚胎干细胞可以发育成完整的个体，因而这些细胞被认为具有全能性。1998 年 11 月，Thomson 等报道从体外受精形成的囊胚内细胞团中成功获得人胚胎干细胞（hESC）。但内细胞团并不是 ESC 的唯一来源。Gearhart 等几乎与 Thomson 同时间发表了从 5～9 周龄流产胎儿的性腺嵴及肠系膜中分离 PGC 并成功建立人胚胎干细胞系的研究成果。PGC 最早出现于靠近尿囊基部的卵黄囊内胚层内，以后胚胎纵向折转，卵黄囊这一部分成为胚胎的后肠，PGC 自此做变形运动，经背侧系膜向生殖嵴移动。从生殖嵴（性腺嵴）（gonadal ridges）分离的 Pac 同样具有全能性，经适当的信号分子刺激后，也可从中获得胚胎干细胞。由胚胎建立胚胎干细胞系的原

理，就是把囊胚期的内细胞团、桑葚胚或 PGC 在体外培养建系，同时设法阻止其分化。根据来源不同，来自前二者的称为胚胎干细胞（ESC），来自后者的称为胚胎生殖细胞（EGC）。

1998 年 11 月，Thomson 研究小组是从体外受精形成的囊胚内细胞团中获得人胚胎干细胞的。Gearhart 领导的小组几乎同时发表了他们建立人胚胎干细胞系的报道。实验表明，EGC 表现出与 ESC 相似的特征，可在体外培养 7 个月而不分化，并保持正常的核型。通常所说的胚胎干细胞即 ESC。

此外，体细胞核移植技术是获得 ESC 的另一选择，即提取供体细胞（如面颊细胞）的细胞核与去核的人卵细胞融合，然后刺激杂合细胞发育成囊胚，再从囊胚的内细胞团中分离获得 ESC。如此获得的 ESC，具有与供体完全一致的遗传物质，再移植到供体体内不会产生免疫排斥反应，十分有利于细胞治疗的应用。

二、胚胎干细胞的主要特征

（一）人胚胎干细胞的形态和生化特征

各种哺乳动物的胚胎干细胞都具有相似的形态特征，即细胞体积小，核大，有一个或多个核仁，核仁清晰。细胞中多为常染色质，胞质结构简单，散布着大量核糖体和线粒体，核型正常，具有稳定的整倍体核型。

ESC 在体外分化抑制培养时，呈克隆状生长，细胞紧密地聚集在一起，圆形或卵圆形细胞均呈单层或多层紧密堆积而形成岛状或巢状的群体细胞克隆，细胞界限不清，克隆周围有时可见单个 ESC 和分化的扁平状上皮细胞。ESC 增殖迅速，每 18～24 小时增殖 1 次。已证实人胚胎干细胞具有较强的端粒酶活性，在体外培养系中连续培养 4～5 个月而不分化，具有比一般体细胞更长的寿命和更高的增殖活性。

胚胎干细胞为未分化多能性细胞，它表达早期胚胎细胞、畸胎瘤细胞的表面抗原，但鼠和人的胚胎干细胞表达的表面抗原具有种属差异性。如小鼠内细胞团细胞、胚胎干细胞和畸胎瘤细胞表达胚胎阶段特异性抗原 -1（stage - specific embryonic antigen 1, SSEA -1），但不表达 SSEA -3 或 SSEA -4。Thomson 等人研究表明人胚胎干细胞表达非人灵长类胚胎干细胞和人畸胎瘤细胞表面标志未分化状态的细胞抗原，包括 SSEA -3、SSEA -4、TRA -1 -60、TRA -1 -81 和碱性磷酸酶。人胚胎干细胞一直呈 SSEA -4 强阳性，而 SSEA -3 为弱阳性。Gearhart 等人从原始生殖细胞分离的胚胎干细胞的 SSEA -1、SSEA -3、SSEA -4、TRA -1 -60、TRA -1 -81 均表现为阳性，识别 SSEA -3 抗原的抗体染色弱且不稳定。Thomson 获得的人胚胎干细胞表现为 SSEA -1 阴性，而 Gearhart 分离的人胚胎干细胞却表现 SSEA -1 阳性，Gearhart 等人认为 SSEA -1 阳性可能是源于原始生殖细胞的多能干细胞分化标志。因为未分化状态的人胚胎干细胞不表达 SSEA -1，而分化的人胚胎干细胞呈 SSEA -1 强阳性。

（二）人胚胎干细胞的分化潜能

1. 胚胎干细胞的体外分化潜能　用于分离 ESC 的胚胎或原始生殖细胞是具有全能

性的细胞或细胞团。在体内，这些细胞处于快速增殖和有序分化状态，其实质是细胞特异性基因在时间和空间上的差异性表达。因此，ESC 的分离培养首先需要解决的问题是阻止引起分化的基因的激活与表达，以实现分化抑制，保证细胞的全能性。ESC 在体外需在饲养层细胞上培养才能维持其未分化状态，一旦脱离饲养层就自发地进行分化。大鼠肝细胞等条件培养基和细胞分化抑制因子/白血病抑制因子（differentiation inhibitory activity/leukemia inhibitory factor，DIA/LIF）的应用，可使培养的 ESC 处于不分化状态。除去这些分化抑制物，在单层培养时细胞自发分化成多种细胞，悬浮培养可形成"简单类胚体"，进一步培养可形成"囊状胚体"，使简单类胚体重新附着于培养皿上生长，可形成不同种类复杂的细胞分化物。ESC 在体外某些物质的诱导下可以发生定向分化，如转化生长因子（transforming growth factor $-\beta_1$，TGF $-\beta_1$）可诱导 ESC 发育为血管样结构或骨骼肌和肌管，而二甲亚砜可诱导 ESC 向各类肌细胞分化，维甲酸可诱导其向神经细胞分化。

2. 胚胎干细胞的体内分化潜能 将胚胎干细胞给同源动物皮下注射会形成复杂的混合组织瘤，其细胞组成可代表 3 个胚层细胞。Thomson 等人将从囊胚分离的 5 个胚胎干细胞系分别注射给患严重结合性免疫缺陷小鼠（SCID mice），每个小鼠都产生畸胎瘤。瘤组织包括胃上皮（内胚层）、骨和软骨组织、平滑肌和横纹肌（中胚层）、神经表皮、神经节和复层鳞状上皮（外胚层），证明了人胚胎干细胞系具有分化形成外、中、内三个胚层的潜能。如果直接将分离的小鼠胚胎干细胞植入子宫内，它们不会发育成个体小鼠，因为没有着床必需的滋养层细胞。这种条件下，胚胎干细胞被认为是多能的，而不是全能的。尽管如此，如果将胚胎干细胞植入不能发育成个体的四倍体胚胎中，再将该胚胎植入小鼠子宫中，可以获得完全是由培养的胚胎干细胞产生的正常个体小鼠。这表明了胚胎干细胞具有全能性。

三、胚胎干细胞生长和分化的内源性调控

干细胞除了受所处微环境的影响外，其自身也表达多种调控因子，藉此对外界信号产生响应，调控自身增殖和分化，如调节细胞不对称分裂的蛋白、控制基因表达以及干细胞和非干细胞后代染色体修饰的核因子等，此外，还有对干细胞在终末分化之前所进行的分裂次数进行限定的"时钟"因子等。

（一）细胞内蛋白的调控

在干细胞的不对称分裂过程中，细胞本身成分的不均等分配和分裂后子代细胞所处的不同环境，可以造就具有不同发育潜能的分化细胞。细胞的结构蛋白，特别是细胞骨架成分对细胞的发育非常重要。如在果蝇的外周神经系统中，有一系列基因调控感觉器官前体细胞的分裂，其中之一是 Insc。Insc 蛋白的作用在于可以使与膜相关的决定细胞命运的物质的分布具有不对称性，比如 Numb、有丝分裂中的纺锤体和 mRNA 的定位等。在果蝇卵巢中，调控干细胞不对称分裂的是一种称为收缩体的细胞器，包含有许多膜骨架蛋白和调节蛋白，如膜收缩蛋白和细胞周期素 A。收缩体与纺锤体的结合决定了

干细胞分裂的部位，从而把维持干细胞性状所必需的成分保留在子代干细胞中。

（二）转录因子的调控

在脊椎动物中，转录因子对干细胞分化的调节非常重要。比如在胚胎干细胞的发生中，转录因子 Oct4 是必需的。Oct4 是一种哺乳动物早期胚胎细胞表达的转录因子，它诱导表达的靶基因产物是 FGF-4 等生长因子，能够通过生长因子的旁分泌作用调节干细胞以及周围滋养层的进一步分化。Oct4 缺失突变的胚胎只能发育到囊胚期，其内部细胞不能发育成内层细胞团。另外，白血病抑制因子（LIF）对培养的小鼠 ESC 的自我更新有促进作用，而对人的成体干细胞无作用，说明不同种属间的转录调控是不完全一致的。又如 Tcf/Lef 转录因子家族对上皮干细胞非常重要，Tcf/Lef 是 Wnt 信号通路的中间介质，当与 β-catenin 形成转录复合物后，促使角质细胞转化为多能状态并分化为毛囊。

（三）"时钟"因子的调控

在细胞到达终末分化之前所经历的分裂次数是由"时钟"因子决定的，目前对它的研究主要集中在细胞周期启动子和抑制子水平上。在新杆状线虫中，Cul-1 可以使细胞周期蛋白——细胞周期素 G_1 解构，而 CDK 抑制子 p27/Kip1 的聚集，对于限制大鼠少突胶质细胞的增殖和促进其分化起作用，此外，端粒的长度是第三种时钟控制机制，它是干细胞不老的原因之一。

四、ESC 的应用前景及面临的伦理学挑战

1998 年，美国科学家成功实现人类胚胎干细胞在体外生长和增殖，带动了全世界的干细胞工程研究热潮。具有多向分化潜能甚至全能性的胚胎干细胞系的建立，极大地促进了生命科学的发展，也为医学上治疗某些顽固性疾病带来了希望。

（一）胚胎干细胞可用于个体器官克隆

理论上，ESC 可以无限传代和增殖而不失去其基因型和表现型，以其作为核供体进行核移植后，在短期内可获得大量基因型和表现型完全相同的个体。ESC 与胚胎进行嵌合克隆动物，可解决哺乳动物远缘杂交困难的问题，生产珍贵的动物新种，对于保护珍稀野生动物有着重要意义。

此外，由于 ESC 具有发育分化为机体中几乎所有类型细胞的潜能，任何涉及丧失正常细胞的疾病都可以通过移植由胚胎干细胞分化而来的特异组织细胞来治疗，而使得人类 ESC 的研究具有独特价值。目前，科学家们正试图用自体细胞的核去置换 ESC 核，再经定向诱导分化而克隆出所需要的组织、器官以作供体，用于替换病变组织和器官之目的，实现真正意义上的治疗，这就是目前所谓的治疗性克隆。美国威斯康星大学的研究人员于 2001 年 9 月首次将人类胚胎干细胞转化为血细胞，向为医学治疗创造血液供应迈出了关键的一步。生物学和工程学交叉融合所催生的生物技术——组织工程，其目

标是人工培育用于移植的人或动物的组织和器官，它的主要操作过程之一是在支架上置入种子细胞，而 ESC 常作为首选细胞。

（二）胚胎干细胞是功能基因组学研究的工具

应用显微注射技术将靶基因被修饰后的 ESC 注射到胚泡腔，这些外源性的 ESC 将与胚胎的内细胞团共同形成嵌合体小鼠。通过生殖系嵌合体小鼠的交配繁殖，有可能获得带有特定修饰基因的纯合型小鼠。根据所获得小鼠的表型变化，即可确定靶基因的功能。应用上述方法还可以构建携带目的基因的动物，制备人类疾病的研究模型。

（三）胚胎干细胞是发育生物学研究的理想体外模型

个体发育归根到底是基因表达与调控的过程。然而，由于哺乳动物的胚胎小，且在子宫内发育，故难以在体内连续动态地研究其早期胚胎的形态结构变化以及组织细胞分化中的基因表达调控过程。ESC 具有多向分化潜能，具有体外操作及无限扩增的特性，因而成为细胞和分子水平上研究个体发育过程中早期事件的良好材料。

（四）胚胎干细胞在药物研制中的应用

许多新药在用于人体之前，往往需要先在实验动物身上检测其药效及安全性。尽管这是药物研制与开发的主要手段，但其并不能准确预测药物对人类的真正影响，毕竟人与动物在解剖结构、生化反应和生理功能等方面有着很大的差别。因此，人类细胞常被作为实验动物的有效补充用于药物的临床前试验。然而，体外培养的普通人类细胞往往失去了其在体内的一些特性，以致难以预测药物最终的人体效应。ESC 定向诱导分化形成的细胞可以更加准确地模仿体内细胞、组织和器官对药物的反应，可以提高药物筛查的可信性。

尽管人胚胎干细胞有着巨大的医学应用潜力，但是，由于人胚胎干细胞主要来源于流产的胎儿和体外受精制造的胚胎，围绕该研究的伦理道德问题也随之出现。这些问题主要包括人胚胎干细胞的来源是否合乎法律与道德，其应用是否会引起伦理及法律问题等。有人担心，人胚胎干细胞的研究可能导致人流的泛滥，或导致医生为提供其他病人治疗的需要而刻意收集破坏未出生胚胎，或利用该项技术进行克隆人的研究。为此，美国 NIH 在国家生物伦理指导委员会（NBAC）的参与下于 1999 年 12 月公布了"关于胚胎干细胞研究的指导原则"，许多国家对人胚胎干细胞的研究也进行不同程度的限制。任何事物都有两面性，人胚胎干细胞也不例外。相信人类一定可以找到恰当的结合点，使人胚胎干细胞的研究造福全人类。

第三节　精原干细胞

在哺乳动物的整个生命周期中，生殖细胞维持了种代间的延续性。原始生殖细胞起源于胚胎外胚层。随着胚胎的发生，陆续从尿囊基部沿后肠迁移到双侧生殖腺嵴的原始生殖细胞被支持细胞——塞尔托利前体细胞（precusor sertoli cell）所包围，随后与塞尔托利细胞一起形成实体细胞团——生精索。在发育过程中，生精索逐渐形成腔隙，最后形成曲细精管。原始生殖细胞被包绕在生精索中并逐渐分化为生精母细胞（gonocyte），它是精原干细胞（spermatogonia stem cell）的前体细胞。生精母细胞增殖数天后停止在 G_0/G_1 期。对小鼠而言，生精母细胞在个体出生几天后恢复增殖，发育为成体精原干细胞。

精原细胞紧贴曲细精管基膜，圆形或椭圆形，直径 $12\mu m$，核大，除核糖体外，其他细胞器不发达。精原细胞分 A、B 两型。A 型精原细胞的核常染色质丰富，缺少异染色质，核仁常靠近核膜。根据其在曲细精管基膜上的局部排列特征，A 型精原细胞又可分为 A_{single}（A_s）、A_{paired}（A_{pr}）及 $A_{aligned}$（A_{al}）三型。A_s 型精原细胞是精子发生的干细胞。A_s 型精原干细胞分裂时，子细胞或相互分离形成两个干细胞，或胞质分裂并不完全而成为以细胞间胞质间桥（cytoplasmic bridge）相连的 A_{pr} 型精原细胞。这种胞质间桥使来源于同一母细胞的同族细胞连成一个细胞群，产生细胞同步分化的现象，直到精子形成后才成为独立个体。正常情况下，大约一半的 A_s 型精原干细胞分裂形成 A_{pr} 型精原细胞，而另一半精原干细胞则以自我增殖的方式保持干细胞数量。A_{pr} 型精原细胞进一步分裂形成 4 个、8 个或 16 个 A_{al} 型精原细胞，A_{al} 型精原细胞再分裂形成 A_1 型精原细胞，A_1 型精原细胞经过连续六次分裂，分化形成 A_2、A_3、A_4 及中间型精原细胞，最终分化为 B 型精原细胞。B 型精原细胞核中富含异染色质，核仁位于中央，B 型精原细胞经过数次分裂后，体积增大，分化为初级精母细胞。

第四节　成体干细胞

在成体组织或器官中，许多细胞仍具有自我更新及分化产生不同组织的能力，如血液细胞和皮肤细胞；此外，在损伤情况下，肝等组织细胞也具有再生补充受损死亡细胞的能力，由此推测，在成体中也存在某些能起新旧更替作用的成体干细胞的存在。

造血干细胞是最先被认识的成体干细胞。近年来，由于细胞生物学和分子生物学的发展，除造血干细胞之外，已有多种其他成体组织的干细胞被成功分离或鉴定。如间充质干细胞、神经干细胞、皮肤干细胞、肠干细胞和肝干细胞等。目前普遍认为：成体干细胞是在成体组织内具有自我更新能力的、能分化产生一种或一种以上子代组织细胞的未成熟细胞。

一、造血干细胞

目前，已经证实骨髓中存在三种干细胞：①造血干细胞（hematopoietic stem cell，HSC），是体内各种血细胞的唯一来源；②基质干细胞（stromal stem cell），可分化产生骨、软骨、脂肪、纤维结缔组织及支持血细胞的网状组织；③最近，从血循环中分离出一种祖细胞（progenitor cells），能分化为分布于血管的内皮细胞，推测为内皮祖细胞，并证实其来源于骨髓。造血干细胞与基质干细胞及其分化见图 15 - 4。

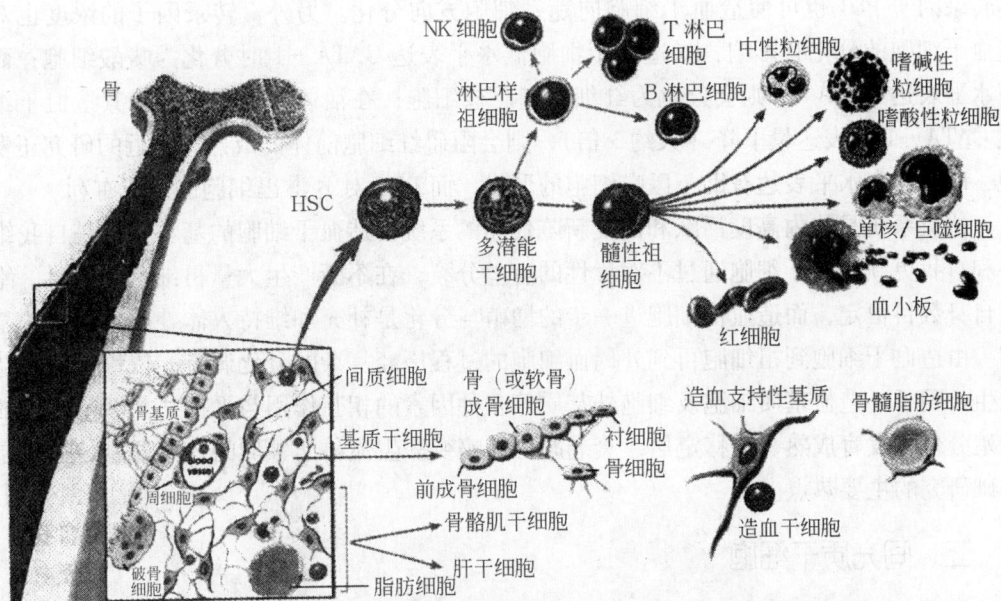

图 15-4 造血干细胞与基质干细胞及其分化

造血干细胞是指存在于造血组织内的一类能分化生成各种血细胞的原始细胞，又称多能造血干细胞（multipotential hematopoietic stem cell）。它主要存在于骨髓、外周血及脐带血中。目前认为，造血干细胞在一定微环境和某些因素的调节下，增殖分化为多能淋巴细胞（pluripotential lymphoid stem cell）和多能髓性造血干细胞（pluripotential mye-loid stem cell，PMSC）。前者可进一步分化、发育成功能性淋巴细胞；后者则首先发育成粒细胞巨噬细胞系、红细胞系、巨核细胞系等造血祖细胞（hematopoietic progenitor），然后，再进一步分化为白细胞、红细胞和血小板。

造血干细胞是第一种被认识的组织特异性干细胞。目前，对造血干细胞的形态仍无定论，一般认为类似于小淋巴细胞。目前，主要通过表面标志来分离纯化造血干细胞。人造血干细胞表面标志包括 $CD34^+$、$CD38^-$、Lin^-、$HLA-DR^+$、Thy^+、$c-Kit^+$、$CD45RA^-$ 和 $CD71^-$ 等。其中，$CD34^+$ 是临床上应用最多的造血干细胞标志物。

骨髓微环境中的一些蛋白分子对造血干细胞的移行、增殖和分化起着调控作用，如可溶性且膜包被的干细胞因子。干细胞因子可与干细胞表面的 Kit 受体作用，参与维持干细胞数目的恒定。另外，也发现成纤维细胞生长因子-1（fibroblast growth factor 1，FGF-1）、FGF-2、SDF-1（α-chemokin stromal cell derived factors-1）和细胞外基质都能与造血干细胞表面的相关受体作用而影响造血干细胞的移行、数目维持和分化。在所有干细胞系统中，对造血干细胞增殖与分化分子途径的研究较为深入。尽管有大量的问题有待阐明，但目前许多参与造血干细胞增殖与分化的细胞因子、转录因子已被发现。研究表明，造血干细胞表达锌指蛋白转录因子 GATA-1，可使其分化为红细胞（erythriod）、嗜酸细胞（eosinophil）和巨核细胞（megakaryocyte）。与此相似，如使髓系细胞表达 GATA-1（或 GATA-2、GATA-3）也可令其转变为巨核细胞。此外，表达转录因子 PU1 也可使造血干细胞向髓系细胞方向分化。另外，转录因子的浓度也对造血干细胞的分化有影响，如造血干细胞低水平表达 GATA −1 时分化为嗜酸细胞；而高水平表达 GATA −1 则会分化为红细胞和巨核细胞；在活体小鼠中，如使其造血干胞 GATA −1 的表达量下降（大约 3 倍），则会阻碍红细胞前体的成熟。最近的研究还发现，PU1 的高水平表达有助于巨噬细胞的形成，而 PU1 对 B 淋巴细胞的形成有利。

造血系统是体内高度活跃和高度新陈代谢的系统。造血干细胞的基本特征是自我维持和自我更新，即干细胞通过不对称性的有丝分裂，在不断产生大量祖细胞的同时，维持自身数目恒定，而造血祖细胞进一步的增殖与分化是补充和维持人体外周血细胞的基础。由造血干细胞到祖细胞再到外周血细胞的过程历经复杂的分化调节，依赖于各种造血生长因子、造血基质细胞及细胞外基质等多种因素的相互作用与平衡，并涉及细胞的增殖分化、发育成熟、迁移定居、衰老凋亡和癌变等生命科学领域的核心课题，这也是基础研究的主要热点。

二、间充质干细胞

研究发现，在人类、鸟类、啮齿类等生物的骨髓中，可分离出一种骨髓间充质干细胞（Mesenchymal stem cells，MSC），其形成于发育中的骨髓腔（marrow cavity）。个体出生后，间充质干细胞附于骨髓窦的内腔面，形成一种包埋于窦状网络中的三维细胞网络。间充质干细胞在尚未建立造血功能的骨髓中分裂旺盛，可以分化为前成骨细胞（preosteoblast），而在具造血功能的骨髓中则是相对静止，但仍高水平表达成骨细胞的特征性标记——碱性磷酸酯酶。

人的间充干质细胞属于多能干细胞，可以像未分化细胞那样进行体外扩增，也可以分化为间充质类细胞。间充质干细胞特异性表面抗原有：SH2、SH3、CD29、CD44、CD71、CD90、CD106、CD120a、CD124 等。但是，与造血干细胞不同的是，间充质干细胞不表达 CD45、CD34、CD41、CD14 等表面抗原。分离获得的间充质干细胞在体外成单层生长，并有稳定核型。

间充质干细胞具有干细胞的共性，即自我更新及多向分化的能力。一般认为，间充质干细胞只存在于骨髓中，但最近有研究发现，从人的骨骼肌中也分离出了间充质干细胞，也有人分别从骨外膜和骨小梁中分离出间充质干细胞。间充质干细胞可分化为多种间充质组织，如骨、关节、脂肪、肌腱、肌肉、骨髓基质等。从人骨髓中获得的间充质干细胞体外可专一性地诱导分化为脂肪细胞、软骨细胞和成骨细胞。

由于间充质干细胞具有向骨、软骨、脂肪、肌肉及肌腱等组织分化的潜能，因而，利用它进行组织工程学研究有一定优势。间充质干细胞起源于中胚层，理论上讲，它应可以向其他中胚层组织分化如真皮、结缔组织及上皮等，尤其是真皮，如能诱导成功，则在烧伤的治疗中有不可低估的作用。

三、神经干细胞

近来有研究证实，在成体中枢神经系统中仍然存在一些可分裂细胞。这些细胞具有自我更新及分化形成神经元、星形胶质细胞和少突胶质细胞等成熟细胞的能力，因而被称为神经干细胞。

实验发现，哺乳动物室管膜下区的细胞中存在着有增殖能力的神经细胞。免疫荧光标记实验显示，在活体中可以清晰观察到增殖的细胞从脑室迁移到嗅球（olfactory bulb）的轨迹，从而有力地证明了在成体哺乳动物中有可增殖的神经干细胞存在。1992 年 Rynolds 等从成年小鼠脑纹状体中分离出能在体外不断分裂增殖且具有多种分化潜能的神经干细胞。1998 年 Svendsen 等从人的胚胎中分离出神经干细胞。实验表明，体外培养的神经干细胞在表皮生长因子（epidermal growth factor，EGF）的作用下可以不断分裂，如果每周传代一次，可以维持一年以上。

研究发现，神经干细胞表达的一种中间丝状蛋白——巢素蛋白（nestin）可以作为干细胞的特征性生化标记。该蛋白属于第Ⅳ类中间丝，它的表达起始于神经胚形成期。当神经细胞的迁移基本完成后，巢素蛋白的表达量开始下降，并随着神经细胞分化的完成而停止表达。免疫组化实验证实：所有神经干细胞均呈巢素蛋白阳性。在神经干细胞培养过程中，如果以小牛血清代替表皮生长因子，神经干细胞可进一步分化为星形胶质细胞、少突状细胞及神经元，巢素蛋白的表达则逐渐减少，而出现神经元特征性的微管结合蛋白 -2 及胶质细胞的特征性神经胶质原纤维酸性蛋白（glial fibrillary acidic protein，GFAP）。表皮生长因子并不是维持神经干细胞的唯一因子。成纤维细胞生长因子 -2 能直接刺激神经干细胞的增殖与分化；胎鼠的海马、脊髓及嗅球组织在成纤维细胞生长因子 -2 的作用下，均能够诱导产生多潜能的神经干细胞。

理论上讲，任何一种中枢神经系统疾病都可归结为神经干细胞功能的紊乱。脑和脊髓由于血脑屏障的存在使之在神经干细胞移植到中枢神经系统后不会产生免疫排斥反应，如：给帕金森病患者的脑内移植具有多巴胺生成能力的神经干细胞，可治愈患者部分症状。

四、表皮干细胞

皮肤是再生能力较强的组织。表皮细胞和毛囊不断进行着更新，如人表皮细胞每两周替换一次。另外，机体体表的不断扩增也需要表皮细胞和毛囊的不断分化和增殖。研究发现，在毛囊隆突部，即皮脂腺开口与立毛肌毛囊附着处之间的毛囊外鞘中含有丰富的表皮干细胞（epidermal stem cell）；在没有毛发的部位如手掌、脚掌，表皮干细胞位于与真皮乳头顶部相连的基底层，而其他有毛发的皮肤，表皮干细胞则位于表皮的基底层。表皮干细胞能持续增殖分化以取代表层终末分化细胞，从而完成皮肤组织结构的更新。在表皮基底层中有 1% ~10% 的基底细胞为表皮干细胞。随着年龄的增大，表皮干细胞的数量也随之减少，这也是小儿的创伤愈合能力较成人强的原因之一。

表皮干细胞是具有自我更新能力、能产生至少一种以上高度分化子代细胞潜能的未成熟细胞。从发生机制来看，表皮干细胞并不直接分化产生终末分化细胞，而是先分化为过渡放大细胞（transit amplifying cells）。过渡放大细胞有定向分化为某种终末分化细胞的能力，类似定向祖细胞。过渡放大细胞经过几次到十几次不等的分裂后形成有丝分裂后细胞（post-mitosis cell）及终末分化细胞（terminally-differentiated cell）。

角蛋白（Keratins）是表皮细胞的结构蛋白，它们构成直径为 $10\mu m$ 的微丝，在细胞内形成广泛的网状结构。随着分化程度的不同，表皮细胞表达不同类型的角蛋白，因而角蛋白也可作为干细胞、定向祖细胞、终末分化细胞的鉴别标志。表皮干细胞表达角蛋白 19（Keratin19，K19），定向祖细胞表达角蛋白 5 和 14（K5、K14），而终末分化细胞则表达角蛋白 1 和 10（K1、K10）。

表皮干细胞最显著的两个特征是慢周期性（slow cycling）与自我更新能力。慢周期性在体内表现为标记滞留细胞（label-retaining cell）即在新生动物细胞分裂活跃时掺入氚标记的胸苷，由于干细胞分裂缓慢，因而可长期探测到放射活性。表皮干细胞的自我更新能力表现为：离体培养时细胞成克隆性生长；如连续传代培养，细胞可进行 140 次分裂，能产生 1×10^{40} 个子代细胞。此外，表皮干细胞还有一个显著特点就是对基底膜的黏附性，主要通过表达整联蛋白实现对基底膜各种成分的黏附。干细胞对基底膜的黏附是干细胞维持其特性的基本条件，而干细胞对基底膜的脱黏附是诱导干细胞脱离干细胞群落进入分化周期的重要调控机制之一。目前，体外分离、纯化表皮干细胞就是利用干细胞对细胞外基质的黏附性实现的。

五、肠干细胞

肠表面由被肠腺围绕并根植于肠壁的绒毛组成。每一肠腺大约有 250 个细胞，实验证明，这些细胞中有起再生作用的肠干细胞（intestinal stem cell）存在。当把肠腺细胞注射到小鼠体内后，在受体鼠的肠部位可发现其中有些移植细胞能分化发育成肠绒毛细胞。进一步的实验发现，这些细胞位于肠腺基部或近基部。为保持肠腺的自体稳定性，这些增殖缓慢的肠干细胞可以很快地转变为过渡放大细胞，移向肠腺中部并分化为肠上皮吸收细胞、杯细胞和肠内分泌细胞；肠干细胞还可以向肠腺基部分化产生潘氏细胞。

六、肝干细胞

自从 Kinosita 于 1937 年首次提出肝中存在可分化为肝细胞的干细胞样细胞后，肝干细胞（hepatic stem cell）的存在就一直处于广大研究者的关注和争论之中。最近，基于从啮齿类动物肝脏研究中获得的确切证据以及人类肝脏疾病发病的细胞生物学机制的研究进展，肯定了肝干细胞的存在。目前，肝干细胞在肝脏内的精确定位尚不完全明确。一般认为，肝干细胞为肝内胆管系统源性的多潜能分化细胞群，它既可向胆管细胞分化，又可向肝细胞分化。

迄今为止，肝干细胞尚无法从形态上来识别，也缺乏特异性标志。根据形态命名的两种细胞据认为与肝干细胞有着密切的关系。一种是卵圆细胞（oval cell），它因形态小、胞浆少、胞核呈卵圆形而得名。另一种是从大鼠肝脏中分离到的"小肝细胞"（small hepatocyte），这些细胞无极化和增生现象，具有高密度的核，缺乏任何分化标志。同时，大量的形态学研究也有力证明了肝病患者的肝中存在着"小肝细胞"。这些资料提示，肝干细胞可能位于肝内胆管系统，并呈多潜能性。

第十六章 细胞工程

细胞工程（cell engineering）应用现代细胞生物学、发育生物学、遗传学和分子生物学的理论与方法，按照人们的需要和设计，在细胞水平上进行遗传操作，改变细胞的遗传特性和生物学特性，以获得具有特定生物学特性的细胞和生物个体的技术。

根据操作对象的不同，细胞工程可分为动物细胞工程、植物细胞工程和微生物工程，本章主要介绍的是动物细胞工程。动物细胞工程是建立在细胞培养、细胞融合和细胞拆合技术基础上发展起来的。随着基因工程技术、基因转移技术、细胞核移植技术和干细胞工程等生物技术的出现，动物细胞工程在理论和应用两方面获得了快速发展。

第一节 细胞融合

细胞融合（cell fusion）是两种不同类型的细胞发生融合产生一个杂种细胞的现象。在细胞自然生长情况下，或在其他人为添加因素存在下，使同种细胞之间或不同种类细胞之间相互融合的过程，结果产生一个细胞内含有两个或几个不同细胞核的异核体。异核体细胞在分裂增殖过程中，可能将来源于不同细胞核的染色体结合到同一个核内，结果形成一个合核体的杂种细胞。早在20世纪60年代法国科学家Barski发现将两种不同的细胞混合培养于同一个培养皿中，出现两种不同类型的细胞发生融合产生一个杂种细胞的现象；日本科学家冈田善雄随后发现将灭活的仙台病毒加入艾氏腹水瘤细胞中时，出现了腹水瘤细胞的相互融合。随着对细胞融合技术研究的发展，通过细胞融合已能产生出动植物种内、种间、属间、科间甚至动植物之间的杂种细胞，为生物学遗传变异、进化、发育等基础研究和在医学、农业应用开辟了一条细胞工程技术的新途径。

一、细胞融合技术

细胞在生长过程中，可能发生自发的融合，但几率很低。

文献中记载的人工诱导细胞融合的方法有许多种，应用的融合剂、融合的温度、细胞混合的比例等方面都可能有所不同。但总的来说现在大家所采用的方法比较一致，在融合剂作用下融合过程通常只要几分钟就完成了，在多种生物、化学或物理因素刺激、诱导下细胞间的相互融合被大大促进，具有促进细胞融合作用的生物制剂主要是病毒类融合剂，其中包括以仙台病毒为最有效的副黏液病毒，也可使用天花病毒、疱疹病毒等。灭活的病毒已失去感染性，但病毒外膜蛋白具有神经氨酸酶活性和细胞凝聚作用，能和细胞表面膜蛋白作用，促使细胞相互凝集，诱导细胞膜蛋白质分子和脂类分子重排，导致质膜开放发生相互凝集的两个或多个细胞的融合。

病毒融合剂所产生的细胞融合率较低，而利用化学融合剂则具有易于定量操作、重复性好和细胞融合率高的优点。化学融合剂包括聚乙二醇（polyethyleneglycol，PEG）、聚乙烯醇、磷脂酰丝氨酸、磷脂酰胆碱、溶血卵磷脂、油酸等，其中 PEG 的使用最为广泛和有效。PEG 具有很强的吸水作用，PEG 作用于细胞会造成细胞不同程度的脱水，改变细胞膜的结构和表面电荷特性，造成细胞间凝集和细胞间的融合。对大多数细胞来说，40%的 PEG4000 能够满足诱导细胞融合的效果。

利用物理因素诱导细胞融合的技术主要是电激（electroporation）方法。应用微电极在细胞培养液的两端产生一个交流电场，给细胞一个瞬时电脉冲，使细胞表面发生不同程度的电击穿，从而导致相邻的被电击穿的细胞发生细胞的融合。电激融合技术要根据不同细胞的性质选择合适的电压、电流和电激时间的条件，达到最佳融合效果。一般说，电激融合具有融合率高的突出优点，融合率可达80%以上。

在组织培养中，单个或少数分散的细胞不易生长繁殖，若加入其他细胞可促进生长，这种加入的细胞称为饲养细胞（feeder cell）。在杂交瘤制作和杂交瘤细胞培养中，常用饲养细胞以促进杂交细胞生长。在杂交瘤制作中，常用的饲养细胞为小鼠腹腔渗出细胞．但也有用胸腺细胞和脾细胞的，一般一只小鼠可获（3～5）×10^6个腹腔细胞。

二、融合细胞的筛选

选择的原理：在融合过程中实际上两种细胞相互融合的融合率是很低的，约为 1×10^{-4}。为了将杂交瘤从浆细胞瘤或其他作亲本的淋巴瘤系细胞分离出来，一定要设计一种方法能杀死非融合细胞，否则它们能在体外持续增殖，最终将会超过培养体系中少数的杂交细胞。因此，在进行细胞融合反应和适当时间的培养后，需要通过一定方法对两种亲本细胞融合产生的具有增殖能力的杂种细胞进行筛选。筛选方法主要包括药物抗性筛选、营养缺陷筛选和温度敏感性筛选三种。

第二节 B 细胞杂交瘤和单克隆抗体

1975 年 Koeler 和 Milstein 创建了 B 淋巴细胞杂交瘤技术，并于 1984 年获得 Nobel 医学奖。该技术又称为抗体的细胞工程技术；近年来，细胞工程技术日趋完善，并在小鼠－小鼠杂交瘤的基础上，又发展了小鼠－大鼠、小鼠－人以及人－人杂交瘤技术。

Koehler 和 Milstein 将用绵羊红细胞免疫的小鼠脾细胞和体外培养能长期繁殖的小鼠骨髓瘤细胞融合，获得了具有两种亲本细胞特性的杂交细胞，即既能在培养条件下长期生长增殖，又能分泌特异的抗绵羊红细胞的抗体的 B 淋巴细胞杂交瘤。

一、细胞融合杂交瘤技术制备 McAb 的基本原理

B 细胞杂交瘤：将免疫动物的抗体分泌细胞（B 细胞）和体外能长期繁殖的骨髓瘤

细胞融合，通过筛选，可以得到既能分泌抗体，又可以在体外长期培养的 B 细胞杂交瘤。

单克隆抗体（monoclonal antibody，McAb）：由免疫 B 细胞 - 浆细胞 - 瘤细胞融合形成的杂交瘤细胞系可产生单一、特异性、纯化的抗体。该融合的细胞是经过反复克隆（clone）而挑选出来的，由该克隆细胞所产生的抗体称为单克隆抗体。McAb 在分子结构、氨基酸序列以及特异性等方面都是一致的。

利用杂交瘤技术制备 McAb 的基本原理是根据以下三个原则：①淋巴细胞产生抗体的克隆选择学说，即一种克隆只产生一种抗体。②细胞融合技术产生的杂交瘤细胞可以保持双方亲代细胞的特性。③利用代谢缺陷补救机理筛选出杂交瘤细胞，并进行克隆化，然后大量培养增殖，制备所需的 McAb。

二、B 淋巴细胞免疫

常用 8~12 周龄的 Balb/C 小鼠作为接受抗原免疫的动物，因其与制备杂交瘤所用的小鼠骨髓瘤细胞呈同源性，有利于杂交瘤的建株。用特定抗原免疫动物能够得到对抗原产生相应特异性抗体的 B 淋巴细胞。免疫途径可用腹腔内注射或皮内多点注射，如是微量抗原，可采取脾内直接注射法，也可进行脾细胞体外致敏法。在进行与骨髓瘤细胞融合步骤前 3~5 天，对免疫的动物进行一次加强回忆刺激，可以经尾静脉注射抗原，以加强对 B 淋巴细胞的刺激。

三、小鼠骨髓瘤细胞

刚复苏的瘤细胞需在含 10% 新鲜小牛血清的 RPMI1640 培养液中，5% CO_2 37℃温箱培养。每 2~3 天换液一次，3~5 天传代一次。待细胞生长稳定后方可供细胞融合用；生长良好的细胞，在倒置显微镜下观察为圆形明亮，排列整齐，形态完整，密度适宜（$0.1 \times 10^6 \sim 1 \times 10^6$ 个/mL），经台盼蓝染色，活细胞数应大于 90%。有些实验室将活体内生长的骨髓瘤细胞用于融合获得更高的成功率，因为体内生长的肿瘤减少了支原体污染的机会。常用的小鼠骨髓瘤细胞株有 SP2/0 和 NS-1。这些是由某种抗体合成细胞演变而来的肿瘤细胞。SP2/0 细胞丢失了表达抗体的能力，NS-1 细胞能在胞浆内产生原亲本细胞系的 IgG1 轻链，但不分泌到胞外。因此，用这种骨髓瘤细胞融合产生的杂交瘤细胞，不会产生与分泌和融合细胞不相关的抗体。

四、细胞融合

诱导细胞融合的方法有生物学方法（仙台病毒）、物理学方法（电场诱导、激光诱导等）、化学方法以及受体指引型细胞融合法。后者是将亲合素化抗原与表面带有特异性抗体的免疫脾细胞交联，同时将骨髓瘤细胞表面生物素化；由于亲合素和生物素具有高度亲和力，大大提高了融合效率。在这些方法中仍以聚乙二醇法最为常用。现将此法介绍如下。

1. 骨髓瘤细胞悬液的制备　选好骨髓瘤细胞株，取体外培养对数生长期细胞或体内生长的肿瘤分离骨髓瘤细胞，制备细胞悬液。

2. 免疫小鼠脾细胞悬液的制备　取 3 天前加强免疫的小鼠，眼眶放血，分离血清冻存备用。拉颈处死小鼠，浸泡于 75% 酒精中 3~5 分钟。无菌操作取出脾脏，制备脾细胞悬液，计活细胞数，一般一只小鼠可得 (0.5×10^8) ~ (2×10^8) 个脾细胞。

3. 融合步骤　将准备好的骨髓瘤细胞与小鼠脾细胞按 1:5~1:10 比例混合，加入 20~50ml RPMI 1640 液，1 000 转/分 × (5~10) 分钟离心，弃上清，用手指轻轻击打离心管底部，使沉淀细胞分散，将离心管置 37℃ 水浴中，吸取 lmL 37℃ 预温的 50% PEG 缓缓滴入离心管内，1 分钟内滴完。37℃ 静置 1 分钟，滴加完全培养液（37℃ 预温）1ml，1 分钟内加完，然后加 1640 液至 50ml 使 PEG 作用终止。800 转/分 × (5~10) 分钟离心，弃上清。将沉淀细胞轻轻悬浮于所需容积的 HAT 培养液中，接种 24 孔或 96 孔培养板。接种完毕后，将培养板放入 37℃ 5% CO_2 温箱中培养。

五、杂交瘤细胞的筛选和克隆化

免疫的 B 淋巴细胞和小鼠骨髓瘤细胞经 PEG 处理后可能产生多种细胞成分的混合体，包括游离的两种亲本细胞，两种亲本细胞各自融合的共核体和淋巴细胞与骨髓瘤细胞融合产生的异核体；后一种即形成为杂交瘤细胞。利用含 HAT 的培养液对经过融合的细胞混合物进行筛选，结果只有杂交瘤细胞在含 HAT 的培养液中生长并形成集落。在众多集落的细胞中，仅有一部分细胞能分泌预期的特异性抗体，因此，要通过对各个集落细胞培养上清液的检测，以确定细胞是否存在会对特定抗原产生反应的抗体活性。要求所测抗体的方法高度灵敏、快速、特异，且便于大量检测。具体方法依抗原性质及抗体类型而定，常用方法有酶联免疫吸附试验（ELISA）、间接血凝试验（PHA）、放射免疫测定（RIA）、直接和间接荧光抗体技术（DFA、IFA）以及免疫酶斑点试验等。如测定针对细胞表面抗原的 McAb 可用细胞毒试验，而测定可溶性抗原的 McAb 多用 ELISA，应用亲合素 - 生物素系统检测 McAb，可进一步提高其敏感性。在初筛获得能分泌与特定抗原起免疫反应的抗体的杂交瘤细胞后，需要对具有稳定生长和抗体分泌功能的杂交瘤细胞进行克隆化，以求获得能分泌与其他抗原无交叉反应、对特定抗原有不同亲和力的抗体的杂交瘤细胞克隆，即特异性的单克隆抗体杂交瘤。

第三节　基因转移

基因转移（gene transfer）技术是指通过实验操作分离一种细胞的某一特定基因，将其转移到另一种细胞中，随后分析外源特定基因的活性和功能。

基因转移方法：用物理的、化学的或生物学的方法。基因转移水平：可以在 DNA 和染色体水平上进行，分别称之为 DNA 介导的基因转移和染色体介导的基因转移。基因转移的手段：显微注射法、磷酸钙共沉淀法、载体携带法、染色体直接转移技术和微细胞技术等。

一、DNA 介导的基因转移

为了探讨基因的功能或各个基因在细胞生长、分化和各种生命活动中的作用，需要通过实验操作分离一种细胞的 DNA 或某一特定基因，将其转移到另一种细胞中，随后分析外源 DNA 或外源特定基因的活性和功能，这是细胞工程研究中的一种重要手段——DNA 介导的基因转移技术。它包括显微注射法、磷酸钙共沉淀法、载体携带法。

（一）显微注射法

显微注射法（microinjection）指在制备转基因动物时，将外源基因通过内径 $0.1 \sim 0.5 \mu m$ 的玻璃显微注射针，在显微镜下直接注射到受精卵的细胞核内。

显微注射 DNA 转移基因的方法具有其独特的优点，显微注射针被连接在微量推进器上，可以根据实验需要定量吸取 DNA 溶液，定量注入受体细胞。显微注射在显微镜直视下操作，因此可调整注射针和受体细胞的相对位置，将注射针从特定位置插入细胞，按实验设计要求将样品注入细胞质中或注入细胞内。由于将 DNA 直接注射入细胞，所以，显微注射细胞的转化率可能达到 $1\% \sim 10\%$。

（二）磷酸钙共沉淀法

磷酸钙共沉淀法（calcium phosphate co‑precipitation）是指使外源 DNA 或重组质粒 DNA 与磷酸钙混合，形成微小颗粒，并加入到宿主细胞培养液中，使这些颗粒沉积在细胞表面，以利于宿主细胞摄取这些颗粒。已被用于一些功能基因的分离、转录调节因子的鉴定以及翻译、RNA 加工信号成分的分析。最初的磷酸钙共沉淀法的转染效率很低（从 $1/10^6 \sim 1/10^4$），几经改进，其稳定转染效率已超过 1%。在转染的前一天，将宿主细胞接种到培养皿中，过夜生长后使细胞的覆盖率达到 $10\% \sim 20\%$，把磷酸钙和 DNA 的混合物逐滴加到细胞表面，于 $37℃$、$2\% \sim 4\% CO_2$ 中培养 $12 \sim 24$ 小时后，去除培养基，换成含血清的新鲜培养基，于 $37℃$、$5\% CO_2$ 中培养 24 小时。这时可收集细胞，提取 DNA、RNA 或蛋白质进行分析研究。若要得到稳定的转化细胞株（即外源基因整合到宿主细胞基因组），可将细胞在选择培养基中传代培养，一般需要 2 周左右才能得到稳定的转化细胞株。

（三）载体携带法

载体携带法是指利用天然的或人工制造的载体携带外源 DNA 分子以达到转移基因的目的，也是 DNA 介导基因转移的常用手段，红细胞血影和脂质体是最为常用的两种载体。

1. 红细胞血影（ghost cell） 哺乳类动物红细胞在低渗条件下迅速发生膨胀，并在细胞膜上出现直径 50nm 左右的小孔，如果在低渗溶液中混合有适量待转移的目的基因 DNA，则 DNA 分子同时通过小孔进入红细胞，当用高渗溶液调节红细胞恢复等渗条件时，红细胞质膜又恢复其不通透性，使被吸入的外源 DNA 包裹在红细胞血影中，不致释放出来，这样制得的红细胞血影可以通过显微注射方法或红细胞融合技术而将携带的外源 DNA 转移到受体细胞中。

2. 脂质体（liposome） 利用脂质体将外源基因导入到真核细胞是一种常用的简单而快速的基因导入方法。其原理是阳离子脂质体与 DNA 混合后，形成一种稳定的复合物，这种复合物可直接加到培养的细胞中，然后黏附到细胞表面并与细胞膜融合，DNA 被释放到胞浆中。进入细胞的基因，可在细胞中酶的作用下进行表达但不能整合，这种温和的基因转移方法对细胞无损伤，因而其转移效率高。制备脂质体的磷脂分子是存在于生物体内部的组成成分，所以，在与受体体细胞作用时，对细胞的毒性很低。同时，由于脂质体是一个封闭型囊状物，在进入细胞和胞内运转过程中可避免核酸酶对外源 DNA 的降解作用，因而提高了外源 DNA 整合于受体细胞染色体的几率，增加基因的表达。

二、染色体介导的基因转移

染色体介导的基因转移，又称为染色体工程或染色体转导，通过对染色体操作，或是分离染色体，或是对染色体进行切割，将包含有目的基因的染色体或染色体片段转入受体细胞，使其在受体细胞中表达。主要有两条途径，其一是染色体直接转移技术，其二是微细胞技术或称微核体技术。

（一）染色体直接转移技术

分离纯化的染色体可以直接从供体细胞被转移入受体细胞。将染色体供体细胞用秋水仙碱处理，使细胞停止在细胞分裂中期，在低渗溶液中将分裂中期细胞作低渗处理，并借助机械力使细胞破裂释放染色体，经洗涤、离心可以获得纯化的染色体。分离纯化的染色体转移入受体细胞的方法包括：细胞吞噬、磷酸钙共沉淀和脂质体三条途径。

①细胞吞噬转移染色体法：将受体细胞和染色体悬浮液在含 poly - L - ornithine 的培养液中培养，受体细胞可能通过吞噬作用将外源染色体摄入细胞，转移的效率很低。②染色体 - 磷酸钙共沉淀转移染色体法：将染色体 - 磷酸钙沉淀加入预先经秋水仙碱、细胞松弛素和二甲亚砜处理过的受体细胞培养物中，这样可提高转移效率上百倍。③脂质体转移染色体方法也是有效的技术。②③的制备方法参见"DNA 介导的基因转移"中所述。

（二）微细胞转移染色体技术

微细胞转移染色体技术是指用秋水仙素处理染色体供体细胞，使染色体被阻滞在细胞分裂中期，并在染色体周围形成核膜将各个染色体包围起来，呈现很多微核体。在细胞松弛素 B 作用下，微核体逐渐逸出细胞膜外，成为微细胞。离心可以收集这些含有一个微核被一薄层细胞质和质膜包裹的微细胞，微细胞在体外可存活数小时。将微细胞加入含有受体细胞的培养液中，在融合剂 PEG 作用下，微细胞和受体细胞融合，在选择性培养基中培养，可以筛选出微细胞中的染色体已整合到受体细胞染色体中的转染细胞。

三、基因转移细胞的筛选

将纯化的外源 DNA 或染色体引入受体细胞后，需要筛选出已经被外源基因转化了的细胞，筛选方法的设计取决于所转移基因的特性和受体细胞的遗传性状。最有效和常用的选择系统是 HAT 选择培养基方法，见本章细胞融合部分。

被研究的基因绝大多数缺乏这种专一的选择标记特性，例如珠蛋白基因、生长激素基因等。对这些不具有选择标记特性的基因，可以采用共转化技术（co-transformation）进行研究，将不带选择标记的目的基因和一个选择标记基因（最常用的是 TK 基因）混合，制备 DNA-磷酸钙沉淀物，并转化该选择标记基因缺陷的受体细胞（Ltk⁻），如将带有 tk 基因的质粒导入 tk⁻ 细胞，这些细胞则能够存活。所以使用 HAT 培养基，能够选择出 tk 基因转染的 tk⁻ 细胞。

在基因结构和功能的研究中，如果需要以不具有特殊遗传缺陷的某种特定细胞为受体细胞，就不能利用上述的选择标记基因，而应选择另一类显性基因作标记，与目的基因共转移。哺乳动物细胞中最常用的选择性标记物包括细菌新霉素抗性基因（neo^r），此基因具有对氨基糖苷抗生素 G418 的抗性。在转入受体细胞后，转化细胞因转录 neo 基因而获得对 G418 的抗性，因此可以用含 G418 的培养液来选择获得转化细胞。

第四节 干细胞工程

干细胞工程（stem cell engineering）是指与干细胞相关的细胞工程技术，其包含有干细胞生成与诱导演化所需的所有技术研究。它是利用干细胞的增殖特性，多分化潜能及其增殖分化的高度有序性，通过体外培养干细胞、诱导干细胞定向分化或利用转基因技术处理干细胞以改变其特性的方法，以达到利用干细胞为人类服务的目的。主要研究内容一方面是胚胎干细胞的研究，如建立 ES 细胞系并利用 ES 细胞的发育多能性即环境因素对细胞分化发育的影响，定向诱导细胞分化为特定的细胞作为细胞移植的新来源。另一方面成体干细胞的研究主要包括成体组织干细胞的分离、培养和植入体内，更新机体病变的组织器官恢复正常功能；并用干细胞作为基因治疗的靶细胞；研究体内有效活化组织干细胞的方法，增强其功能。

哺乳动物早期胚胎体积小，又在母体子宫内发育，因此在体内对胚胎发育和各类细胞的分化及其机制进行实验研究几乎不可能。从 20 世纪六七十年代开始，人们一直在致力于寻找一个既能在体外增殖，又具有胚胎细胞全能性或多能性的、并通过适当条件能被诱导分化为各种类型分化细胞的实验模型。

一、干细胞的培养建系和基本特性

（一）ES 和 EG 细胞培养建系

目前，体外培养建系 ES 细胞和 EG 细胞的技术以小鼠的最为成熟，成功率最高，其基本原则是有赖于获得全能性胚胎细胞或细胞团，并建立体外适合其增殖和抑制分化的培养系统。由于早期胚胎细胞离体后极易发生分化，首先要解决阻止其分化、确保维持其全能性或多能性这一关键问题。目前常用的促细胞分裂物质有多种，但细胞分化抑制物主要有三种：饲养层（feeder layer）细胞；特殊细胞的条件培养基（conditioned medium），如 BRL（Buffalo rat liver）细胞条件培养液；分化抑制因子（differentiation inhibitory factor，DIF），如白血病抑制因子（Leukemia inhibitory factor，LIF）。此外，也有添加通过 gpl30 信号转导途径的细胞因子，例如，白介素 6（IL－6）、Oncostatin M 和睫状神经营养因子（ciliary neurotrophic factor，CNTF）等同样可达到维持小鼠 ES 细胞的未分化状态。因此，体外培养 ES 和 EG 细胞可划分为两大类：饲养层培养法和无饲养层培养法。

1. 饲养层细胞培养法 不论 ES 细胞或 EG 细胞，原代或初期培养阶段一般都需依赖于能分泌使它们在体外存活和增殖所必需生长因子的饲养层细胞。不同类型的饲养层细胞分泌的生长因子略有不同，但都要求在 ES 或 EG 细胞培养过程中的饲养层细胞保持不分裂增殖而仍然保持代谢活性的特性。常用的饲养层细胞有下列两种。

（1）小鼠胚胎成纤维细胞（mouse embryonic fibroblast，MEF） 取自各种品系小鼠的 12dpc 的胚胎。经剪碎和胰蛋白酶消化，行常规分离（散）细胞培养为单层散布的成纤维细胞。经丝裂霉素 C（mitomycin C）处理以终止细胞分裂后，用作 ES 细胞培养的饲养层。实验证明，一般常用原代或最初几代（8 代前）的 MEF 细胞，抑制小鼠 ES 细胞分化的效果更好一些。这种小鼠 MEF 饲养层细胞在分离和培养人 ES 细胞中证明也是可行的。

（2）STO 细胞 来自 SIM 小鼠（S）胚胎的对硫代鸟嘌呤（thioguanine，T）和乌本苷（ouabain，O）有抗性的成纤维细胞系，主要分泌干细胞生长因子（stem cell factor，SCF）和白血病抑制因子（LIF）。SL－M220 细胞是小鼠胚胎造血的基质细胞 S1/S14 经基因改造产生专一性跨膜型 SCF 的细胞系，以它作为饲养层更有利于促进 EG 细胞生长。

用作 ES 细胞或 EG 细胞培养的饲养层的 MEF 或 STO 细胞均需用 10mg/L 丝裂霉素 C 在 37℃处理 4 小时，用前经 PBS 彻底洗涤。

2. 无饲养层培养法 近来以添加 LIF 生长因子或某些特定细胞的条件培养液至含 FCS 的正常培养液，借此替代饲养层细胞。有三种条件培养液可用于小鼠 ES 细胞培养：①直接在 ES 细胞基础培养液中加入重组 LIF，使终浓度为 1000U/ml。②Buffalo 大鼠肝细胞条件培养液（BRL－CM）。③2～3 周幼年大鼠心肌细胞条件培养液（RH－CM）。收集的 BRL－CM 和 RH－CM 均应经 1000rpm/分钟分离去细胞碎片，经 0.22μm 滤膜过滤，直接使用或冰冻保存备用。一般以 2~3 份上述细胞条件培养液加 1~2 份新鲜的 ES 细胞培养液，再添加 10%~20% 胎牛血清，共同组合成无饲养层的 ES 细胞培养系统。但往往在胚胎干细胞原代和建系初期缺乏饲养层时，用这种条件培养液培养 ES/EG 细胞成功率不高，因此，正确使用饲养层细胞和条件培养液在 ES/EG 细胞建系初期仍是成败的一个关键因素，特别是 EG 细胞培养建系时除了饲养层外还需补充适当的生长因子。一旦建系成功后，在一定的实验期间，则一般可撤除饲养层细胞，只需在常规培养液中添加适量 LIF 和其他细胞因子或含有 LIF 的 BRL 细胞的条件培养液，ES/EG 细胞就可在体外增殖，维持不分化的生长状态。但人 ES 细胞不能与 LIF 起反应，LIF 难以抑制 ES 细胞的分化；然而人 EG 细胞在很大程度上却又依赖 LIF 和 bFGF。同样，与猪有高度同源性的人重组 LIF 和其他异源性 LIF 也不能维持猪 ES 细胞在体外较长期的生长，原因还不清楚。

3. 胚胎细胞来源 不同种的动物，甚至同种不同品系动物的胚胎发育速度和方式存在着较大差异，因此，需根据各个物种选择不同发育阶段的早期胚胎。例如，一般小鼠多选用 3~4 天的胚泡或 2~3 天的桑葚胚，猪取 8~10 天的胚泡，绵羊取 8~9 天的胚泡，人和牛取 7~8 天的胚泡。同时，经体外授精的胚胎或由核移植获得的重构胚胎在体外培养至所需发育阶段也是选取 ES 细胞培养的有效材料来源。

ES 和 EG 细胞分离建系成功的关键有两点：第一，收集全能性或多能性的胚胎细胞或细胞团。小鼠超排卵收集早期胚胎或人体外授精发育至囊胚期的早期胚胎分离 ES 细胞；或从 8.5~10.5 天小鼠胚胎生殖嵴或 5~9 周人类的人流胚胎生殖腺分离 EG 细胞，在体外培养。第二，建立一套体外适合胚胎干细胞增殖和抑制分化的培养系统。由于早期胚胎细胞离体后极易发生分化，为了阻止其分化，常用的细胞分化抑制物主要有：① 小鼠胚胎成纤维细胞 MEF，STO 等饲养层细胞；②特殊细胞的条件培养液，如 Buffalo 大鼠肝细胞（BRL）条件培养液；③分化抑制因子，如白血病抑制因子等。

不同种动物的早期发育模式有所不同，因此，根据不同物种的早期胚胎或 ICM 细胞生长特点，设计和调整体外培养体系的生长微环境或条件，是 ES 细胞建系成败的关键。

（二）形态学特征和细胞的标志分子（详见第十五章 干细胞）。

（三）发育全能性和分化潜能

将 ES 细胞和 EG 细胞接种于缺乏饲养层细胞和 LIF 生长因子培养液的琼脂平板上，或添加适当的分化诱导物质（如维甲酸），或悬滴培养，细胞黏附成团。培养 3~4 天后形成拟胚体，最外层分化为较大细胞组成的内胚层样（endoderm - like）结构，中间为未分化的干细胞，培养 8~10 天，拟胚体增大，内部出现囊腔，形成囊状胚体。在囊腔和早期分化出的内胚层之间的细胞发育成类外胚层（ectoderm - like），为一层上皮样细胞，这样的结构可持续存在 3 周左右。若把培养 3~4 天的拟胚体移至无琼脂层的培养皿贴壁生长，则可见拟胚体中间的细胞团保持着干细胞生长特点，而其周边细胞逐渐分化为多种不同类型的细胞，包括上皮细胞和成纤维细胞等，这类细胞一般多为自发分化，随培养条件和细胞密度而有所不同，常见多种类型细胞混杂在一起。ES 和 EG 细胞在体外被刺激分化为各种类型细胞是其最基本的属性。在 Balb/c – nu 裸鼠腋下每注射点接种不少于 2×10^6 个 ES 或 EG 细胞，则迅速长出瘤状物。2~3 周取出瘤块，切片可观察到瘤块类似畸胎瘤，除大量的干细胞巢和间质细胞外，还包括神经管、腺管、上皮组织、软骨和肌肉等多种类型的分化细胞和组织。

根据近 20 年来对小鼠 ES 细胞体外培养和生长分化特性的研究结果，可以认为，ES 细胞在体外经多次传代后，其特性易发生变化，因此有必要多次重复地建立新的 ES 细胞系。主要原因是：第一，ES 细胞特性的不同决定于所用的建系条件和方法。在有些条件下建系的 ES 细胞，其分化为某一特殊类型细胞的潜能是有限的；第二，ES 细胞本身属于一种不稳定的细胞类型，在体外较长期培养条件下会积累起不可逆的变化。实际上，被众多研究者共同使用的一些 ES 细胞系，其中有的已丧失了产生小鼠全部完整组织的能力，因而常难以获得健康的活小鼠。一般而言，新的 ES 细胞建系后在体外生长时间越短，产生所有类型组织的可能性就越大。大约经体外传代 14 代以后，有可能局部失去分化为某种组织的潜能。因此 ES 细胞经体外多次传代培养，总体上会减少其分化潜能，或者说在 ES 细胞系的群体中，保留全能性的细胞比例将随着进一步传代而减少。

二、ES/EG 细胞体外诱导分化

（一）基本原理

细胞诱导分化是一个细胞与其微环境相互间复杂而又精密协调的分子细胞学过程。早在六七十年前，实验胚胎学家就发现蛙类早期原肠胚（gastrula）的背唇（dorsal lip）的背方区域能够诱导外胚层分化为神经管，而靠近腹侧面则诱导出尾部结构。后来又发现胚胎发育中组织发生和身体构造形成是一连串的诱导连锁过程，例如神经组织听囊形成后，则诱导邻近的间质细胞形成软骨囊；水晶体则刺激覆盖的外胚层诱导出角膜。所以，诱导分化是胚胎正常发育过程中最重要而基本的现象。在体胚胎的细胞分化过程中，诱导作用的结果不只是决定于各种诱导物质的性质和专一性，同时也决定于被诱导细胞的反应能力（competence），后者受遗传、发育潜能等内在因素的限制。诱导物质的专一性和被诱导细胞的反应能力必须在时空上相互巧妙配合，才能保证被诱导细胞按预定的细胞类型方向分化。ES 细胞是体外研究诱导分化的较理想模型，其在体外被诱导分化的途径可能不一定与在体胚胎细胞的完全相同，但在实验操作时，也应同时考虑诱导物的性质和 ES 细胞本身所具有的反应能力这两个基本问题。

正常胚胎发育过程是按严格的时空程序进行一系列细胞与细胞之间、核质之间相互作用的结果。从全能胚胎干细胞或组织谱系干细胞最终分化为具有独特功能的体细胞主要取决于哪些基因被激活和在什么时间与位点被激活，细胞环境中的各种因子的类别和浓度则是基因选择性被激活的重要影响因素。因此可以认为，细胞分化是部分基因选择性地被激活或差异性表达，从而控制专一性蛋白质的合成和分布的结果。对细胞分化来说，最重要的是多个基因表达过程在数量和时空上的精确联系和密切配合，并受不同层次的基因调控网络系统精确无误地调节和控制。这是一个彼此协调而又制约的复杂过程，通常称为发育的遗传程序（genetic program），被记录在细胞基因组的结构中。不同物种有不同的遗传程序，可能是在物种进化过程中逐渐形成的。

诱导胚胎细胞分化实验中，诱导物质种类繁多，诱导模式也不尽相同，难以归类论述，但按作用机理大致可分为两类：一类是使被诱导细胞可逆性地轻度损伤，例如无机物、有机酸、醇、亚甲基盐、硫氢化物、氨水甚至蒸馏水或缺钙的盐水，都能使两栖类胚胎细胞渗透压改变致成轻度损伤，导致神经细胞分化；另一类诱导物例如类固醇激素、维甲酸衍生物（RA 等）、多肽生长因子（bFGF、TGF - β、activin）等，则是通过其与被诱导细胞表面各自的受体结合而诱导细胞分化。同一种诱导物可以诱导出不同类型细胞或变化多端的构造，问题较复杂，不仅涉及诱导剂的浓度差别、诱导作用模式和微环境的未知因素等，而且也可能与被诱导细胞本身的发育潜能和对诱导剂的反应性等差别有关。

（二）ES 细胞和 EG 细胞定向诱导分化

体外诱导分化分为谱系分化（lineage differentiation）和定向分化（committed differentiation），谱系分化包括 ES 细胞经谱系祖细胞（lineage progenitors）、谱系定型细胞（lineage committed cell）到终末分化细胞的整个细胞分化的全过程。在这过程中，会出现一些不稳定的、过渡型的前体细胞。研究和分析这种过渡型的前体细胞，对认识组织谱系细胞分化机理和全过程是有帮助的。但因为细胞呈一过性或连续性，定性和判断的标准尚有待探索。由于 ES 细胞在体外被诱导时常同时出现不同胚层类型的多种分化细胞，增加了识别谱系祖细胞和谱系定型细胞的困难性，同时也表明 ES 细胞具有一种不受约束的、无序的自我发育特性。ES 细胞定向诱导分化则要设法控制导向产生单一类型的分化细胞，这是至今仍未解决、正在探索中的难题。根据国外少数报道和国内的经验，对 ES 细胞转染细胞专一的转录因子、标志基因或有关细胞分化因子等遗传操作，并结合报告基因和诱导条件选择等手段，是一条可能的探索 ES 细胞定向诱导分化的途径。具体实例参考本节下文有关被诱导的一些相关的分化细胞。

（三）ES 细胞体外可能被诱导分化的几种细胞

1. 内皮细胞与血管发生　普遍认为内皮细胞和原红细胞来源于共同的祖细胞是因为人们观察到小鼠在体胚胎的卵黄囊血岛内，原红细胞的产生总是伴随着内皮细胞的出现。ES 细胞体外分化时，拟胚体的血岛样结构中原红细胞集落周围也有内皮细胞出现。ES 细胞衍生的拟胚体分化的管状结构是由内皮细胞排列组成的，管道内还含有一些造血细胞，类似于胚胎发育中的早期血管发生。将 ES 细胞单层培养在含重组 TGF - β_1 的 I 型胶原蛋白为基质的三维系统内，或直接将过度表达 TGF - β_1 的 ES 细胞单层培养在 I 型胶原蛋白为基质的三维系统内都能获得内皮细胞组成的血管样结构。用重组 TGF - β_1 处理的 ES 细胞中，能检测到碱性成纤维细胞生长因子（bFGF）基因表达，所以，

TGF-β_1可能能够调节 ES 细胞和（或）其分化细胞的 bFGF 基因表达，bFGF 可能作为血管内皮细胞的生长因子之一，促进内皮细胞分化和血管形成。

2. 造血细胞　小鼠 ES 细胞拟胚体在体外可分化为类似于早期胚胎卵黄囊血岛样的结构，分化产生红细胞、髓细胞和淋巴细胞等各种造血系统的细胞。常采用分阶段诱导小鼠 ES 细胞分化为造血细胞和 B 淋巴细胞：首先用巯基乙醇等药物或细胞基质处理，使 ES 细胞发育成拟胚体；然后用胰蛋白酶消化成单个细胞，经干细胞因子（SCF）、血小板生成素（TPO）和胚胎细胞的条件培养液处理，使其定向分化为造血干细胞；再用原代骨髓基质细胞作饲养层和 SCF 及 IL-6 细胞因子处理，可进一步使 ES 细胞来源的造血干细胞分化为 B 淋巴细胞系。根据小鼠 ES 细胞体外分化为造血细胞的研究，发现 ES 细胞体外分化为造血细胞体系的一系列发育顺序类似于在体胚胎的发育过程：在体胚胎研究表明，7.5 天的小鼠胚胎最初在卵黄囊（yolk sac）内出现大而有核的前成红细胞；当胚胎长至第 10～12 天肝脏形成时，则卵黄囊前成红细胞逐渐消失。这表明胚胎造血器官是从卵黄囊转移到胚胎肝脏的。而在 ES 细胞体外分化实验中，生长 4 天的拟胚体首先出现前成红细胞，拟胚体生长至第 10～12 天时前成红细胞逐渐消失。成熟红细胞和成髓细胞都是在前成红细胞出现后不久才产生。利用骨髓基质细胞或其条件培养液，可以诱导小鼠 ES 细胞在体外分化为造血干细胞（hematopoietic stem cell）。这一重要进展不仅为分析研究 ES 细胞分化为造血干细胞的早期决定以及分化机理和过程提供了实验模型，而且也为寻找临床上移植或输血应用的血源找到了一个新的突破口。

3. 心肌和其他肌肉细胞　悬浮或悬滴培养小鼠 ES 细胞的拟胚体在 RA 诱导条件下贴壁生长数天，常出现某些具节律性自发收缩活力的分化细胞集落。电镜观察证实，收缩的细胞内存在着肌原纤维和肌小节等典型心肌细胞特有结构。将小鼠 ES 拟胚体与 EG 细胞衍生的内胚层样 END-2 细胞联合培养，也发现 ES 细胞被诱导分化为有节律搏动的心肌细胞和骨骼肌细胞的现象。

4. 神经细胞　单层培养 ES 细胞的诱导分化实验中，在 10μmol/L 维甲酸（RA）与 1mmol/L 双丁酰基环腺苷磷酸（dibutyryl cyclic adenosine monophosphate，dBcAMP）共同作用下，90%～95% 的分化细胞为神经胶质细胞。小鼠 ES 细胞也可在体外被诱导分化为少突胶质细胞（oligodendrocyte）和运动神经元。ES 细胞拟胚体在特定条件贴壁培养时也能被诱导分化为神经元。用悬浮培养 4 天的拟胚体在含 RA 的培养液中继续培养 4 天，再使拟胚体贴壁培养则可高效重复地分化出神经细胞，不仅表达专一性的神经微丝 M 和 β 微管蛋白，还有钠、钾、钙等离子信号通道的特征。分化的神经细胞还表达神经递质 GABA、glycine 和受体 NMDA 等不同物质，甚至在体外诱导分化早期的拟胚体中检测到神经元和神经胶质细胞的共同前体细胞的专一性标志巢蛋白（nestin）。用 RA 诱导 ES 细胞分化为表达 γ-氨基丁酸的神经细胞，植入 Huntington's 病（一种遗传性舞蹈病）大鼠模型体内，具有神经细胞功能的移植物使患鼠症状有所改善，并存活了 6 周。因此，ES 细胞体外诱导分化细胞有可能成为移植物的新来源途径之一。这些工作都表明通过用某一简单的化合物，有可能激括 ES 细胞基因组中一套仅用于神经细胞分化的基因，而抑制了沿着其他细胞类型分化途径中应表达的基因。

5. 脂肪细胞 通过悬滴培养小鼠 ES 细胞或 EG 细胞形成的拟胚体被转移到铺有琼脂的培养皿中，悬浮培养 3 天，每天更换含有诱导剂二甲亚砜（DMSO）的培养液。3 天后，经过诱导剂处理的拟胚体移入表面事先用明胶（gelatin）包被的培养皿中进一步贴壁培养。这时给培养液中加胰岛素、三碘甲状腺原氨酸（triiodothyronine）和胎牛血清，约 10~15 天后大部分拟胚体分化为脂肪细胞。用维甲酸（RA）替代二甲亚砜诱导剂，其余条件同上，约 60% 以上的 EG 细胞拟胚体被诱导分化出脂肪细胞。

6. 软骨细胞 ES 细胞诱导分化为软骨细胞的条件较苛刻，成功率较低。ROSAβ-geo 基因转染的小鼠 ES 细胞，在缺乏 G418 的情况下聚集成拟胚体。用 10% 小牛血清代替胎牛血清，培养液中含有分化诱导剂 1μmol/L 地塞米松（dexamethason），2~3 天更换培养液，50 天后，这种拟胚体发育成软骨细胞。

第五节 转基因动物

一、概述

转基因动物（transgenic animal）是用人工方法将外源基因导入或整合到所有细胞基因组内，并能稳定遗传给后代的一类动物。转基因动物技术是在动物整体水平研究目的基因的生物技术，其特点是分子及细胞水平操作，组织及动物整体水平表达。自 20 世纪 80 年代初发展起来后，已迅速、广泛地应用于生物及医学的基础研究、动物育种及基因治疗的探索、基因产品的制备及营养成分的改进等方面。

20 世纪 50 年代末发展起来的细胞核移植技术，使人们可以从一个细胞中取出整个细胞核（含完整的基因组）并将其转移到去核卵中，发育、生长成完整的个体，并带有外源性全套基因。随着分子生物学的发展，20 世纪 70 年代初科学家将分离纯化的 DNA 和 mRNA 注入爪蟾卵（英国）和鱼卵（中国），以研究 DNA 和 RNA 的功能。1981 年，美国的 Brinster 和 Palmiter 用小鼠进行了转基因实验，将大鼠生长激素基因与小鼠（1it/lit）的金属硫蛋白基因（MT）连在一起，构成 MTrGH 基因，然后用微注射法注射到小鼠受精卵中，再移植入假孕鼠的子宫中，发育生长，共产出 21 只小鼠，其中 7 只带外源基因，而 6 只体型较原小鼠大一倍左右，即著名的转基因超级小鼠或巨鼠。

目前，转基因动物种类很多，例如，将人凝血因子IX的基因转入羊的受精卵中制造出能产生人凝血因子IX的转基因羊，也有人用同样的方法得到了能产生人凝血因子IX的转基因猪。可见，用转基因动物技术可以产生人类所需的生物活性物质，也可以改变动物的基因型，使其表现型更符合人类需要。

二、基本原理

转基因动物的基本原理是将目的基因（或基因组片段）用显微注射等方法注入实验动物的受精卵或着床前的胚胎细胞中，使目的基因整合到基因组中，然后将此受精卵或着床前的胚胎细胞再植入受体动物的输卵管（或子宫）中，使其发育成携带有外源基因的转基因动物，人们可以通过分析转基因和动物表型的关系，揭示外源基因的功能；也可以通过转入外源基因培育优良的动物品种。

转基因技术中所用的外源基因是由顺式作用元件和结构基因组成的完整基因（即完整的转录单位）。由于哺乳类动物之间基因的同源性较高，为了检测方便，有时需引入报告基因（reporter gene）或报告序列（reporter sequence）。构建外源基因时，可选择适当的顺式作用元件与目的基因（结构基因）拼接；或直接以报告基因作为目的基因与顺式作用元件拼接；也可以将特定的目的基因与报告基因拼接成融合基因（fusion gene），并与顺式作用元件拼接成完整的基因。顺式作用元件主要选用有较高表达活性的强启动子（有时包括增强子），或者直接选用目的基因的天然启动子序列。目的基因可来自基因组片段或 cDNA 序列。单独以报告基因作为目的基因是为了研究基因的调控元件。报告基因通常比较容易检测，除了可作为目的基因研究基因调控元件以外，在转基因研究中常用于构建融合基因，通过检测其在转基因动物中的存在与否来判断目的基因的有无及其表达行为，这可以使检测变得容易而且准确性也相应提高。

三、基本方法

转基因所用的外源 DNA 的构型、浓度及纯度等都能影响基因的转移。如线性 DNA 和环状 DNA 均可用于显微注射，但线性 DNA 整合效率比超螺旋 DNA 高出数倍，因为线性 DNA 可以首尾相连，然后整合到染色体上。外源 DNA 的纯度亦十分重要。完成外源 DNA 的制备后，导入基因的方式主要有显微注射法、DNA 导入胚胎干细胞法和逆转录病毒感染法。

（一）显微注射法

显微注射是目前最常用的转基因方法之一，其基本原理是用显微注射针将外源基因直接注入实验动物受精卵的原核，使外源基因整合入动物基因组中，从而得到转基因动物。此技术的优点是导入基因的速度快且操作简单，对 DNA 大小无限制（最大已达250kb）。以下为显微注射法建立转基因鼠的一般实验程序（图 16－1）。

受精卵经显微注射后，约有 60% 左右的卵存活，由此发育成的小鼠中，有 10% ~ 40% 的小鼠整合有外源基因；其中 80% 的基因整合发生在单细胞期，成为典型的转基因动物；20% 在细胞分裂后整合，这部分动物并不是所有细胞中都有外源基因，称为嵌合动物（chimeric animal）。外源 DNA 整合的拷贝数从一至数百个不等，一般情况下在染色体的单个位点整合，有时可能在不同染色体的不同位点整合。外源 DNA 可以是几个片段首尾相连插入到一个整合位点。例如，线性 DNA 片段注射入受精卵后，卵细胞内的酶就会将外源线性 DNA 片段首尾相连，并整合到染色体的一个随机位点中。

（二）DNA 导入胚胎干细胞法

产生转基因动物的另一个方法，是利用小鼠胚胎干细胞（embryonic stem cells，ESC）作为外源基因的受体细胞。向 ES 细胞导入外源 DNA 的技术常用电激方法。ES

克隆 DNA　　　　　　　　　供体母鼠
　↓ 酶解、分离、纯化、定量　　↓ 注射激素（PMS,HCG），与公鼠交配
目的基因 DNA 片段　　　　　鼠受精卵
　└─────── 显微注射 ──────→┐
　　　　　　　　　　　　　　　↓
　　　　　　　　　注射 DNA 的受精卵
　　　　　　　　　　　↓ 输卵管或子宫移卵
　　　　　　　　假孕母鼠 ──────────→ 冻存的胚鼠组织
传代转基因鼠 ←── 娩出幼鼠 ┐　┌──→ 取出鼠胚胎
　　　　　　　　　　　　　│　│　　　↓
冻存幼鼠血液　　　幼鼠标尾巴　　　胎鼠组织
　↓　　　　　　　　　　　　│　　　　↓
制备转基因鼠　　　　　　　　└──→ 制备 DNA
的 DNA、蛋白质　　　　　　　　外源基因的整合检测
　↓　　　　　　　　　　　　　　　　↓
表达水平检测 ─────────────────→ 确定转基因鼠

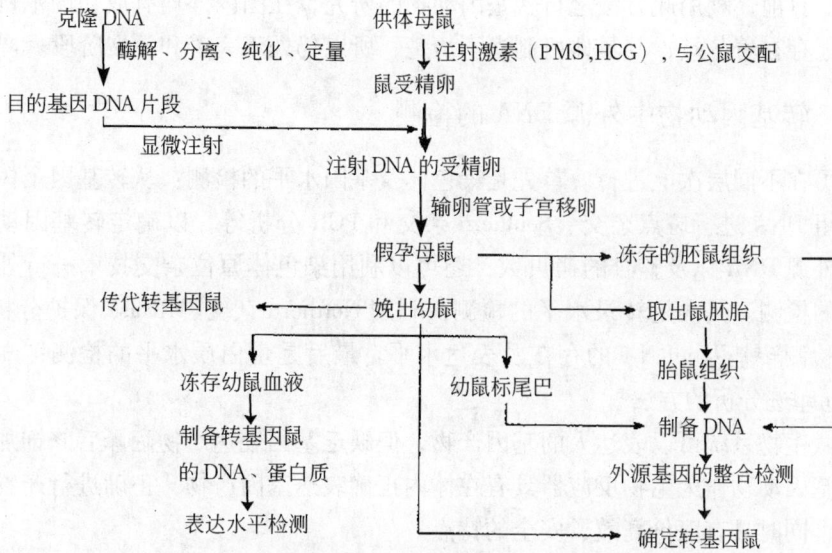

图 16-1　显微注射法建立转基因鼠的一般实验程序（引自 冯作化）

细胞介导的转基因优点明显超过如逆转录病毒载体整合至早期胚胎或显微注射 DNA 至受精卵原核等一般转基因方法。其主要原因是在后一途径中，导入的多拷贝 DNA 存在着随意整合的问题，产生的转基因动物效果一般不太理想。利用 ES 细胞技术的优点是：在产生一种新的经生殖系传递的转基因动物以前，可通过在体外 ES 细胞系统中研究和筛选外源 DNA 表达质粒的构建、整合和表达过程，提高产生转基因动物的效率；同时，ES 细胞在体外增殖迅速，可作为已同源重组过的 ES 细胞取之不尽的来源；ES 细胞的基因改造技术，如基因敲除、敲入能够精确地改造细胞内存在的基因，克服位置效应、插入失活和特殊内源性基因失活等弊病。ES 细胞改造过的基因组经生殖系传递途径，可不断地提供和产生同样基因型的、丰富的转基因动物的来源。

（三）逆转录病毒感染法

将外源基因与逆转录病毒载体在体外构建成重组逆转录病毒载体，然后将其转染包装细胞，这时，既可以收获重组病毒颗粒，用于早期胚胎的转染，又可以将胚胎直接加入包装细胞培养物中共培养进行转染。转染后的胚胎可移植给假孕动物完成发育过程。逆转录病毒载体法一般用于分裂后的早期胚胎（8 个细胞胎）的转基因操作，这尤其对于鸡等家禽类的转基因研究具有重要意义。因为鸡受精卵在产出后已发育到桑葚胚期，不可能对其进行显微注射操作。所以，逆转录病毒载体法在培育转基因禽类研究中广泛应用。

（四）精子载体法

通过 DNA 与精子共育法、电穿孔导入法和脂质体转染法获得吸附有外源 DNA 的精子，受精后即将外源 DNA 导入卵细胞中，经过胚胎的发育，获得整合有外源 DNA 的转

基因个体。目前，利用此方法进行转基因动物的研究，在国内外均有成功的范例，但是在实践中还存在着分歧，其具体机制尚不清楚，所以仍处于完善和发展阶段。

（五）转基因动物中外源 DNA 的检测

检测可在不同层次上进行。首先是染色体及基因水平的检测：从转基因个体组织中提取基因组 DNA 进行斑点杂交、Southern 杂交和 PCR 分析等，以确定转基因动物中是否整合了外源 DNA 以及整合的拷贝数；还可以利用染色体原位杂交技术进行外源基因整合位点的检测。其次是转录水平的检测：利用 Northern 杂交、RNase 保护分析及 RT-PCR 方法检测转基因 mRNA 的存在及表达水平。最后是蛋白质水平的检测：主要是采用 Western 印迹分析的方法。

利用微生物系统可以表达人的基因产物，但缺乏基因表达产物翻译后修饰加工的机制。而转基因动物作为生物反应器具有在体内正确表达基因产物，正确进行产物修饰加工的能力，同时具有廉价高效、安全的特点。

1987 年在英国罗斯林研究所诞生了世界上第一只转基因羊，这只转基因母羊的乳腺分泌的乳汁中含有 α-抗胰蛋白酶，而且在乳汁中的含量高达 30mg/L。这一成功开创了利用转基因动物生产药用蛋白的先河；同时，创造了"生物反应器""乳腺反应器"这一生物工程技术的新概念，为医药产业开辟了一条全新的生物制药新途径。利用转基因动物生物反应器生产用于医疗目的的人蛋白质已获得巨大的成功。到 20 世纪 90 年代中期，国际上已培育出转基因羊、牛、猪等，生产出多种药用蛋白：a-1 抗胰蛋白酶、乳铁蛋白、人血清清蛋白、人凝血因子-IX、人凝血因子-Ⅷ、抗凝血酶Ⅲ、胶原等等。

第六节　动物克隆与细胞核移植

一、动物克隆

动物克隆（animal cloning）就是指通过无性繁殖由一个细胞产生一个和亲代遗传性状一致、形态非常相像的动物。

动物克隆技术：通过体内或体外培养、胚胎移植，产生与供体细胞基因型相同的后代的技术过程，它主要是指细胞核移植技术，也包括胚胎分割技术。

动物克隆不经过有性繁殖过程而达到扩繁同基因型哺乳动物胚胎及其种群的目的。动物克隆依其目的可分为繁殖性克隆和治疗性克隆两种。繁殖性克隆（reproductive cloning）旨在快速繁殖或"复制"优秀动物个体；治疗性克隆（therapeutic cloning）则与胚胎干细胞技术结合，解决人类医学中组织器官的自体移植问题，从而达到临床治疗的目的。

科学家们很早就开始了动物克隆的研究。早在 1938 年，德国胚胎学家 Spemann 通过结扎蝾螈（triton）受精卵，使其一分为二，结果有核部分可以发育到 16 细胞期，而无核部分不能分裂；随后 Spemann 将一个卵裂球的核移入无核部分，结果两半都能发育，获得幼虫。1952 年，英国科学家 Briggs 和 King 首次报道了豹蛙的核移植研究。1962 年，英国剑桥大学的 Gurdon 用蝌蚪原肠期内胚层细胞核移植，获得体细胞克隆爪蟾。我国已故科学家童第周教授在 20 世纪 60～70 年代曾用囊胚细胞进行鱼类细胞核移植工作，获得属间和种间移核鱼，使我国鱼类核移植研究居世界领先水平。早期的动物克隆研究仅限于两栖类和鱼类，直到 20 世纪 70 年代，核移植克隆技术才开始应用于哺乳动物。

根据供核细胞的不同，可将哺乳动物克隆（细胞核移植）研究分为三个阶段：

1. 哺乳动物胚胎细胞克隆（核移植）阶段 1975 年，Bromhall 首次报道把反射性标记的兔桑葚胚细胞注入成熟后激活的卵母细胞中，结果得到了几个发育的胚胎。1981 年，B1mensee 和 Hoppe 报道了他们用小鼠的正常囊胚或孤雌活化囊胚的内细胞团细胞作为核供体，直接注入去掉雌雄原核的受精卵细胞质中，重构胚体外发育到桑椹胚或囊胚后移植寄母子宫，获得克隆小鼠。1983 年，美国科学家利用核移植技术和细胞融合方法获得了克隆小鼠。1986 年，英国的 Wi11adsen 用绵羊的 8～16 细胞阶段的胚胎细胞作为供体进行核移植，首次应用电融合的方法克隆出一只小羊。此后，科学家们又相继克隆出小鼠、绵羊、牛、兔、猪和猴等。我国科学家也成功开展了胚胎细胞克隆兔、山羊、小鼠、牛和猪等研究。

2. 哺乳动物同种体细胞克隆（核移植）阶段 1997 年 2 月，英国罗斯林研究所 Wilmut 等人宣布，他们用 6 岁成年羊的高度分化的乳腺细胞进行了核移植，成功地获得了克隆羊"多莉"。这是第一次用成年体细胞作为供核细胞，由此说明高度分化的成年动物的体细胞可在适当条件下发生逆转，恢复全能性，这是生物技术史上具有划时代意义的重大突破，是克隆技术的一个里程碑。1998 年 5 月，美国科学家 Robl 的研究组利用牛胎儿成纤维细胞克隆出了 3 头牛，而且携带了转移的基因。1998 年 7 月和 1999 年 6 月，美国夏威夷大学 Yanagimachi 领导的研究小组克隆小鼠成功，并打破了哺乳动物克隆研究初期人们认为只有雌性动物才能被克隆的迷信。此后，同种体细胞克隆出的山羊、猪、猫和兔也都相继诞生。1999 年和 2002 年，我国体细胞克隆山羊和克隆牛也都获得成功。

3. 哺乳动物异种体细胞克隆（核移植）阶段 将一种动物的体细胞核移植到另一种动物的去核（遗传物质）卵母细胞中。1999 年，中国科学院动物研究所生殖生物学国家重点实验室将成年大熊猫体细胞作为供核体细胞移植到去核（遗传物质）的日本大耳白兔卵母细胞中，成功地构建出异种重构胚，体外培养获得孵化囊胚。2001 年将重构胚移植寄母子宫，获得了着床的重大进展。1999 年，美国 wisconsin—Madison 大学以来自绵羊、猪、猴和大鼠的皮肤成纤维细胞作为供核体细胞，移植到去核（遗传物质）牛卵母细胞中获成功。2000 年 Lanza 等人从死亡的濒危牛上取材并培养了皮肤成纤维细胞作为供核体细胞，重构胚移植后受体最长怀孕至 202 天流产。2001 年，Nature Biotechnology 上报道了异种体细胞克隆濒危哺乳动物——欧洲盘羊的成功。

克隆技术在医学领域具有重要的应用价值，首先人类可以利用转基因克隆动物制造各种药物，使"克隆"动物成为药物制造厂。将这种昂贵的转基因动物繁衍下去的最好办法就是无性繁殖，通过克隆将携带特定基因的转基因动物"复制"下来。

另外，克隆技术与基因疗法的结合，使得全面、彻底、高效地治疗遗传疾病成为可能，例如，为治疗遗传缺陷，可将修改后的基因导入早期胚胎细胞，使其具备正确的基因，然后将此正常细胞移入去核卵母细胞中，再将胚胎植入母体，即可发育成正常的胎儿，该方法比传统的基因治疗方法具有更多优势。

此外，利用克隆技术可以生产人体所需的内脏器官，用于器官移植或替换体内衰老及发生病变的器官。同时，还可克隆出大量基因型相同的动物来进行临床实验，既可保证实验动物的供给，又可消除由于遗传基因不同给临床实验带来的混乱。

随着体细胞克隆动物的相继诞生以及人类胚胎干细胞系的建立，治疗性克隆技术逐渐成为可能的医疗方法。

目前，克隆哺乳动物的方法由简单到复杂有几种：胚胎分割、人工授精与胚胎移植、动物细胞核移植、雌核生殖，其中细胞核移植是获得各种克隆动物的核心技术。

二、细胞核移植技术

细胞核移植（nuclear transplantation or nuclear transfer，NT）技术是指利用显微注射的方法，将胚胎细胞或体细胞的细胞核植入于另一个已经去核的卵母细胞中，以得到重组细胞的技术过程。通常所说的核移植，则是指将一个二倍体的细胞核植入于另一个已经去核的细胞（受精卵或处于 M Ⅱ 期的卵母细胞）中，以得到重组细胞，并使其在一定环境中生长发育，最后获得新的个体的综合技术体系。

动物细胞核移植是一项复杂的生物技术，主要包括一组以显微操作与常规操作相结合的技术：卵母细胞去核、供核细胞的获得和处理、供核细胞移入受体细胞、细胞融合和激活、重组胚的体内外培养及发育胚移入雌性受体的过程。

1. 受体细胞的选择　在细胞核移植的研究中，作为核受体的主要有去核受精卵和去核成熟卵母细胞两种。Willadsen 首创用去核成熟卵母细胞（M 期）作受体细胞后，得到了胚胎克隆绵羊。以后的研究者大部分用去核成熟卵母细胞作受体，相继得到了克隆动物。结果证明，处于 M 期的卵母细胞有利于供体核在重组胚中的再程序化，保证了核移植一定的成功率。去核率越高，其重组胚发育成个体的可能性越大。后来发现处于 M Ⅱ 期的卵母细胞更适合作受体细胞。受体卵母细胞的去核方法主要如下。

（1）示核法　传统的 Hoechst 33342 示核法为短波激发荧光，可以显示极体与卵母细胞中期板的相对位置，从而可以作为判断去核是否成功的标志。采用这种方法，需要使用紫外光照射，紫外线对卵母细胞可能会造成不同程度的伤害，从而影响克隆胚胎的后续发育。

（2）盲吸法　它是根据 M Ⅰ 期卵母细胞中第一极体与细胞核的对位关系，在特定的时间段内，通过去核针直接将第一极体及其附近的胞质吸除，从而去除胞核。该法去核效率达 90% 以上。这是目前大多数核移植所采用的去核方法。

（3）化学法　上述两种方法每次只能处理一个卵母细胞，而且操作的技能要求高，去除的胞质体积大，对卵母细胞常常造成机械性伤害。在卵母细胞成熟期间可以把一些化学试剂添加到成熟液中，造成卵母细胞分裂，分离的动力系统发生改变，使得中期板和极体一同排出，从而达到去核的目的。这种方法可以成批处理卵母细胞。

（4）蔗糖高渗处理去核法　它是以 $0.3 \sim 0.9 mol/L$ 的高渗蔗糖液处理卵母细胞一段时间，通过去核针去除卵胞质中透亮、微凸的部分（约 30% 胞质）。该法的去核成功率可高达 90%，且已成功获得了克隆个体。

（5）末期去核法　在减数分裂第二次成熟分裂的末期，以第二极体为指示，去除与其相邻的部分胞质，去除的胞质少，效率高。

（6）透明带打孔法　鉴于小鼠的质膜系统较脆，常规的盲吸法去核后，卵母细胞的存活率往往较低，因而预先以显微针在透明带打孔，然后以细胞松弛素处理后去核，可大大提高去核后卵母细胞的存活率。

2. 供核细胞的选择　根据核供体的来源不同，可将其分为胚胎细胞克隆技术及体细胞克隆技术，主要包括胚胎细胞核移植、胚胎干细胞核移植、胎儿成纤维细胞核移植、成年体细胞核移植。对不同供核细胞来源的克隆研究结果表明，克隆效率一般随其供核细胞分化程度的提高而下降。

（1）胚胎细胞核移植　将未着床的早期胚胎分散成单个的细胞球，在电流的作用下，使单个细胞与去除染色体的未受精的成熟的卵母细胞融合。发育成胚胎后，移入受体妊娠产仔。

原则上一枚早期胚胎有多少个细胞，通过这种方法，就可以克隆出多少个个体。还可将细胞反复克隆出更多的胚胎，产生更多的克隆动物。

目前经此法克隆出的动物有小鼠、兔、山羊、绵羊、猪、牛、猴等。此法比胚胎分割法有所进步，也能克隆出更多的动物。

迄今为止，胚胎细胞核移植技术已在两栖类、鱼类、昆虫和哺乳类等动物中获得成功。其中，在进化上界于两栖类和哺乳类之间的爬行类和鸟类等卵生动物的胚胎细胞核移植则尚未见有报道。

（2）体细胞核移植　体细胞核移植的成功，是 20 世纪生物学突破性成就之一，尤其是在理论上证明：即便是高度分化的成体动物细胞核在成熟卵母细胞中仍然能被重编程，表现出发育上的全能性。用体细胞核移植的应用价值也远远大于胚胎细胞作为供体核。

目前，在体细胞克隆时供核体细胞的准备方案基本上可分为 4 种：①罗斯林方案（即血清饥饿法），使细胞处于 G_0 期；②檀香山方案，即使用新鲜分离或者处于活跃分裂期的细胞；③北京方案，即将体细胞在 4℃ 冷藏一段时间用于克隆；④ACT 方案，即接触抑制的细胞准备方案。还有一种就是 −70℃ 或者液氮冻存的细胞直接复苏后用作供体。其中使用最为广泛的是罗斯林方案。

1996 年 Campbell 等首先采用血清饥饿法控制细胞周期，使细胞停留在 G_0 期，从而提高了体细胞克隆的成功率。英国 Roslin 研究所 Wilmut 等认为该方法对 Dolly 羊的诞生起到了关键性的作用。然而，1998 年 Cibelli 在其研究中发现用正常细胞和饥饿处理的细胞克隆动物的出生率相同。由此可见，核与质的相容性是一个非常复杂的问题。

3. 重组胚的构建方法　有融合法、胞质内注射法、去透明带法、连续核移植法、四倍体胎盘补偿法等。目前的通常做法是：采用显微操作的方法，直接将供核细胞移植到已经去核的卵母细胞的透明带下，然后通过细胞融合的方式，使供核细胞与受体细胞发生融合，由此实现细胞核与细胞质的重组，形成重构胚。该法存在一个问题，即供核细胞的胞质也参与重构胚的胞质的组分，这有可能导致克隆动物组织细胞中线粒体的多样性；并可能产生一定的生物学后果，目前仍处于观察和认识之中。另一种做法是：以显微针反复抽吸供核细胞，从而分离出其中的胞核部分，然后将胞核直接注入细胞核已去除的受体细胞中，直接构成重组胚，这种方法主要被用于克隆小鼠的制作。

4. 重构胚的激活　正常受精过程中，会发生一系列的精子激活卵母细胞的事件。在重构胚组合成功后，也必须要模拟体内的自然受精过程，对重构胚予以激活。

目前采用的融合-激活方案有3种：①融合前激活：在卵母细胞与供核体细胞融合前激活卵母细胞，首例体细胞克隆山羊就是通过这种方案取得成功。②融合时激活：在将供受体融合的同时激活卵。③融合后激活：在供受体融合后数小时再激活，可延长核在受体胞质内的时间，使重编程更彻底。

现在多数研究都是采用后两种方法得到克隆后代，尤其认为融合后激活法可以使供核与卵胞质充分地相互作用，有利于供核的重新程序化。为保证重组胚的正常染色体倍数，供体细胞和受体可通过两种办法来协调，如用 M II 期去核卵（激活前融合），则供体细胞必须处于二倍体的 G_1 期，如不能保证供体细胞处于 G_1 期，则受体卵去核并应在融合前激活。

激活通常采用化学激活与电激活方法。

5. 重构胚的培养与移植　重构胚激活后，须经一定时间的体外培养，或放入中间受体动物（家兔、山羊等）的输卵管内孵育培养数日，待获得发育的重构胚（囊胚或桑葚胚）后，方可将之移植至受体的子宫里，经妊娠、分娩获得克隆个体。

第七节　细胞工程在医学中的应用

一、医用蛋白质

在应用方面，几乎所有具开发前景的蛋白质和多肽都用蛋白质工程作过改造尝试，并取得了不同程度的效果。研究最多，取得成果最显著的是生物技术药物和工业用酶的蛋白质工程。蛋白质和多肽类药物包括激素、细胞因子、酶、酶的激活剂或抑制剂、受体和配体、细胞毒素和杀菌肽以及抗体等。作为药物，希望通过改造以提高其活性、特异性和稳定性，控制分子聚集，降低免疫原性和毒副作用，延长其在体内的半衰期，增加对靶位点的导向性等。

（一）单克隆抗体的应用

从一个建株的单克隆抗体杂交瘤细胞产生的单克隆抗体是同一类或同一亚类的免疫

球蛋白，其独特型和恒定区完全相同，因此单克隆抗体是高度特异性针对单一抗原决定簇的均质抗体。基于单克隆抗体的高度特异性，它在生物医学研究中，在临床医学的应用中显示了其重要的意义和价值。

1. 在临床诊断中的应用 单克隆抗体现已广泛应用于许多领域的诊断，据估计国际市场每年超过30亿美元。

（1）作为体外诊断试剂 例如在放射免疫测定、酶联测定中常用的双抗体夹心法；应用单克隆抗体制作的试剂盒检测怀孕时的人绒毛膜促性腺素（HCG）或排卵时的黄体生成素（LH）在市场上已有大量供应；其他家庭应用的检测试剂包括喉部的链球菌感染和性病都已有了。

（2）作为体内诊断试剂 用放射性核素标记的单抗，在特定组织中成像的技术，可用于肿瘤、心血管畸形的体内诊断。

2. 在疾病治疗上的应用 现在研究和开发的领域主要有：肿瘤，细菌、病毒、寄生虫和霉菌性疾病，自身免疫病、移植排斥以及解毒等。单克隆抗体作为体内应用的导向药物的载体和治疗的药物：设想的形式有单抗标记同位素、单抗交联药物、单抗交联毒蛋白、单抗交联细胞因子等等；未来抗癌药、抗菌药等的导向制剂将普遍取代现在的常规药。

3. 在生物工程和生化工程中的应用 单克隆抗体可以用于分离纯化生物产品，如用单克隆抗体亲和层析柱来分离纯化基因工程中的蛋白质产物，如干扰素、胰岛素、生长激素、尿激酶、疫苗等；也有人探索用单克隆抗体作为某些化学工业的催化剂，即催化抗体，这是在没有催化该反应的天然酶存在的情况下设想的。所以单克隆抗体的应用领域广阔，有相当的经济效益和社会效益，在本世纪仍将作为一个重要的产业存在。

4. 在理论研究上的应用 利用单克隆抗体可进行表位分析：单克隆抗体突出的优点就是识别复杂抗原结构上的单个表位，也即抗原决定簇，为分析抗原分子的生物大分子复杂结构提供了有力的工具。在免疫学方面，单克隆抗体更是广泛用于基础和应用免疫学研究；在基础方面，例如免疫活性细胞表面 CD 分子系统，完全是应用单克隆抗体确定的，现在已包括200多种细胞表面标志，可用于鉴定免疫系统细胞的表型、发育阶段和激活状态，表现了单克隆抗体的巨大应用价值。近年来结合应用流式细胞术，CD 特异的单克隆抗体能用于检测在抗原刺激或感染时某些细胞类群的出现和消失，例如监测 AIDS（获得性免疫缺损综合征，艾滋病）进程中 CD_4 细胞的下降，或者监测在淋巴细胞激活过程中细胞表面淋巴因子受体密度的增加。

（二）组织纤维蛋白溶酶原激活因子

组织纤溶酶原激活剂（tPA）可以在临床上用于分解血栓块，医治心肌梗死和肺栓塞；但当病人服用 tPA 时，5分钟后血液中50%以上的药都会被身体清除掉。为了解决这个问题，药物就必须通过较长时间的静脉输液来输送。tPA 是糖基化的蛋白，许多血浆中糖蛋白的某些寡糖链能为肝脏受体所特异识别。糖基化的 tPA 分子中第120位的天冬酰胺就是这样一个识别位点，如果用 Gln 代替 Asn，那么 tPA 在血液循环中的半衰期就会大大延长。

（三）水蛭素

一个由 65 个氨基酸组成的蛋白质，由水蛭的唾液腺分泌，它是一个效果很好的凝血酶抑制剂。于是科学家们就考虑对它进行改造，以使它成为一种效果更强的抗凝血剂，当人们把 47 位的 Asn 变成 Lys 或是 Arg 时，它在试管中的抗凝血效率提高了 4 倍；在动物模型上检验其抗血栓形成的效果，发现其效率提高了 20 倍，甚至比肝素（heparin）高 5 倍。

二、基因工程动物的应用

目前，科学家们已成功地构建了转基因大鼠、转基因小鼠、转基因兔、转基因猪、转基因羊、转基因牛、转基因鱼、转基因昆虫等。我国的转基因研究起步较晚，但转基因鱼、小鼠、大鼠、兔、猪、羊和牛也已制备成功。

转基因动物技术在医药及生物学领域都有广泛的应用，主要有以下几个方面：①对基因组织或阶段特异表达的研究。②通过研究转入外源基因后的新表型，可以发现基因的新功能。③导入外源基因后，由于基因的随机插入，可能会导致内源基因的突变，对这些突变表型进行分析，可以发现新的基因。④可用于只在胚胎期才表达的基因的结构和功能的研究。⑤建立研究外源基因表达、调控的动物模型。⑥对遗传性疾病的研究。⑦建立人类疾病的动物模型，为人类的基因治疗提供依据。⑧基因产品的制备。⑨在免疫学中，可用于对免疫机制、免疫相关疾病的研究及建立免疫性疾病动物模型等。

（一）转基因动物用于生物医学基础研究

1. 研究基因功能　基因表达与调控的研究是当今分子生物学研究的热点。转基因动物是一个四维时空体系，用于研究基因调控颇为理想。从目的基因导入受精卵后产生的转基因动物可以观察到目的基因在该动物发育过程中表达的时间和组织特异性、影响表达的诸多因素及产生的生理效应，能够从整体水平确定该基因的表达调控机制。主要的研究策略是从单基因调控到多基因调控，以至基因敲除等复杂系统。具体方案可通过改变转移基因的调控序列及基因编码序列进行研究。

2. 研究生物的发育过程　同源异形盒基因（homeobox gene）是与胚胎发育及细胞分化调节相关的基因。其基因家族表达的时空特异性很复杂。用转基因小鼠研究此类基因，可探讨其如何控制胚胎发育过程中细胞的分化。另外诱捕载体（entrapment）与 ES 细胞结合，形成了一种新技术，可识别小鼠发育中的任何基因及其活动。

3. 在免疫学研究中的应用　转基因及基因敲除小鼠已成为从整体水平、组织器官水平、细胞水平和分子水平研究各种免疫现象的重要工具。如 T 细胞和 B 细胞的个体发育，细胞因子及其受体的作用，抗原提呈，抗体产生，免疫应答等等。主要是将特定抗原及抗原受体基因、人免疫球蛋白及主要组织相容复合物基因、细胞因子及细胞因子受体基因导入小鼠，观察转基因鼠的免疫反应。许多研究结果已为自身免疫，免疫耐受机制，抗感染机制，T 淋巴细胞克隆灭活，等位排斥学说等提供了充分依据，并已为免疫相关疾病的研究奠定了基础。

（二）转基因动物用作人类疾病及基因治疗的实验模型

1. 肿瘤转基因动物模型　癌基因转基因小鼠的产生为肿瘤学研究提供了新的途径，使癌基因功能能得以在活体检测。组织特异性启动子调控的特异表达有助于认识肿瘤发生的机制。在 SV40 转基因鼠可见到在不同启动子调节下，将引起胰腺、肝脏等不同部位的肿瘤。多瘤病毒 T 抗原基因可使鼠血管内皮产生多发性肿瘤。T 细胞白血病病毒转基因鼠则长出了神经纤维瘤。另有研究表明，导入多个癌基因时，也可引起肿瘤发生，因此可研究癌基因的协同作用。此外也可通过给肿瘤转基因鼠用化疗或反义核酸等来研究抗癌治疗。

2. 病毒性疾病的转基因动物模型　转基因动物可以说是能在活体研究病毒唯一理想的工具。无论是对病毒本身，还是对病毒与宿主相互作用的研究，用体外试验或普通实验动物都是无法替代的。转基因动物主要适用于研究流行性强、危害大、宿主范围又很窄的病毒。

乙型肝炎病毒（hepatitis B virus，HBV）严重危害人类健康，20 世纪 80 年代以后，HBV 转基因小鼠的建立，为这些研究提供了有价值的可用模型。已有人用此研究了 HBV 生物学特性，证明了 HBV 表达的组织特异性、发病及免疫机制、病理改变，并用此模型研究了治疗乙肝的药物筛选及疫苗验证等。

在艾滋病（acquired immunodeficiency syndrome，AIDS）的研究中，$CD4^+$分子是介导人类免疫缺陷病毒（human immunodeficiency virus，HIV）进入靶细胞的受体，转入人 CD4 基因的转基因家兔可作为 HIV 感染的动物模型，用于淋巴细胞功能及疫苗学的研究。除 HIV 外其他的嗜 T 淋巴细胞病毒转基因鼠中也发现有 T 细胞肿瘤形成，出现神经纤维瘤、类风湿性关节炎表现等，可作为研究 AIDS 及一些白血病的模型。

3. 遗传病的转基因动物模型　遗传性疾病的动物模型，主要靠自发突变的动物传代繁殖保留下来，转基因技术为此模型提供了快速准确的方法。其制备主要通过随机突变，定点整合及直接插入基因等。此类模型可用来研究单个基因在发病中的作用，研究药物干预后的反应及机理。

已建立了 5 种以上镰刀状红细胞贫血转基因小鼠模型，可得出不同程度表型的动物，用以详细研究疾病的发病机制、病程、药物作用及部位等。

家族性高胆固醇血症是由低密度脂蛋白（low density lipoprotein，LDL）受体遗传缺陷所致。用胚胎干细胞基因敲除技术已成功建立了 LDL 受体基因缺陷小鼠模型，可用于研究 LDL 的代谢和调控及 LDL 受体的作用。将人 LDL 受体基因转移至该鼠后，能逆转 LDL 受体缺陷引起的高胆固醇血症。从基因治疗的角度，证实 LDL 受体基因能调节血浆胆固醇，因而此模型也可视为基因治疗的模型。

4. 基因治疗的模型　基因治疗为许多有基因缺陷的遗传病、肿瘤及病毒性疾病的治疗，甚至为治愈带来了希望。治疗途径主要包括：引入功能正常的基因，取代或去除致病基因及修饰缺陷基因。前者将目的基因直接注入体内或转入体外细胞再回输至体内。其他途径则需通过同源重组等复杂的基因技术对 DNA 进行定点整合或修饰。基因治疗的方式包括体细胞与生殖细胞基因治疗二类。后者为一些疾病的根治提供了有效方法。现有的转基因动物为基因治疗，特别是生殖细胞的基因治疗提供了许多第一手资料，将使人类疾病的基因治疗成为现实。以转基因小鼠为模型探讨基因治疗的效果，已获得许多成功的例子，例如，将 β -珠蛋白基因转入 β -地中海贫血小鼠受精卵后，贫血得到纠正。给转膜传导调节因子基因缺陷的肺囊性纤维化小鼠的呼吸道内皮细胞转入人的该基因后，小鼠呼吸道生理功能恢复正常。

（三）转基因动物作为生物反应器生产药用蛋白

用转基因动物来大量生产医药用的天然蛋白，如抗体、疫苗、激素、血液组分蛋白、细胞因子和营养保健品等等，是医药产业的一场革命，具有十分诱人的前景。其基本程序是，将具有生物活性蛋白的基因导入动物受精卵，制备出转基因动物。在全程的调控元件控制下，外源基因在动物体内特异部位高效表达后，通过提取及纯化获得这些基因的表达产物可作为药用蛋白用于临床。这类转基因动物就像活体的生物工厂，因而被称为生物反应器。用生物反应器制备药用蛋白，生产流程性强、生产成本低、产量高、还可进行翻译后修饰与加工，使产品具有天然生物活性，纯度高。比传统的基因产品制备、分离、纯化等生产程序更为简化，更适于一些需要量大、结构复杂、其他方法不易获得的稀有、昂贵蛋白类物质的生产。而且还具有不受来源限制、没有污染等优点。

转基因动物生物反应器（transgenic animal bioreactor）：把目标蛋白基因导入动物体内，以产生相应的转基因动物，并通过一定的方式，筛选其目的基因的表达可达到理想水平（即具有产业化价值）的转基因动物个体。

乳腺生物反应器（mammary gland bioreactor）：目标蛋白在乳腺中特异性表达的转基因动物个体。自1987 年报道转基因小鼠乳汁中可表达分泌人组织纤溶酶原激活剂及1990 年生产人 O -抗胰蛋白酶的转基因羊诞生以来，至今已在鼠、兔、猪、羊、牛多种转基因动物乳腺中表达出了多种药用价值很高的人类蛋白，如：抗凝血酶Ⅲ、乳铁蛋白、抗胰蛋白酶、生长激素、尿激酶、纤溶酶原激活因子、促红细胞生成因子、人 C 蛋白、CD4 蛋白、白介素 -2、白蛋白、γ -干扰素及凝血因子Ⅸ、Ⅷ等等，其中已有多种进入了临床试验。

膀胱生物反应器：目标蛋白在膀胱中特异性表达的转基因动物个体。近年已有人用尿血小板溶素（uroplakin）基因启动子制备出转基因小鼠的膀胱生物反应器，使鼠尿中持续表达人生长激素，与乳腺生物反应器相比，膀胱生物反应器最大的优势是可短期获益。从显微注射基因至胚胎到产生转基因牛，得到能获取蛋白的牛奶约需 7 年，而得到表达所需蛋白的尿只需 3 年。收集尿液不仅简单、无创伤，且尿液本身蛋白、脂质等含量少，使所需的蛋白更易提取、纯化。而且产生的转基因动物还可不分性别，终身使用，因而成本将会更低。

家禽生物反应器：目标蛋白在家禽中特异性表达的转基因动物个体。从鸡蛋中生产和表达药物蛋白，目前尚鲜为人知，但家禽生物反应器具备更多的优点。特别是易提取、纯化，繁殖快，成本低等，将逐步引起人们的关注。

目前，用转基因动物作为生物反应器来生产药用蛋白的技术基本到位，并已取得许多可喜的结果，如果再解决了转基因动物的成功率，基因定点整合和可控表达及产品的安全性等关键性技术难题，将具有充满魅力的应用前景。21 世纪药用蛋白的生产已不会仅仅局限在小小的车间，而会是从辽阔草原上奔跑的牛羊中源源不断地吸取。转基因动物药厂将成为具有高额利润的新型产业。

三、组织工程

组织工程（tissue engineering）又称组织工程学，是由美国国家科学基金委员会于 1987 年正式提出和确定的，是应用细胞生物学、生物材料和工程学的原理，研究开发用于修复或改善人体病损组织或器官的结构、功能的生物活性替代物的一门科学。

组织工程的核心是由种子细胞和生物活性材料构成三维空间复合体。尽管构建成一个完整的器官，尤其是像心、肝、肾、肺等大型精细复杂的器官还需要技术上的突破，但是，作为构成组织、器官的基本单元，具备足够数量并保持特定生物学活性的种子细胞是组织工程最基本的要素。目前组织工程化组织的构建主要是应用自体组织的同源细胞作为种子细胞来源。尽管存在来源有限、易老化、不易大量扩增以及取材时对机体造成创伤等弊病，自体或异体的同源干细胞仍不失为组织工程种子细胞来源较理想的途径之一。目前，组织工程化的皮肤、骨骼构建研究已有所进展，从二维结构发展到三维结构，动物实验也取得了较好的成效，给临床应用带来了希望。

（一）组织工程化皮肤

获得美国 FDA 批准的组织工程产品只有人造皮肤。人造皮肤基本上可分为三个大的类型：表皮替代物、真皮替代物和全皮替代物。表皮替代物由生长在可降解基质或聚合物膜片上的表皮细胞组成。真皮替代物是含有细胞或不含细胞的基质结构，用来诱导成纤维细胞的迁移、增殖和分泌细胞外基质。而全皮替代物包含以上两种成分，既有表皮又有真皮结构。

持久性的组织修复必然需要具有连续不断地自我更新旺盛的干细胞。造血干细胞是自我更新强烈的代表性典范之一。同样，皮肤中角质细胞（keratinocyte）的前体细胞在体外培养时，常形成三种类型的克隆：完全克隆（holoclones）、局部克隆（meroclones）和辅助克隆（paraclones）。只有完全克隆才是真正的干细胞群落，具有超常的自我更新能力；只有少量而纯净的、产生"完全克隆"的细胞可被选作为皮肤移植的种子细胞。

（二）组织工程化骨骼

骨骼比皮肤复杂得多，涉及三维立体结构。骨骼干细胞（SSCs）取自骨髓基质干细胞或间质干细胞，通过体外培养可使其扩增。骨作为一个器官，其所有组织（包括骨、软骨、脂肪细胞和血发生支持基质）都可在这个模型系统中产生。从培养得到的 SSCs 细胞在移植前必须在适当的由生物活性材料构建成的三相支架上进一步培养，并结合添加适当的生长因子如骨形态发生蛋白（bone morphogenetic protein，BMP）以支持骨再生，这一方法大多数是有效的。在 SSCs 细胞移植后位置的骨损害可以得到较好的修复，至少比仅由骨损害部位残存的干细胞自发性修复快。这已在人类骨缺损病例中做了初步的观察。

再生医学和组织工程的发展将是十分诱人的。美国人类基因组科学公司的主席和首席执行官 Haseltine 认为，再生医学将包括四个阶段：第一阶段是模拟生长因子的作用来刺激机体的自我修复功能；第二阶段是在鉴定出必需的生长因子后在体外培植组织或器官用于移植；第三阶段将包括通过重建细胞的生物钟，使老年组织返老还童的技术；第四阶段将会是探索纳米技术和材料科学的新发展。这些新技术的发展将使人类可能构建出细胞、器官和组织的新部件，与人体自然组成浑然一体的新组合。

四、细胞治疗

（一）概述

细胞治疗（cell therapy）是用遗传改造过的人体细胞直接移植或输入病人体内，以控制和治愈疾病为目的的治疗方法和手段。遗传改造包括纠正病人中存在的基因突变，或使所需基因信息传递到某些特定类型细胞。目前常说的基因治疗技术虽然能把编码正常序列的基因导入突变细胞，从而使突变基因的功能得到纠正。但导入基因的整合和表达难以精确控制，特别是该基因插入对其他细胞基因产生的效应尚无法预知，更大的问题是许多被用作基因操作的细胞在体外不易稳定地被转染和增殖传代。人 ES 细胞不仅在体外有自我更新的能力，而且也能产生一些分化类型细胞的干细胞，即使经遗传操作后一般仍能稳定地在体外增殖传代，克服了目前基因治疗中需大量靶细胞来源的主要问题。

为克服异体移植中的免疫排斥反应，首先将人 ES 细胞进行 MHC 基因操作，建立可供移植对象配对选择的各种 MHC 组合的 ES 细胞库。在此基础上，根据不同的移植对象和要求，或直接定向诱导分化为功能性细胞（如神经细胞、神经胶质细胞、软骨细胞等）；或定向诱导分化为组织干细胞（如造血干细胞、神经干细胞等），这类组织干细胞也可直接取材于成体组织或器官；通过进一步遗传操作，改造和修正 ES 细胞基因组，再定向诱导分化为组织谱系干细胞或特定的分化细胞，最终移植输入患者。另一种途径是将患者的体细胞核导入去核卵细胞，体外发育至胚泡期，从中分离培养出供核患者专用的 ES 细胞，再经诱导产生所需的分化类型的细胞，回输给供核的患者，同样也避免了免疫排斥问题。但这种途径在实际应用中遇到核移植和建立特定 ES 细胞的增殖问题。新近有人设想将患者的体细胞核直接导入去核 ES 或 EG 细胞，培养专用 ES 细胞，因为体细胞核的遗传程序可再程序化，导入的细胞核按核供者的遗传信息指导 ES 细胞增殖和分化。美英等国已有数家商业机构利用 ES 细胞技术制备和供应临床治疗用的不同类型细胞，表明 ES 细胞工程成为新兴的商业竞争热点，并将在临床医学中产生巨大的经济效益和社会影响。

（二）细胞治疗的临床应用

1. 血液病 珠蛋白（globin）在血液中主要是转输氧，哺乳类珠蛋白在不同的发育阶段有不同形式的表达。ε-珠蛋白基因仅在胚胎红细胞中表达，在正常成年体内并不表达。这种ε-珠蛋白基因在镰刀状血细胞病人中被激活时，能封阻含有镰刀状血细胞血红蛋白的红细胞被镰刀状化。ES 细胞及其基因操作的研究有可能回答如何在成年镰刀状血细胞病人中启动ε-珠蛋白基因表达的问题。从而阻止疾病进一步发展。ES 细胞和造血干细胞研究也有助于产生供细胞治疗移植用的、不含有镰刀状血细胞突变的血细胞。

2. 神经系统疾病 各种类型神经细胞（神经元）因某种原因死亡，成熟神经元不能分裂、补充和替代那些死亡的细胞从而引起多种神经系统疾病。Parkinson's 病是因缺损产生神经递质多巴胺的神经元；Alzheimer's 病是因丧失产生乙酰胆碱的神经元；Huntington's 病是缺失产生γ-氨基丁酸的神经元。若产生髓磷脂的神经元死亡，则引起多发性硬化症；若激活肌肉的运动神经元丧失，则引起肌萎缩性侧索硬化症。科学家已成功地从脑部产生多巴胺的区域分离出分泌多巴胺的前体细胞，并在体外培养系统中进一步增殖，然后移植入患有实验性 Parkinson's 病的鼠类脑部，明显地改善了动物对运动和动作的控制及协调性。产生多巴胺的神经干细胞已能从小鼠 ES 细胞衍生而来，为用 ES 细胞治疗 Parkinson's 病提供了实验依据。同样，应用 ES 细胞在实验性治疗多发性硬化症方面也取得重要结果。同时，功能恢复实验也证明，接受细胞治疗的大鼠的后肢持重和运动协调性也有很大改善。在人 ES 细胞建系成功后，人们正在探索培养神经胶质细胞，星形胶质细胞和少突神经胶质细胞，以用于临床神经损伤的病人。

3. 肝病 通过转基因途径将人肝干细胞导入生长促进（growth-promoting gene）基因成为永生化细胞时，可在体外大量增殖，同时保留着分化为肝细胞的能力。这些细胞被移植入肝病动物模型，则改善了动物的肝功能。但是，利用永生化的细胞作细胞治疗时，却存在着易发生肿瘤的危险。有人提出在细胞永生化的同时，给予一种药物激活细胞自杀（cell-suicide）基因，使永生化细胞被控制在一定数量范围内，可能避免或减少生瘤的危险性。

4. 骨和软骨疾病 ES 和 EG 细胞可能在体外培养系统中被诱导发育成为骨和软骨，然后这些细胞被导入骨关节炎患者的关节软骨损伤区域，或者导入因骨折或手术而引起的较大骨隙中，这类从 ES 细胞衍生的骨和软骨细胞在被移植部位自我修复的优点远远超过现行的组织移植。这种方法有希望治疗骨和软骨的遗传缺损，例如成骨不全症（osteogenesis imperfecta）和各种软骨发育异常（chondrodysplasia）等骨和软骨的疾病。

主要参考文献

1. 赵宗江，等. 细胞生物学 ［M］. 北京：中国中医药出版社，2007.

2. 翟中和，王喜忠，丁明孝. 细胞生物学 ［M］. 北京：高等教育出版社，2007.

3. 杨抚华，等. 医学细胞生物学（第六版）［M］. 北京：科学出版社，2011.

4. 杨恬，等. 细胞生物学 ［M］. 第二版. 北京：人民卫生出版社，2010.

5. 聂俊，杨冬芝，杨晶. 细胞分子生物学 ［M］. 北京：化学工业出版社，2009.

6. 赵宗江，等. 组织细胞分子学实验原理与方法 ［M］. 北京：中国中医药出版社，2003.

7. 李青旺，等. 动物细胞工程与实践 ［M］. 北京：化学工业出版社，2005.

8. 卢圣栋，等. 生物技术与疾病诊断 ［M］. 北京：化学工业出版社，2002.

9. ［美］基斯林（Kiessling, A. A.），［美］安德森（Anderson, S. C.）著；章静波等译. 人胚胎干细胞——科学和治疗潜力概论 ［M］. 北京：化学工业出版社，2005.

10. 宋今丹，等. 医学细胞生物学 ［M］. 第三版. 北京：人民卫生出版社，2004.

11. 刘丽莎，姬可平，李荣科. 医学生物学 ［M］. 兰州：兰州大学出版社，2005.

12. 杨抚华，胡以平. 医学细胞生物学 ［M］. 北京：科学技术出版社，2002.

13. 左伋，等. 医学生物学 ［M］. 北京：人民卫生出版社，2002.

14. 盛鹏程. 哺乳动物克隆的现状和研究进展 ［J］. 科技导报，2010，28（13）：105～110

15. 邢自宝，刘永刚，苏佳灿. 骨组织工程种子细胞研究进展 ［J］，2010，17（10）：152～154

16. 刘丽莎，姬可平，李荣科. 医学生物学 ［M］. 兰州：兰州大学出版社，2005.

17. 宋今丹，等. 医学细胞分子生物学 ［M］. 北京：卫生出版社，2003.

18. 裴雪涛，等. 干细胞生物学 ［M］. 北京：科学出版社，2003.

19. 闫桂琴，等. 生命科学技术概论 ［M］. 北京：科学技术出版社，2003.

20. 邓耀祖，屈伸. 医学细胞分子生物学 ［M］. 北京：科学出版社，2002.

21. 谭恩光，等. 医学细胞生物学 ［M］. 广州：广东高等教育出版社，2002.

22. 徐永华，等. 动物细胞工程 ［M］. 北京：化学工业出版社，2003.

23. 韩贻仁，等. 分子细胞生物学 ［M］. 第二版，北京：科学出版社，2003.

附录一　英文索引

A

A. van Leeuwenhoek　列文虎克 ………… 5

acidic cytokeratin　酸性角质蛋白 ………… 130

acidic projection domain　酸性的突出结构域 ……
…………………………………………………… 122

acquired immunodeficiency syndrome（AIDS）　艾
滋病 …………………………………… 246，287

acrosome　顶体 …………………………… 184

ACTH　促肾上腺皮质激素 ………………… 180

actin　肌动蛋白 …………………………… 111

actin cortex　肌动蛋白皮层 ……………… 116

actinomycin A　抗霉素 A ………………… 159

actin‐related protein　肌动蛋白相关蛋白 …… 115

activator protein‐1　激活蛋白‐1 ………… 210

active process　主动过程 ………………… 238

active transport　主动运输 ……………… 45

adenyl cyclase（AC）腺苷酸环化酶 …… 204，208

adhering junction　黏着连接 …………… 115

aerobic oxidation　有氧氧化 …………… 146

agranular endoplasmic reticulum（AER）　无颗粒内
质网 ………………………………………… 169

alternative splicing　选择性剪接 ………… 98

Alzheimer's disease（AD）　阿茨海默病 …… 138

aminoacyl‐tRNA　氨酰 tRNA …………… 103

amitosis　无丝分裂 ……………………… 214

ameboid motion　变形运动（阿米巴运动）……
…………………………………………………… 118

anaphase　后期 …………………………… 215

anchoring junction　锚定连接 …………… 51

ankyrin　锚定蛋白 ……………………… 115

animal cloning　动物克隆 ……………… 280

anti‐apoptosis gene　抗凋亡基因 ………… 243

anticoding strand　反编码链 …………… 94

anticodon　反密码子 …………………… 25

antiport　反向协同 ……………………… 47

antisense　表达反意 …………………… 232

antisense strand　反义链 ……………… 94

apoptosis　凋亡 ……………………… 3，234

apoptosis protease activating factor（Apafs）　凋亡蛋
白酶活化因子 ……………………………… 244

apoptotic body　凋亡小体 ……………… 242

aster　星体 ……………………………… 215

astral microtubule　星体微管 ………… 215

asymmetry　不对称性 …………………… 40

asymmetry division　不对称分裂 ……… 252

atomic force microscope（AFM）　原子力显微镜
…………………………………………………… 9

attached ribosome　附着核糖体 ………… 189

ATP synthase complex　ATP 酶复合体 … 143

attenuation　衰减 ……………………… 232

autocytolysis　自溶作用 ………………… 185

autophagolysosome　自噬性溶酶体 …… 182

autophagosome　自噬体 ………………… 182

autophagy　自噬作用 …………………… 183

B

1,3‐Bisphosphoglycerate（1,3‐BPG）　1,3

－二磷酸甘油酸 …………………………… 161

bacteria 细菌 …………………………………… 29

bacteriochodopsin 菌紫质 ………………… 158

band 带纹 ………………………………………… 87

Barr body Barr 小体 ………………………… 81

base pair（bp） 碱基对 …………………… 222

basic cytokeratin 碱性角质蛋白 ………… 130

basic－microtuble－binding domain 微管结合结
构域 …………………………………………… 122

B－cell lymphoma/leukemia－2（bcl－2） B－细
胞淋巴瘤/白血病－2 ……………………… 243

belt desmosome 带状桥粒 …………………… 53

binding protein（Bip） 结合蛋白 ………… 170

biogenesis 生物发生 ………………………… 192

biomembrane 生物膜 …………………………… 33

blastocyst 囊胚期 …………………………… 248

BMR 基础代谢率 ……………………………… 159

bone morphogenetic protein（BMP） 骨形态发
生蛋白 ………………………………………… 290

budding 发芽 ………………………………… 242

buffalo rat liver BRL ……………………… 272

bulk－phase endocytosis 批量内吞 ………… 48

bullous pemphigoid antigen 1 BPAG 1 …… 134

bundling protein 集束蛋白 ………………… 115

byzeiosis 起泡 ……………………………… 242

C

CAAT box CAAT 框 …………………………… 94

calcium phosphate co－precipitation 磷酸钙共沉淀
法 ……………………………………………… 269

calmodulin 钙调蛋白 ………… 114，115，117

cAMP response element（CRE） cAMP 应答元件
……………………………………………… 210

cAMP response element binding protein cAMP 应答
元件结合蛋白 ……………………………… 209

capping 戴帽 …………………………………… 99

capping protein 封端蛋白 ………………… 114

capsula 荚膜 …………………………………… 29

capture 捕获 ………………………………… 124

cardiolipin 心磷脂 …………………………… 143

carrier protein 载体蛋白 ………… 43，181

carrier 载体 …………………………………… 44

caspase fecruitment domain（CARD） caspase 募
集结构域 ……………………………………… 245

cell 细胞 ………………………………………… 1

cell adhesion molecule（CAM） 细胞黏附分子 …
……………………………………………… 73

cell biology 细胞生物学 ……………………… 1

cell cortex 细胞皮层 ………………………… 116

cell culture 细胞培养 ………………………… 17

cell cycle 细胞周期 ………………………… 217

cell determination 细胞决定 ……………… 226

cell differentiation 细胞分化 ……… 224，248

cell engineering 细胞工程 ………………… 265

cell fractionation 细胞分级分离 …………… 16

cell fusion 细胞融合 ………………………… 18

cell hybridization 细胞杂交 ………………… 18

cell junction 细胞连接 ……………………… 51

cell membrane 细胞膜 ………… 2，30，33

cell signaling system 细胞信号转导系统 …… 203

cellular sociology 细胞社会学 ……………… 4

cell surface 细胞表面 ………………………… 50

cell theory 细胞学说 …………………………… 5

cell therapy 细胞治疗 ……………………… 290

cell wall 细胞壁 ……………………………… 29

cell－suicide 细胞自杀 …………………… 291

cellular aging 细胞衰老 …………………… 234

cellular oncogene（C－onc） 细胞癌基因 … 222

cellulose 纤维素 ……………………………… 32

central dogma 中心法则 …………………… 92

centriole 中心粒 …………………………… 126

centromere 着丝粒 …………………………… 79

centrosome 中心体 ………………… 6，215

channel diffusion 通道扩散 ………………… 42

channel protein 通道蛋白 ………………… 42

chaperonins 伴侣蛋白 ……………………… 200

chalone 抑素 ………………………………… 222

checkpoint 调控点 ………………………… 220

chemical synapse 化学突触 ………………… 54

chemiosmotic hypothesis 化学渗透学说 …… 157

chimeric animal 嵌合动物 ………………… 278

chloroplast 叶绿体 …………………………… 30

cholesterol 胆固醇 ·················· 34

chondrodysplasia 软骨发育异常 ····· 291

chondroitin sulfate（CS） 硫酸软骨素 ······· 58

chromatid 染色单体 ··········· 83，215

chromatin 染色质 ············· 30，77

chromosome 染色体 ··· 1，6，30，77，84

chromosome banding 染色体显带术 ······· 87

ciliary neurotrophic factor（CNTF） 睫状神经营养
因子 ································ 272

cilia 纤毛 ······················· 56，126

cis－acting element 顺式作用元件 ··· 106

cis－Golgi network（CGN） 顺面高尔基网络 ···
······································ 175

cisternae 扁平囊 ·················· 175

citrate 柠檬酸 ···················· 148

citrate synthetase 柠檬酸合成酶 ····· 160

citric acid cycle 三羧酸循环或柠檬酸循环 ······
······································ 148

clathrin coat 蛋白包被 ············· 179

cleavage 卵裂 ···················· 251

clone 克隆 ······················· 267

CML 慢性粒细胞白血病 ············· 108

coated pits 有被小窝 ··············· 48

coding strand 编码链 ··············· 94

coiled－coil 螺旋化螺旋 ············· 107

coiled－coil dimmer 双股超螺旋二聚体 ··· 131

colchicine 秋水仙素 ··············· 125

collagen 胶原 ···················· 61

combinational control 组合调控 ····· 225

committed differentiation 定向分化 ··· 275

common deletion 普通缺失 ··········· 164

communicating junction 通讯连接 ····· 53

compartment 区隔（区室） ·········· 167

compartmentalization 区隔化 ········· 30

competence 反应能力 ··············· 274

condensing vesicle 分泌泡或浓缩泡 ····· 176

conditioned medium 条件培养基 ····· 272

connexon 连接子 ·················· 54

constitutive 基本的表达 ············· 230

constitutive heterochromatin 结构（或恒定）异染
色质 ································ 81

contractile protein 收缩蛋白质 ······· 110

contractile ring 收缩环 ········ 118，216

contractile ring 缢环 ··············· 118

core particle 核小体核心颗粒 ········· 82

core protein 核心蛋白 ··············· 60

cortisone 肾上腺皮质激素 ··········· 186

co－transformation 共转化技术 ······· 271

cotransport 协同运输 ··············· 46

cross bridge 横桥 ·················· 118

cross－linking protein 交联蛋白 ······· 115

cyclin 细胞周期蛋白 ················ 220

cyclin dependent kinase（Cdk） 细胞周期蛋白依
赖激酶 ····························· 220

cyclosis 胞质环流 ·················· 118

cytochalasins 细胞松弛素 ··········· 113

cytochemistry 细胞化学 ············· 4

cytochrome C oxidase（COX） 细胞色素 c 氧化酶
······································ 145

cytochrome C（Cyt C） 细胞色素 c ········· 244

cytodynamics 细胞动力学 ··········· 4

cytoecology 细胞生态学 ············· 4

cytoenergetics 细胞能力学 ··········· 4

cytogenetics 细胞遗传学 ············· 4

cytology 细胞学 ··················· 1

cytomorphology 细胞形态学 ········· 4

cytophysiology 细胞生理学 ··········· 4

cytoplasm 细胞质 ·················· 30

cytoplasmic bridge 细胞间胞质间桥 ··· 260

cytoplasmic matrix 细胞质基质 ······· 30

cytoskeleton 细胞骨架 ·············· 110

cytosol 胞质溶胶 ·················· 30

D

dark field micoroscope 暗视野显微镜 ··· 11

death 死亡 ······················· 234

death－inducing signaling complex（DISC） 死亡
诱导信号复合物 ···················· 245

dedifferentiation 去分化 ············· 253

default exocytosis pathway 组成型外排途径 ··· 50

degenerative elimination 退化消除 ····· 164

dehancer 衰减子 ·················· 106

deletion　缺失 …………………………… 164

dense granule　致密颗粒 ……………… 189

density gradient centrifugation　密度梯度离心法 …

…………………………………………… 17

deoxycholate　脱氧胆酸 ……………… 152

deoxyribonucleic acid（DNA）　脱氧核糖核酸 …

…………………………………………… 23

depletion　丢失 ………………………… 163

dermatan sulfate（DS）　硫酸皮肤素 ………… 59

desmin　结蛋白 ………………………… 129

desmoplakin　板桥蛋白 ……………… 134

desmosomes　桥粒 ……………………… 51

detergent　去垢剂 ……………………… 36

determinant　决定子 …………………… 226

dexamethason　地塞米松 ……………… 277

dibutyryl cyclic adenosine monophosphate（dBcAMP）

双丁酰基环腺苷磷酸 …………… 276

dicoumarin　双香豆素 ………………… 159

dicyclohexyl carbodiimide（DCC）　二环己基碳二

亚胺 ……………………………… 159

differential centrifugation　差速离心法 ………… 17

differentiation inhibitory activity/leukemia inhibitory

factor（DIA/LIF）　细胞分化抑

制因子/白血病抑制因子 ………… 257

differentiation inhibitory factor（DIF）　分化抑制因

子 ………………………………… 272

digoxigenin（DIG）　地高辛 …………… 19

dinitrophenol（DNP）　2，4－二硝基酚 …… 159

diplomicrotubule　二联微管 …………… 121

direct division　直接分裂 ……………… 214

DNAase　DNA 酶 ……………………… 92

docking protein　停泊蛋白 …………… 170

dolichol phosphate　磷酸多萜酸 ……… 171

dorsal lip　背唇 ………………………… 274

duplication　重复 ……………………… 164

dynamic instability model　非稳态动力学模型 ……

…………………………………………… 113

dynein　动力蛋白 ……………………… 50

dyoxyribose　脱氧核糖 ………………… 22

E

ectoderm－like　类外胚层 ……………… 273

E. gorter　戈特 ………………………… 37

elastin　弹性蛋白 ……………………… 63

electron microscopic enzyme cytochemistry　电镜酶

细胞化学 ………………………… 14

electronic synapses　电紧张突触 ………… 54

electron transport system　电子传递体系 …… 169

electroporation　电激 ………………… 266

elementary particle　基粒 ……………… 143

elongation factor（EF）　延长因子 ……… 193

elongation phase　延长期 ……………… 123

embryonal carcinoma cell（ECC）　胚胎瘤细胞 …

…………………………………………… 250

embryonic induction　胚胎诱导 ………… 228

embryonic germ cell（EGC）　胚胎生殖细胞 ……

…………………………………………… 250

embryonic stem cell（ESC）　胚胎干细胞 …… 248

endocytosis　内吞作用 ………………… 48

endoderm－like　内胚层样 ……………… 273

endolysosome　内体性溶酶体 ………… 179

endomembrane system　内膜系统 …… 30，167

endonuclease　内源性核酸内切酶 …… 242

endoplasmic reticulum（ER）　内质网 ……… 167

enhancer　增强子 ………………… 94，106

entrapment　诱捕载体 ………………… 286

enzyme　酶 ……………………………… 14

enzyme cytochemistry　酶细胞化学技术 …… 14

eosinophil　嗜酸细胞 ………………… 261

E. Overton　欧文顿 …………………… 37

epidermal growth factor（EGF）　表皮生长因子 …

………………………………… 69，263

epidermal stem cell　表皮干细胞 ……… 254

epidermolytic hyperkeratosis　表皮松解型角化过度

症 ………………………………… 139

epidernolytic palmoplanter keratoderma　表皮松解型

掌趾角化病 ……………………… 139

epidermolysis bullosasimplex（EBS）　单纯性大疱

性表皮松解症 …………………… 139

erythriod　红细胞 ……………………… 261

euchromatin　常染色质 ………………… 80

eukaryotic cell　真核细胞 ……………… 28

exocytosis　外排作用 ………………… 50

exon 外显子 …………………………… 93

extracelluar matrix（ECM） 细胞外基质 ………

…………………………………… 57，254

F

facilitated diffusion 易化扩散 ………… 43

facultative heterochromatin 功能（或兼性）异染

色质 ………………………………… 81

fas ligand（FasL） Fas 配体 ………… 246

fascin 束捆蛋白 …………………… 114，115

FCCP 羰基 - 氰 - 对 - 三氟甲氧基苯肼 … 159

feeder cell 饲养细胞 ……………… 266

F. Grendel 格伦德尔 ………………… 37

feeder layer 饲养层 ………………… 272

fibrillar component 纤维成分 ………… 90

fibroblast growth factor 1（FGF -1） 成纤维细胞

生长因子 -1 ……………………… 261

fibronectin, FN 纤维粘连蛋白 ……… 64

filaggrin 聚纤蛋白 ………………… 134

filamentous actin（F -actin） 纤维状肌动蛋白

………………………………… 111

filamin 细丝蛋白 …………………… 114，115

fimbrin 丝束蛋白 …………………… 55

flagella 鞭毛 ……………………… 56，126

flanking sequence 侧翼序列 ………… 93

flipase 翻转酶 …………………… 173

flow cytometer（FCM） 流式细胞仪 … 15

flow cytometry 流式细胞计量术（流式细胞术）

………………………………… 15

fluorescence 荧光 …………………… 9

fluorescence microscope 荧光显微镜 …… 9

fluid mosaic model 流动镶嵌模型 …… 38

folding factor 掺入因子 …………… 115

forcal adherension 黏着斑 ………… 115

forming face 形成面 ……………… 175

fragmentation 片段化 …………… 242

fragmin 断裂蛋白 ………………… 114

free diffusing 自由扩散 …………… 42

free ribosome 游离核糖体 ………… 189

fusion gene 融合基因 ……………… 278

fusion protein 联合蛋白 …………… 130

G

gap junction 间隙连接 …………… 53

gastrula 原肠胚 …………………… 274

GC box GC 框 …………………… 94

gelatin 明胶 ……………………… 277

gelsolin 凝溶胶蛋白 ……………… 114

gene cluster 基因簇 ……………… 93

gene knock in 基因敲进 …………… 20

gene knock out 基因敲除 ………… 20

gene transfer 基因转移 …………… 268

genetic program 遗传程序 ………… 275

genome 基因组 …………………… 31

ghost cell 红细胞血影 …………… 269

glial fibrillary acidic protein（GFAP） 胶质原纤维

酸性蛋白 ………………………… 130

G. L. Nicolson 尼克森 …………… 38

globin 珠蛋白 …………………… 291

globular actin（G -actin） 球状肌动蛋白 … 111

glocolipid 糖脂 …………………… 34

G protein -coupled receptor（GPCR） G 蛋白偶联

受体 ……………………………… 205

GLUT -1 转运载体 -1 …………… 147

GLUT -4 转运载体 -4 …………… 147

glycogen storage disease typeⅡ Ⅱ型糖原累积病

………………………………… 185

glycosaminoglycan（GAG） 氨基聚糖 …… 58

Golgi body 高尔基体 …………… 6，174

Golgi apparatus 高尔基器 ………… 174

Golgi complex 高尔基复合体 ……… 175

gonadal ridges 生殖嵴 …………… 255

gonocyte 生精母细胞 …………… 260

granular component 颗粒成分 ……… 90

granular endoplasmic reticulum（GER） 颗粒内质

网 ………………………………… 168

granulolysis 粒溶作用 …………… 185

growth factor 生长因子 …………… 222

growth -promoting gene 生长促进基因 … 291

guanyl cyclase 鸟苷酸环化酶 ……… 208

guanine nucleotidebinding protein 鸟苷酸结合蛋白

（G 蛋白） ……………………… 205

H

H 重链 …………………………………… 144

halobacterium haloblum 嗜盐菌 158

head domain 头部区（N 端）…………… 130

heat shockprotein（HSP） 热休克蛋白 …………
………………………………………… 171，200

helix－loop－helix（HLH） 螺旋－环－螺旋 …
………………………………………… 107

helix－turn－helix motifα 螺旋－转角－α 螺旋 …
………………………………………… 107

hematopoietic progenitor 造血祖细胞 ………… 261

hematopoietic stem cell（HSC） 造血干细胞 …
………………………………………… 260

hemidesmosome 半桥粒 ……………………… 53

heparin 肝素 …………………………… 286

hepatic stem cell 肝干细胞 …………………… 264

hepatitis B virus（HBV） 乙型肝炎病毒 …… 287

heteroactivation 异性活化 ………………… 245

heterochromatin 异染色质 ………………… 80

heterogeneous nuclear RNA（hnRNA） 核内异质
RNA ……………………………… 97，105

heterokaryon 异核体 ………………………… 18

heterophagolysosome 异噬性溶酶体 ………… 182

heterophagy 异噬作用 ……………………… 184

high voltage electron microscope 高压电子显微镜
………………………………………… 13

highly repetitive sequence 高度重复序列 …… 79

histochemistry 组织化学 ………………… 14

holoclones 完全克隆 ……………………… 289

homeobox gene 同源异形盒基因 …………… 286

homeostasis 自体稳定性 …………………… 249

homokaryon 同核体 ………………………… 18

house keeping gene 管家基因 ……………… 225

house keeping protein 管家蛋白 …………… 230

human immunodeficiency virus（HIV） 人类免疫
缺陷病毒 ………………………………… 287

hybrid cell 杂种细胞 ……………………… 18

hyperaneuploid 高异倍性 …………………… 108

hyperdiploid 超二倍体 ……………………… 108

hypodiploid 亚二倍体 ……………………… 108

I

IF－associated protein（IFAP） 中间纤维结合蛋
白 ……………………………………… 132

imaginal disc 成虫盘 ……………………… 226

immunocytochemistry 免疫细胞化学 ………… 14

immunohistochemistry 免疫组织化学 ………… 14

in situ hybridization histochemistry（ISHH） 原位
杂交组织化学 …………………………… 19

in situ hybridization（ISH） 原位核酸分子杂交
（简称原位杂交）………………………… 19

indirect division 间接分裂 ………………… 214

indomethacin 消炎痛 ……………………… 186

inductor 诱导者 …………………………… 228

induced pluripotent stem cells（IPSCS） 诱导性多
能干细胞 ………………………………… 248

inhibitor of apoptosis（IAP） 凋亡抑制因子 ……
………………………………………… 245

inhibitory G protein（Gi） 抑制型 G 蛋白 … 207

initiation factor（IF） 起始因子 …………… 193

inner cell mass（ICM） 囊胚内细胞团 …… 248

inner chamber 内室 ……………………… 143

inner membrane 内膜 ……………………… 142

inner membranous subunit 内膜亚单位 …… 143

inner nuclear membrane 内核膜 …………… 75

inorganic compound 无机化合物 …………… 21

integral protein 整合蛋白 ………………… 35

intestinal stem cell 肠干细胞 …………… 264

inter phase 分裂间期 ……………………… 217

interleukin－1β converting enzyme（ICE） 白细胞
介素－1β 转化酶 ………………………… 244

intermediate filament（IF） 中间纤维 …… 128

intrinsic protein 内在蛋白 ………………… 35

intermembrane space 膜间隙 ……………… 143

internal signal peptide 内信号肽 ………… 171

intracristal space 嵴内间隙或嵴内腔 …… 143

intron 内含子 …………………………… 92，93

invertal repeat sequence 反向重复序列 …… 95

inverted phase contrast microscope 倒置相差显微
镜 ……………………………………… 10

channel diffusion 通道扩散 …………… 42

internal reticular apparatus 内网器 …………… 174

J

J. D. Robertson 罗伯特森 ………………… 37

Joannes Evangelista Purkinje 普金耶 ……… 5

Janus green B 詹纳斯绿 B …………………… 141

K

karyogram 核型图 ……………………………… 87

karyotype 核型 ……………………………… 87

Keratinocyte 角质细胞 ……………………… 289

Keratin 角蛋白 ……………………………… 129

kinesin 驱动蛋白 ………………… 50，125

kinetochore 动粒 …………………………… 215

kinetochore microtubule 动粒微管 ………… 215

keratan sulfate（KS） 硫酸角质素 ……… 58

L

L 轻链 ………………………………………… 144

label－retaining cell 标记滞留细胞 ……… 264

lactate 乳酸 ………………………………… 147

ladder 梯状条带 …………………………… 242

lag phase 延迟期 …………………………… 122

lamella structure model 片层结构模型 …… 37

lamin 核纤层蛋白 ………………………… 130

lamina 扁囊 ………………………………… 167

laminin（LN） 层粘连蛋白 ………… 68，130

laser scanning confocal microscope（LSCM） 激光
扫描共焦显微镜 ……………………… 11

late endosome 晚胞内体 …………………… 179

leucine zipper（L－Zip） 亮氨酸拉链 …… 107

leukemia inhibitory factor（LIF） 白血病抑制因子
………………………………………… 272

Ligand 配体 ………………………………… 204

ligand－gated channel 配体闸门通道 …… 43

ligand－gated ion channel 配体闸门离子通道 …
………………………………………… 205

light microscope 光学显微镜 ……………… 9

lilaker DNA 连接线 DNA ………………… 82

limb bud 胚胎肢牙 ………………………… 246

lineage committed cell 谱系定型细胞 …… 275

lineage diffcrentiation 谱系分化 ………… 275

lineage progenitors 谱系祖细胞 ………… 275

linking protein 连接蛋白质 ……………… 110

lipid－anchored protain 脂锚定蛋白 …… 36

lipid－linked protein 脂连接蛋白 ……… 36

lipid rafts model 脂筏模型 ……………… 38

lipofusion 脂褐质 ………………………… 182

liposome 脂质体 ………………………… 35

Lamella structure model 片层结构模型 … 37

low density lipoprotein（LDL） 低密度脂蛋白 …
………………………………………… 287

luxury gene 奢侈基因 …………………… 225

luxury protein 奢侈蛋白 ………………… 230

Lysosome 溶酶体 ………………………… 181

M

M－6－P 6－磷酸－甘露糖 ……………… 178

mammary gland bioreactor 乳腺生物反应器 ……
………………………………………… 288

marker chromosome 标记染色体 ………… 108

marrow cavity 骨髓腔 …………………… 262

Matthias Jacob Schleiden 施莱登 ……… 5

maturation promoting factor（MPF） 促成熟因子
………………………………………… 219

mature face 成熟面 ……………………… 175

Max Schultze 舒尔策 …………………… 5

mechano transduction 机械信号转导 …… 43

mechanosensitive channel 机械闸门通道 … 43

megakaryocyte 巨核细胞 ………………… 261

membrane flow 膜流 …………… 50，188

membrnne fluidity 膜的流动性 ………… 39

membrane lipids 膜脂 …………………… 34

membrane protein 膜蛋白 ……………… 35

meiosis 减数分裂 ……………………… 214

meroclones 局部克隆 …………………… 289

Mesenchymal stem cells（MSC） 骨髓间充质干细
胞 ……………………………………… 262

mesosome 中间体 ……………………… 29

messenger RNA（mRNA） 信使 RNA …… 25

metacentric chromosome 中央着丝粒染色体 ……
………………………………………… 85

metaphase 中期 …………………………… 215

microbody 微体 ……………………………… 186

microfilament associated protein 微丝结合蛋白 …
………………………………………………… 113

microfilament（MF） 微丝 ………………… 110

microinjection 显微注射 …………………… 269

microscopic structure 显微结构 ……………… 9

microsome 微粒体 ………………………… 169

microtubule organizing center（MTOC） 微管组织
中心 ………………………………………… 123

microtubule（MT） 微管 ………………… 120

microtubule–associated protein（MAP） 微管结
合蛋白 ……………………………………… 121

microvillius 微绒毛 …………………… 55，117

miltochondria crista 线粒体嵴 …………… 143

miltochondrion 线粒体 ………………… 6，140

miniband 微带 ……………………………… 83

minisatellite 小卫星 ……………………… 79

minus end 负端 …………………………… 111

mitomycin C 丝裂霉素 C ………………… 272

mitosis 有丝分裂 ………………………… 214

mitotic phase 分裂期 …………………… 218

modal number 众数 ……………………… 108

moderately repetitive sequence 中度重复序列 …
………………………………………………… 79

molecular chaperone 分子伴侣 ………… 170

molecular cytology 分子细胞学 ……………… 4

monoclonal antibody 单克隆抗体 ………… 267

motor protein 微管马达蛋白 ………… 50，127

mouse embryonic fibroblast（MEF） 小鼠胚胎成
纤维细胞 …………………………………… 272

mtDNA 线粒体 DNA ……………………… 143

multigene family 多基因家族 ……………… 93

multiple coiling model 多极螺旋化模型 ……… 83

multipotent progenitor（MPP） 多能祖细胞 ……
………………………………………………… 251

multipotential hematopoietic stem cell 多能造血干
细胞 ………………………………………… 261

multivesicularbody 多泡体 ……………… 183

mycoplasma 支原体 ……………………… 29

myelin figure 髓样结构 …………………… 183

myoclonic epilepsy and ragged red fiber（MERRF）
肌阵挛性癫痫合并破碎红纤维 …………… 164

myosin 肌球蛋白 ………………………… 114

N

necrosis 坏死 …………………………… 234

nerve growth factor（NGF） 神经生长因子 … 73

nestin 巢素蛋白 …………………………… 130

neural stem cell（NSC） 神经干细胞 ……… 251

neurofilament protein 神经纤维蛋白 ……… 130

nicotinamide adenine dinucleotide（NAD） 烟酰胺
嘌呤二核苷酸 ……………………………… 150

nuclear envelope 核被膜 …………………… 30

nuclear lamina 核纤层 …………………… 77

nuclear magnetic resonance（NMR） 核磁共振…
………………………………………………… 158

nuclear matrix 核基质 …………………… 87

nuclear pore complex 核孔复合体 ………… 76

nuclear transplantation or nuclear transfer（NT） 细
胞核移植 …………………………………… 282

nucleation phase 成核期 ………………… 122

nucleic acid 核酸 ………………………… 23

nucleoid 类核体 …………………………… 187

nucleoid 拟核 …………………………… 29

nucleolar chromatin 核仁周边染色质 ……… 90

nucleolar matrix 核仁基质 ………………… 90

nucleolar organizer 核仁组织者 ……… 85，90

nucleolar organizing region（NOR） 核仁组织区
………………………………………………… 90

nucleolus 核仁 …………………………… 89

nucleoskeleton 核骨架 …………………… 88

nucleosome 核小体 ……………………… 82

nucleus 细胞核 …………………………… 30

numeric aperture 镜口率 ………………… 8

O

occluding junction 封闭连接 ……………… 51

olfactory bulb 嗅球 ……………………… 263

oligodendrocyte 少突胶质细胞 …………… 276

oligomer 寡聚体 ………………………… 122

oligomycin 寡霉素 ……………………… 159

oligomycin－sensitivity－conferring protein（OSCP） 寡霉素敏感蛋白质 ……… 156

oncogene 癌基因 …………………… 222

oncogene related gene 原癌基因相关基因…… 232

ORF 开放阅读框架 ……………… 103

organelles 细胞器 ………………… 30

organic compound 有机化合物………… 22

osteogenesis imperfecta 成骨不全症 ……… 291

ouabain（O） 乌本苷 ……………… 45

outer chamber 外室 ……………… 143

outer membrane 外膜 …………… 142

outer nuclear membrane 外核膜 ……… 75

oval cell 卵圆细胞 ………………… 264

oxalocetate 草酰乙酸 ……………… 148

oxidative phosphorylation 氧化磷酸化 ……… 154

P

paclitaxel 紫杉醇 ………………… 125

paired helical filament（PHF） 成对螺旋状纤维 …………………………………… 138

paraclones 辅助克隆 ……………… 289

paranemin 平行蛋白 ……………… 130

passive transport 被动运输 ………… 42

protein disulfide isomerase（PDI） 蛋白二硫异构酶 …………………………………… 170

peptide 肽 …………………………… 26

peptidoglycan 肽聚糖 …………… 29

perinuclear space 核间隙 ………… 76

peripheral protein 外周蛋白 ……… 36

peripherin 周边蛋白 ……………… 130

permeability 膜的通透性 ………… 42

peroxisome 过氧化物酶体 ………… 186

phagocytosis 吞噬作用 ………… 48, 118

phagosome 吞噬体 ……………… 184

phase contrast microscope 相差显微镜 …… 10

philloidin 鬼笔环肽 ……………… 113

phospha－tidylserine 磷脂酰丝胺酸 …… 242

phosphodiester bond 磷酸二酯键 ……… 23

phosphodiesterase（PDE） 磷酸二酯酶 …… 208

phosphoglyceride 甘油磷酯 ……… 34

phospholipase C（PLC） 磷脂酶C ……… 210

phospholipid 磷脂 ………………… 34

PI－PLC G protein（GP） 磷脂酶C型G蛋白 …………………………………… 207

pinocytosis 胞饮作用 ……………… 48

pinosome 吞饮泡 ………………… 184

plasma membrane 质膜 ………… 30, 33

plasmid 环状质粒 ………………… 29

plasticity 可塑性 ………………… 252

plectin 网蛋白 …………………… 134

pluripotent cell 多能细胞 ………… 226

pluripotent stem cell 多能性干细胞 ……… 251

pluripotential lymphoid stem cell 多能淋巴细胞 …………………………………… 261

pluripotential myeloid stem cell（PMSC） 多能髓性造血干细胞 ……………… 261

plus end 正端 …………………… 111

polar microtubule 极间微管 ……… 215

polyA 多聚腺苷酸 ………… 95, 99

polyethyleneglycol（PEG） 聚乙二醇 ……… 266

polymerase chain reaction（PCR） 聚合酶链式反应 …………………………………… 19

polymerization factor 聚合因子 ……… 115

polymerization phase 聚合期 ……… 123

polyribosome, polysome 多聚核糖体 …… 104

populational asymmetry division 种群不对称分裂 …………………………………… 252

post－mitosis cell 有丝分裂后细胞 ……… 264

postsynaptic membrane 突触后膜 ……… 54

precusor sertoli cell 塞尔托利前体细胞 …… 260

prekeratin 前角质蛋白 …………… 135

preosteoblast 前成骨细胞 ………… 262

preprocollagen 早前胶原 ………… 62

presynaptic membrane 突触前膜 ……… 54

primary culture cell 原代细胞 ……… 18

primary lysosome 初级溶酶体 ……… 182

primary messenger 第一信使 ……… 203

primordial germ cell（PGC） 原始生殖细胞 … 250

profilament, protofibril 原纤维 ……… 120

profilin 促聚蛋白 ………………… 114

programmed cell death（PCD） 编程性细胞死亡 ………… 239

prokaryotic cell 原核细胞 …………… 28

promoter 启动子 …………… 94，106

prophase 前期 …………… 215

proproteim 蛋白原 …………… 177

protein－attached 附着蛋白 …… 36

protein kinase A（PKA） 蛋白激酶 A …… 207

protein kinase C（PKC） 蛋白激酶 C ………… …………… 208，210

protein 蛋白质 …………… 26

proteoglycan（PG） 蛋白聚糖 …… 59

proteintyrosinekinase（PTK） 酪氨酸蛋白激酶 …………… 205

protofilament 原纤维 …………… 120

proton pump 质子泵 …………… 181

proton－motive force 质子动力势 …… 153

proto－oncogene 原癌基因 …………… 222

protoplanst 原生质体 …………… 5

protoplasm 原生质 …………… 5，21

pseudogene 假基因 …………… 93

Q

QH 自由基半醌 …………… 150

QH₂ 还原型氢醌 …………… 150

quercetin 栎皮酮 …………… 159

R

R. Virchow 魏尔肖 …………… 5

radioautography；autoradiography 放射自显影技术 …………… 15

Ras homology Rho …………… 119

receptor 受体 …………… 204

receptor mediated endocytosis（RME） 受体介导的内吞 …………… 48

receptortyrosinekinase（RTK） 酪氨酸蛋白激酶受体 …………… 205

regulated exocytosis pathway 调节型外排途径 ………… …………… 50

regulator sequence 调控序列 …… 95

regulatory protein 调节蛋白质 …… 110

release factor（RF） 释放因子 …………… 193

repetitive sequence 重复序列 …… 79

replication fork 复制叉 …… 79

replication origin 复制起始点 …… 79

reporter gene 报告基因 …………… 278

reporter sequence 报告序列 …………… 278

reproductive cloning 繁殖性克隆 …… 280

residual body 残余小体 …………… 182，235

resolution 分辨率 …………… 8

respiratory chain 呼吸链 …………… 149

retention protein 驻留蛋白 …………… 169

retention signal peptide 驻留信号肽 …… 171

retinoblastoma（Rb） 儿童视网膜母细胞肿瘤 … …………… 222

ribonucleic acid（RNA） 核糖核酸 ………… 23

ribose 核糖 …………… 22

ribosomal RNA（rRNA） 核糖体 RNA …… 25

ribosome 核糖体 …………… 189

ribosome circulation 核糖体循环 … 195

ribosomal protein（RP） 核糖体蛋白质 …… 191

ribozyme 核酶 …………… 192

Robert Hook 胡克 …………… 5

rod domain 杆状区 …………… 130

rotenone 鱼藤酮 …………… 159

rough endoplasmic reticulum（RER） 粗面内质网 …………… 168，189

ruffled membrane locomotion 变皱膜运动 …… 118

S

sarcomere 肌节 …………… 117

sarcoplasmic reticulum 肌质网 …………… 174

satellite 随体 …………… 85

satellite DNA 卫星 DNA …………… 79

scanning electron microscope（SEM） 扫描电子显微镜 …………… 13

scanning probe microscope（SPM） 扫描探针显微镜 …………… 9

scanning tunneling microscope（STM） 扫描隧道显微镜 …………… 9

secreted factor 分泌因子 …………… 254

secondary lysosome 次级溶酶体 …………… 182

self-assembly 自组装 …… 193

self-maintenance 自稳定性 …… 252

self-renewing 自我更新 …… 249

semiautonomous organelles 半自主性的细胞器 … …… 140

senescenceassociated gene 衰老相关基因 …… 3

sense strand 有义链 …… 94

side line 旁系 …… 108

siderosome 含铁小体 …… 183

signal codon 信号密码 …… 169

signal hypothesis 信号假说 …… 169

signal peptide 信号肽 …… 169

signal recogntion partiele (SRP) 信号识别颗粒 …… 170

signal transduction 信号转导 …… 203

silencer 沉默子 …… 106

simple diffusion 简单扩散 …… 42

singlet 单微管 …… 121

sister chromatid 姐妹染色单体 …… 85

S. J. Singer 辛格 …… 38

sliding filament hypothesis 肌丝滑动学说 …… 118

slow cycling 慢周期性 …… 264

small hepatocyte 小肝细胞 …… 264

smear 弥散状 …… 242

smooth endoplasmic reticulum (SER) 滑面内质网 …… 168

solenoid 螺线管 …… 82

solitary gene 单一基因 …… 93

somatic stem cell 成体干细胞 …… 248

spacing factor 间距因子 …… 115

specific salvage receptor 挽救受体 …… 178

spectrin 血影蛋白 …… 114, 115

spermatogonia stem cell 精原干细胞 …… 260

sphingolipid 鞘磷酶 …… 34

splicing 剪接 …… 97

split gene 断裂基因 …… 93

spot desmosome 点状桥粒 …… 51

stage-specific embryonic antigen 1 (SSEA-1) 胚胎阶段特异性抗原-1 …… 256

steady state phase 稳定期 …… 123

stem cell factor (SCF) 干细胞生长因子 … 272

stem cell niche 干细胞巢 …… 254

stem cell 干细胞 …… 248

stem cell engineering 干细胞工程 …… 271

stem line 干系 …… 108

stimulatory G protein 激动型 G 蛋白 …… 207

stop codon 终止密码 …… 101

straight filament (SF) 相对较直的纤维 …… 138

stress fiber 应力纤维 …… 117

stromal stem cell 基质干细胞 …… 260

structural domain 结构域 …… 111

structural gene 结构基因 …… 79

subculture cell 传代细胞 …… 18

submetacentric chromosome 近中着丝粒染色体 …… 85

substratevel phosphorylation 底物水平磷酸化 …… 154

subtelocentric chromosome 近端着丝粒染色体 … …… 85

subunit 亚基 …… 190

supersolenoid 超螺线管 …… 83

symmetry division 对称分裂 …… 252

symport 同向协同 …… 46

synaptic cleft 突触间隙 …… 54

synaptonemal complex (SC) 联会复合体 … 216

T

tail domain 尾部区 (C 端) …… 130

tailing 加尾 …… 99

talin 踝蛋白 …… 114, 115

tandemly repeated genes 串联重复基因 …… 93

TATA box TATA 框 …… 94

Tay-Sachs disease 台-萨氏病又称黑蒙性先天愚病家族性白痴病 …… 34, 186

t-complex polypeptide 1 TCP-1 …… 115

telocentric chromosome 端着丝粒染色体 …… 85

telolysosome 终末溶酶体 …… 182

telomere 端粒 …… 79

telopeptide regions 端肽区 …… 63

telophase 末期 …… 216

temporal switch 时空性开关 …… 232

tensin 张力蛋白 …… 114

terminal web　终末网 ······················· 117

terminally‐differentiated cell　终末分化细胞 ······

·· 264

terminator　终止子 ····················· 94，106

tetrad　四分体 ····························· 216

tetramer　四聚体 ··························· 131

Theodar Schwann　施旺 ······················ 5

theory on codon restriction　密码子限制学说 ······

·· 237

therapeutic cloning　治疗性克隆 ············· 280

thiamine pyrophosphatase　硫胺素焦磷酸酶 ··· 235

thick myofilament　粗肌丝 ·················· 117

thin myofilament　细肌丝 ·················· 117

thioguanine（T）　硫代鸟嘌呤 ············· 272

thrombospondin（TSP）　血小板反应蛋白 ··· 242

tight junction　紧密连接 ····················· 51

tissue engineering　组织工程 ··············· 289

tissue specific gene　组织特异性基因 ········ 225

totipotency　全能性 ························ 226

totipotent stem cell　全能性干细胞 ·········· 251

transpeptidase　肽基转移酶，转肽酶 ······· 193

trans‐acting factor　反式作用因子 ·········· 106

transcription　转录 ························· 92

transcription factor A（TFA）　转录因子 A ······

·· 163

transcription factor（TF）　转录因子 ····· 97，106

transcriptional control　转录调控 ··········· 230

trans‐differentiation　横向分化 ············· 250

transgenic animal bioreactor　转基因动物生物反应

器 ·· 288

transdifferentiation　转分化 ··············· 253

transfer RNA（tRNA）　转运 RNA ············· 25

transfer vesicle　运输小泡 ················· 175

transforming growth factor（TGF）　转化生长因子

·· 254

transgenic animal　转基因动物 ············· 277

trans‐Golgi network（TGN）　反面高尔基网络

·· 175

transit amplifying cell　过渡放大细胞 ········ 251

translation　翻译 ····················· 92，101

translational control　翻译调控 ············· 231

translocon　易位子 ························· 170

transmission electron microscope（TEM）　透射电

子显微镜 ···································· 12

transport of glucose　葡萄糖的转运 ········· 147

transport ATP ase　运输 ATP 酶 ·············· 45

transport pump　运输泵 ····················· 45

treadmiling model　踏车模型 ··············· 113

treadmillinp　踏车行为 ···················· 124

triiodothyronine　三碘甲状腺原氨酸 ········· 277

tricarboxylic acid cycle　三羧酸循环 ········· 148

triplomicrotubule　三联微管 ··············· 121

triton　蝾螈 ······························· 280

tropocollagen　原胶原 ······················ 61

tropomyosin　原肌球蛋白 ·················· 114

troponin　肌钙蛋白 ························ 117

tubule　小管 ······························· 167

tubulin　微管蛋白 ························· 120

tubulin‐GTP cap　微管蛋白‐GTP 帽 ········· 124

tumor suppressor gene　抑癌基因 ··········· 232

U

ultramicrotome　超薄切片机 ················· 12

ultravoltage electron microscope　超高压电子显微镜

·· 13

uncoupler　解偶联剂 ······················ 159

unipotent stem cell　单能干细胞 ············ 251

unique sequence　单一序列 ················· 79

unit membrane model　单位膜模型 ··········· 38

unit structure　单位结构 ·················· 167

uroplakin　尿血小板溶素 ·················· 288

V

vacuole　大囊泡 ··························· 175

vesicle　小囊泡 ··························· 175

vesicle　小泡 ····························· 167

villin　绒毛蛋白 ··············· 55，114，115

vimentin　波形蛋白 ······················ 130

vinculin　纽带蛋白 ················· 114，115

voltage‐gated channel　电压闸门通道 ········· 42

W

Wiskoff‐Aldrich syndrome（WAS） ··········· 139

wobble hypothesis　摆动假说 ·················· 104

Y

yolk sac　卵黄囊 ····························· 276

Z

zinc finger motif　锌指型结构域 ·············· 106

zonula occludens　封闭小带 ··················· 51

其他

α－actinin　α－辅肌动蛋白 ············· 114，115

αhelix　α 螺旋 ······························· 27

α－inter－nexin　α－内连蛋白 ··············· 130

β－catenin　β－连环蛋白 ··················· 254

β pleated sheet　β 折叠 ····················· 27

β－N－hexosaminidaseA　β－氨基己糖苷酶 A ···
·· 186

附录二 中文索引

一画

乙型肝炎病毒 hepatitis B virus（HBV）…… 287

二画

1，3-二磷酸甘油酸 1，3-Bisphosphoglycerate
（1，3-BPG）………………………… 161
2，4-二硝基酚 dinitrophenol（DNP）…… 159
二环己基碳二亚胺 dicyclohexyl carbodiimide
（DCC）…………………………………… 159
二联微管 diplomicrotubule …………… 121
人类免疫缺陷病毒 human immunodeficiency virus
（HIV）…………………………………… 287
儿童视网膜母细胞肿瘤 retinoblastoma（Rb）…
………………………………………… 222

三画

三联微管 triplomicrotubule …………… 121
三碘甲状腺原氨酸 triiodothyronine ……… 277
三羧酸循环或柠檬酸循环 citric acid cycle ……
………………………………………… 148
干细胞 stem cell ………………………… 248
干细胞工程 stem cell engineering ……… 271
干细胞生长因子 stem cell factor（SCF）… 272
干细胞巢 stem cell niche ……………… 254
干系 stem line …………………………… 108
大囊泡 vacuole ………………………… 175
卫星 DNA satellite DNA ………………… 79
小肝细胞 small hepatocyte …………… 264

小泡 vesicle …………………………… 167
小鼠胚胎成纤维细胞 mouse embryonic fibroblast
（MEF）………………………………… 272
小管 tubule ……………………………… 167
小囊泡 vesicle ………………………… 175
小卫星 minisatellite …………………… 79

四画

不对称分裂 asymmetry division ……… 252
不对称性 asymmetry …………………… 40
开放阅读框架 ORF …………………… 103
支原体 mycoplasma …………………… 29
无丝分裂 amitosis ……………………… 214
无机化合物 inorganic compound ……… 21
无颗粒内质网 granular endoplasmic reticulum
（AER）………………………………… 169
区隔（区室） compartment …………… 167
区隔化 compartmentalization ………… 30
巨核细胞 megakaryocytt ……………… 261
戈特 E. Gorter ………………………… 37
中心体 centrosome …………………… 6，215
中心法则 central dogma ……………… 92
中心粒 centriole ……………………… 126
中间纤维 intermediate filament，IF …… 128
中间纤维结合蛋白 IF-associated protein（IFAP）
………………………………………… 132
中间体 mesosome …………………… 29
中度重复序列 moderately repetitive sequence …
………………………………………… 79

中央着丝粒染色体　metacentric chromosome ……

……………………………………………… 85

中期　metaphase …………………………… 215

内体性溶酶体　endolysosome ……………… 179

内吞作用　endocytosis ……………………… 48

内含子　intron ………………………… 92，93

内质网　endoplasmic reticulum（ER）……… 167

内信号肽　internal signal peptide ………… 171

内胚层样　endoderm－like ………………… 273

内核膜　inner nuclear membrane ………… 75

内源性核酸内切酶　endonuclease ………… 242

内膜　inner membrane …………………… 142

内膜亚单位　inner membranous subunit …… 143

内膜系统　endomembrane system …… 30，167

内在蛋白　intrinsic protein ……………… 35

内网器　internal reticular apparatus …… 174

内室　inner chamber ……………………… 143

少突胶质细胞　oligodendrocyte ………… 276

心磷脂　cardiolipin ……………………… 143

乌本苷　ouabain（O）…………………… 45

分子伴侣　molecular chaperone ………… 170

分子细胞学　molecular cytology ………… 4

分化抑制因子　differentiation inhibitory factor

（DIF）…………………………………… 272

分泌因子　ecreted factor ………………… 254

分泌泡或浓缩泡　condensing vesicle …… 176

分裂间期　inter phase …………………… 217

分裂期　mitotic phase …………………… 218

分辨率　resolution ……………………… 8

化学突触　chemicalsynapse ……………… 54

反应能力　competence …………………… 274

化学渗透学说　chemiosmotic hypothesis … 157

反义链　antisense strand ………………… 94

反向协同　antiport ……………………… 47

反向重复序列　invertal repeat sequence … 95

反式作用因子　trans－acting factor ……… 106

反面高尔基网络　trans－Golgi network（TGN）

……………………………………………… 175

反密码子　anticodon ……………………… 25

反编码链　anticoding strand ……………… 94

片层结构模型　Lamella structure model … 37

片段化　fragmentation …………………… 242

双丁酰基环腺苷磷酸　dibutyryl cyclic adenosine

monophosphate（dBcAMP）…………… 276

双股超螺旋二聚体　coiled－coil dimer … 131

双香豆素　dicoumarin …………………… 159

五画

半自主性的细胞器　semiautonomous organelles …

……………………………………………… 140

半桥粒　hemidesmosome ………………… 53

主动运输·active transport ……………… 45

主动过程　activeprocess ………………… 238

头部区（N端）　head domain …………… 130

可塑性　plasticity ………………………… 252

功能（或兼性）异染色质　facultative heterochro-

matin …………………………………… 81

去分化　dedifferentiation ………………… 253

去垢剂　detergent ………………………… 36

平行蛋白　paranemin …………………… 130

末期　telophase ………………………… 216

正端　plus end …………………………… 111

艾滋病　acquired immunodeficiency syndrome

（AIDS）………………………… 246，287

加尾　tailing ……………………………… 99

叶绿体　chloroplast ……………………… 30

四分体　tetrad …………………………… 216

四聚体　tetramer ………………………… 131

电子传递体系　electron transport system … 169

电压闸门通道　voltage－gated channel …… 42

电激　electroporation …………………… 266

电紧张突触　electronic synapses ………… 54

电镜酶细胞化学　electron microscopic enzyme

cytochemistry ………………………… 14

甘油磷脂　phosphoglyceride ……………… 34

丝裂霉素　Cmitomycin C ………………… 272

丝束蛋白　fimbrin ……………………… 55

发芽　budding …………………………… 242

台－萨氏病又称黑蒙性先天愚病　Tay－Sachs

disease ………………………… 34，186

外周蛋白　peripheral protein …………… 36

外室　outer chamber …………………… 143

外显子　exon ………………………………… 93

外核膜　outer nuclear membrane …………… 75

外排作用　exocytosis ………………………… 50

外膜　outer membrane ……………………… 140

对称分裂　symmetry division ……………… 252

生长促进基因　growth-promoting gene …… 291

生长因子　growth factor …………………… 222

生物发生　biogenesis ……………………… 192

生物膜　biomembrane ……………………… 33

生精母细胞　gonocyte ……………………… 260

生殖嵴　gonadal ridges …………………… 255

白血病抑制因子　leukemia inhibitory factor（LIF）

　………………………………………… 272

白细胞介素-1β转化酶　interleukin-1β conver-

　ting enzyme（ICE）……………………… 244

鸟苷酸环化酶　guanyl cyclase ……………… 208

鸟苷酸结合蛋白（G蛋白）　guanine nucleoti-

　debinding protein ………………………… 205

尼克森　G. L. Nicolson …………………… 38

六画

次级溶酶体　secondary lysosome …………… 182

决定子　determinant ………………………… 226

光学显微镜　light microscope ……………… 9

交联蛋白　cross-linking protein …………… 115

共转化技术　co-transformation …………… 271

亚二倍体　hypodiploid ……………………… 108

亚基　subunit ………………………………… 190

成纤维细胞生长因子-1　fibroblast growth factor 1

　（FGF-1）………………………………… 261

成虫盘　imaginal disc ……………………… 226

成体干细胞　somatic stem cell ……………… 248

成骨不全症　osteogenesis imperfecta ……… 291

成核期　nucleation phase …………………… 122

成熟面　mature face ………………………… 175

成对螺旋状纤维　paired helical filament（PHF）

　………………………………………… 138

扫描电子显微镜　scanning electron microscope

　（SEM）…………………………………… 13

扫描探针显微镜　scanning probe microscope

　（SPM）…………………………………… 9

扫描隧道显微镜　scanning tunneling microscope

　（STM）…………………………………… 9

列文虎克　A. van Leeuwenhoek …………… 5

动力蛋白　dynein …………………………… 50

动粒　kinetochore …………………………… 215

动粒微管　kinetochore microtubule ……… 215

动物克隆　animal cloning …………………… 280

协同运输　cotransport ……………………… 46

地高辛　digoxigenin（DIG）………………… 19

地塞米松　dexamethason …………………… 277

有丝分裂　mitosis …………………………… 214

有义链　sense strand ………………………… 94

有丝分裂后细胞　post-mitosis cell ………… 264

有机化合物　organic compound …………… 22

有氧氧化　aerobic oxidation ………………… 146

有被小窝　coated pits ……………………… 48

机械闸门通道　mechanosensitive channel … 43

机械信号转导　mechano transduction ……… 43

死亡诱导信号复合物　death-inducing signaling

　complex（DISC）………………………… 245

死亡　death ………………………………… 234

过氧化物酶体　peroxisome ………………… 186

过渡放大细胞　transit amplifying cell ……… 251

异性活化　heteroactivation ………………… 245

异染色质　heterochromatin ………………… 80

异核体　heterokaryon ……………………… 18

异噬作用　heterophagy ……………………… 184

异噬性溶酶体　heterophagolysosome ……… 182

收缩环　contractile ring …………… 118，216

收缩蛋白质　contractile protein …………… 110

同向协同　symport …………………………… 46

同核体　homokaryon ……………………… 18

同源异形盒基因　homeobox gene ………… 286

网蛋白　plectin ……………………………… 134

丢失　depletion ……………………………… 163

众数　modal number ……………………… 108

传代细胞　subculture cell …………………… 18

全能性　totipotency ………………………… 226

全能性干细胞　totipotent stem cell ………… 251

后期　anaphase ……………………………… 215

多极螺旋化模型　multiple coiling model …… 83

多泡体　multivesicularbody ……………… 183

多能性干细胞　pluripotent stem cell ………… 251

多能细胞　pluripotent cell ………………… 226

多能造血干细胞　multipotential hematopoietic stem cell …………………………………………… 261

多能淋巴细胞　pluripotential lymphoid stem cell …………………………………………… 261

多能髓性造血干细胞　pluripotential myeloid stem cell（PMSC）……………………………… 261

多基因家族　multigene family ……………… 93

多聚核糖体　polyribosome, polysome ……… 104

多聚腺苷酸　polyA …………………… 95, 99

多能祖细胞　multipotent progenitor（MPP）…… 251

延长期　elongation phase ………………… 123

延长因子　elongation factor, EF ………… 193

延迟期　lag phase ………………………… 122

杂种细胞　hybrid cell ……………………… 18

肌丝滑动学说　sliding filament hypothesis … 118

肌节　sarcomere …………………………… 117

肌动蛋白　actin …………………………… 111

肌动蛋白皮层　actin cortex ……………… 116

肌动蛋白相关蛋白　actin-related protein … 115

肌阵挛性癫痫合并破碎红纤　myoclonic epilepsy and ragged red fiber（MERRF）………… 164

肌质网　sarcoplasmic reticulum ………… 174

肌钙蛋白　troponin ……………………… 117

肌球蛋白　myosin ………………………… 114

自由扩散　free diffusing …………………… 42

自由基半醌　QH …………………………… 150

自体稳定性　homeostasis ………………… 249

自我更新　self-renewing ………………… 249

自溶作用　autocytolysis ………………… 185

自稳定性　self-maintenance …………… 252

自噬体　autophagosome ………………… 182

自噬作用　autophagy …………………… 183

自噬性溶酶体　autophagolysosome ……… 182

自组装　self-assembly …………………… 193

血小板反应蛋白　thrombospondin（TSP）… 242

血影蛋白　spectrin …………………… 114, 115

负端　minus end ………………………… 111

红细胞　erythriod ………………………… 261

红细胞血影　ghost cell …………………… 269

纤毛　cilia …………………………… 56, 126

纤维成分　fibrillar component …………… 90

纤维状肌动蛋白　filamentous actin（F-actin） …………………………………………… 111

纤维素　cellulose ………………………… 32

纤维粘连蛋白　fibronectin, FN ………… 63

早前胶原　preprocollagen ……………… 62

七画

阿茨海默病　Alzheimer's disease（AD）… 138

cAMP 应答元件　cAMP response element（CRE） …………………………………………… 210

cAMP 应答元件结合蛋白　cAMP response element binding protein ……………………… 209

沉默子　silencer ………………………… 106

附着蛋白　protein-attached ……………… 36

间距因子　spacing factor ………………… 115

间隙连接　gap junction ………………… 53

间接分裂　indirect division ……………… 214

应力纤维　stress fiber …………………… 117

完全克隆　holoclones …………………… 289

启动子　promoter ………………… 94, 106

初级溶酶体　primary lysosome ………… 182

形成面　forming face …………………… 175

批量内吞　bulk-phase endocytosis ……… 48

抑制型 G 蛋白　inhibitory G protein（Gi）… 207

抑癌基因　tumor suppressor genes ……… 232

抑素　chalone …………………………… 222

抗凋亡基因　anti-apoptosis gene ……… 243

抗霉素　A actinomycin A ……………… 159

低密度脂蛋白　low density lipoprotein（LDL） …………………………………………… 287

报告序列　reporter sequence …………… 278

报告基因　reporter gene ………………… 278

伴侣蛋白　chaperonins ………………… 200

拟核　nucleoid …………………………… 29

杆状区　rod domain …………………… 130

束捆蛋白　fascin ………………… 114, 115

吞饮泡　pinosome ……………………… 184

吞噬体　phagosome ······················ 184
吞噬作用　phagocytosis ··············· 48，118
坏死　necrosis ···························· 234
运输泵　transport pump ················· 45
运输 ATP 酶　transport ATPase ········· 45
运输小泡　transfer vesicle ············· 175
还原型氢醌　QH2 ······················· 150
连接线 DNA　lilaker DNA ·············· 82
连接蛋白质　linking protein ··········· 110
连接子　connexon ······················· 54
极间微管　polar microtubule ··········· 215
驱动蛋白　kinesin ·················· 50，125
尾部区（C 端）　tail domain ·········· 130
尿血小板溶素　uroplakin ··············· 288
局部克隆　meroclones ··················· 289
层粘连蛋白　laminin, LN ·········· 68，130
附着核糖体　attached ribosome ········· 189
时空性开关　temporal switch ··········· 232
串联重复基因　tandemly repeated genes ··· 93
免疫组织化学　immunohistochemistry ········· 14
免疫细胞化学　immunocytochemistry ········· 14
卵圆细胞　oval cell ····················· 264
卵黄囊　yolk sac ························· 276
卵裂　cleavage ·························· 251
含铁小体　siderosome ··················· 183
条件培养基　conditioned medium ········· 272
克隆　clone ····························· 267
肝干细胞　hepatic stem cell ··········· 264
肝素　heparin ··························· 286
角质细胞　Keratinocyte ················· 289
角蛋白　Keratin ························· 127
近中着丝粒染色体　submetacentric chromosome
··· 85
近端着丝粒染色体　subtelocentric chromosome ···
··· 85
纽带蛋白　vinculin ················ 114，115
张力蛋白　tensin ························· 114
辛格　S. J. Singer ······················· 38

八画

变形运动（阿米巴运动）　ameboid motion ·······
··· 118
变皱膜运动　ruttled membrane locornotion ··· 118
单位结构　unit structure ··············· 167
单位膜模型　unit membrane model ········· 38
波形蛋白　vimentin ····················· 130
单克隆抗体　monoclonal antibody ········· 267
单纯性大疱性表皮松解症　epidermolysis
　　bullosasimplex（EBS）·············· 139
单能干细胞　unipotent stem cell ········· 251
单微管　singlet ························· 121
单一序列　unique sequence ··············· 79
单一基因　solitary gene ················· 93
定向分化　committed differentiation ····· 275
底物水平磷酸化　substrate level phosphorylation
··· 153
放射自显影技术　radioautography；autoradiography
··· 15
板桥蛋白　desmoplakin ················· 134
环状质粒　plasmid ······················· 29
直接分裂　direct division ··············· 214
表皮干细胞　epidermal stem cell ········· 254
表皮生长因子　epidermal growth factor（EGF）
······································ 69，263
表达反意　antisense ····················· 232
肠干细胞　intestrnal stemcell ··········· 264
治疗性克隆　therapeutic cloning ········· 280
转分化　transdifferentiation ··········· 253
转化生长因子　transforming growth factor（TGF）
··· 254
转化生长因子 β　transforming growth factor β
　　（TGFβ）·························· 254
转运 RNA　transfer RNA（tRNA）········· 25
转运载体 -1　GLUT -1 ··················· 147
转运载体 -4　GLUT -4 ··················· 147
转录　transcription ····················· 92
转肽酶　transpeptidase 肽基转移酶 ········· 193
转录因子　transcription factor, TF ····· 97，105
转录因子 A　transcription factor A（TFA）··· 163
转录调控　transcriptional control ········· 230
转基因动物　transgenic animal ··········· 277
转基因动物生物反应器　transgenic animal
　　bioreactor ························· 288

软骨发育异常 chondrodysplasia ·············· 291

顶体 acrosome ··························· 184

驻留信号肽 retention signal peptide ·········· 171

驻留蛋白 retention protein ··············· 169

弥散状 smear ························· 242

肾上腺皮质激素 cortisone ············· 186

非稳态动力学模型 dynamic instability model ···

··· 113

明胶 gelatin ························· 277

易化扩散 facilitated diffusion ············· 43

易位子 translocon ··················· 170

鱼藤酮 rotenone ····················· 159

饲养层 feeder layer ··················· 272

饲养细胞 feeder cell ················· 266

乳酸 lactate ························ 147

乳腺生物反应器 mammary gland bioreactor ·····

··· 288

侧翼序列 flanking sequence ·············· 93

姐妹染色单体 sister chromatid ·········· 85

肽 peptide ························· 26

肽聚糖 peptidoglycan ················· 29

质子动力势 proton-motive force ·········· 153

质子泵 proton pump ·················· 181

质膜 plasma membrane ················· 30

线粒体 miltochondrion ············· 6，140

线粒体 DNA mtDNA ··············· 143

线粒体嵴 miltochondria crista ·········· 143

受体介导的内吞 receptor mediated endocytosis，

RME ······························· 48

受体 receptor ······················ 204

呼吸链 respiratory chain ·············· 149

组成型外排途径 default exocytosis pathway ··· 50

组合调控 combinational control ········· 225

组织化学 histochemistry ·············· 14

组织特异性基因 tissue specific gene ······· 225

组织工程 tissue engineering ············ 289

细丝蛋白 filamin ············· 114，115

细肌丝 thin myofilament ·············· 117

细胞 cell ························· 1

细胞工程 cell engineering ············· 265

细胞分化 cell differentiation ·········· 224，248

细胞分化抑制因子/白血病抑制因子 differentia-

tion inhibitory activity/leukemia inhibitory factor

（DIA/LIF）······················· 257

细胞分级分离 cell fractionation ·············· 16

细胞信号转导系统 cell signalong system ······ 203

细胞化学 cytochemistry ··············· 4

细胞外基质 extracelluar matrix（ECM）······ 57

细胞生态学 cytoecology ··············· 4

细胞生物学 cell biology ··············· 1

细胞生理学 cytophysiology ·············· 4

细胞皮层 cell cortex ················· 116

细胞决定 cell determination ··········· 226

细胞治疗 cell therapy ················ 290

细胞动力学 cytodynamics ·············· 4

细胞杂交 cell hybridization ············· 18

细胞自杀 cell-suicide ················ 291

细胞色素 c cytochrome C（Cyt C）······· 244

细胞色素 c 氧化酶 cytochrome C oxidase（COX）

··· 145

细胞形态学 cytomorphology ············· 4

细胞社会学 cellular sociology ··········· 4

细胞连接 cell junction ················ 51

细胞间胞质间桥 cytoplasmic bridge ········· 260

细胞外基质 extracellular matrix（ECM）········

··· 57，254

细胞周期 cell cycle ················· 217

细胞周期蛋白 cyclin ················· 220

细胞周期蛋白依赖激酶 cyclin dependent kinase

（Cdk）··························· 220

细胞学 cytology ····················· 1

细胞学说 cell theory ················· 5

细胞松弛素 cytochalasins ············· 113

细胞表面 cell surface ················ 50

细胞质 cytoplasm ··················· 30

细胞质基质 cytoplasmic matrix ········· 30

细胞骨架 cytoskeleton ··············· 110

细胞核 nucleus ···················· 30

细胞核移植 nuclear transplantaticn，NT ····· 282

细胞能力学 cytoenergetics ·············· 4

细胞衰老 cellular aging ·············· 234

细胞培养 cell culture ················· 17

细胞黏附分子 cell adhesion molecule（CAM） ⋯ ⋯ 73

细胞遗传学 cytogenetics ⋯⋯ 4

细胞膜 cell membrane ⋯⋯ 2, 30, 33

细胞器 organelles ⋯⋯ 30

细胞壁 cell wall ⋯⋯ 29

细胞融合 cell fusion ⋯⋯ 18

细胞癌基因 cellular oncogene（C－onc） ⋯⋯ 222

B－细胞淋巴瘤/白血病－2 B－cell lymphoma/ leukemia－2（bcl－2） ⋯⋯ 244

细菌 bacteria ⋯⋯ 29

终止子 terminator ⋯⋯ 94, 105

终止密码 stop codon ⋯⋯ 101

终末分化细胞 terminally－differentiated cell ⋯⋯ 264

终末网 terminal web ⋯⋯ 117

终末溶酶体 telolysosome ⋯⋯ 182

欧文顿 E. Overton ⋯⋯ 37

罗伯特森 J. D. Robertson ⋯⋯ 37

周边蛋白 peripherin ⋯⋯ 130

九画

亮氨酸拉链 1eucine zipper（L－Zip） ⋯⋯ 107

前成骨细胞 preosteoblast ⋯⋯ 262

前角质蛋白 prekeratin ⋯⋯ 135

前期 prophase ⋯⋯ 215

扁平囊 cisternae ⋯⋯ 175

扁囊 lamina ⋯⋯ 167

施旺 Theodar Schwann ⋯⋯ 5

施莱登 Matthias Jacob Schleiden ⋯⋯ 5

染色体 chromosome ⋯⋯ 1, 6, 30, 77, 84

染色体显带术 chromosome banding ⋯⋯ 87

染色单体 chromatid ⋯⋯ 83, 215

染色质 chromatin ⋯⋯ 30, 77

神经干细胞 neural stem cell（NSC） ⋯⋯ 251

神经生长因子 nerve growth factor（NGF） ⋯ 73

神经纤维蛋白 neurofilament protein ⋯⋯ 130

差速离心法 differential centrifugation ⋯⋯ 17

突触后膜 postsynaptic membrane ⋯⋯ 54

突触间隙 synaptic cleft ⋯⋯ 54

突触前膜 presynaptic membrane ⋯⋯ 54

类外胚层 ectoderm－like ⋯⋯ 273

类核体 nucleoid ⋯⋯ 187

诱导性多能干细胞 induced pluripotent stem cell （IPSCS） ⋯⋯ 248

诱导者 inductor ⋯⋯ 228

诱捕载体 entrapment ⋯⋯ 286

相对较直的纤维 straight filament（SF） ⋯⋯ 138

相差显微镜 phase contrast microscope ⋯⋯ 10

封闭小带 zonula occludens ⋯⋯ 51

封闭连接 occluding junction ⋯⋯ 51

封端蛋白 capping protein ⋯⋯ 114

带状桥粒 belt desmosome ⋯⋯ 53

带纹 band ⋯⋯ 87

Ⅱ型糖原累积病 glycogen storage disease type Ⅱ ⋯⋯ 185

柠檬酸 citrate ⋯⋯ 148

柠檬酸合成酶 citrate synthetase ⋯⋯ 160

柠檬酸循环 citric acid cycle ⋯⋯ 148

标记染色体 marker chromosome ⋯⋯ 107

标记滞留细胞 label－retaining cell ⋯⋯ 264

栎皮酮 quercetin ⋯⋯ 159

残余小体 residual body ⋯⋯ 182, 235

胡克 Robert Hook ⋯⋯ 5

草酰乙酸 oxaloacetate ⋯⋯ 148

荚膜 capsula ⋯⋯ 29

荧光 fluorescence ⋯⋯ 9

荧光显微镜 fluorescence microscope ⋯⋯ 9

轻链 L ⋯⋯ 144

退化消除 degenerative elimination ⋯⋯ 164

背唇 dorsal lip ⋯⋯ 274

点状桥粒 spot desmosome ⋯⋯ 51

星体 aster ⋯⋯ 215

星体微管 astral microtubule ⋯⋯ 215

显微注射 microinjection ⋯⋯ 269

显微结构 microscopic structure ⋯⋯ 9

骨形态发生蛋白 bone morphogenetic protein （BMP） ⋯⋯ 290

骨髓间充质干细胞 Mesenchymal stem cells （MSC） ⋯⋯ 262

骨髓腔 marrow cavity ⋯⋯ 262

促成熟因子 maturation promoting factor（MPF）
………………………………………… 219

促肾上腺皮质激素 ACTH ……………… 180

促聚蛋白 profilin ……………………… 114

信号识别颗粒 signal recogntion partiele（SRP）
………………………………………… 170

信号肽 signal peptide ………………… 169

信号假说 signal hypothesis …………… 169

信号密码 signal codon ………………… 169

信号转导 signal transduction ………… 203

信使 RNA messenger RNA mRNA ……… 25

复制叉 replication fork ………………… 79

复制起始点 replication origin ………… 79

胚胎癌细胞 embryonal carainoma cell, ECC
………………………………………… 250

胚胎干细胞 embryonic stem cell（ESC）… 248

胚胎生殖细胞 embryonic germ cell（EGC）……
………………………………………… 250

胚胎阶段特异性抗原 -1 stage - specific
embryonic antigen 1（SSEA -1）……… 256

胚胎肢牙 limb bud …………………… 246

胚胎诱导 embryonic induction ………… 228

胞饮作用 pinocytosis ………………… 48

胞质环流 cyclosis ……………………… 118

胞质溶胶 cytosol ……………………… 30

胆固醇 cholesterol …………………… 34

秋水仙素 colchicine …………………… 125

种群不对称分裂 populational asymmetry division
………………………………………… 252

绒毛蛋白 villin ……………… 55，114，115

结蛋白 desmin ………………………… 129

结合蛋白 binding protein（Bip）……… 170

结构（或恒定）异染色质 constitutive
heterochromatin ……………………… 81

结构域 structural domain ……………… 111

结构基因 structural gene ……………… 79

选择性剪接 alternative splicing ……… 98

重复 duplication ……………………… 164

重链 H …………………………………… 144

重复序列 repetitive sequence ………… 79

钙调蛋白 calmodulin ……… 114，115，117

顺式作用元件 cis - acting element ……… 106

顺面高尔基网络 cis - Golgi network（CGN）…
………………………………………… 175

鬼笔环肽 philloidin …………………… 113

十画

旁系 side line ………………………… 107

消炎痛 indomethacin …………………… 186

被动运输 passive transport …………… 42

烟酰胺嘌呤二核苷酸 nicotinamide adenine
dinucleotide（NAD）…………………… 150

流式细胞仪 flow cytometer（FCM）……… 15

流式细胞计量术（流式细胞术） flow cytometry
………………………………………… 15

流动镶嵌模型 fluid mosaic model ……… 38

凋亡 apoptosis ………………………… 3，234

凋亡小体 apoptotic body ……………… 242

凋亡抑制因子 inhibitor of apoptosis（IAP）……
………………………………………… 245

凋亡蛋白酶活化因子 apoptosis protease activating
factor（Apafs）………………………… 244

衰减 attenuation ……………………… 232

衰减子 dehancer ……………………… 105

衰老相关基因 senescenceassociated gene …… 3

调控点 checkpoint ……………………… 220

调控序列 regulator sequence ………… 95

调节蛋白质 regulatory protein ………… 109

调节型外排途径 regulated exocytosis pathway …
………………………………………… 50

高压电子显微镜 high voltage electron microscope
………………………………………… 13

高尔基体 Golgi body …………… 6，174

高尔基器 Golgi apparatus ……………… 174

高异倍性 hyperaneuploid ……………… 107

高尔基复合体 Golgi complex ………… 175

高度重复序列 highly repetitive sequence …… 79

配体 ligand …………………………… 204

配体闸门通道 ligand - gated channel …… 43

配体闸门离子通道 ligand - gated ion channel …
………………………………………… 205

Fas 配体 fas ligand（FasL）…………… 246

致密颗粒　dense granule　……………　189

起始因子　initiation factor（IF）……………　193

起泡　byzeiosis　……………………………　242

载体　carrier　………………………………　44

载体蛋白　carrier protein　……………　43，181

原纤维　protofilament　……………………　120

原生质　protoplasm　……………………　5，21

原纤维　profilament（protofibril）

原肠胚　gastrula　…………………………　274

原代细胞　primary culture cell　…………　18

原生质体　protoplanst　……………………　5

原核细胞　prokaryotic cell　………………　28

原癌基因　proto‑oncogene　………………　222

原肌球蛋白　tropomyosin　………………　114

原子力显微镜　atomic force microscope（AFM）

　……………………………………………　9

原位杂交组织化学　in situ hybridization

　histochemistry（ISHH）……………………　19

原位核酸分子杂交（简称原位杂交）　in situ

　hybridization（ISH）………………………　19

原始生殖细胞　primordial germ cell（PGC）……

　…………………………………………　250

原癌基因相关基因　oncogene related gene　…　232

原胶原　tropocollagen　……………………　61

挽救受体　specific salvage receptor　……　178

捕获　capture　……………………………　124

核小体核心颗粒　core particle　…………　82

核仁　nucleolus　…………………………　89

核型　karyotype　…………………………　87

核酸　nucleic acid　………………………　23

核糖　ribose　……………………………　22

核小体　nucleosome　……………………　82

核心蛋白　core protein　…………………　60

核纤层　nuclear lamina　…………………　77

核间隙　perinuclear space　………………　76

核型图　karyogram　………………………　87

核骨架　nucleoskeleton　…………………　88

核被膜　nuclear envelope　………………　30

核基质　nuclear matrix　…………………　87

核糖体　ribosome　………………………　189

核糖体循环　ribosome circulation　………　195

核糖体蛋白质　ribosomal protein　…………　191

核糖体RNA　ribosomalRNA，rRNA　………　25

核仁基质　nucleolar matrix　………………　90

核糖核酸　ribonucleic acid（RNA）　………　23

核内异质RNA　heterogeneous nuclear RNA

　（hnRNA）　………………………　97，105

核仁组织区　nucleolar organizing region（NOR）

　……………………………………………　90

核仁组织者　nucleolar organizer　……　85，90

核仁周边染色质　nucleolar chromatin　……　90

核孔复合体　nuclear pore complex　………　76

核纤层蛋白　lamin　………………………　130

核酶　ribozyme　…………………………　192

核磁共振　nuclear magneticresonance，NMR　……

　…………………………………………　158

桥粒　desmosomes　………………………　51

GC框　GC box　……………………………　94

CAAT框　CAAT box　………………………　94

TATA框　TATA box　………………………　94

珠蛋白　globin　…………………………　291

热休克蛋白　heat shock protein（HSP）………

　………………………………………　171，200

真核细胞　eukaryotic cell　………………　28

通讯连接　communicating junction　………　53

通道扩散　channel diffusion　………………　42

通道蛋白　channel protein　………………　42

紧密连接　tight junction　…………………　51

倒置相差显微镜　inverted phase contrast

　microscope　………………………………　10

格伦德尔　F. Grendel　……………………　37

挽救受体　specific salvage receptor　…………　178

氧化磷酸化　oxidative phosphorylation　………　154

氨基聚糖　glycosaminoglycan（GAG）　………　58

氨酰tRNA　aminoacyl‑tRNA　………………　103

缺失　deletion　……………………………　164

胶质原纤维酸性蛋白　glial fibrillary acidic protein

　（GFAP）　………………………………　130

胶原　collagen　……………………………　61

脂质体　liposome　…………………………　35

脂筏模型　lipid rafts model　………………　38

脂褐质　lipofusion　………………………　182

脂连接蛋白 lipid-linked protein ·············· 36

脂锚定蛋白 lipid-anchored protein ·········· 36

透射电子显微镜 transmission electron microscope （TEM） ··· 12

造血干细胞 hematopoietic stem cell （HSC） ·· 251

造血祖细胞 hematopoietic progenitor ····· 260

十一画

剪接 splicing ·· 97

游离核糖体 free ribosome ························ 189

菌紫质 bacteriorhodopsin ························· 158

着丝粒 centromere ··································· 79

减数分裂 meiosis ····································· 214

密码子限制学说 theory on codon restriction ·· 237

密度梯度离心法 density gradient centrifugation ·· 17

液态镶嵌模型 fluid mosaic model ·········· 38

粒溶作用 granulolysis ···························· 185

粗肌丝 thick myofilament ···················· 117

粗面内质网 rough endoplasmic reticulum （RER） ····································· 168，189

断裂基因 split gene ······························· 93

断裂蛋白 fragmin ·································· 114

基本的表达 constitutive ························· 230

基粒 elementary particle ························ 143

基因组 genome ···································· 31

基因敲进 gene knock in ························· 20

基因敲除 gene knock out ······················ 20

基因簇 gene cluster ······························ 93

基因转移 gene transfer ························· 268

基质干细胞 stromal stem cell ··············· 260

基础代谢率 BMR ································· 159

奢侈基因 luxury gene ··························· 225

奢侈蛋白 luxury protein ························ 230

辅助克隆 paraclones ····························· 289

掺入因子 folding factor ························· 115

梯状条带 ladder ··································· 242

球状肌动蛋白 globular actin （G-actin） ··· 111

蛋白二硫异构酶 protein disulfide isomerase （PDI） ·· 170

蛋白聚糖 proteoglycan，PG ·················· 59

蛋白质 protein ···································· 26

蛋白包被 clathrin coat ························· 179

蛋白原 proproteim ······························ 177

蛋白激酶 A protein kinase A ················ 207

蛋白激酶 C protein kinase C ········· 208，210

G 蛋白偶联受体 G protein-coupled receptor （GPCR） ·· 205

晚胞内体 late endosome ························ 179

随体 satellite ······································ 85

常染色质 euchromatin ·························· 80

弹性蛋白 elastin ································· 63

假基因 pseudogene ······························ 93

停泊蛋白 docking protein ····················· 170

第一信使 primary messenger ················· 203

脱氧胆酸 deoxycholate ························· 152

脱氧核糖 dyoxyribose ·························· 22

脱氧核糖核酸 deoxyribonucleic acid （DNA） ·· 23

巢素蛋白 nestin ·································· 130

十二画

普金耶 Joannes Evangelista Purkinje ·········· 5

普通缺失 common deletion ···················· 164

游离核糖体 free ribsome ······················ 189

滑面内质网 smooth endoplasmic reticulum （SER） ··· 168

募集结构域 caspase fecruitment domain （CARD） ·· 245

硫代鸟嘌呤 thioguanine （T） ················· 272

硫胺素焦磷酸酶 thiamine pyrophosphatase ·· 235

硫酸皮肤素 dermatan sulfate （DS） ·········· 59

硫酸角质素 keratan sulfate （KS） ············ 58

硫酸软骨素 chondroitin sulfate （CS） ········ 58

葡萄糖的转运 transport of glucose ·········· 147

联会复合体 synaptonemal complex （SC） ··· 216

联合蛋白 fusion protein ························ 130

超二倍体 hyperdiploid ························· 107

超高压电子显微镜 ultravoltage electron microscope ……… 13

超薄切片机 ultramicrotome …………… 12

超螺线管 supersolenoid …………… 83

强直构象 rigor conformation ……………

嵌合动物 chimeric animal ……… 278

紫杉醇 paclitaxel …………… 125

遗传程序 genetic program ……… 275

编码链 coding strand …………… 94

编程性细胞死亡 programmed cell death（PCD）……………… 239

舒尔策 Max Schultze ……………… 5

释放因子 release factor ……… 193

锌指型结构域 zinc finger motif ……… 105

集束蛋白 bundling protein ……… 115

十三画

塞尔托利前体细胞 precusor sertoli cell ……… 260

溶酶体 lysosome ……………… 181

摆动假说 wobble hypothesis ………… 104

酪氨酸蛋白激酶受体 receptortyrosinekinase，RTK ……………… 205

酪氨酸蛋白激酶 proteintyrosinekinase，PTK ……………… 205

嗅球 olfactory bulb …………… 263

嗜盐菌 halobacterium haloblum ……… 158

嗜酸细胞 eosinophil ……………… 261

暗视野显微镜 dark field micoroscope …… 11

睫状神经营养因子 ciliary neurotrophic factor（CNTF）……………… 272

嵴内间隙或嵴内腔 intracristal space …… 143

微丝 microfilament（MF）………… 110

微丝结合蛋白 microfilament associated protein ……………… 113

微体 microbody ……………… 186

微带 miniband ……………… 83

微管 microtubule（MT）………… 120

微绒毛 microvillus ………… 55，117

微粒体 microsome …………… 169

微管蛋白 tubulin ……………… 120

微管马达蛋白 motor protein ……… 50，127

微管结合蛋白 microtubule－associated protein（MAP）……………… 121

微管组织中心 microtubule organizing center（MTOC）……………… 123

微管结合结构域 basic－microtuble－binding domain ……………… 122

微管蛋白－GTP 帽 tubulin－GTP cap …… 124

简单扩散 simple diffusion ………… 42

缩环 contractile ring …………… 118

腺苷酸环化酶 adenyl cyclase ……… 204，208

解偶联剂 uncoupler ……………… 159

詹纳斯绿 B Janus green B …………… 141

锚定连接 anchoring junction ………… 51

锚定蛋白 ankyrin ……………… 115

十四画

寡聚体 oligomer ……………… 122

寡霉素 oligomycin ……………… 159

寡霉素敏感蛋白质 oligomycin-sensitivity-conferring protein（OSCP）……………… 156

慢周期性 slow cycling …………… 264

端着丝粒染色体 telocentric chromosome …… 85

端粒 telomere ……………… 79

端肽区 telopeptide regions …………… 63

谱系分化 lineage differentiation ……… 275

谱系定型细胞 lineage committed cell ……… 275

谱系祖细胞 lineage progenitors ……… 275

慢性周期 slow cycling …………… 264

慢性粒细胞白血病 CML …………… 107

精原干细胞 spermatogonia stem cell ……… 260

碱基对 base pair（bp）…………… 222

碱性角质蛋白 basic cytokeratin ……… 130

聚乙二醇 polyethyleneglycol（PEG）…… 265

聚合因子 polymerization factor ……… 115

聚合期 polymerization phase ……… 123

聚合酶链式反应 polymerase chain reaction（PCR）……………… 19

聚纤蛋白 filaggrin …………… 134

酶 enzyme ……………… 14

酶细胞化学技术 enzyme cytochemistry ……… 14

酸性的突出结构域　acidic projection domain ⋯⋮⋯ 122

酸性角质蛋白　acidic cytokenatin ⋯⋯⋯⋯⋯ 130

颗粒内质网　granular endoplasmic reticulum
（GER）⋯⋯⋯⋯⋯⋯⋯⋯⋯⋯⋯⋯⋯⋯ 168

颗粒成分　granular component ⋯⋯⋯⋯⋯⋯ 90

稳定期　steady state phase ⋯⋯⋯⋯⋯⋯⋯ 123

管家基因　house keeping gene ⋯⋯⋯⋯⋯⋯ 225

管家蛋白　house keeping protein ⋯⋯⋯⋯⋯ 230

膜间隙　intermembrane space ⋯⋯⋯⋯⋯⋯ 143

膜蛋白　membrane protein ⋯⋯⋯⋯⋯⋯⋯ 35

膜的通透性　permeability ⋯⋯⋯⋯⋯⋯⋯ 42

膜的流动性　membrane fluidity ⋯⋯⋯⋯⋯ 39

膜流　memembrane follow ⋯⋯⋯⋯⋯ 50，188

膜脂　membrane lipids ⋯⋯⋯⋯⋯⋯⋯⋯ 34

十五画 以上

羰基 – 氰 – 对 – 三氟甲氧基苯肼　FCCP ⋯⋯ 159

凝溶胶蛋白　gelsolin ⋯⋯⋯⋯⋯⋯⋯⋯⋯ 114

激光扫描共焦显微镜　laser scanning confocal
microscope（LSCM）⋯⋯⋯⋯⋯⋯⋯⋯ 11

激动型 G 蛋白　stimulatory G protein（Gs）⋯⋯⋯
⋯⋯⋯⋯⋯⋯⋯⋯⋯⋯⋯⋯⋯⋯⋯⋯ 206

激活蛋白　activator protein ⋯⋯⋯⋯⋯⋯⋯ 210

糖脂　glocolipid ⋯⋯⋯⋯⋯⋯⋯⋯⋯⋯⋯ 34

癌基因　oncogene ⋯⋯⋯⋯⋯⋯⋯⋯⋯⋯ 222

增强子　enhancer ⋯⋯⋯⋯⋯⋯⋯ 94，105

横向分化　trans – differentiation ⋯⋯⋯⋯⋯ 250

横桥　cross bridge ⋯⋯⋯⋯⋯⋯⋯⋯⋯ 118

鞘磷酯　sphingolipid ⋯⋯⋯⋯⋯⋯⋯⋯⋯ 34

整合蛋白　integral protein ⋯⋯⋯⋯⋯⋯⋯ 35

蟓螈　triton ⋯⋯⋯⋯⋯⋯⋯⋯⋯⋯⋯⋯ 280

磷脂　phospholipid ⋯⋯⋯⋯⋯⋯⋯⋯⋯⋯ 34

磷脂酶 C　phospholipase C（PLC）⋯⋯⋯⋯ 210

磷脂酶 C 型 G 蛋白　PI – PLC G protein（Gp）⋯
⋯⋯⋯⋯⋯⋯⋯⋯⋯⋯⋯⋯⋯⋯⋯⋯ 207

磷脂酰丝胺酸　phospha – tidylserine ⋯⋯⋯ 242

磷酸多萜醇　dolichol phosphate ⋯⋯⋯⋯⋯ 171

磷酸二酯键　phosphodiester bond ⋯⋯⋯⋯⋯ 23

磷酸二酯酶　phosphodiesterase ⋯⋯⋯⋯⋯ 208

磷酸钙共沉淀法　calcium phosphate co –
precipitation ⋯⋯⋯⋯⋯⋯⋯⋯⋯⋯ 269

6 – 磷酸 – 甘露糖　M – 6 – P ⋯⋯⋯⋯⋯⋯ 178

融合基因　fusion gene ⋯⋯⋯⋯⋯⋯⋯⋯ 278

戴帽　capping ⋯⋯⋯⋯⋯⋯⋯⋯⋯⋯⋯ 99

鞭毛　flagella ⋯⋯⋯⋯⋯⋯⋯⋯⋯ 56，126

囊胚内细胞团　inner cell mass（ICM）⋯⋯ 248

囊胚期　blastocyst ⋯⋯⋯⋯⋯⋯⋯⋯⋯ 248

繁殖性克隆　reproductive cloning ⋯⋯⋯⋯ 280

髓样结构　myelin figure ⋯⋯⋯⋯⋯⋯⋯ 183

踏车行为　treadmillinp ⋯⋯⋯⋯⋯⋯⋯⋯ 124

踏车模型　treadmiling model ⋯⋯⋯⋯⋯⋯ 113

踝蛋白　talin ⋯⋯⋯⋯⋯⋯⋯⋯⋯⋯⋯ 113

螺线管　solenoid ⋯⋯⋯⋯⋯⋯⋯⋯⋯⋯ 82

螺旋 – 环 – 螺旋　helix – loop – helix（HLH）⋯
⋯⋯⋯⋯⋯⋯⋯⋯⋯⋯⋯⋯⋯⋯⋯⋯ 107

螺旋 – 转角 –α 螺旋结构　helix – turn – helix
motifα ⋯⋯⋯⋯⋯⋯⋯⋯⋯⋯⋯⋯⋯ 107

螺旋化螺旋　coiled – coil ⋯⋯⋯⋯⋯⋯⋯ 107

镜口率　numeric aperture ⋯⋯⋯⋯⋯⋯⋯ 8

黏着连接　adhering junction ⋯⋯⋯⋯⋯⋯ 115

黏着斑　forcal adherension ⋯⋯⋯⋯⋯⋯ 115

魏尔肖　R. Virchow ⋯⋯⋯⋯⋯⋯⋯⋯⋯ 5

翻译　translation ⋯⋯⋯⋯⋯⋯⋯ 92，101

翻译调控　translational control ⋯⋯⋯⋯⋯ 231

翻转酶　flipase ⋯⋯⋯⋯⋯⋯⋯⋯⋯⋯ 173

其他

ATP 酶复合体　ATP synthase complex ⋯⋯⋯ 143

Barr body　Barr 小体 ⋯⋯⋯⋯⋯⋯⋯⋯ 81

BPAG 1　bullous pemphigoid antigen 1 ⋯⋯ 134

DNA 酶　DNA ase ⋯⋯⋯⋯⋯⋯⋯⋯⋯ 92

BRL　buffalo rat liver ⋯⋯⋯⋯⋯⋯⋯⋯ 272

Rho　Ras homology ⋯⋯⋯⋯⋯⋯⋯⋯ 119

TCP – 1　t – complex polypeptide 1 ⋯⋯⋯⋯ 115

WAS　Wiskoff – Aldrich syndrome ⋯⋯⋯ 139

α – 辅肌动蛋白　α – actinin ⋯⋯⋯ 114，115

α 螺旋　αhelix ⋯⋯⋯⋯⋯⋯⋯⋯⋯⋯ 27

α – 内连蛋白　α – inter – nexin ⋯⋯⋯⋯⋯ 130

β 折叠　βpleated sheet ⋯⋯⋯⋯⋯⋯⋯⋯ 27

β – 连环蛋白　β – catenin ⋯⋯⋯⋯⋯⋯⋯ 254

β – 氨基己糖苷酶 A　β – N – hexosaminidaseA ⋯
⋯⋯⋯⋯⋯⋯⋯⋯⋯⋯⋯⋯⋯⋯⋯⋯ 186

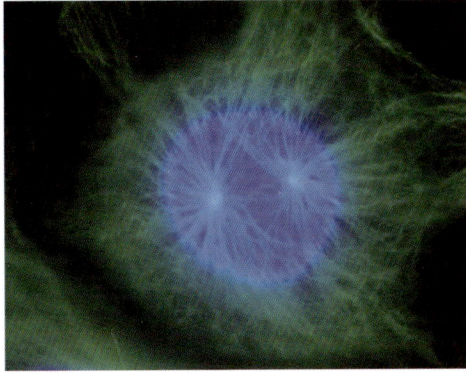

彩图-1　细胞有丝分裂前期两个中心体向两极移动（引自http://www.wadsworth.org）

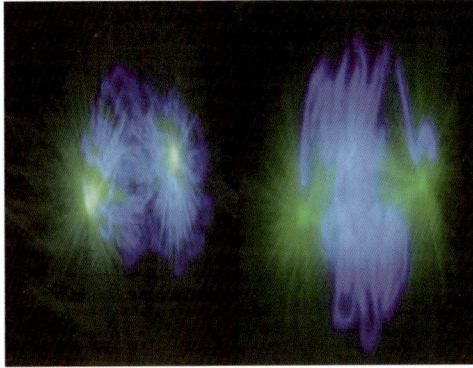

彩图-2　左：前中期；右：中期-染色体排列在赤道面上（引自http://www.wadsworth.org）

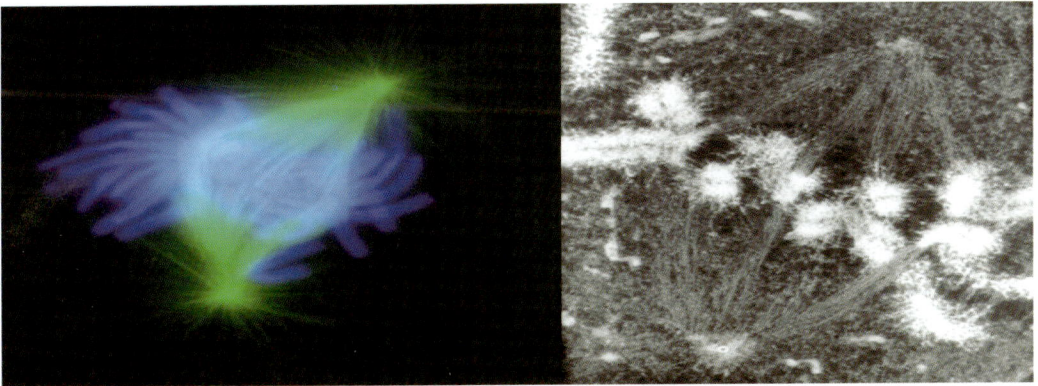

彩图-3　中期，右图显示与染色体连接的微管（引自 http://www.wadsworth.org）

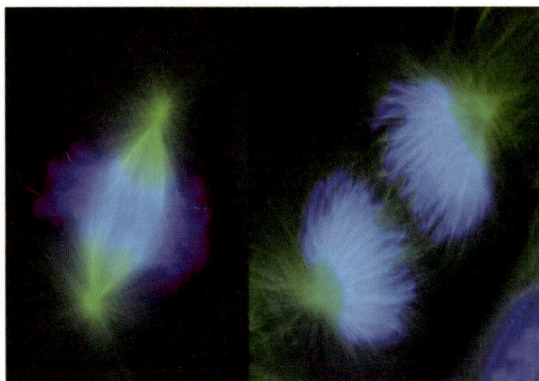

彩图-4 后期姊妹染色体单体分离（引自
http://www.wadsworth.org）

彩图-5 细胞有丝分裂末期（引自
http://www.wadsworth.org）

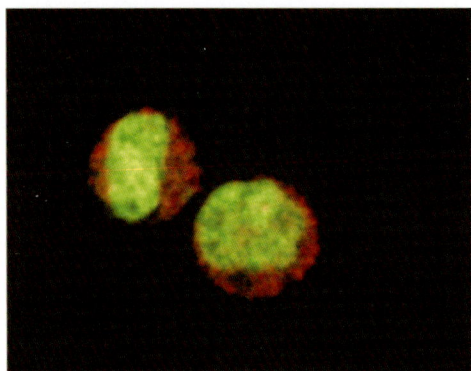

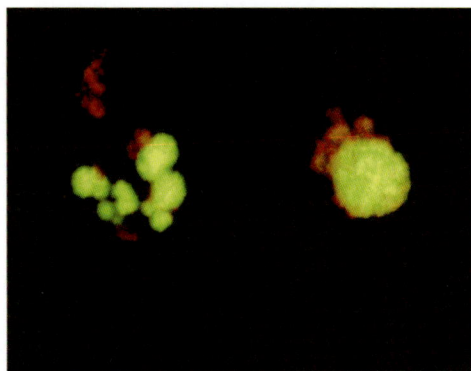

彩图-6 荧光共聚焦显微镜下的凋亡细胞形态
白血病细胞，AO染色（confoca观察）

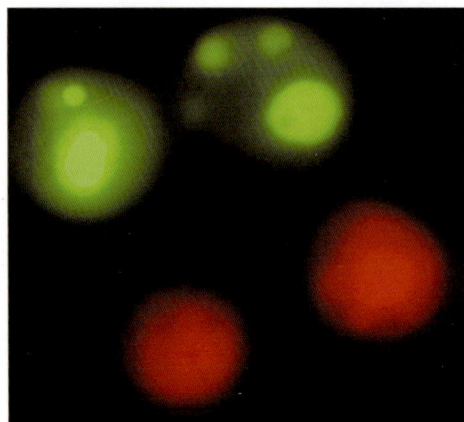

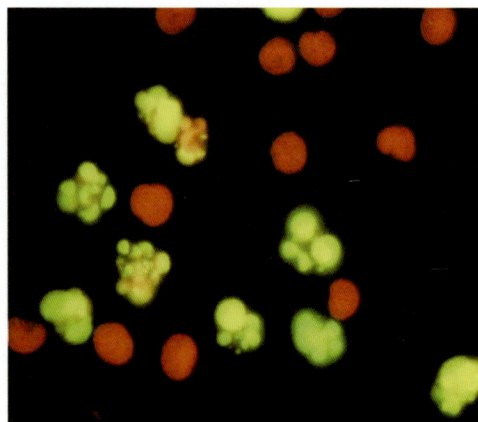

彩图-7 荧光显微镜下的凋亡细胞形态（淋巴瘤细胞）